Linux

郑强 等编著

驱动开发入门与实战

（第2版）

U0214800

清华大学出版社

北 京

内 容 简 介

本书是获得了大量读者好评的"Linux 典藏大系"中的《Linux 驱动开发入门与实战》的第 2 版。本书由浅入深、全面、系统地介绍了 Linux 驱动开发技术，并提供了大量实例供读者实战演练。另外，作者在实例讲解中详细分析了各种重要的理论知识，让读者能够举一反三。

本书共分 3 篇。第 1 篇介绍了 Linux 驱动开发概述、嵌入式处理器和开发板简介、构建嵌入式驱动程序开发环境、构建嵌入式 Linux 操作系统、构建第一个驱动程序、简单的字符设备驱动程序等内容；第 2 篇介绍了设备驱动中的并发控制、设备驱动中的阻塞和同步机制、中断与时钟机制、内外存访问等内容；第 3 篇介绍了设备驱动模型、RTC 实时时钟驱动程序、看门狗驱动程序、IIC 设备驱动程序、LCD 设备驱动程序、触摸屏设备驱动程序、输入子系统设计、块设备驱动程序、USB 设备驱动程序等内容。

本书重点突出，涉及面广，实用性强，从基本知识到核心原理，再到实例开发，几乎涉及 Linux 驱动开发的所有重要知识。本书适合所有想学习 Linux 驱动开发的入门人员阅读，也适合作为驱动工程师的参考书，对于 Linux 驱动开发的专业开发人员也有很高的参考价值。

图书在版编目（CIP）数据

Linux 驱动开发入门与实战（第 2 版）/郑强等编著. ——北京：清华大学出版社，2014（2024. 1 重印）
（Linux 典藏大系）
ISBN 978-7-302-33776-8

Ⅰ. ①L… Ⅱ. ①郑… Ⅲ. ①Linux 操作系统 Ⅳ. ①TP316.89

中国版本图书馆 CIP 数据核字（2013）第 211329 号

责任编辑：夏兆彦
封面设计：欧振旭
责任校对：徐俊伟
责任印制：刘海龙

出版发行：清华大学出版社
　　　　　网　　　　址：https://www.tup.com.cn, https://www.wqxuetang.com
　　　　　地　　　　址：北京清华大学学研大厦 A 座　　　　　邮　　编：100084
　　　　　社　总　机：010-83470000　　　　　　　　　　　邮　　购：010-62786544
　　　　　投稿与读者服务：010-62776969，c-service@tup.tsinghua.edu.cn
　　　　　质　量　反　馈：010-62772015，zhiliang@tup.tsinghua.edu.cn
印 装 者：三河市龙大印装有限公司
经　销：全国新华书店
开　本：185mm×260mm　　印　张：28.5　　字　数：707 千字
版　次：2010 年 1 月第 1 版　2014 年 2 月第 2 版　印　次：2024 年 1 月第 11 次印刷
定　价：69.00 元

产品编号：052844-01

前　言

　　Linux 驱动程序开发是当前一个非常热门的领域，大多数基于 Linux 操作系统的嵌入式系统都需要编写驱动程序。随着嵌入式系统的广泛应用，出现了越来越多的硬件产品，必须有人不断地编写驱动使设备在 Linux 操作系统上工作。但是，Linux 驱动程序开发相对较难，高水平的开发人员也比较少，所以导致驱动程序跟不上硬件发展的问题。基于这个原因，笔者编写了这本书，希望借助本书能使驱动程序的开发更容易被开发人员所理解，从而迅速、高效地开发出相关的驱动程序来。

　　本书是获得了大量读者好评的"Linux 典藏大系"中的《Linux 驱动开发入门与实战》的第 2 版。在第 1 版的基础上，本书进行了全新改版，升级了 Linux 系统的编程环境，也升级了 Linux 的内核版本，并对书中的一些疏漏进行了修订，也对书中的一些实例和代码进行了重新表述，使得更加易读。相信读者可以在本书的引领下跨入 Linux 驱动开发大门，并成为一名驱动程序开发高手。

关于"Linux 典藏大系"

　　"Linux 典藏大系"是清华大学出版社自 2010 年 1 月以来陆续推出的一个图书系列，截止 2012 年，已经出版了 10 余个品种。该系列图书涵盖了 Linux 技术的方方面面，可以满足各个层次和各个领域的读者学习 Linux 技术的需求。该系列图书自出版以来获得了广大读者的好评，已经成为了 Linux 图书市场上最耀眼的明星品牌之一。其销量在同类图书中也名列前茅，其中一些图书还获得了"51CTO 读书频道"颁发的"最受读者喜爱的原创IT 技术图书奖"。该系列图书出版过程中也得到了国内 Linux 领域最知名的技术社区ChinaUnix（简称 CU）的大力支持和帮助，读者在 CU 社区中就图书的内容与活跃在 CU社区中的 Linux 技术爱好者进行广泛交流，取得了良好的学习效果。

关于本书第 2 版

　　本书第 1 版出版后深受读者好评，并被 ChinaUNIX 技术社区所推荐。但是随着 Linux技术的发展，本书第 1 版的内容与 Linux 各个新版本有一定出入，这给读者的学习造成了一些不便。应广大读者的要求，我们结合 Linux 技术的最新发展推出第 2 版图书。相比第 1 版，第 2 版图书在内容上的变化主要体现在以下几个方面：

　　（1）Linux 系统由 Fedora 9 升级为 Fedora 18。

　　（2）Linux 内核版本由 Linux 2.6.29 升级为 Linux 2.6.34。

　　（3）更新 Linux 驱动最新的开发接口。

　　（4）对最新的嵌入式处理器接口进行了介绍，更新了驱动程序的写法。

　　（5）优化了驱动程序的代码，让代码更易懂。

（6）对一些难懂的概念列举了例子，使读者更容易理解。

（7）对第 1 版中没讲到的复杂算法进行了讲解。

（8）修订了第 1 版中的一些疏漏，并将一些表达不准确的地方表述得更加准确。

本书特色

1. 最新内核，了解最新开发技术

本书基于 Linux 2.6.34 内核，这是目前较新的一个内核。该内核包含了大多数常用的驱动程序，便于学习和移植。

2. 内容全面、系统、深入

本书介绍了 Linux 驱动开发的基础知识、核心技术和一些驱动程序开发实例。内容的安排上力求全面、系统。在实例的选择上力求深入。

3. 讲解由浅入深、循序渐进，适合各个层次的读者阅读

本书从 Linux 驱动程序开发的基础开始讲解，逐步深入到 Linux 驱动的高级开发技术及应用，内容安排从易到难，讲解由浅入深、循序渐进，适合各个层次的读者阅读。

4. 贯穿大量的开发实例和技巧，迅速提升开发水平

本书在讲解知识点时穿插了大量驱动程序的典型实例，并给出了大量的开发技巧，以便让读者更好地理解各种概念和开发技术，体验实际编程，迅速提高开发水平。

5. 从工程应用出发，具有很强的实用性

本书详细介绍了多个驱动开发实例。通过这些应用实例，可以提高读者的驱动开发水平，从而具备独立进行驱动程序开发的能力。

本书内容及知识体系

第 1 篇　Linux 驱动开发基础（第 1～6 章）

本篇主要内容包括：Linux 驱动开发概述、嵌入式处理器和开发板简介、构建嵌入式驱动程序开发环境、构建嵌入式 Linux 操作系统、构建第一个驱动程序、简单的字符设备驱动程序。通过对本篇内容的学习，读者可以掌握 Linux 驱动开发的基本概念和基本环境。

第 2 篇　Linux 驱动开发核心技术（第 7～10 章）

本篇主要内容包括：设备驱动中的并发控制、设备驱动中的阻塞和同步机制、中断与时钟机制、内外存访问等内容。通过本篇的学习，读者可以掌握 Linux 驱动开发的基础知识和核心技术。

第 3 篇　Linux 驱动开发应用实战（第 11～19 章）

本篇主要内容包括：设备驱动模型、RTC 实时时钟驱动程序、看门狗驱动程序、IIC

设备驱动程序、LCD 设备驱动程序、触摸屏设备驱动程序、输入子系统设计、块设备驱动程序、USB 设备驱动程序等。通过对本篇内容的学习，读者可以掌握编写各种设备驱动程序的方法。

本书读者对象

- ❑ Linux 内核爱好者；
- ❑ 想学习 Linux 驱动开发的入门人员；
- ❑ Linux 驱动程序专业开发人员；
- ❑ 嵌入式工程师；
- ❑ 大中专院校的学生；
- ❑ 社会培训班的学员；
- ❑ 需要了解驱动程序开发的技术人员。

本书作者

本书由郑强主笔编写。其他参与编写的人员有陈杰、陈贞、樊俊、高彩丽、高莹婷、管磊、郭丽、韩亚、李红、李龙海、梁伟、刘忆智、曲宝军、孙忠贤、唐正兵、王全政、王勇浩、武文琛、徐学英、闫伍平、于轶、占海明、张帆。

您在阅读本书的过程中若碰到什么问题，请通过以下方式联系我们，我们会及时地答复您。

E-mail：book@wanjuanchina.net 或 bookservice2008@163.com

论坛网址：http://www.wanjuanchina.net

编者

目　　录

第 1 篇　Linux 驱动开发基础

第 2 篇　Linux 驱动开发核心技术

第 3 篇　Linux 驱动开发实用实战

第 1 篇 　Linux 驱动开发基础

第 1 章　Linux 驱动开发概述

设备驱动程序是计算机硬件与应用程序的接口，是软件系统与硬件系统沟通的桥梁。如果没有设备驱动程序，那么硬件设备就只是一堆废铁，没有什么功能。本章将对 Linux 驱动开发进行简要的概述，使读者理解一些常见的概念。

1.1　Linux 设备驱动的基本概念

刚刚接触 Linux 设备驱动的朋友，会对 Linux 设备驱动中的一些基本概念不太理解。这种不理解，会导致继续学习的困难，所以本节集中讲解一些 Linux 设备驱动的基本概念，为进一步学习打下良好的基础。

1.1.1　设备驱动程序概述

设备驱动程序（Device Driver），简称驱动程序（Driver）。它是一个允许计算机软件（Computer Software）与硬件（Hardware）交互的程序。这种程序建立了一个硬件与硬件，或硬件与软件沟通的界面。CPU 经由主板上的总线（Bus）或其他沟通子系统（Subsystem）与硬件形成连接，这样的连接使得硬件设备（Device）之间的数据交换成为可能。

依据不同的计算机架构与操作系统平台差异，驱动程序可以是 8 位、16 位、32 位，64 位。不同平台的操作系统需要不同的驱动程序。例如 32 位的 Windows 系统需要 32 位的驱动程序，64 位的 Windows 系统，需要 64 位的驱动程序；在 Windows 3.11 的 16 位操作系统时代，大部分的驱动程序都是 16 位；到了 32 位的 Windows XP，则大部分是使用 32 位驱动程序；至于 64 位的 Linux 或是 Windows 7 平台上，就必须使用 64 位驱动程序。

1.1.2　设备驱动程序的作用

设备驱动程序是一种可以使计算机与设备进行通信的特殊程序，可以说相当于硬件的接口。操作系统只有通过这个接口，才能控制硬件设备的工作。假如某设备的驱动程序未能正确安装，便不能正常工作。正因为这个原因，驱动程序在系统中所占的地位十分重要。一般，当操作系统安装完毕后，首要的便是安装硬件设备的驱动程序。并且，当设备驱动程序有更新的时候，新的驱动程序比旧的驱动程序有更好的性能。这是因为新的驱动程序对内存、IO 等进行了优化，使硬件能够到达更好的性能。

但是，大多数情况下，并不需要安装所有硬件设备的驱动程序。例如硬盘、显示器、光驱、键盘和鼠标等就不需要安装驱动程序，而显卡、声卡、扫描仪、摄像头和 Modem 等就需要安装驱动程序。不需要安装驱动程序并不代表这些硬件不需要驱动程序，而是这些设备所需驱动已经内置在操作系统中。另外，不同版本的操作系统对硬件设备的支持也是不同的，一般情况下，版本越高所支持的硬件设备也越多。

设备驱动程序用来将硬件本身的功能告诉操作系统（通过提供接口的方式），完成硬件设备电子信号与操作系统及软件的高级编程语言之间的互相翻译。当操作系统需要使用某个硬件时，例如让声卡播放音乐，它会先发送相应指令到声卡的某个 I/O 端口。声卡驱动程序从该 I/O 端口接收到数据后，马上将其翻译成声卡才能听懂的电子信号命令，从而让声卡播放音乐。所以简单地说，驱动程序是提供硬件到操作系统的一个接口，并且协调二者之间的关系。而因为驱动程序有如此重要的作用，所以人们都称"驱动程序是硬件的灵魂"、"硬件的主宰"，同时驱动程序也被形象地称为"硬件和系统之间的桥梁"。

1.1.3　设备驱动的分类

计算机系统的主要硬件由 CPU、存储器和外部设备组成。驱动程序的对象一般是存储器和外部设备。随着芯片制造工艺的提高，为了节约成本，通常将很多原属于外部设备的控制器嵌入到 CPU 内部。例如 Intel 的酷睿 i5 3450 处理器，就内置有 GPU 单元，配合"需要搭配内建 GPU 的处理器"的主板，就能够起到显卡的作用。相比独立显卡，性价比上有很大的优势。所以现在的驱动程序应该支持 CPU 中的嵌入控制器。Linux 将这些设备分为 3 大类，分别是字符设备、块设备和网络设备。

1．字符设备

字符设备是指那些能一个字节一个字节读取数据的设备，如 LED 灯、键盘和鼠标等。字符设备一般需要在驱动层实现 open()、close()、read()、write()、ioctl()等函数。这些函数最终将被文件系统中的相关函数调用。内核为字符设备对应一个文件，如字符设备文件/dev/console。对字符设备的操作可以通过字符设备文件/dev/console 来进行。这些字符设备文件与普通文件没有太大的差别，差别之处是字符设备一般不支持寻址，但特殊情况下，有很多字符设备也是支持寻址的。寻址的意思是，对硬件中一块寄存器进行随机地访问。不支持寻址就是只能对硬件中的寄存器进行顺序的读取，读取数据后，由驱动程序自己分析需要哪一部分数据。

2．块设备

块设备与字符设备类似，一般是像磁盘一样的设备。在块设备中还可以容纳文件系统，并存贮大量的信息，如 U 盘、SD 卡。在 Linux 系统中，进行块设备读写时，每次只能传输一个或者多个块。Linux 可以让应用程序像访问字符设备一样访问块设备，一次只读取一个字节。所以块设备从本质上更像一个字符设备的扩展，块设备能完成更多的工作，例如传输一块数据。

综合来说，块设备比字符设备要求更复杂的数据结构来描述，其内部实现也是不一样的。所以，在 Linux 内核中，与字符驱动程序相比，块设备驱动程序具有完全不同的 API 接口。

3．网络设备

计算机连接到互联网上需要一个网络设备，网络设备主要负责主机之间的数据交换。

与字符设备和块设备完全不同，网络设备主要是面向数据包的接收和发送而设计的。网络设备在 Linux 操作系统中是一种非常特殊的设备，其没有实现类似块设备和字符设备的 read()、write() 和 ioctl() 等函数。网络设备实现了一种套接字接口，任何网络数据传输都可以通过套接字来完成。

1.2　Linux 操作系统与驱动的关系

Linux 操作系统与设备驱动之间的关系如图 1.1 所示。用户空间包括应用程序和系统调用两层。应用程序一般依赖于函数库，而函数库是由系统调用来编写的，所以应用程序间接地依赖于系统调用。

系统调用层是内核空间和用户空间的接口层，就是操作系统提供给应用程序最底层的 API。通过这个系统调用层，应用程序不需要直接访问内核空间的程序，增加了内核的安全性。同时，应用程序也不能访问硬件设备，只能通过系统调用层来访问硬件设备。如果应用程序需要访问硬件设备，那么应用程序先访问系统调用层，由系统调用层去访问内核层的设备驱动程序。这样的设计，保证了各个模块的功能独立性，也保证了系统的安全。

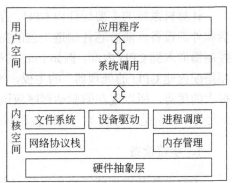

图 1.1　设备驱动程序与操作系统的关系

系统调用层依赖内核空间的各个模块来实现。在 Linux 内核中，包含很多实现具体功能的模块。这些模块包括文件系统、网络协议栈、设备驱动、内核调度、内存管理、进程管理等，都属于系统内核空间，也就是这些模块是在内核空间实现的。

最底层是硬件层，这一层是实际硬件设备的抽象。设备驱动程序的功能就是驱动这一层硬件。设备驱动程序可以工作在有操作系统的情况下，也可以工作在没有操作系统的情况下。如果只需要实现一些简单的控制设备操作，那么可以不使用操作系统。如果嵌入式系统完成的功能比较复杂，则往往需要操作系统来帮忙。例如，单片机程序，就不需要操作系统，因为其功能简单，内存、处理器能力弱，不能也没有必要为其开发操作系统。

1.3　Linux 驱动程序开发

Linux 驱动程序的开发与应用程序的开发有很大的差别。这些差别导致了编写 Linux 设备驱动程序与编写应用程序有本质的区别，所以对于应用程序的设计技巧很难直接应用在驱动程序的开发上。最经典的例子是应用程序如果错误可以通过 try catch 等方式，避免程序的崩溃，驱动程序则没有这么好的处理方式。本节将对 Linux 驱动程序的开发进行简要的讲解。

1.3.1　用户态和内核态

Linux 操作系统分为用户态和内核态。用户态处理上层的软件工作。内核态用来管理用户态的程序，完成用户态请求的工作。驱动程序与底层的硬件交互，所以工作在内核态。

简单来说，内核态大部分时间在完成与硬件的交互，比如读取内存，将硬盘上的数据读取到内存中，调度内存中的程序到处理器中运行等。相对于内核态，用户态则自由得多，其实，用户态中的用户可以狭隘的理解为应用程序开发者，他们很少与硬件直接打交道，他们经常的工作是编写 Java 虚拟机下的应用程序，或者.NET 框架下的应用程序。即使他们的编程水平很初级，经常出现程序异常，那么充其量是将 Java 虚拟机搞崩溃，想把操作系统搞崩溃还是很难的。这一切都归功于内核态对操作系统有很强大的保护能力。

另一方面，Linux 操作系统分为两个状态的原因主要是，为应用程序提供一个统一的计算机硬件抽象。工作在用户态的应用程序完全可以不考虑底层的硬件操作，这些操作由内核态程序来完成。这些内核态程序大部分是设备驱动程序。一个好的操作系统的驱动程序对用户态应用程序应该是透明的，也就是说，应用程序可以在不了解硬件工作原理的情况下，很好地操作硬件设备，同时不会使硬件设备进入非法状态。Linux 操作系统很好的做到了这一点。在 Linux 编程中，程序员经常使用 open()方法来读取磁盘中的数据，在调用这个方法的时候，并不需要关心磁盘控制器是怎么读取数据，并将其传到内存中的。这些工作都是驱动程序完成的，这就是驱动程序的透明性。

一个值得注意的问题是，工作在用户态的应用程序不能因为一些错误而破坏内核态的程序。现代处理器已经充分考虑了这个问题。处理器提供了一些指令，分为特权指令和普通指令。特权指令只有在内核态下才能使用；普通指令既可以在内核态使用，也可以在用户态使用。通过这种限制，用户态程序就不能执行只有在内核态才能执行的程序了，从而起到保护的作用。

另一个值得注意的问题是，用户态和内核态是可以互相转换的。每当应用程序执行系统调用或者被硬件中断挂起时，Linux 操作系统都会从用户态切换到内核态。当系统调用完成或者中断处理完成后，操作系统会从内核态返回用户态，继续执行应用程序。

1.3.2　模块机制

模块是可以在运行时加入内核的代码，这是 Linux 一个很好的特性。这个特性使内核可以很容易地扩大或缩小，一方面扩大内核可以增加内核的功能，另一方面缩小内核可以减小内核的大小。

Linux 内核支持很多种模块，驱动程序就是其中最重要的一种，甚至文件系统也可以写成一个模块，然后加入内核中。每一个模块由编译好的目标代码组成，可以使用 insmod（insert module 的缩写）命令将模块加入正在运行的内核，也可以使用 rmmod（remove module 的缩写）命令将一个未使用的模块从内核中删除。试图删除一个正在使用的模块，将是不允许的。对 Windows 熟悉的朋友，可以将模块理解为 DLL 文件。

模块在内核启动时装载称为静态装载，在内核已经运行时装载称为动态装载。模块可以扩充内核所期望的任何功能，但通常用于实现设备驱动程序。一个模块的最基本框架代码如下：

```
#include <linux/kernel.h>
#include <linux/module.h>
#include <linux/init.h>

int __init xxx_init(void)
```

```
{
    /*这里是模块加载时的初始化工作*/
    return 0;
}

void __exit xxx_exit(void)
{
    /*这里是模块卸载时的销毁工作*/
}
module_init(xxx_init);                    /*指定模块的初始化函数的宏*/
module_exit(xxx_exit);                    /*指定模块的卸载函数的宏*/
```

1.3.3　编写设备驱动程序需要了解的知识

目前，Linux 操作系统有七、八百万行代码，其中驱动程序代码就有四分之三左右。所以对于驱动开发者来说，学习和编写设备驱动程序都是一个漫长的过程。在这个过程中，读者应该掌握如下一些知识：

（1）驱动开发人员应该有良好的 C 语言基础，并能灵活地应用 C 语言的结构体、指针、宏等基本语言结构。另外，Linux 系统使用的 C 编译器是 GNU C 编译器，所以对 GNU C 标准的 C 语言也应该有所了解。

（2）驱动开发人员应该有良好的硬件基础。虽然不要求驱动开发人员具有设计电路的能力，但也应该对芯片手册上描述的接口设备有清楚的认识。常用的设备有 SRAM、Flash、UART、IIC 和 USB 等。

（3）驱动开发人员应该对 Linux 内核源代码有初步的了解。例如一些重要的数据结构和函数等。

（4）驱动开发人员应该有多任务程序设计的能力，同时驱动中也会使用大量的自旋锁、互斥锁和信号量等。

本书的大部分知识基本包括了这些方面，读者在阅读本书的过程中应该能快速掌握这些知识。

1.4　编写设备驱动程序的注意事项

大部分程序员都比较熟悉应用程序的编写，但是对于驱动程序的编写可能不是很熟悉。关于应用程序的很多编程经验不能直接应用到驱动程序的编写中，下面给出编写驱动程序的一些注意事项，希望引起读者注意。

1.4.1　应用程序开发与驱动程序开发的差异

在 Linux 上的程序开发一般分为两种，一种是内核及驱动程序开发，另一种是应用程序开发。这两种开发种类对应 Linux 的两种状态，分别是内核态和用户态。内核态用来管理用户态的程序，完成用户态请求的工作；用户态处理上层的软件工作。驱动程序与底层的硬件交互，所以工作在内核态。

大多数程序员致力于应用程序的开发，少数程序员则致力于内核及驱动程序的开发。相对于应用程序的开发，内核及驱动程序的开发有很大的不同。最重要的差异包括以下几点：

- 内核及驱动程序开发时不能访问 C 库，因为 C 库是使用内核中的系统调用来实现的，而且是在用户空间实现的。驱动程序只能访问有限的系统调用，或者汇编程序。
- 内核及驱动程序开发时必须使用 GNU C，因为 Linux 操作系统从一开始就使用的是 GNU C，虽然也可以使用其他的编译工具，但是需要对以前的代码做大量的修改。需要注意的是，32 位的机型和 64 位的机型在编译时，也有一定的差异。
- 内核支持异步中断、抢占和 SMP，因此内核及驱动程序开发时必须时刻注意同步和并发。
- 内核只有一个很小的定长堆栈。
- 内核及驱动程序开发时缺乏像用户空间那样的内存保护机制。稍不注意，就可能读写其他程序的内存。
- 内核及驱动程序开发时浮点数很难使用，应该使用整型数。
- 内核及驱动程序开发要考虑可移植性，因为对于不同的平台，驱动程序是不兼容的。

1.4.2　GUN C 开发驱动程序

GUN C 语言最早起源于一个 GUN 计划，GUN 的意思是 GUN is not UNIX。GUN 计划开始于 1984 年，这个计划的目的是开发一个类似 UNIX 并且软件自由的完整操作系统。这个计划一直在进行，到 Linus 开发 Linux 操作系统时，GNU 计划已经开发出来了很多高质量的自由软件，其中就包括著名的 GCC 编译器，GCC 编译器能够编译 GUN C 语言。Linus 考虑到 GUN 计划的自由和免费，所以选择了 GCC 编译器来编写内核代码，之后的很多开发者也使用这个编译器，所以直到现在，驱动开发人员还使用 GUN C 语言来开发驱动程序。

1.4.3　不能使用 C 库开发驱动程序

与用户空间的应用程序不同，内核不能调用标准的 C 函数库，主要的原因在于对于内核来说完整的 C 库太大了。一个编译的内核大小可以是 1MB 左右，而一个标准的 C 语言库大小可能操作 5MB。这对于存储容量较小的嵌入式设备来说，是不实用的。缺少标准 C 语言库，并不是说驱动程序就只能做很好的事情了。因为标准 C 语言库是通过系统调用实现的，驱动也是通过系统调用等实现的，两者都有相同的底层，所以驱动程序不需要调用 C 语言库，也能实现很多的功能。

大部分常用的 C 库函数在内核中都已经实现了。比如操作字符串的函数就位于内核文件 lib/string.c 中。只要包含<linux/string.h>，就可以使用它们；又如内存分配的函数也已经包含在 include/linux/slab_def.h 中实现了。

> 注意：内核程序中包含的头文件是指内核代码树中的内核头文件，不是指开发应用程序时的外部头文件。在内核中实现的库函数中的打印函数 printk()，它是 C 库函数 printf()的内核版本。printk()函数和 printf()函数有基本相同的用法和功能。

1.4.4　没有内存保护机制

当一个用户应用程序由于编程错误，试图访问一个非法的内存空间，那么操作系统内核会结束这个进程，并返回错误码。应用程序可以在操作系统内核的帮助下恢复过来，而且应用程序并不会对操作系统内核有太大的影响。但是如果操作系统内核访问了一个非法的内存，那么就有可能破坏内核的代码或者数据。这将导致内核处于未知的状态，内核会通过 oops 错误给用户一些提示，但是这些提示都是不支持、难以分析的。

在内核编程中，不应该访问非法内存，特别是空指针，否则内核会忽然死掉，没有任何机会给用户提示。对于不好的驱动程序，引起系统崩溃是很常见的事情，所以对于驱动开发人员来说，应该非常重视对内存的正确访问。一个好的建议是，当申请内存后，应该对返回的地址进行检测。

1.4.5　小内核栈

用户空间的程序可以从栈上分配大量的空间存放变量，甚至用栈存放巨大的数据结构或者数组都没问题。之所以能这样做是因为应用程序是非常驻内存的，它们可以动态地申请和释放所有可用的内存空间。内核要求使用固定常驻的内存空间，因此要求尽量少地占用常驻内存，而尽量多地留出内存提供给用户程序使用。因此内核栈的长度是固定大小的，不可动态增长的，32 位机的内核栈是 8KB；64 位机的内核栈是 16KB。

由于内核栈比较小，所以编写程序时，应该充分考虑小内核栈问题。尽量不要使用递归调用，在应用程序中，递归调用 4000 多次就有可能溢出，在内核中，递归调用的次数非常少，几乎不能完成程序的功能。另外使用完内存空间后，应该尽快地释放内存，以防止资源泄漏，引起内核崩溃。

1.4.6　重视可移植性

对于用户空间的应用程序来说，可移植性一直是一个重要的问题。一般可移植性通过两种方式来实现。一种方式是定义一套可移植的 API，然后对这套 API 在这两个需要移植的平台上分别实现。应用程序开发人员只要使用这套可移植的 API，就可以写出可移植的程序。在嵌入式领域，比较常见的 API 套件是 QT。另一种方式是使用类似 Java、Actionscript 等可移植到很多操作系统上的语言。这些语言一般通过虚拟机执行，所以可以移植到很多平台上。

对于驱动程序来说，可移植性需要注意以下几个问题：

❑ 考虑字节顺序，一些设备使用大端字节序，一些设备使用小端字节序。Linux 内核提供了大小端字节序转换的函数。

```
#define cpu_to_le16(v16)  (v16)
#define cpu_to_le32(v32)  (v32)
#define cpu_to_le64(v64)  (v64)
#define le16_to_cpu(v16)  (v16)
#define le32_to_cpu(v32)  (v32)
#define le64_to_cpu(v64)  (v64)
```

❑ 即使是同一种设备的驱动程序，如果使用的芯片不同，也应该写不同的驱动程序，但是应该给用户提供一个统一的编程接口。

❑ 尽量使用宏代替设备端口的物理地址，并且可以使用 ifdefine 宏确定版本等信息。

❑ 针对不同的处理器，应该使用相关处理器的函数。

1.5　Linux 驱动的发展趋势

随着嵌入式技术的发展，使用 Linux 的嵌入式设备也越来越多，特别是现在的 Android 设备。同样地，工业上对 Linux 驱动的开发也越来越重视。本节将对 Linux 驱动的发展做简要的介绍。

1.5.1　Linux 驱动的发展

Linux 和嵌入式 Linux 软件在过去几年里已经被越来越多的 IT、半导体、嵌入式系统等公司所认可和接受，它已经成为一个可以替代微软的 Windows 和众多传统的 RTOS 的重要的操作系统。Linux 内核和基本组件及工具已经非常成熟。面向行业、应用和设备的嵌入式 Linux 工具软件和嵌入式 Linux 操作系统平台，是未来发展的必然趋势。符合标准，遵循开放是大势所趋，人心所向，嵌入式 Linux 也不例外。

使嵌入式 Linux 不断发展的一个核心问题，是提供大量的稳定和可靠的驱动程序。每天都有大量的芯片被生产出来，芯片的设计和原理不一样，那么驱动程序就不一样。这样，就需要大量的驱动程序开发人员开发驱动程序，可以说，Linux 驱动程序的发展前景是很光明的。

1.5.2　驱动的应用

计算机系统已经融入到了各行各业、各个领域；计算机系统在电子产品中无处不在，从手机、游戏机、冰箱、电视、洗衣机等小型设备，到汽车、轮船、火车、飞机等大型设备都有它的身影。这些设备都需要驱动程序使之运行，可以说驱动程序的运用前景是非常广泛的。每天都有很多驱动程序需要编写，所以驱动程序开发人员的前途是无比光明的。

1.5.3　相关学习资源

学习 Linux 设备驱动程序，仅仅只学习理论是不够的，还需要亲自动手写各种设备的驱动程序。编写驱动程序不仅需要软件知识，还需要硬件知识。在这里，笔者推荐一些国内外优秀的驱动开发网站，希望对读者的学习有所帮助。同时，笔者也计划开通一个学习网站（http://www.zhengxiaoqiang.com），里面将记录一些工作心得和总结，希望对大家有所帮助。

（1）Linux 内核之旅网站：http://www.kerneltravel.net/；

（2）知名博客：http://www.lupaworld.com/26540；

（3）Linux 中国：http://www.linux-cn.com/；

（4）一个不错的 Linux 中文社区：http://www.linux-cn.com/；

（5）csdn 内核驱动研究社区：http://topic.csdn.net/s/Linux_Dirver/0.html；

（6）Linux 伊甸园：http://bbs.linuxeden.com/index.php。

1.6 小 结

本章首先对 Linux 设备驱动程序的基本概念进行了详细的讲述，并且讲述了设备驱动程序的作用；接着讲述了设备驱动程序的分类、特点及与操作系统之间的关系等；然后讲述了驱动程序开发的一些重要知识和一些注意事项；最后讲述了 Linux 驱动程序的发展趋势。通过本章的学习，读者可以对 Linux 设备驱动程序的开发有一个大概的了解。

随着嵌入式设备的迅猛出现，有越来越多的驱动程序需要程序员去编写，所以学习驱动程序的开发对个人的进步是非常有帮助的。本章作为驱动程序开发的入门，希望能够引起读者的学习兴趣。

第 2 章　嵌入式处理器和开发板简介

在实际的工程项目中，Linux 驱动程序一般是为嵌入式系统而写的。因为嵌入式系统因用途、功能、设计厂商不同，硬件之间存在很多的差异。这些差异性，不能通过写一个通用的驱动程序来完成，需要针对不同的设备书写不同的驱动程序。要写驱动程序，必须了解处理器和开发板的相关信息，本章将对这些信息进行详细讲解。

2.1　处理器的选择

处理器的内部控制器不一样，其驱动程序的开发也是不一样的。例如 Intel 和 ARM 的处理器，它们的驱动开发就不一样。本节将对处理器的概念进行简要的讲解，并介绍一些常用的处理器种类，以使读者对嵌入式系统的处理器有初步的认识。

2.1.1　处理器简述

处理器是解释并执行指令的功能部件。每个处理器都有一组独特的诸如 mov、add 或 sub 这样的操作命令集，这组操作集被称为指令系统。在计算机诞生初期，设计者喜欢将计算机称为机器，所以该指令系统有时也称作机器指令系统。

处理器以惊人的速度执行指令指定的工作。一个称作时钟的计时器准确地发出定时电信号，该信号为处理器工作提供有规律的脉冲，通常叫时钟脉冲。测量计算机速度的术语引自电子工程领域，称作兆赫（MHz），兆赫意指每秒百万个时钟周期。一个 8MHz 的处理器中，指定执行速度高达了每秒 8 百万次。这个概念相信大家并不陌生，衡量 CPU 的计算速度一般就是这个单位。

2.1.2　处理器的种类

处理器作为一种高科技产品，其技术含量非常高，目前全世界只有少数厂商能够设计。这些厂商主要有 Intel、AMD、ARM、中国威盛、Cyrix 和 IBM 等。目前，处理器在嵌入式领域应用十分广泛，各大厂商都推出了自己的嵌入式处理器，嵌入式处理器主要有 Intel 的 PXA 系列处理器、StrongARM 系列处理器、MIPS 处理器、摩托罗拉龙珠（DragonBall）系列处理器、日立 SH3 处理器和德州仪器 OMAP 系列处理器。了解这些嵌入式处理器的特性，是驱动开发人员必须补的一课，所以本节将对这些常用的处理器进行简要的介绍。

1．Intel 的 PXA 系列处理器

为了配合微软 PocketPC 2002（掌上电脑）系统对性能越来越苛刻的需求，Intel 于 2002 年发布了一款 StrongARM 处理器的改进产品——Xscale 架构的 PXA 系列处理器。这个系

列最大的改进就在于较大地提高了性能，并且全面兼容旧款产品。这个系列包括了频率为
200MHz 的 PXA210 和频率为 400MHz 的 PXA250 及它的最新改进型号 PXA255（加宽了
总线频率）。这个系列的处理器已经被广泛应用于新一代的 PocketPC2002/2003 上。不过，
时至今日，这种处理器已经不再流行了。

　　PXA 系列处理器的优点是性能和通用性都得到了提高，具备了一些先进特性。例如，
无线局域网、通用串行总线和蓝牙等技术。另外，新的处理器推出也很好地统一了 PocketPC
使用的处理器的规范。更值得一提的是，频率较低的 PXA210 在超频到 300MHz 时依然能
够稳定运行。

　　PXA 系列处理器的缺点是：此款处理器在缺乏软件支持的情况下，在性能上会被打折
扣，甚至略低于旧款的 StrangARM 处理器。可见 Intel 在手持设备处理器上面对的问题还
是相当多的。

　　PXA 系列处理器得到了较为广泛的使用，其代表产品有康柏 iPAQ 1910/20、iPAQ3970、
SONY TG50 和宏基的 n10 等众多机型，并且在一些智能电话（SmartPhone）系统上也得到
了应用。

2．StrongARM 系列处理器

　　即使目前 WinCE 系统已经流行，但是还要介绍一下 StrongARM 这款处理器。
StrongARM 系列处理器是 Intel 旗下的 ARM 公司推出的，一款旨在支持 WinCE3.0 PocketPC
系统的 RISC（精简指令集）处理器，简称 ARM 处理器。ARM 处理器由 ARM 公司设计，
与 MIPS 公司类似，采用发放许可权方式，由其他公司生产。较早期的 Pocket PC 中使用
的 ARM 处理器是由 Intel 公司推出的 StrongARM SA-1110，工作频率为 206MHz，32 位的
处理器，内建 8KB 的高速代码缓存和 16KB 数据缓存。该处理器主要使用在 Compaq iPAQ
H3100 和 H3600 等系列系统上。该系列处理器主频在 100MHz～206MHz 之间，这款处理
器也是微软的 Pocket PC 战略的奠基石。在此之前，市场上的 WinCE 设备正被不同的 CPU
造成的软件兼容性问题困扰着。

　　StrongARM 系列处理器的优点是该系列处理器的性能较高。并且使用了基于 Strong-
ARM 处理器的终端设备不用再担心兼容性的问题，2000 年后开发的软件基本都能运行。

　　StrongARM 系列处理器的缺点是：功耗过大一直是困扰高频率处理器的首要问题，而
StrongARM 处理器的架构已经不允许它的频率再得到提升了。另一方面，该系列处理器在
多媒体方面的表现也并没有人们预料的那样好。

　　StrongARM 系列处理器得到了广泛的应用，其代表产品有康柏 iPAQ 3630、NEC MP300
等一些基于 PocketPC/WinCE3.0 的机型。另外许多中国台湾的厂商也推出了很多基于该系
列处理器的产品。

3．MIPS 处理器

　　MIPS 实际上是芯片设计商 MIPS Technologies 公司的名字。MIPS Technologies 公司并
不生产芯片，它只是把设计许可给其他公司，由其他公司制造生成，例如 NEC 就是其主要
合作厂商。NEC 是所有用于 Pocket PC 的 MIPS 处理器的制造商。所有 Pocket PC 上使用的
MIPS 处理器都是 64 位处理器。MIPS Vr4121 处理器内建 8KB 的高速数据缓存和 16KB 的
高速代码缓存；MIPS Vr4122 处理器内建 16KB 的高速数据缓存和 32KB 的高速代码缓存；

而 MIPS Vr4181 处理器内建 4KB 的高速数据缓存和 4KB 的高速代码缓存。因缓存的大小不同，价格也有所不同，应该根据需要选择合适的处理器类型。Pocket PC 上使用的 MIPS 处理器的时钟频率范围为 70MHz 到 150MHz 之间，其应用十分广泛。

4. 摩托罗拉龙珠（DragonBall）系列处理器

摩托罗拉在 1995 年推出了第一款龙珠芯片，它的推出主要是为了应对 Intel 等厂商的竞争。摩托罗拉龙珠处理器走的是低功耗低成本的路线，虽然处理速度没有优势，但却特别适合小巧的 PDA 使用。因此摩托罗拉设计的龙珠系列处理器可以算是掌上电脑里的奔腾一代处理器，是一款具有历史意义的 CPU。

龙珠系列处理器的优点是：龙珠处理器的主频在 16MHz～66MHz 之间，型号分别有 EZ、VZ 和最快的 MX1。它们共同的特点是低功耗，低频率，稳定性好。早期的黑白机型甚至能够创造持续开机 20 小时的记录。

龙珠系列处理器的缺点是：缺少了多媒体的支持能力和一些高级应用协议接口的能力（如安全加密、无线局域网、MPEG 解码）。它在多媒体方面的局限性使得终端设备制造商很难把其用于多媒体领域，而通过外加芯片的方式不仅增加了成本，而且也使原来龙珠著称的省电特性也不复存在。

龙珠系列处理器的代表产品有 Palm M 系列（M515，M130）、早期的 Vx、IIIc 及最新的黑白机 Zire。已并入 Palm.inc 的 Handspring 所推出的 Deluxe 系列和 Tero 系列智能电话。

5. 日立 SH3 处理器

SuperH3（SH3）处理器由日立（Hitachi）公司生产，该公司设计并生产这些芯片。SH3 处理器比较少见，只使用在惠普 Jornada 540 系列 Pocket PC 上（型号为 SH7709A）。SH7709A 处理器是一个 32 位的处理器，内建 16KB 一体化高速缓存，工作频率为 133MHz。

6. 德州仪器 OMAP 系列处理器

OMAP 是一款面向多媒体操作系统的高性能低功耗处理器。它集成了包括一个数字协处理器在内的多媒体单元，并且加入了 GSM/GPRS 接口和蓝牙无线协议等一些当前的高级功能。由于其较低的主频和对外设的广泛支持，OMAP 获得了 Palm 公司的认可，成为了旗下 Palm OS5 产品的标准处理器。

OMAP 的优点是：接口全面，并且具有较低的功耗和不错的性能表现。其在 Palm OS5 系统上的运用很好地延续了 Palm 一向给人的省电、程序效率高的印象。

OMAP 的缺点是：耗电基本和旧款的彩色机型持平，但想要达到昔日的辉煌是不可能了。而且面对处理 MPEG 流和一些解码动作的应用时，其绝对性能还是逊于 StrongARM 处理器。

2.2　ARM 处理器

在所有处理器中，ARM 处理器是应用最为广泛的一种处理器。ARM（Advanced RISC Machines）处理器价格便宜，功能相对较多，是目前最流行的嵌入式处理器之一。ARM 处理器分为很多种类，适用于不同的应用，下面对其进行详细介绍。

2.2.1　ARM 处理器简介

ARM 处理器是目前最流行的处理器之一，下面对该处理器的一些知识进行介绍。

1．ARM 处理器

ARM 是微处理器行业的一家知名企业，设计了大量高性能、廉价、耗能低的 RISC 处理器。ARM 处理器具有性能高、成本低和能耗省的特点。其中，功耗低是其流行的主要原因之一。嵌入式设备一般使用电池，设备续航能力的高低主要取决于 CPU 的功耗。因为 ARM 处理器功耗低，所以适用于多种领域，比如嵌入控制、消费/教育类多媒体、DSP 和移动式应用等。

ARM 公司将其技术授权给世界上许多著名的半导体、软件和 OEM 厂商。每个厂商得到的都是一套独一无二的 ARM 相关技术及服务。利用这种合伙关系，ARM 很快成为许多全球性 RISC 标准的缔造者。技术授权就是 ARM 公司为其他 CPU 生产商提供技术支持，

目前，总共有 100 多家半导体公司与 ARM 签订了硬件技术使用许可协议，其中包括 Intel、IBM、LG 半导体、NEC、SONY、菲利浦和国民半导体这样的大公司。至于软件系统的合伙人，则包括微软、IBM 和 MRI 等一系列知名公司。

2．ARM 处理器的特点

ARM 处理器的优点很多，所以得到广泛的使用，这些优点包括：

- ❑ 16/32 位双指令集，节省存储空间。
- ❑ 小体积、低功耗、低成本、高性能。
- ❑ 支持 DSP 指令集，支持复杂的算数运算，对多媒体处理非常有用。
- ❑ Jazelle 技术，对 Java 代码运行速度进行了优化。
- ❑ 全球众多的合作伙伴，ARM32 位体系结构被公认为业界领先的 32 位嵌入式 RISC 处理器结构，所有 ARM 处理器共享这一体系结构。这可确保开发者转向更高性能的 ARM 处理器时，由于所有产品均采用一个通用的软件体系，所以基本上相同的软件可在所有产品中运行，从而使开发者在软件开发上可获得最大回报。

2.2.2　ARM 处理器系列

ARM 处理器当前有 6 个产品系列，分别是 ARM7、ARM9、ARM9E、ARM10、ARM11 和 SecurCore，其中 ARM11 为最近推出的产品。一些产品来自于合作伙伴，例如 Intel Xscale 微体系结构和 StrongARM 产品。ARM7、ARM9、ARM9E、ARM10 是 4 个通用处理器系列。每个系列提供一套特定的性能来满足设计者对功耗、性能、体积的需求。SecurCore 是第 5 个产品系列，是专门为安全设备而设计的。目前中国市场应用较成熟的 ARM 处理器以 ARM7TDMI、ARM9 和 ARM11 核为主。主要的厂家有 SAMSUNG、ATMEL、OKI 等知名半导体厂商。现对各系列处理器做简要的介绍。

1．ARM7 系列

ARM7 系列包括 ARM7TDMI、ARM7TDMI-S、带有高速缓存处理器宏单元的

ARM720T 和扩充了 Jazelle 的 ARM7EJ-S。该系列处理器提供 Thumb 16 位压缩指令集和 EmbeddedICE JTAG 软件调试方式，适合应用于更大规模的 SoC 设计中。其中，ARM720T 高速缓存处理宏单元还提供 8KB 缓存、读缓冲和具有内存管理功能的高性能处理器，支持 Linux、Symbian OS 和 Windows CE 等操作系统。

ARM7 系列广泛应用于多媒体和嵌入式设备，包括 Internet 设备、网络和调制解调器设备及移动电话、PDA 等无线设备。无线信息设备领域的前景广阔，因此，ARM7 系列也瞄准了下一代智能化多媒体无线设备领域的应用。

2. ARM9 系列

ARM9 系列有 ARM9TDMI、ARM920T 和带有高速缓存处理器宏单元的 ARM940T。所有的 ARM9 系列处理器都具有 Thumb 压缩指令集和基于 EmbeddedICE JTAG 的软件调试方式。ARM9 系列兼容 ARM7 系列，而且能够比 ARM7 进行更加灵活的设计。

ARM9 系列主要应用于引擎管理（例如在自动挡汽车中的应用）、仪器仪表、安全系统、机顶盒、高端打印机、PDA、网络计算机及带有 MP3 音频和 MPEG4 视频多媒体格式的智能电话中。

3. ARM9E 系列

ARM9E 系列为综合处理器，包括 ARM926EJ-S、带有高速缓存处理器宏单元的 ARM966E-S/ARM946E-S。该系列强化了数字信号处理功能，可应用于需要 DSP 与微控制器结合使用的情况，将 Thumb 技术和 DSP 都扩展到 ARM 指令集中，并具有 EmbeddedICE-RT 逻辑（ARM 的基于 EmbeddedICE JTAG 软件调试的增强版本），更好地适应了实时系统的开发需要。同时其内核在 ARM7 处理器内核的基础上使用了 Jazelle 增强技术，该技术支持一种新的 Java 操作状态，允许在硬件中执行 Java 字节码。

4. ARM10 系列

ARM10 系列包括 ARM1020E 和 ARM1020E 微处理器核。其核心在于使用向量浮点（VFP）单元 VFP10 提供高性能的浮点解决方案，从而极大地提高了处理器的整型和浮点运算性能，为用户界面的 2D 和 3D 图形引擎应用夯实基础，如视频游戏机和高性能打印机等。

5. SecurCore 系列

SecurCore 系列涵盖了 SC100、SC110、SC200 和 SC210 处理核。该系列处理器主要针对新兴的安全市场，以一种全新的安全处理器设计为智能卡和其他安全 IC 开发提供独特的 32 位系统设计，并具有特定的反伪造方法，从而有助于防止对硬件和软件的盗版。

6. StrongARM 系列和 Xscale 系列

StrongARM 处理器将 Intel 处理器技术和 ARM 体系结构融为一体，致力于手提式通信和消费电子类设备提供理想的解决方案。Intel Xscale 微体系结构则提供全性能、高性价比和低功耗的解决方案，支持 16 位 Thumb 指令和 DSP 指令。

2.2.3　ARM 处理器的应用

虽然 8 位微控制器仍然占据着低端嵌入式产品的大部分市场，但是随着应用的增加，ARM 处理器的应用也越来越广泛。这里将普遍的应用以一个表格列出，如表 2.1 所示。

表 2.1　ARM 处理器的应用

产　品	主　要　应　用
无线产品	手机、PDA，目前 75%以上的手机是基于 ARM 的产品
汽车产品	车上娱乐系统、车上安全装置、导航系统等
消费娱乐产品	数字视频、Internet 终端、交互电视、机顶盒、网络计算机等；数字音频播放器、数字音乐板；游戏
数字影像产品	信息家电、数字照相机、数字系统打印机
工业产品	机器人控制、工程机械、冶金控制等
网络产品	PCI 网络接口卡、ADSL 调制解调器，路由器，无线 LAN 访问点等
安全产品	电子付费终端、银行系统付费终端、智能卡、32 位 SIM 卡等
存储产品	PCI 到 Ultra2 SCSI 64 位 RAID 控制器，硬盘控制器

2.2.4　ARM 处理器的选型

随着国内外嵌入式应用领域的发展，ARM 芯片必然会获得广泛的重视和应用。但是，由于 ARM 芯片有多达十几种的芯核结构，100 多家芯片生产厂家以及千变万化的内部功能配置组合，给开发人员在选择方案时带来一定的困难。下面从应用的角度，介绍 ARM 芯片选择的一般原则。

1．ARM 处理器核

如果希望使用 WinCE 或 Linux 等操作系统以减少软件开发时间，就需要选择 ARM720T 以上带 MMU（memory management unit）功能的 ARM 处理器芯片。ARM720T、Strong-ARM、ARM920T、ARM922T 和 ARM946T 都带有 MMU 功能。而 ARM7TDMI 没有 MMU，不支持 Windows CE 和大部分的 Linux，但目前有 uCLinux 等少数几种 Linux 不需要 MMU 的支持。

2．系统时钟控制器

系统时钟决定了 ARM 芯片的处理速度。ARM7 的处理速度为 0.9MIPS/MHz，常见的 ARM7 芯片系统主时钟为 20MHz～133MHz，ARM9 的处理速度为 1.1MIPS/MHz，常见的 ARM9 的系统主时钟为 100MHz～233MHz，ARM10 最高可以达到 700MHz。不同芯片对时钟的处理不同，有的芯片只有一个主时钟频率，这样的芯片可能不能同时顾及 UART 和音频时钟的准确性，如 Cirrus Logic 的 EP7312 等；有的芯片内部时钟控制器可以分别为 CPU 核和 USB、UART、DSP、音频等功能部件提供不同频率的时钟，如 PHILIPS 公司的 SAA7550 等芯片。

3．内部存储器容量

在不需要大容量存储器时，可以选择内部集成存储器的 ARM 处理器，这样可以有效地节省成本，包含存储器的芯片如表 2.2 所示。不过这种芯片的存储空间较少，使用上也有很多局限性。

表 2.2　内置存储器的芯片

芯片型号	生产商	FLASH 存储器容量	ROM 存储器容量	SRAM 存储器容量
AT91F40162	ATMEL	2MB		4KB
AT91FR4081	ATMEL	1MB		128KB
SAA7750	Philips	384KB		64KB
PUC3030A	Micronas	256KB	256KB	56KB
HMS30C7202	Hynix	192KB		
ML67Q4001	OKI	256KB		
LC67F500	Snayo	640KB		32KB

4. GPIO 数量

在某些芯片供应商提供的说明书中，往往申明的是最大可能的 GPIO 数量，但是有许多引脚是和地址线、数据线、串口线等引脚复用的。这样在系统设计时则需要计算实际可以使用的 GPIO 数量。

5. 中断控制器

ARM 内核只提供快速中断（FIQ）和标准中断（IRQ）两个中断向量。但各个半导体厂家在设计芯片时加入了自己不同的中断控制器，以便支持诸如串行口、外部中断和时钟中断等硬件中断。

6. IIS（Integrate Interface of Sound）接口

如果设计师想开发音频应用产品，则 IIS 总线接口是必需的，其支持音频输入和输出。

7. nWAIT 信号

外部总线速度控制信号。不是每个 ARM 芯片都提供这个信号引脚，利用这个信号与廉价的 GAL 芯片就可以实现与符合 PCMCIA 标准的 WLAN 卡和 Bluetooth 卡的接口，而不需要外加高成本的 PCMCIA 专用控制芯片。另外，当需要扩展外部 DSP 协处理器时，此信号也是必需的。

8. RTC（Real Time Clock）实时时钟

很多 ARM 芯片都提供实时时钟功能，但方式不同。如 Cirrus Logic 公司的 EP7312 的 RTC 只是一个 32 位计数器，需要通过软件计算出年月日时分秒；而 SAA7750 和 S3C2410 等芯片的 RTC 直接提供年月日时分秒格式。

9. LCD 控制器

有些 ARM 芯片内置 LCD 控制器，有的甚至内置 64K 彩色 TFT LCD 控制器。在设计

PDA 和手持式显示记录设备时,选用内置 LCD 控制器的 ARM 芯片如 S1C2410 较为适宜。

10．PWM 输出

有些 ARM 芯片有 2～8 路 PWM 输出,可以用于电机控制或语音输出等场合。

11．ADC 和 DAC 模数转换

有些 ARM 芯片内置 2～8 通道 8～12 位通用 ADC,可以用于电池检测、触摸屏和温度监测等。PHILIPS 的 SAA7750 更是内置了一个 16 位立体声音频 ADC 和 DAC,并且带耳机驱动。

12．扩展总线

大部分 ARM 芯片具有外部 SDRAM 和 SRAM 扩展接口,不同的 ARM 芯片可以扩展的芯片数量即片选线数量不同,外部数据总线有 8 位、16 位或 32 位。某些特殊应用的 ARM 芯片如德国 Micronas 的 PUC3030A 则没有外部扩展功能。

13．UART 和 IrDA

几乎所有的 ARM 芯片都具有 1～2 个 UART 接口,可以用于和 PC 通信或用 Angel 进行调试。一般的 ARM 芯片通信波特率为 115 200bps,少数专为蓝牙技术应用设计的 ARM 芯片的 UART 通信波特率可以达到 920Kbps,如 Linkup 公司的 L7205。

14．DSP 协处理器

首先,需要了解协处理器。协处理器是协助 CPU 完成相应功能的处理器,它除了与 CPU 通信之外,不会与其他部件进行通信。DSP 是协处理器中的一种,全称叫数字信号处理器(Digital Signal Processing)。在图像处理和音频处理中,这种处理器用得很多。大多数 MP3 就使用 DSP 协处理器。常用的协处理器如表 2.3 所示。

表 2.3　常用的协处理器

芯片型号	生产商	DSP 处理器核心	DSP MIPS	应　　用
TMS320DSC2X	TI	16bits C5000	500	Digital Camera
Dragonball MX1	Motorola	24bits 56000		CD-MP3
SAA7750	Philips	24bits EPIC	73	CD-MP3
VWS22100	Philips	16bits OAK	52	GSM
STLC1502	ST	D950		VOIP
GMS30C3201	Hynix	16bits Piccolo		STB
AT75C220	ATMEL	16bits OAK	40	IA
AT75C310	ATMEL	16bits OAK	40x2	IA
AT75C320	ATMEL	16bits OAK	60X2	IA
L7205	Linkup	16bits Piccolo		Wireless
L7210	Linkup	16bits Piccolo		wireless
Quatro	OAK	16bits OAK		Digital Image

15．内置 FPGA

有些 ARM 芯片内置有 FPGA，适合于通信等领域。常用的 FPGA 芯片如表 2.4 所示。

表 2.4　常用的 FPGA 芯片

芯片型号	供应商	ARM 芯片核心	FPGA 门数	引脚数
EPXA1	Altera	ARM922T	100×2^{10}	484
EPXA4	Altera	ARM922T	400×2^{10}	672
EPXA10	Altera	ARM922T	1000×2^{10}	1020
TA7S20 系列	Triscend	ARM7TDMI	多种	多种

16．时钟计数器和看门狗

一般 ARM 芯片都具有 2～4 个 16 位或 32 位时钟计数器，以及一个看门狗计数器。

17．电源管理功能

ARM 芯片的耗电量与工作频率成正比，一般，ARM 芯片都有低功耗模式、睡眠模式和关闭模式。

18．DMA 控制器

有些 ARM 芯片内部集成有 DMA 可以和硬盘等外部设备高速交换数据，同时减少数据交换时对 CPU 资源的占用。另外，还可以选择的内部功能部件有 HDLC、SDLC、CD-ROM Decoder、Ethernet MAC、VGA controller、DC-DC。可以选择的内置接口有 IIC、SPDIF、CAN、SPI、PCI 和 PCMCIA。最后需说明的是封装问题。ARM 芯片现在主要的封装有 QFP、TQFP、PQFP、LQFP、BGA、LBGA 等形式，BGA 封装具有芯片面积小的特点，可以减少 PCB 板的面积，但是需要专用的焊接设备，无法手工焊接。另外，一般 BGA 封装的 ARM 芯片无法用双面板完成 PCB 布线，需要多层 PCB 板布线。

2.2.5　ARM 处理器选型举例

在选择处理器的过程中，应该选择合适的处理器。所谓合适就是在能够满足功能的前提下，选择价格尽量便宜的处理器，这样开发出来的产品更具有市场竞争力。消费者也可以从合适的搭配中找到性价比高的产品，满足消费者的需求。这里列出了一些常用的选择方案供读者参考，如表 2.5 所示。

表 2.5　处理器应用方案

应　　用	方　案　1	方　案　2	说　　明
高档 PDA	S3C2440	Dragon ball MX1	
便携式 CD/MP3 播放器	SAA7750		USB 和 CD-ROM 解码器
FLASH MP3 播放器	SAA7750	PUC3030A	内置 USB 和 FLASH
WLAN 和 BT 应用产品	L7205，L7210	Dragon ball MX1	高速串口和 PCMCIA 接口
Voice Over IP	STLC1502		

续表

应　用	方　案　1	方　案　2	说　明
数字式照相机	TMS320DSC24	TMS320DSC21	内置高速图像处理 DSP
便携式语音 email 机	AT75C320	AT75C310	内置双 DSP，可以分别处理 MODEM 和语音
GSM 手机	VWS22100	AD20MSP430	专为 GSM 手机开发
ADSL Modem	S5N8946	MTK-20141	
电视机顶盒		GMS30C3201	VGA 控制器
3G 移动电话机	MSM6000	OMAP1510	
10G 光纤通信	MinSpeed 公司系列 ARM 芯片	多 ARM 核+多 DSP 核	

2.3　S3C2440 开发板

S3C2440 开发板上集成了一块 S3C2440 处理器。S3C2440 处理器是 ARM 处理器中的一款，广泛使用在无线通信、工业控制、消费电子领域。本节将对 S3C2440 开发板进行详细的介绍，当然，如果你手上有任何一款开发板，本书的内容也是通用的。

2.3.1　S3C2440 开发板简介

目前大多数拥有 ARM 处理的开发板都是基于 S3C2440 处理器的。基于 S3C2440 的开发板由于资料全面、扩展功能好、性能稳定 3 大特点，深受广大嵌入式学习者和嵌入式开发工程师的喜爱。这种开发板由于性能较高，一般可以应用于车载手持、GIS 平台、Data Servers、VOIP、网络终端、工业控制、检测设备、仪器仪表、智能终端、医疗器械、安全监控等产品中。

2.3.2　S3C2440 开发板的特性

基于 S3C2440 开发板包含了许多实用的特性，这些特性都是驱动开发人员练习驱动开发的好材料。下面对这些开发板一般都具有的特性进行介绍。

1．CPU 处理器

Samsung S3C2440A，主频 400MHz，最高 533MHz。

2．SDRAM 内存

❑ 主板 64MB SDRAM。
❑ 32b 数据总线。
❑ SDRAM 时钟频率高达 100MHz。

3．FLASH 存储

❑ 主板 64MB Nand Flash，掉电非易失。

❑ 主板 2M Nor Flash，掉电非易失，已经安装 BIOS。

4．LCD 显示

❑ 板上集成 4 线电阻式触摸屏接口，可以直接连接四线电阻触摸屏。

❑ 支持黑白、4 级灰度、16 级灰度、256 色、4096 色 STN 液晶屏，尺寸从 3.5 寸到 12.1 寸，屏幕分辨率可以达到 1024×768 像素。

❑ 支持黑白、4 级灰度、16 级灰度、256 色、64×2^{10} 色、真彩色 TFT 液晶屏，尺寸从 3.5 寸到 12.1 寸，屏幕分辨率可以达到 1024×768 像素。

❑ 标准配置为 NEC 256×2^{10} 色 240×320/3.5 英寸 TFT 真彩液晶屏，带触摸屏。

❑ 板上引出一个 12V 电源接口，可以为大尺寸 TFT 液晶的 12V CCFL 背光模块（Inverting）供电。

5．接口和资源

❑ 1 个 100M 以太网 RJ-45 接口（采用 DM9000 网络芯片）。

❑ 3 个串行口。

❑ 1 个 USB Host。

❑ 1 个 USB Slave B 型接口。

❑ 1 个 SD 卡存储接口。

❑ 1 路立体声音频输出接口，一路麦克风接口。

❑ 1 个 2.0mm 间距 10 针 JTAG 接口。

❑ 4USER Leds。

❑ 6USER buttons（带引出座）。

❑ 1 个 PWM 控制蜂鸣器。

❑ 1 个可调电阻，用于 AD 模数转换测试。

❑ 1 个 I2C 总线 AT24C08 芯片，用于 I2C 总线测试。

❑ 1 个 2.0 mm 间距 20pin 摄像头接口。

❑ 板载实时时钟电池。

❑ 电源接口（5V），带电源开关和指示灯。

6．系统时钟源

❑ 12MHz 无源晶振。

7．实时时钟

❑ 内部实时时钟（带后备锂电池）。

8．扩展接口

❑ 1 个 34 pin 2.0mmGPIO 接口。

❑ 1 个 40 pin 2.0mm 系统总线接口。

9．操作系统支持

- ❑ Linux 2.6.x。
- ❑ Windows CE.NET。
- ❑ Android。

2.3.3　其他开发板

每个人手中也许都有不同种类的开发板，这并不是说本书的内容就不适合你。你只需要找到你的开发板对应的芯片手册，就能够使用本书中介绍的方法来学习驱动程序的开发。

2.4　小　　结

本章简单地讲解了驱动开发人员必备的处理器知识，详细介绍了 S3C2440 处理器构建的开发板。对驱动开发人员来说，更为重要的是处理器选型问题。本章不仅给出了详细的准则，而且对常见应用的选型进行了举例，相信读者通过本章的学习会有所收获。

第 3 章　构建嵌入式驱动程序开发环境

在编写驱动程序之前，需要构建一个合适的开发环境。这个环境包括合适的 Linux 操作系统、网络、交叉编译工具及 NFS 服务等。为了使读者顺利地完成开发环境的构建，本章将对这些主要内容进行讲解。

3.1　虚拟机和 Linux 安装

由于驱动开发需要涉及不同操作系统的功能，所以需要安装不同的操作系统。一般开发者习惯在 **Windows 系统上安装虚拟机，然后在虚拟机上安装 Linux 系统**。这种方式，可以使一台主机模拟多台主机的功能，从而提高开发的效率。这里，首先介绍安装虚拟机的方法。

3.1.1　在 Windows 上安装虚拟机

在 Window 上安装虚拟机，可以有多种选择。目前流行的虚拟机软件有 VMware 和 Virtual PC。它们都能在 Windows 系统上虚拟出多个计算机，用于安装 Linux、OS/2、FreeBSD 等其他操作系统。微软在 2003 年 2 月份收购 Connectix 后，很快发布了 Microsoft Virtual PC。但出于种种考虑，新发布的 Virtual PC 已不再明确支持 Linux、FreeBSD、NetWare、Solaris 等操作系统，只保留了 OS/2，如果要虚拟一台 Linux 计算机，只能自己手工设置。

相比而言，VMware 不论是在多操作系统的支持上，还是在执行效率上，都比 Virtual PC 明显高出一筹。所以本书选择 VMware 虚拟机构建驱动程序开发环境。从 VMware 的官方网站 http://www.vmware.com/cn/可以下载到 VMware 工具，根据提示安装该软件。

建立一个虚拟机需要指定 CPU、硬盘、内存、网络、光驱等。在 VMware 中可以选择实际的物理硬盘，也可以选择用文件来模拟硬盘。在 VMware 的安装过程中，有一些特殊的地方需要注意，否则可能会造成虚拟机无法使用的现象。下面将对安装过程进行详细讲解。

（1）启动 VMware，如图 3.1 所示。单击"起始页"的"新建虚拟机"图标，建立一台新的虚拟机。

（2）在弹出的 New Virtual Machine Wizard 窗口中，选择"自定义（高级）"选项。这一步将对虚拟机进行自定义配置，如图 3.2 所示。单击 Next 按钮，进入下一步。

（3）在进入的对话框中，从"硬件兼容性"下拉列表框中选择 Workstation 6.5 选项，单击 Next 按钮，如图 3.3 所示。

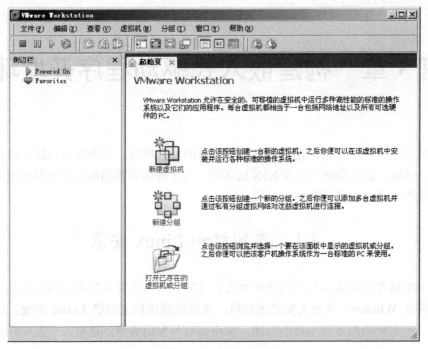

图 3.1　启动 Vmware

图 3.2　虚拟机配置选项

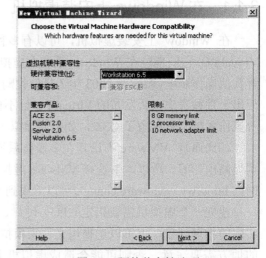

图 3.3　硬件兼容性选项

（4）进入如图 3.4 的对话框后，选择"我将操作系统以后安装"单选按钮，进入下一步。

（5）在进入的对话框中选择 Linux 选项，表示将在此虚拟机上安装 Linux 操作系统。在版本下拉列表框中选择 Other Linux 2.6.x kernel 选项，表示将安装 2.6 内核的 Linux 系统，如图 3.5 所示。

（6）单击"下一步"按钮，在进入的对话框中设置虚拟机的名字和存储位置，如图 3.6 所示。

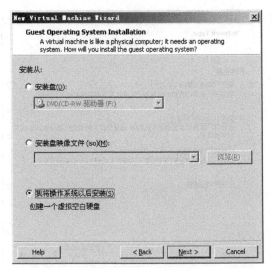

图 3.4　安装源选择

图 3.5　选择内核版本

（7）单击 Next 按钮，进入处理器的配置阶段，选择一个处理器。因为对于嵌入式系统来说，资源往往比较有限，一般只有一个处理器，所以这里选择一个，如图 3.7 所示。

图 3.6　选择虚拟机的名字和存储位置　　　　图 3.7　处理器个数选择

（8）单击 Next 按钮，进入选择内存大小对话框。VMware 将会从实际的物理内存中分配指定的"虚拟机内存"大小使用。如果实际物理内存有 1GB，那么虚拟机内存选择 256MB 就可以了，如图 3.8 所示。

（9）单击 Next 按钮，进入指定虚拟机的网络连接方式对话框。这里使用 Host-only 方式，如图 3.9 所示。具体的网络配置，将在后面讲述。

（10）单击 Next 按钮，进入选择 I/O Adapter 对话框。这里使用默认值（LSI Logic），如图 3.10 所示。

（11）单击 Next 按钮，进入下一个对话框，如图 3.11 所示。在其中选择"创建一个新的虚拟磁盘"单选按钮。

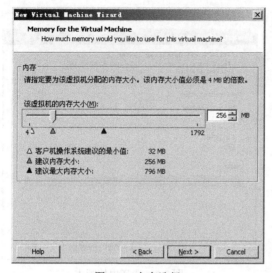

图 3.8　内存选择

图 3.9　网络连接类型

图 3.10　选择 I/O Adapter 对话框

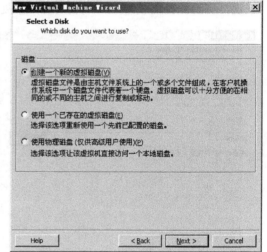

图 3.11　选择创建新的磁盘

（12）单击 Next 按钮，进入选择虚拟硬盘类型对话框。这里选择默认的 SCSI 硬盘，如图 3.12 所示。

（13）单击 Next 按钮，进入指定硬盘大小对话框。这里选择 30GB，因为 Linux 开发需要的空间较大。在图 3.13 中，"以每个文件 2GB 存储虚拟磁盘"选项表示使用多个 2GB 的文件表示一个很大的虚拟硬盘。如果 Windows 的硬盘格式为 FAT32，因为其支持的最大文件是 4GB，所以要选择这个选项；如果是 NTFS 格式，则无须选择这个选项。

（14）单击 Next 按钮，进入下一步对话框，如图 3.14 所示。在其中指定每个虚拟硬盘文件的基本名字。因为一个虚拟硬盘可能由多个文件组成，这里是每个文件都共有的名字。

（15）单击 Next 按钮，进入下一步对话框。直接单击 Finish 按钮，就创建了一个虚拟机。

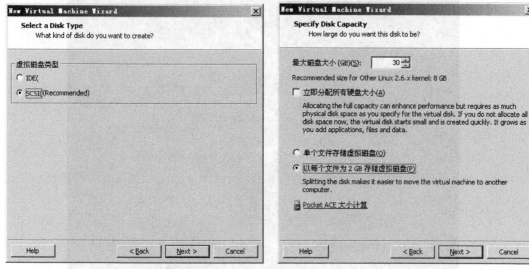

图 3.12　选择硬盘（使用默认类型）　　　　　　图 3.13　指定硬盘大小

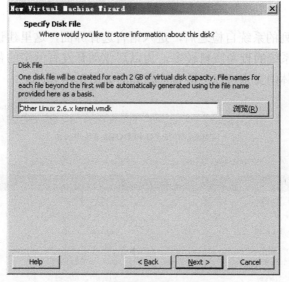

图 3.14　指定虚拟硬盘的基本名

3.1.2　在虚拟机上安装 Linux

本节介绍怎样在虚拟机上安装 Fedora 18.0，并详细介绍如何建立 Linux 开发环境。下面对安装步骤进行详细说明。

（1）在虚拟机的光驱上选择 Fedora 18.0 的光盘镜像文件，然后启动虚拟机，进入安装界面，如图 3.15 所示。

进入安装界面后，界面中显示 Fedora 18-Beta 版，不同发行版可能介绍不一样，下面有 3 个菜单，请直接选择 Install Fedora，并回车确定，进入安装界面。

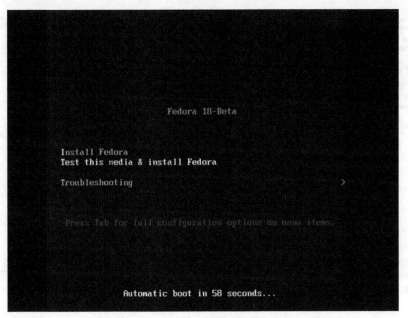

图 3.15　安装界面

（2）经过一系列的系统自检之后，进入语言选择界面，这里建议使用 English（United States），因为英文系统的查考资料较多，为以后驱动开发有一定的帮助。当然，如果你不习惯英文，选择简体中文也可以。语言选择界面如图 3.16 所示。

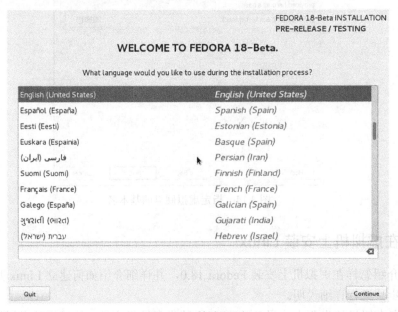

图 3.16　检查界面

（3）当语言选择完之后，就会进入图形安装界面，这里的安装方法和 Windows 的安装方法类似。在安装过程中，用户可以选择键盘类型（一般为 U.S.English 式键盘）、安装程序、网络地址等。安装过程较为简单，用户可以根据提示进行选择和设置，这里就不详细讲解了。

3.1.3　设置共享目录

在网络连接畅通的情况下，虚拟机和 Windows 之间可以通过共享文件，完成两个系统的通信。设置共享文件，需要在 Windows 中设置共享文件夹，而且还需要在虚拟机上进行一些设置，这个过程如下。

（1）在 Windows 系统中设置共享文件夹 share，右击文件夹，在弹出的快捷菜单中选择"共享此文件夹"单选按钮，如图 3.17 所示。

（2）在虚拟机中设置网络连接（Network connection）为 Bridged 方式，这种方式可以使同一台机器上的两个操作系统之间进行通信，设置如图 3.18 所示。

（3）在 Fedora 9 中，打开 Connect to Server 对话框，填写相应的服务器 IP 地址、共享文件夹、用户名和密码就能够访问 Windows 上的共享文件夹，如图 3.19 所示。

图 3.17　设置共享属性

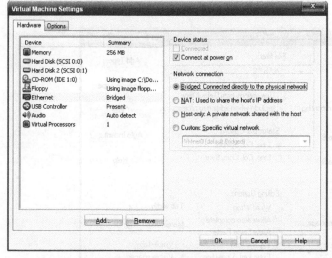

图 3.18　网络设置

图 3.19　共享连接

3.2　代码阅读工具 Source Insight

单独用一节来讲解代码阅读工具是否值得，答案是值得。因为 Linux 内核有 800 多万行代码，其中驱动程序占了 2/3 以上。阅读和理解这些代码，对编写设备驱动程序来说是非常有帮助的，所以本节将告诉大家怎样有效地使用代码阅读工具阅读代码。

3.2.1　Source Insight 简介

Source Insight 是一个非常好的代码阅读、编辑和分析的工具。Source Insight 支持目前大多数流行编程语言，如 C、C++、ASM、PAS、ASP 和 HTML 等。这个软件还支持关键字定义，对开发人员来说是非常有用的。Source Insight 不但能够编写程序，有代码自动提示的功能，而且还能够显示引用树、类图结构和调用关系等。

在分析 Linux 内核源代码时，使用这个软件可以很轻松地在代码之间跳转，并且捕获代码之间的关系。在程序员编写代码的时候，软件可以立刻分析源代码的信息，并显示给程序员。读者可以在 http://www.sourceinsight.com 上下载一个试用版本，这个版本可以使用 30 天。下面以分析 Linux 内核源代码为例，详细讲解 Source Insight 的使用。

3.2.2　阅读源代码

1. 建立 Source Insight 工程

Source Insight 默认情况下，只支持*.c 和*.h 文件，而 Linux 源代码中有大部分以 ".S" 结尾的汇编语言文件，所以需要设置一下 Source Insight 软件，使其支持 ".S" 文件。启动 Source Insight，选择 Options|Document Options 命令，打开 Document Options 窗口，如图 3.20 所示。选择 Document Type 的类型为 C Source File，并在 File filter 文本框中添加 "*.S" 类型，使其支持汇编语言。

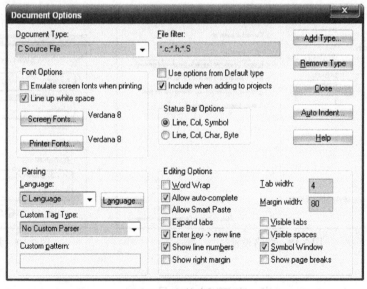

图 3.20　文件类型设置

需要建立一个新工程，将代码添加到工程中。首先选择菜单 Project|New Project 命令，建立一个新工程，如图 3.21 所示。

在随后弹出的对话框中，输入工程的名字和工程数据文件的存放位置。例如，在本例中工程的名称是 Linux2.6.34，数据文件存放在 F:\Source Insight\Projects\Linux2.6.34 目录下，如图 3.22 所示。

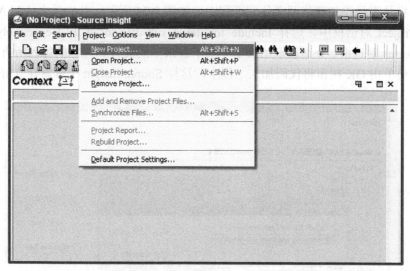

图 3.21　新建一个工程

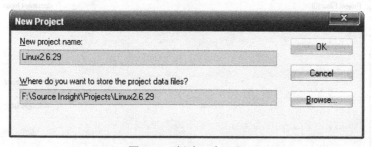

图 3.22　新建一个工程

单击 OK 按钮，进入指定需要分析的源代码位置对话框，如图 3.23 所示。在本例中，内核源代码的目录是 D:\linux2.6.34，指定这个目录。单击 OK 按钮进入下一个设置对话框。

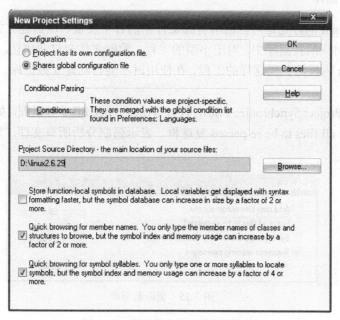

图 3.23　指定待分析内核代码位置

这一步是表示添加哪些源文件到工程中，如图 3.24 所示。首先单击 Add All 按钮，在 Add to Project 对话框中，选择 Include top level sub-directories 和 Recursively and lower sub-directories 复选框。分别表示加入第一层子目录中的文件和递归的加入所有子目录中的文件。然后单击 OK 按钮将代码加入工程中，这样 Source Insight 工程就建立好了。

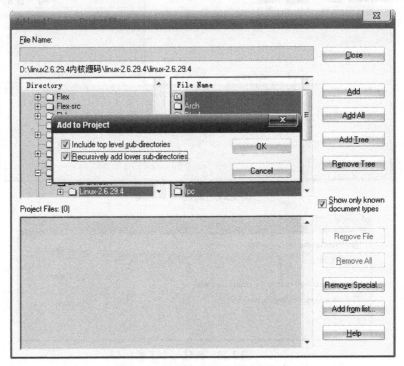

图 3.24　添加待分析文件到工程中

2．更新数据库

Source Insight 的好处是可以给所有源文件中的各个变量、函数建立关系。这些关系被存储在了工程对应的数据库中。对于小型的工程，数据文件会自动建立。对于大型的工程，也就是像 Linux 内核源代码这样的工程，在使用时不能自动建立数据库。这个数据库较大，需要手动建立。

选择菜单 Project|Synchronize Files，打开 Synchronize Files 对话框，如图 3.25 所示。在其中选择 Force all files to be re-parsed 复选框，表示强制分析所有文件，为所有文件建立数据库。

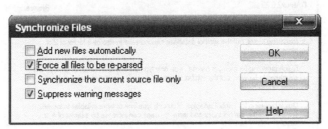

图 3.25　更新数据库

3．Source Insight 使用示例

Source Insight 的使用非常简单。如图 3.26 所示，在左下方的文件选择框中打开一个文件，例如 irqflags.h 文件。这个文件的内容显示在下面的主窗口中。可以在这个文件中找到一个 __raw_local_irq_restore()函数。在主窗口中，按下 Ctrl 键，并单击__raw_local_irq_restore()函数就可以跳转到函数定义的位置。

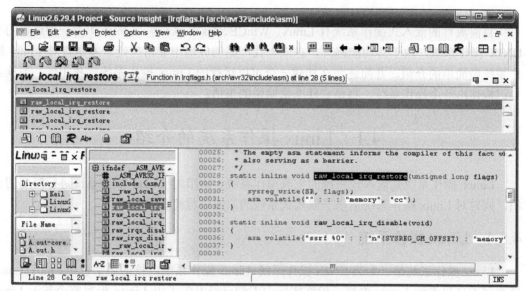

图 3.26　Source Insight 的界面

3.3　小　　结

本章简要地介绍了驱动程序开发的一般环境，主要介绍了虚拟机和 Linux 操作系统的安装。另外，在驱动程序开发过程中，Windows 系统和 Linux 操作系统之间的数据传输也非常重要，所以本章也介绍了文件共享的方法。最后本章还介绍了一个分析和阅读源代码的工具，在实际的应用中非常有用。

第 4 章　构建嵌入式 Linux 操作系统

目前流行的嵌入式操作系统有 Linux、WinCE、VxWorks 等。Linux 作为一种免费的类 UNIX 操作系统，由于其功能强大，在嵌入式产品的应用中非常广泛。本章将对 Linux 操作系统做简单的介绍，并简述怎么构建一个可以运行的 Linux 操作系统。我相信，当读者自己构建出一个操作系统，将是一件非常愉悦的事情。

4.1　Linux 操作系统的介绍

Linux 操作系统是嵌入式系统的主流操作系统，本节对 Linux 操作系统进行简要的介绍，同时对 Linux 操作系统适用于嵌入式系统的原因进行简要分析。

4.1.1　Linux 操作系统

Linux 操作系统是一个类 UNIX 操作系统。Linux 操作系统内核的名字也是 Linux。Linux 这个词本身只表示 Linux 内核，但在实际中人们已习惯了用 Linux 形容整个基于 Linux 内核的操作系统。Linux 的最初版本由 Linus Torvalds 开发，此后得到互联网上很多计算机高手的支持，Linux 的发展之迅速，实在让人惊叹不已，目前的版本已经到了 3.8，已经是一个非常成熟稳定的操作系统。下面从不同方面对 Linux 操作系统进行简要的介绍。

1. Linux 的诞生

Linux 诞生于一位名叫 Linus Torvalds 的计算机业余爱好者，当时他是芬兰赫尔辛基大学的学生。他开发 Linux 的最初目的是想设计一个代替 Minix（Minix 是由一位名叫 Andrew Tannebaum 的计算机教授编写的一个操作系统教学程序）的操作系统。Minix 这个操作系统可用于 386、486 或奔腾处理器的个人计算机上，并且具有 UNIX 操作系统的大部分功能。由于 Andrew Tannebaum 教授并不允许开发人员对 Minix 进行扩展，所以 Linus Torvalds 决定开发一个新的类似于 Minix 的操作系统，但相比 Minix 有更多的功能。Andrew Tannebaum 教授并不允许开发人员对 Minix 进行扩展的原因是，他想维持 Minix 的简单性，使其更利于教学，有很多学生从中受益，当然反过来，这个限制也局限了 Minix 的发展。

2. Linux 与 GNU 计划

Linux 的发展与 GNU 计划密切相关。1983 年，Richard Stallman 创立了 GNU 计划（GNU Project）。这个计划有一个目标，是为了发展一个完全免费自由的类 UNIX 的操作系统。自 1990 年发起这个计划以来，GNU 开始大量地收集和开发类 UNIX 系统所必备的元件，例如函数库（libraries）、编译器（compilers）、调试工具（debuggers）、文字编辑器（text editors）、网页服务器（web server），以及一个 UNIX 的用户接口（Unix shell），但是一个好的内核核心一直没有出现。

1990 年，GNU 计划开始在 Mach microkernel 的架构之上开发内核核心，也就是所谓的 GNU Hurd 计划，但是这个基于 Mach 的设计异常复杂，发展进度相对缓慢，并没有取得太大的成效。恰好此时，大约是 1991 年 4 月，Linus Torvalds 开发的 Linux 0.01 版被他发布到互联网上，引起了很多程序员的关注。

Linus Torvalds 宣布这是一个免费的系统，主要在 x86 电脑上使用。Linus Torvalds 希望大家一起来完善它，并将源代码放到了芬兰的 FTP 站点上任人免费下载。本来他想把这个系统称为 freax，意思是自由（free）和奇异（freak）的结合字，并且附上了 X 这个常用的字母，以配合所谓的类 UNIX（Unix-like）的系统。可是 FTP 的工作人员认为这是 Linus 的新操作系统，觉得原来的命名 Freax 的名称不好听，就用 Linux 这个子目录来存放，于是大家就将它称为 Linux。这时的 Linux 只有内核程序，仅有 10000 行代码，仍必须执行于 Minix 操作系统之上，并且必须使用硬盘开机，还不能称做是完整的操作系统；随后在 10 月份 Linux 的第二个版本（0.02 版）发布，许多专业程序员自愿地开发它的应用程序，并借助 Internet 拿出来让大家一起修改。在很短的一段时间内，Linux 的应用程序越来越多，由此 Linux 本身也逐渐发展壮大起来。到目前为止最新的内核主版本已经是 3.8 了。

4.1.2　Linux 操作系统的优点

Linux 操作系统有很多优点，具有十分丰富的应用功能。这些功能特别适用于嵌入式系统，这些优点如下。

1．价格低廉

Linux 操作系统使用了大量的 GNU 软件，包括 shell 程序、工具集、程序库、编译器等。这些程序都可以免费或者以极低的价格得到，所以 Linux 操作系统是一个价格低廉的操作系统。基于这个原因，Linux 常常被应用于嵌入式系统中，例如机顶盒、移动电话甚至机器人中。在移动电话上，基于 Linux 的 Android 已经成为与 Windows8 系统并列的三大智能手机操作系统之一；而在移动装置上，则成为 Windows CE 与 Palm OS 外另一个好的选择。此外，还有不少硬件式的网络防火墙及路由器，其内部都是使用 Linux 操作系统，其执行效率和安全性非常高。

2．高效性和灵活性

Linux 以它的高效性和灵活性著称。Linux 操作系统是一个非常高效的系统，广泛应用于对效率要求较好的服务器上。另外，Linux 操作系统的灵活性也是其他操作系统无法比拟的。Linux 操作系统可以根据用户需要自己配置内核，增加或者减少相应的功能。通过这种方式，Linux 操作系统几乎支持目前所有的常用硬件，就算有不支持的硬件，驱动开发人员也可以在很短的时间内写出相应的驱动程序来。

3．广泛性

Linux 操作系统可以应用于目前大多数处理器架构上，其应用非常广泛。据统计，目前世上运行最快的 500 台超级计算机上，有 74%的计算机使用的都是 Linux 操作系统。对于嵌入式系统，处理器的选择非常广泛，幸运的是，Linux 几乎支持所有的主流处理器，最典型的就是 ARM 处理器。嵌入式系统开发人员可以直接移植 Linux 操作系统，并选择一些可靠的自由软件就能够组装一个有用的嵌入式系统，极大地减少了开发时间。

4．强大的功能

每一天，全球有很多开发人员都在对 Linux 操作系统进行开发，所以每一天都有新的功能被添加到 Linux 中。到目前为止，Linux 已经发展成了一个遵循 POSIX 标准的纯 32 位操作系统，64 位版本也已经发布。Linux 可以兼容大部分的 UNIX 系统，很多 UNIX 的程序不需要改动，或者很少的改变就可以运行于 Linux 环境中；内置 TCP/IP 协议，可以直接连入 Internet，作为服务器或者终端使用；内置 Java 解释器，可直接运行 Java 源代码；具备程序语言开发、文字编辑和排版、数据库处理等能力；提供 X Window 的图形界面；主要用于 x86 系列的个人电脑，也有其他不同硬件平台的版本，支持现在流行的所有硬件设备。

就性能上来说，它并不弱于 Windows 甚至 UNIX，而且靠仿真程序还可以运行 Windows 应用程序。它有成千上万的各类应用软件，并不输于 Windows 的应用软件数量，其中也有商业公司开发的赢利性的软件。

4.2　Linux 内核子系统

编写设备驱动程序，涉及 Linux 内核的许多子系统，了解这些子系统对于了解 Linux 操作系统和编写设备驱动程序都非常有用。这些主要的子系统包括进程管理、内存管理、文件管理、设备管理和网络管理。现对这些主要的子系统分别介绍如下。

4.2.1　进程管理

进程是操作系统中一个很重要的概念。进程是操作系统分配资源的基本单位，也是 CPU 调度的基本单位。可以给进程这样一个定义：进程是程序运行的一个实例，是操作系统分配资源和调度的一个基本单位。Linux 将进程分为就绪状态、执行状态和阻塞 3 个状态。Linux 内核负责对这 3 种状态进行管理。下面对这 3 种状态的基本概念介绍如下。

- ❑ 就绪状态：在这种状态中，进程具有处理器外的其他资源，进程不运行。当处理器空闲时，进程就被调度来运行。
- ❑ 执行状态：进程处于就绪状态后，获得处理器资源，就能进入执行状态，此时程序正在运行。
- ❑ 阻塞状态：进程因为等待某种事件的发生而暂时不能运行。这些事件如设备中断，其他进程的信号。这 3 种状态的状态转换如图 4.1 所示。

如图 4.1 所示，当系统分配资源并创建一个进程后，进程就进入就绪状态。当调度程序分配了处理器资源后，进程便进入执行状态。相应地，当处理器资源用完后，进程又进入就绪状态。在执行状态中，因发生某些事件而使进程不能运行时，则进程进入阻塞状态。在阻塞状态下，当外部事件得到满足后，进程就进入就绪状态。进行调度看上去似乎很复杂，但本质上是进程争夺 CPU 的过程。这就像在售票窗口买火车票一样，买票之前，你必须排队，这就是就绪状态。售票员给你卖票，这就是执行状态。如果在卖票的过程中，你的身份证还没有拿出来，钱也没有拿出来，不好意思，请先准备好再来买票，这个时候，售票员就把你踢到了阻塞状态。当你把钱、身份证都准备好后，那么你就继续排队买票吧，这样你又进入了就绪状态。

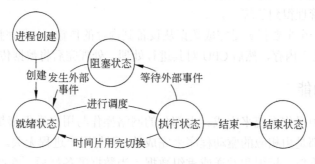

图 4.1　进程的状态切换

4.2.2　内存管理

内存是计算机的主要资源之一，可以将内存理解为一个线性的存储结构。用来管理内存的策略是决定系统性能的主要因素。内核在有限的资源上为每一个进程创建一个虚拟地址空间，并对虚拟地址空间进行管理。为了方便内存的管理，内核提供了一些重要的函数。这些函数包括 kmalloc() 和 kfree() 等。另外设备驱动程序需要使用内存分配，不同的分配方式对驱动程序的影响不同，所以需要对内存分配有比较清晰的了解。

4.2.3　文件系统

在 Linux 操作系统中，文件系统是用来组织、管理、存放文件的一套管理机制。Linux 文件系统的一大优点是，它几乎可以支持所有的文件格式。任何一种新的文件格式，都可以容易地写出相应的支持代码，并无缝地添加到内核中。虽然不同文件格式的文件以不同的存储方式存放在磁盘设备中，但是在用户看来，文件总以树形结构显示给用户。这种树形结构如图 4.2 所示。

图 4.2　文件的树形结构

另一个方面，在 Linux 中，几乎每一个对象都可以当作文件来看待，最常见的就是设备文件。设备文件将设备当作文件来看待，这样就可以像操作文件一样操作设备，也就是可以使用 read() 和 write() 等函数来读取数据

4.2.4　设备管理

　　无论是桌面系统还是嵌入式系统，都存在各种类型的设备。操作系统的一个重要功能就是对这些设备进行统一的管理。由于设备的种类繁多，不同设备的操作方法都不一样，使管理设备成为操作系统中非常复杂的部分。Linux 系统通过某种方式较好地解决了这个问题，使设备的管理得到了统一。

　　设备管理的一个主要任务是完成数据从设备到内存的传输。一个完整的数据传输过程是数据首先从设备传入内存，然后 CPU 对其进行处理，处理完后将数据传入内存或设备中。

4.2.5　网络功能

　　网络功能也由操作系统来完成。大部分的网络操作与用户进程都是分离的，数据包的接收和发送操作都是由相应的驱动程序来完成的，而与用户进程无关。进程处理数据之前，驱动程序必须先收集、标识和发送或重组数据。当数据准备好后，系统负责用户进程和网络接口之间的数据传送。另外内核也负责实现网络通信协议。

4.3　Linux 源代码结构分析

　　了解 Linux 源代码结构对理解 Linux 如何实现各项功能是非常重要的。对驱动程序的编写也非常重要，这样，驱动开发人员知道应该在何处找到相关的驱动程序，一方面可以对其进行修改移植，另一个方面可以模仿以往的驱动程序，写出新的驱动程序。Linux 源代码以目录的方式组织，每一个目录中有相关的内核代码。下面对各个主要的目录进行介绍。

4.3.1　arch 目录

　　随着 Linux 操作系统的广泛应用，特别是 Linux 在嵌入式领域的发展，越来越多的人开始投身到 Linux 驱动开发中。面对日益庞大的 Linux 内核源代码，驱动开发者在完成自己的内核代码后，都将面临着同样的问题，即如何将源代码融入到 Linux 内核中，增加相应的 Linux 配置选项，并最终被编译进 Linux 内核。这就需要对 Linux 源代码结构进行详细的介绍，首先介绍 arch 目录。

　　arch 目录中包含与体系结构相关的代码，每一种平台都有一种相应的目录，常见目录如表 4.1 所示。

表 4.1　arch 目录

一级目录	二级目录	说　　明
Arch	Alpha	康柏的 Alpha 体系结构计算机
	Arm	基于 Arm 处理的体系结构，此目录中包含支持 Arm 处理器的代码
	Arv32	Arv 体系结构的计算机
	Cris	Cris 体系结构的计算机
	frv	frv 体系结构的计算机
	X86	IBM 的 PC 体系结构计算机

4.3.2　drivers 目录

drivers 目录中包含了 Linux 内核支持的大部分驱动程序。每种驱动程序都占用一个子目录。目录中包含了驱动的大部分代码，这些目录和目录的功能如表 4.2 所示。

表 4.2　drivers 目录

一级目录	二级目录	说　　明
drivers	ftape	磁带驱动
	hfmodem	无线电设备驱动
	joystick	游戏杆驱动
	paride	从并口访问 IDE 设备的支持
	acorn	Acorn 设备驱动
	ap1000	富士的 AP1000
	cdrom	光驱驱动
	char	字符设备驱动程序
	fc4	光纤设备
	misc	杂项设备驱动
	net	网卡驱动
	Pci	PCI 总线驱动
	scsi	SCSI 设备驱动
	sound	音频设备驱动
	usb	usb 串行总线驱动
	video	视频卡设备驱动
	block	块设备驱动

4.3.3　fs 目录

fs 目录中包含了 Linux 所支持的所有文件系统相关的代码。每一个子目录中包含一种文件系统，例如 msdos 和 ext3。Linux 几乎支持目前所有的文件系统，如果发现一种没有支持的新文件系统，那么可以很方便地在 fs 目录中添加一个新的文件系统目录，并实现一种文件系统。fs 目录的详细内容如表 4.3 所示。

表 4.3　fs 目录

一级目录	二级目录	说　　明
fs	Adfs	Acorn 磁盘填充文件系统
	Affs	Amiga 快速文件系统（FFS）
	Autofs	支持自动装载文件系统的代码
	Coda	Coda 网络文件系统
	Devpts	/dev/pts 虚拟文件系统
	efs	SGIIRIX 公司的 EFS 文件系统
	ext2	Linux 支持的 Ext2 文件系统

续表

一级目录	二级目录	说　明
fs	fat32	Windows 支持的 Fat 文件系统
	Hfs	苹果的 Macintosh 文件系统
	hpfs	IBM 的 OS/2 文件系统
	isofs	ISO9660 文件系统（光盘文件系统）
	minix	MINIX 文件系统，MINIX 系统的文件系统
	msods	微软的 MS-DOS 文件系统
	ncpfs	Novell 的 Netware 核心协议
	nfs	一种网络文件系统
	ntfs	微软的 WindowsNT 文件
	proc	/proc 文件系统
	romfs	只读文件系统，只存在于内存中
	smbfs	微软的 SMB 服务器文件系统
	ufs	Linux 的一种文件系统
	umsdos	UMSDOS 文件系统
	vfat	微软的 VFAT 文件系统

4.3.4　其他目录

除了上面介绍的目录外，内核中还有其他一些重要的目录和文件。每一个目录和文件都有自己特殊的功能，下面对这些目录和文件进行简要的介绍。

表 4.4　其他目录

目录或者文件	说　明
include	该目录包含编译内核西药的大部分头文件。其子目录/include/linux 中，包含与平台无关的头文件，与平台有关的头文件放在各自的单独目录中
init	内核的初始化代码，包含系统启动的 main()函数
ipc	该目录包含进程间通信的代码
kernel	内核最核心的代码，包括进程调度、内存管理等
lib	该目录包含库模块代码
mm	该目录包含独立于 CPU 体系结构的内存管理代码。不同平台的代码在该目录下有相应的目录
net	包含各种网络协议
scripts	包含一些脚本文件，内核配置相关的文件
security	一个 SELinux 模块
sound	常用的音频设备驱动程序
usr	一个 cpio
block	块设备驱动程序
crypto	常用的加密和压缩算法
Documentation	内核部分功能的解释文档

目录或者文件	说　　明
COPYING	GPL 版权声明文件
CREDITS	内核开发者列表，包含对 Linux 做出很大贡献的人的信息
Kbulid	用来编译内核的脚本
MAINTAINERS	维护人员列表
Makefile	第一个 Makefile 文件，用来组织内核的各个模块，记录了各个模块相互之间的联系。编译器根据这个文件来编译内核
Readme	内核及编译方法的介绍
REPORTING-BUGS	关于 bug 的一些内容

Linux 内核源代码的学习是一个长期的过程，在以后的深入学习中，相信读者能够对内核源代码有更深的理解。

4.4　内核配置选项

自己构建嵌入式 Linux 操作系统，首先需要对内核源代码进行相应的配置。这些配置决定了嵌入式 Linux 操作系统所支持的功能，为了理解编译程序是怎样通过配置文件配置系统的，下面对配置编译过程进行详细的讲解。

4.4.1　配置编译过程

面对日益庞大的 Linux 内核源代码，要手动地编译内核是十分困难的。幸好 Linux 提供了一套优秀的机制，简化了内核源代码的编译。这套机制由以下几方面组成。

❏ Makefile 文件：它的作用是根据配置的情况，构造出需要编译的源文件列表，然后分别编译，并把目标代码链接到一起，最终形成 Linux 内核二进制文件。由于 Linux 内核源代码是按照树形结构组织的，所以 Makefile 也被分布在目录树中。

❏ Kconfig 文件：它的作用是为用户提供一个层次化的配置选项集。make menuconfig 命令通过分布在各个子目录中的 Kconfig 文件构建配置用户界面。

❏ 配置文件（.config）：当用户配置完后，将配置信息保存在.config 文件中。

❏ 配置工具：包括配置命令解释器（对配置脚本中使用的配置命令进行解释）和配置用户界面（提供基于字符界面、基于 Ncurses 图形界面以及基于 Xwindows 图形界面的用户配置界面，各自对应于 Make config、Make menuconfig 和 make xconfig）。

这套机制在目录中的位置如图 4.3 所示。

从图 4.3 中可知，主目录中包含很多子目录，同时包含 Kbulid 和 Makefile 文件。各子目录中也包含其他子目录和 Kbulid 和 Makefile 文件，只是图中不好画出。当执行 menuconfig 命令时，配置程序会依次从目录由浅入深查找每一个 Kbulid 文件，依照这个文件中的数据生成一个配置菜单。从这个意义上来说，Kbulid 像是一个分布在各个目录中的配置数据库，通过这个数据库可以生成配置菜单。在配置菜单中根据需要配置完成后会在主目录下生成一个.config 文件，此文件中保存了配置信息。

然后执行 make 命令时，会依赖生成的.config 文件，以确定哪些功能将编译入内核中，哪些功能不编译入内核中。然后递归地进入每一个目录，寻找 Makefile 文件，编译相应的

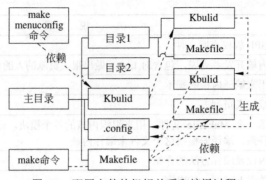

图 4.3　配置文件的组织关系和编译过程

代码。这个过程在图 4.3 中有很清晰的显示。

4.4.2　常规配置

常规配置包含关于内核的大量配置，这些配置包含代码成熟度、版本信息和模块配置等。下面分别介绍。

1. 常规配置选项

常规配置包含了一些通用配置，主要与进程相关，例如进程的通信和进程的统计等。这些配置的详细信息如表 4.5 所示。

表 4.5　常规配置选项

第一级配置选项	第二级配置选项	说　　明
Code maturity level options	Prompt for development and/or incomplete code/drivers	显示尚在开发中或尚未完成的代码与驱动，除非你是测试人员或者开发者，否则请勿选择
General setup	Local version - append to kernel release	在内核版本字符串后面加上一个自定义的版本字符串（小于 64 字符），可以用 "uname –a" 命令看到这个字符串
	Automatically append version information to the version string	是否在版本字符串后面添加版本信息，编译时需要有 perl 及 git 库支持
	Support for paging of anonymous memory (swap)	允许虚拟内存使用交换文件或者交换分区
	System V IPC	允许进程间通信（IPC），大多数程序需要这个功能，所以为必选
	IPC Namespaces	IPC 命名空间支持，不重要
	POSIX Message Queues	支持 POSIX 消息队列
	BSD Process Accounting	支持将进程的统计信息写入文件，包括进程的创建时间/创建者/内存占用等信息
	BSD Process Accounting version 3 file format	使用新的第三版文件格式，该文件格式请查阅相关资料
	Export task/process statistics through netlink	通过 netlink 接口向用户空间导出任务/进程的统计信息，与 BSD Process Accounting 的不同之处在于这些统计信息在整个任务/进程生存期都是可用的
	UTS Namespaces	UTS 名字空间支持，一般不选

续表

第一级配置选项	第二级配置选项	说　明
General setup	Auditing support	统计支持，对某些内核模块进行统计
	Enable system-call auditing support	支持对系统调用的统计
	Kernel .config support	把内核的配置信息静态编译进内核中，以后可以通过 scripts/extract-ikconfig 脚本提取这些信息
	Enable access to .config through /proc/config.gz	通过/proc/config.gz 可以访问内核的配置信息
	Cpuset support	支持最多 16 个 CPU
	Kernel->user space relay support (formerly relayfs)	在某些文件系统上（比如 debugfs）提供从内核空间向用户空间传递大量数据的接口
	Initramfs source file(s)	支持 initramfs 文件系统
	Optimize for size (Look out for broken compilers!)	编译时优化内核尺寸
	Enable extended accounting over taskstats	统计进程信息，并支持导出到用户空间
	Configure standard kernel features (for small systems)	配置标准的内核特性（为小型系统）
	Sysctl syscall support	内核允许时，修改某些参数或者变量。如果你也选择了支持/proc，将能从/proc/sys 文件系统中改变内核的参数或者变量
	Load all symbols for debugging/kksymoops	装载所有的调试符号表信息，仅供调试时选择
	Include all symbols in kallsyms	在 kallsyms 中包含所有符号，内核将会增大 300KB 左右
	Do an extra kallsyms pass	kallsyms 中的 bug 调试
	Support for hot-pluggable devices	支持热插拔设备，如 USB 设备
	Enable support for printk	允许内核向终端打印字符信息，用于调试信息的显示，主要的函数是 printk()
	BUG() support	允许显示 BUG 信息
	Enable ELF core dumps	内存转储支持，可以帮助调试 ELF 格式的程序
	Enable full-sized data structures for core	在内核中使用完整尺寸的数据结构。禁用它将使得某些内核的数据结构减小以节约内存，但是将会降低性能
	Enable futex support	尽量使线程一个一个允许，减少并发状态
	Enable eventpoll support	支持事件轮循的系统调用
	Use full shmem filesystem	完全使用 shmem 代替 ramfs.shmem 是基于共享内存的文件系统（可能用到 swap），在启用 TMPFS 后可以挂载为 tmpfs 供用户空间使用，它比简单的 ramfs 先进许多
	Use full SLAB allocator	使用 SLAB 完全取代 SLOB 进行内存分配，SLAB 是一种优秀的内存分配管理器，推荐使用
	Enable VM event counters for /proc/vmstat	允许在/proc/vmstat 中包含虚拟内存事件计数器

2．版本信息

上述 Local version - append to kernel release 选项用来配置版本信息，Linux 的版本信息格式如图 4.4 所示。

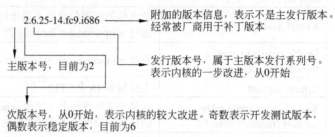

图 4.4　版本信息

4.4.3　模块配置

模块是非常重要的 Linux 组件，有很多参数和功能可以配置，其配置的含义如表 4.6 所示。

表 4.6　模块配置

第一级配置选项	第二级配置选项	说　　明
Loadable module support	Enable loadable module support	允许动态地向内核添加模块，可以使用命令 insmod 加载模块，使用 rmmod 命令卸载模块
	Module unloading	允许卸载模块，但必须在模块没有被引用时
	Forced module unloading	强制卸载模块，允许强制卸载正在使用中的模块（比较危险）
	Module versioning support	允许使用其他内核版本的模块（可能会出问题），一般加载不成功
	Source checksum for all modules	为所有的模块校验源码，保证安全性，如果你不是自己编写内核模块就不需要它
	Automatic kernel module loading	让内核通过运行 modprobe 自动加载所需要的模块，比如可以自动解决模块的依赖关系。依赖表示一个模块的加载需要另一个模块的预先加载

4.4.4　块设备层配置

块设备层包含对系统使用的块设备的配置，主要包含调度器的配置，硬盘设备的配置，详细的配置信息如表 4.7 所示。

表 4.7　块设备层配置

第一级配置选项	第二级配置选项	说　　明
Block layer	Enable the block layer	允许使用块设备，使用硬盘、USB、SCSI 设备者就需要此项支持
	Support for Large Block Devices	支持大于 2TB 的块设备

续表

第一级配置选项	第二级配置选项	说　明
Block layer	Support for tracing block io actions	块队列 I/O 跟踪支持,它允许用户查看在一个块设备队列上发生的所有事件,可以通过 blktrace 程序获得磁盘当前的详细统计信息
	Support for Large Single Files	支持大文件数据,大于 2TB
	I/O Schedulers	I/O 调度器配置,有 4 种调度器
	Anticipatory I/O scheduler	假设一个块设备只有一个物理查找磁头(例如一个单独的 SATA 硬盘),将多个随机的小数据写入流合并成一个大数据写入流,用写入延时换取最大的写入吞吐量.适用于大多数环境,特别是写入较多的环境(比如文件服务器)
	Deadline I/O scheduler	使用轮询的调度器,简洁小巧,提供了最小的读取延迟和较好的吞吐量,特别适合于读取数据较多的环境(比如数据库)
	CFQ I/O scheduler	使用 QoS 策略为所有任务分配等量的带宽,避免进程被饿死并实现了较低的延迟,可以认为是上述两种调度器的折中。适用于有大量进程的多用户系统
	Default I/O scheduler	默认 I/O 调度器配置

4.4.5　CPU 类型和特性配置

Linux 内核几乎支持所有体系结构上的 CPU。内核不能自动识别相应的 CPU 类型和一些相关的特性,需要在配置内核时根据实际情况进行相应的配置。这些常用的配置如表 4.8 所示。

表 4.8　CPU 类型和特性配置

第一级配置选项	第二级配置选项	说　明
Processor type and features	Symmetric multi-processing support	对称多处理器支持,如果有多个 CPU 或者使用的是多核 CPU 就选上
	Subarchitecture Type	处理器的子架构,大多数人都应当选择 PC-compatible,表示为 PC 兼容结构
	Processor family	处理器系列,例如奔腾、毒龙
	Generic x86 support	通用 x86 架构支持,如果你的 CPU 能够在上述 Processor family 中找到就别选。如果你不清楚自己的处理器类型,就可以选择通用 x86
	HPET Timer Support	HPET 是替代 8254 芯片的新一代定器,i686 及以上级别的主板都支持,可以安全的选上
	Maximum number of CPUs	支持的最大 CPU 数,每增加一个内核将增加 8KB 体积
	SMT (Hyperthreading) scheduler support	支持 Intel 的超线程(HT)技术
	Multi-core scheduler support	针对多核 CPU 进行调度策略优化
	Preemption Model	支持内核抢占模式
	No Forced Preemption (Server)	适合服务器环境的禁止内核抢占

续表

第一级配置选项	第二级配置选项	说　　明
Processor type and features	Voluntary Kernel Preemption (Desktop)	适合普通桌面环境的自愿内核抢占
	Preemptible Kernel (Low-Latency Desktop)	适合运行实时程序的主动内核抢占
	Preempt The Big Kernel Lock	可以抢占大内核锁，应用于实时要求高的场合，不适合服务器环境
	Machine Check Exception	让 CPU 检测到系统故障时通知内核，以便内核采取相应的措施（如过热关机等）
	Check for non-fatal errors on AMD Athlon/Duron / Intel Pentium 4	每 5 秒检测一次这些 CPU 的非致命错误并纠正它们，同时记入日志
	check for P4 thermal throttling interrupt	当 P4 的 CPU 过热时显示一条警告消息
	Enable VM86 support	虚拟 X86 支持，在 DOSEMU 下运行 16b 程序或 XFree86 通过 BIOS 初始化某些显卡的时候才需要
	Toshiba Laptop support	Toshiba 笔记本模块支持
	Dell laptop support	Dell 笔记本模块支持
	Enable X86 board specific fixups for reboot	修正某些旧 x86 主板的重起 bug，这种主板基本绝种了
	/dev/cpu/microcode - Intel IA32 CPU microcode support	使用不随 Linux 内核发行的 IA32 微代码，你必需有 IA32 微代码二进制文件，仅对 Intel 的 CPU 有效
	/dev/cpu/*/msr - Model-specific register support	在多 CPU 系统中让特权 CPU 访问 x86 的 MSR 寄存器
	/dev/cpu/*/cpuid - CPU information support	能从 /dev/cpu/x/cpuid 获得 CPU 的唯一标识符（CPUID）
	Firmware Drivers	固件驱动程序
	BIOS Enhanced Disk Drive calls determine boot disk	有些 BIOS 支持从某块特定的硬盘启动（如果 BIOS 不支持则可能无法启动），目前大多数 BIOS 还不支持
	BIOS update support for DELL systems via sysfs	仅适用于 DELL 机器
	Dell Systems Management Base Driver	仅适用于 DELL 机器
	High Memory Support	最高内存支持，总内存小于等于 1GB 的选 off，大于 4GB 的选 64GB
	Memory split	如果你不是绝对清楚自己在做什么，不要改动这个选项
	Memory model	一般选 Flat Memory，其他选项涉及内存热插拔
	64 bit Memory and I/O resources	使用 64 位的内存和 I/O 资源
	Allocate 3rd-level pagetables from highmem	在内存很多（大于 4GB）的机器上将用户空间的页表放到高位内存区，以节约宝贵的低端内存
	Math emulation	数学协处理器仿真，486DX 以上的 CPU 就不要选它了

第一级配置选项	第二级配置选项	说　　　明
Processor type and features	MTRR (Memory Type Range Register) support	打开它可以提升 PCI/AGP 总线上的显卡 2 倍以上的速度，并且可以修正某些 BIOS 错误
	Boot from EFI support	EFI 是一种可代替传统 BIOS 的技术（目前的 Grub/LILO 尚不能识别它），但是现在远未普及
	Enable kernel irq balancing	让内核将 irq 中断平均分配给多个 CPU 以进行负载均衡，但是要配合 irqbanlance 守护进程才行
	Use register arguments	使用 "-mregparm=3" 参数编译内核，将前 3 个参数以寄存器方式进行参数调用，可以生成更紧凑和高效的代码
	Enable seccomp to safely compute untrusted bytecode	只有嵌入式系统可以不选
	Timer frequency	内核时钟频率，桌面推荐 1000 Hz，服务器推荐 100 Hz 或 250 Hz
	kexec system call	提供 kexec 系统调用，可以不必重启而切换到另一个内核
	kernel crash dumps	被 kexec 启动后产生内核崩溃转储
	Physical address where the kernel is loaded	内核加载的物理地址，除非你知道自己在做什么，否则不要修改。在提供 kexec 系统调用的情况下可能要修改它
	Support for hot-pluggable CPUs	对热插拔 CPU 提供支持
	Compat VDSO support	如果 Glibc 版本大于等于 2.3.3 就不选，否则就选上

4.4.6　电源管理配置

电源管理是操作系统中一个非常重要的模块，随着硬件设备省电节能能力的增强，该模块越来越重要。在嵌入式系统中，由于一般以电池供电，有低功耗的要求，所以在为嵌入式系统配置内核时，需要对相应的硬件配置电源管理模块，常用的电源管理配置选项如表 4.9 所示。

表 4.9　电源管理配置

第一级配置选项	第二级配置选项	说　　　明
Power management options	Power Management support	电源管理有 APM 和 ACPI 两种标准且不能同时使用。即使关闭该选项，X86 上运行的 Linux 也会在空闲时发出 HLT 指令将 CPU 进入睡眠状态
	Legacy Power Management API	传统的电源管理 API，比如软关机和系统休眠等接口
	Power Management Debug Support	仅供调试使用
	Driver model /sys/devices/.../ power/state files	内核帮助文档反对使用该选项，即将被废除
	ACPI (Advanced Configuration and Power Interface) Support	必须运行 acpid 守护程序 ACPI 才能起作用。ACPI 是为了取代 APM 而设计的，因此应该尽量使用 ACPI 而不是 APM

续表

第一级配置选项	第二级配置选项	说　明
Power management options	AC Adapter	如果你的系统可以在 AC 和电池之间转换就可以选
	Battery	通过/proc/acpi/battery 向用户提供电池状态信息，用电池的笔记本可以选
	Button	守护程序捕获 Power，Sleep，Lid 按钮事件，并根据/proc/acpi/event 做相应的动作，软件控制的 poweroff 需要它
	Video	仅对集成在主板上的显卡提供 ACPI2.0 支持，且不是所有集成显卡都支持
	Generic Hotkey	统一的热键驱动，建议不选
	Fan	允许通过用户层的程序来对系统风扇进行控制（开，关，查询状态），支持它的硬件并不多
	Dock	支持由 ACPI 控制的集线器（docking stations）
	Processor	让 ACPI 处理空闲状态，并使用 ACPI C2 和 C3 处理器状态在空闲时节省电能，同时它还被 cpufreq 的 Performance-state drivers 选项所依赖
	Thermal Zone	系统温度过高时可以利用 ACPI thermal zone 及时调整工作状态以避免你的 CPU 被烧毁
	ASUS/Medion Laptop Extras	ASUS 笔记本专用，以提供额外按钮的支持，用户可以通过/proc/acpi/asus 打开或者关闭 LCD 的背光/调整亮度/定制 LED 的闪烁指示等功能
	IBM ThinkPad Laptop Extras	IBM ThinkPad 专用
	Toshiba Laptop Extras	Toshiba 笔记本专用
	Disable ACPI for systems before Jan 1st this year	输入四位数的年份，在该年的 1 月 1 日前不使用 ACPI 的功能（0 表示一直使用）
	Debug Statements	详细的 ACPI 调试信息，不搞开发就别选
	Power Management Timer Support	这个 Timer 在所有 ACPI 兼容的平台上都可用，且不会受 PM 功能的影响，建议总是启用它。如果你在 kernel log 中看到了 many lost ticks 那就必须启用它
	ACPI0004，PNP0A05 and PNP0A06 Container Driver	支持内存和 CPU 的热插拔
	Smart Battery System	支持依赖于 I2C 的"智能电池"。这种电池非常老旧且罕见，还与当前的 ACPI 标准兼容性差
	APM (Advanced Power Management) BIOS Support	APM 在 SMP 机器上必须关闭，一般来说当前的笔记本都支持 ACPI，所以应尽量关闭该选项
	Ignore USER SUSPEND	只有 NEC Versa M 系列的笔记本才需要选择这一项
	Enable PM at boot time	系统启动时即启用 APM，选上这个选项能让系统自动的进行电源管理，但常常导致启动时死机
	Make CPU Idle calls when idle	系统空闲时调用空闲指令（halt），只有老式的 CPU 才需要选它，且对于 SMP 系统必须关闭
	Enable console blanking using APM	在屏幕空白时关闭 LCD 背光，事实上对所有的笔记本都无效
	RTC stores time in GMT	将硬件时钟应该设为格林威治时间，否则视为本地时间。建议你使用 GMT，这样你无须为时区的改变而担心

续表

第一级配置选项	第二级配置选项	说　明
Power management options	Allow interrupts during APM BIOS calls	允许 APM 的 BIOS 调用时中断，IBM Thinkpad 的一些新机器需要这项。如果休眠时挂机（包括睡下去就醒不来），可以试试它
	Use real mode APM BIOS call to power off	此驱动为某些有 Bug 的 BIOS 准备，如果你的系统不能正常关机或关机时崩溃，可以试试它
	CPU Frequency scaling	允许动态改变 CPU 主频，达到省电和降温的目的，必须同时启用下面的一种 governor 才行
	Enable CPUfreq debugging	允许对 CPUfreq 进行调试
	CPU frequency translation statistics	通过 sysfs 文件系统输出 CPU 频率变换的统计信息
	CPU frequency translation statistics details	输出详细的 CPU 频率变换统计信息
	Default CPUFreq governor	默认的 CPU 频率调节器
	'performance' governor	性能优先，静态地将频率配置为 CPU 支持的最高频率
	'powersave' governor	节能优先，静态地将频率配置为 CPU 支持的最低频率
	'userspace' governor for userspace frequency scaling	既允许手动调整 CPU 频率，也允许用户空间的程序动态的调整 CPU 频率（需要额外的调频软件，比如 cpufreqd）
	'ondemand' cpufreq policy governor	立即响应，周期性的考察 CPU 负载并自动地动态调整 cpu 频率（不需要额外的调频软件），适合台式机
	'conservative' cpufreq governor	保守，和 ondemand 相似，但是频率的升降是渐变式的（幅度不会很大），更适合用于笔记本/PDA/AMD64 环境
	ACPI Processor P-States driver	将 ACPI2.0 的处理器性能状态报告给 CPUFreq processor drivers，以决定如何调整频率，该选项依赖于 ACPI->Processor
	/proc/acpi/processor/../performance interface	内核帮助文档反对使用该选项，即将被废除
	Relaxed speedstep capability checks	放松对系统的 speedstep 兼容性检查，仅在某些老旧的 Intel 系统上需要打开

4.4.7　总线配置

嵌入式系统中可能包含很多总线，常见的总线有 PCI 总线、ISA 总线和 MCA 总线等。不同的嵌入式系统包含不同的总线，需要对其支持的总线进行设置。这些设置选项如表 4.10 所示。

表 4.10　总线配置

第一级配置选项	第二级配置选项	说　明
Bus options	PCI support	PCI 支持，如果使用了 PCI 或 PCI Express 设备就必选
	PCI access mode	PCI 访问模式，强烈建议选 Any（系统将优先使用 MMConfig，然后使用 BIOS，最后使用 Direct 检测 PCI 设备）

续表

第一级配置选项	第二级配置选项	说　明
Bus options	PCI Express support	PCI Express 支持（目前主要用于显卡和千兆网卡）
	PCI Express Hotplug driver	如果你的主板和设备都支持 PCI Express 热插拔就可以选上
	Use polling mechanism for hot-plug events	对热插拔事件采用轮询机制，仅用于测试目的
	Root Port Advanced Error Reporting support	由 PCI Express AER 驱动程序处理发送到 Root Port 的错误信息
	Message Signaled Interrupts (MSI and MSI-X)	PCI Express 支持两类中断：INTx 使用传统的 IRQ 中断，可以与现行的 PCI 总线的驱动程序和操作系统兼容；MSI 则是通过 inbound Memory Write 触发和发送中断，更适合多 CPU 系统。可以使用 pci=nomsi 内核引导参数关闭 MSI
	PCI Debugging	将 PCI 调试信息输出到系统日志里
	Interrupts on hypertransport devices	允许本地的 hypertransport 设备使用中断
	ISA support	现在基本上没有 ISA 的设备了，如果你有就选上
	MCA support	微通道总线，老旧的 IBM 的台式机和笔记本上可能会有这种总线
	NatSemi SCx200 support	在使用 AMD Geode 处理器的机器上才可能有
	PCCARD (PCMCIA/CardBus) support	PCMCIA 卡（主要用于笔记本）支持
	Enable PCCARD debugging	仅供调试
	16-bit PCMCIA support	一些老的 PCMCIA 卡使用 16 位的 CardBus
	32-bit CardBus support	当前的 PCMCIA 卡基本上都是 32 位的 CardBus
	CardBus yenta-compatible bridge support	使用 PCMCIA 卡的基本上都需要选择这一项，子项请按照自己实际使用的 PCMCIA 卡选择（省略的部分请按照自己实际使用的 PCMCIA 卡选择）
	PCI Hotplug Support	PCI 热插拔支持，如果你有这样的设备就到子项中去选吧

4.4.8　网络配置

网络是嵌入式系统与外部通信的主要方式。目前，许多嵌入式设备都具有网络功能，为了使内核支持网络功能，需要对其做一些特殊的配置。常用的配置选项如表 4.11 所示。

表 4.11　网络配置

第一级配置选项	第二级配置选项	说　明
Networking	Networking options	网络选项
	Network packet debugging	在调试不合格的包时加上额外的附加信息，但在遇到 Dos 攻击时你可能会被日志淹没
	Packet socket	这种 Socket 可以让应用程序（比如 tcpdump、iptables）直接与网络设备通信，而不通过内核中的其他中介协议

续表

第一级配置选项	第二级配置选项	说　　明
Networking	Packet socket: mmapped IO	让 Packet socket 驱动程序使用 I/O 映射机制以使连接速度更快
	Unix domain sockets	一种仅运行于本机上的效率高于 TCP/IP 的 Socket，简称 Unix socket。许多程序都使用它在操作系统内部进行进程间通信（IPC），比如 X Window 和 syslog
	Transformation user configuration interface	为 IPSec（可在 ip 层加密）之类的工具提供 XFRM 用户配置接口支持
	Transformation sub policy support	XFRM 子策略支持，仅供开发者使用
	PF_KEY sockets	用于可信任的密钥管理程序和操作系统内核内部的密钥管理进行通信，IPSec 依赖于它
	TCP/IP networking	TCP/IP 协议当然要选
	IP: multicasting	群组广播，似乎与网格计算有关，仅在使用 MBONE 的时候才需要
	IP: advanced router	高级路由，如果想做一个路由器就选吧
	IP: policy routing	策略路由
	IP: equal cost multipath	用于路由的基于目的地址的负载均衡
	IP: verbose route monitoring	显示冗余的路由监控信息
	IP: kernel level autoconfiguration	在内核启动时自动配置 IP 地址/路由表等，需要从网络启动的无盘工作站才需要这个东西
	IP: tunneling	IP 隧道，将一个 IP 报文封装在另一个 IP 报文内的技术
	IP: GRE tunnels over IP	基于 IP 的 GRE（通用路由封装）隧道
	IP: multicast routing	多重传播路由
	IP: ARP daemon support	这东西尚处于试验阶段就已经被废弃了
	IP: TCP syncookie support	抵抗 SYN flood 攻击的好东西，要启用它必须同时启用/proc 文件系统和 Sysctl support，然后在系统启动并挂载了/proc 之后执行 echo 1 >/proc/sys/net/ipv4/tcp_syncookies 命令
	IP: AH transformation	IPSec 验证头（AH）实现了数据发送方的验证处理，可确保数据既对于未经验证的站点不可用也不能在路由过程中更改
	IP: ESP transformation	IPSec 封闭安全负载（ESP）实现了发送方的验证处理和数据加密处理，用以确保数据不会被拦截/查看或复制
	IP: IPComp transformation	IPComp（IP 静荷载压缩协议），用于支持 IPSec
	IP: IPsec transport mode	IPSec 传输模式，常用于对等通信，用以提供内网安全。数据包经过了加密但 IP 头没有加密，因此任何标准设备或软件都可查看和使用 IP 头
	INET: socket monitoring interface	socket 监视接口，一些 Linux 本地工具（如：包含 ss 的 iproute2）需要使用它
	TCP: advanced congestion control	高级拥塞控制，如果没有特殊需求（比如无线网络）就别选了，内核会自动将默认的拥塞控制设为 Cubic 并将 Reno 作为候补

续表

第一级配置选项	第二级配置选项	说　明
Networking	IP: Virtual Server Configuration	IP 虚拟服务器允许你基于多台物理机器构建一台高性能的虚拟服务器，不做集群就别选了
	The IPv6 protocol	你要是需要 IPv6 就选上
	NetLabel subsystem support	NetLabel 子系统为诸如 CIPSO 与 RIPSO 之类能够在分组信息上添加标签的协议提供支持，如果你看不懂就别选了
	Security Marking	对网络包进行安全标记，类似于 nfmark，但主要是为安全目的而设计，如果你不明白就别选
	Network packet filtering (replaces ipchains)	Netfilter 可以对数据包进行过滤和修改，可以作为防火墙（packet filter 或 proxy-based）或网关（NAT）或代理（proxy）或网桥使用。选中此选项后必须将 Fast switching 关闭，否则将前功尽弃
	Network packet filtering debugging	仅供开发者调试 Netfilter 使用
	Bridged IP/ARP packets filtering	如果你希望使用一个针对桥接的防火墙就打开它
	Core Netfilter Configuration	核心 Netfilter 配置（当包流过 Chain 时如果匹配某个规则那么将由该规则的显示来处理，否则将由同一个 Chain 中的下一个规则进行匹配，若不 match 所有规则那么最终将由该 Chain 的 policy 进行处理）
	Netfilter netlink interface	允许 Netfilter 在与用户空间通信时使用新的 netlink 接口。netlink Socket 是 Linux 用户态与内核态交流的主要方法之一，且越来越被重视
	Netfilter NFQUEUE over NFNETLINK interface	通过 NFNETLINK 接口对包进行排队
	Netfilter LOG over NFNETLINK interface	通过 NFNETLINK 接口对包记录。该选项废弃了 ipt_ULOG 和 ebg_ulog 机制，并打算在将来废弃基于 syslog 的 ipt_LOG 和 ip6t_LOG 模块
	Layer 3 Independent Connection tracking	独立于第三层的链接跟踪，通过广义化的 ip_conntrack 支持其他非 IP 协议的第三层协议
	Netfilter Xtables support	如果你打算使 ip_tables、ip6_tables、arp_tables 之一，就必须选上
	"CLASSIFY" target support	允许为包配置优先级，一些排队规则（atm、cbq、dsmark、pfifo_fast、htb、prio）需要使用它
	"CONNMARK" target support	类似于 "MARK"，但影响的是连接标记的值
	"DSCP" target support	允许对 IP 包头部的 DSCP（Differentiated Services Codepoint）字段进行修改，该字段常用于 Qos
	"MARK" target support	允许对包进行标记（通常配合 IP 命令使用），这样就可以改变路由策略或者被其他子系统用来改变其行为
	"NFQUEUE" target Support	用于替代老旧的 QUEUE（iptables 内建的 target 之一），因为 NFQUEUE 能支持最多 65535 个队列，而 QUEUE 只能支持一个

续表

第一级配置选项	第二级配置选项	说　　明
Networking	"NOTRACK" target support	允许规则指定哪些包不进入链接跟踪/NAT 子系统
	"SECMARK" target support	允许对包进行安全标记，用于安全子系统
	"CONNSECMARK" target support	针对链接进行安全标记，同时还会将连接上的标记还原到包上（如果链接中的包尚未进行安全标记），通常与 SECMARK target 联合使用
	"comment" match support	允许你在 iptables 规则集中加入注释
	"connbytes" per-connection counter match support	允许针对单个连接内部每个方向（进/出）匹配已经传送的字节数/包数
	"connmark" connection mark match support	允许针对每个会话匹配先前 CONNMARK 配置的标记值
	"conntrack" connection tracking match support	连接跟踪匹配，是 state 的超集，它允许额外的链接跟踪信息，在需要配置一些复杂的规则（比如网关）时很有用
	"DCCP" protocol match support	DCCP 是打算取代 UDP 的新传输协议，它在 UDP 的基础上增加了流控和拥塞控制机制，面向实时业务
	"DSCP" match support	允许对 IP 包头的 DSCP 字段进行匹配
	"ESP" match support	允许对 IPSec 包中的 ESP 头进行匹配，使用 IPSec 的话就选上
	"helper" match support	加载特定协议的连接跟踪辅助模块，由该模块过滤所跟踪的连接类型的包，比如 ip_conntrack_ftp 模块
	"length" match support	允许对包的长度进行匹配
	"mac" address match support	允许根据以太网的 MAC 进行匹配，常用于无线网络环境
	"limit" match support	允许根据包的进出速率进行规则匹配，常和 LOG target 配合使用以抵抗某些 Dos 攻击

4.4.9　设备驱动配置

Linux 内核实现了一些常用的驱动程序，如鼠标、键盘和常见的 U 盘驱动等。这些驱动非常繁多，许多驱动对于嵌入式系统来说，并不需要。在实际的应用中，为了使配置的内核高效和小巧，只需要配置主要的一些驱动程序，这些驱动程序的配置选项如下。

1．通用驱动配置

通用驱动配置包含了一些主要的驱动程序，这些配置如表 4.12 所示。

表 4.12　通用驱动配置

第一级配置选项	第二级配置选项	说　　明
Generic Driver Options（驱动程序通用选项）	Select only drivers that don't need compile-time external firmware	只显示那些不需要内核对外部设备的固件作 map 支持的驱动程序，除非你有某些怪异硬件，否则请选上
	Prevent firmware from being built	不编译固件。固件一般是随硬件的驱动程序提供的，仅在更新固件的时候才需要重新编译。建议选上

续表

第一级配置选项	第二级配置选项	说　明
Generic Driver Options（驱动程序通用选项）	Userspace firmware loading support	提供某些内核之外的模块需要的用户空间固件加载支持，在内核树之外编译的模块可能需要它
	Driver Core verbose debug messages	让驱动程序核心在系统日志中产生冗长的调试信息，仅供调试
	Connector - unified userspace <-> kernelspace linker	统一的用户空间和内核空间连接器，工作在 netlink socket 协议的顶层。不确定可以不选
	Report process events to userspace	向用户空间报告进程事件（fork、exec、ID 变化（uid、gid、suid）
	Memory Technology Devices (MTD)	特殊的存储技术装置，如常用于数码相机或嵌入式系统的闪存卡
	Parallel port support	并口支持（传统的打印机接口）
	Plug and Play support	即插即用支持，若未选则应当在 BIOS 中关闭 PnP OS。这里的选项与 PCI 设备无关
	Block devices	块设备
	Normal floppy disk support	通用软驱支持
	XT hard disk support	古董级产品
	Parallel port IDE device support	通过并口与计算机连接的 IDE 设备，比如某些老旧的外接光驱或硬盘之类
	Compaq SMART2 support	基于 Compaq SMART2 控制器的磁盘阵列卡
	Compaq Smart Array 5xxx support	基于 Compaq SMART 控制器的磁盘阵列卡
	RAM disk support	内存中的虚拟磁盘，大小固定（由下面的选项决定，也可给内核传递 ramdisk_size=参数来决定），它的功能和代码都比 shmem 简单许多
	Default number of RAM disks	默认 RAM disk 的数量
	Default RAM disk size (kbytes)	仅在你真正知道它的含义时才允许修改
	Default RAM disk block size (bytes)	每一个 RAM disk 的默认块大小，设 PAGE_SIZE 的值时效率最高
	Initial RAM filesystem and RAM disk (initramfs/initrd) support	如果启动计算机所必须的模块都在内核里，则可以不选此项
	Packet writing on CD/DVD media	CD/DVD 刻录支持
	Free buffers for data gathering	用于收集写入数据的缓冲区个数（每个占用 64KB 内存），缓冲区越多性能越好
	Misc devices	杂项设备
	ATA/ATAPI/MFM/RLL support	通常是 IDE 硬盘和 ATAPI 光驱。纯 SCSI 系统且不使用这些接口可以不选
	Max IDE interfaces	最大 IDE 接口数，两个 IDE 插槽一般相当于 4 个接口
	Enhanced IDE/MFM/RLL disk/cdrom/tape/floppy support	EIDE 支持是当然要选的，否则 540MB 以上的硬盘都不认识而且不支持主从设备

续表

第一级配置选项	第二级配置选项	说　　明
Generic Driver Options（驱动程序通用选项）	Support for SATA (deprecated; conflicts with libata SATA driver)	反对使用，该选项与 libata SATA 驱动有冲突
	Use old disk-only driver on primary interface	没人用这些古董了
	PCMCIA IDE support	通过 PCMCIA 卡与计算机连接的 IDE 设备，比如某些外置硬盘或光驱
	Include IDE/ATAPI CDROM support	有 IDE 光驱的就选
	Enable DMA only for disks	只对硬盘启用 DMA，若你的光驱不支持 DMA 就选上
	Other IDE chipset support	其他 IDE 芯片组支持（多数需要在引导时指定特定的内核参数），如果你使用这样的芯片组就按实际情况选择子项吧
	SCSI device support	SCSI 设备
	RAID Transport Class	用于 SCSI 设备的软件 RAID 支持，需要配合外部工具
	SCSI device support	有任何 SCSI/SATA/USB/光纤/FireWire/IDE-SCSI 仿真设备之一就必须选上
	SCSI disk support	SCSI 硬盘或 U 盘
	SCSI tape support	SCSI 磁带
	SCSI CDROM support	SCSI CDROM
	Old CD-ROM drivers (not SCSI, not IDE)	老旧的 CD-ROM 驱动，这种 CD-ROM 既不使用 SCSI 接口，也不使用 IDE 接口
	Multi-device support (RAID and LVM)	多设备支持（RAID 和 LVM）。RAID 和 LVM 的功能是使多个物理设备组建成一个单独的逻辑磁盘
	IEEE 1394 (FireWire) support	IEEE 1394（火线）
	I2O device support	I2O（智能 IO）设备使用专门的 I/O 处理器负责中断处理/缓冲存取/数据传输等繁琐任务，以减少 CPU 占用，一般的主板上没这种东西
	Network device support	网络设备
	SLIP (serial line) support	一个在串行线上（例如电话线）传输 IP 数据报的 TCP/IP 协议。小猫一族的通信协议，与宽带用户无关
	Keepalive and linefill	让 SLIP 驱动支持 RELCOM linefill 和 keepalive 监视，这在信号质量比较差的模拟线路上是个好主意
	ISDN subsystem	综合业务数字网（Integrated Service Digital Network）
	Input device support	输入设备
	Generic input layer (needed for keyboard,mouse...)	通用输入层，要使用键盘鼠标的就必选

续表

第一级配置选项	第二级配置选项	说　明
Generic Driver Options （驱动程序 通用选项）	Support for memoryless force-feedback devices	游戏玩家使用的力反馈设备
	Mouse interface	鼠标接口
	Generic input layer (needed for keyboard,mouse...)	通用输入层，要使用键盘鼠标的就必选
	Support for memoryless force-feedback devices	游戏玩家使用的力反馈设备
	Mouse interface	鼠标接口
	Keyboards	键盘驱动，一般选 AT 键盘即可
	Mouse	鼠标驱动，一般选 PS/2 鼠标即可
	Joysticks	游戏杆驱动
	Touchscreens	触摸屏驱动
	Serial port line discipline	串口键盘或鼠标

2．字符设备配置

字符设备驱动程序是一种常见的驱动程序，为了对这种驱动程序进行支持，内核提供了一些配置选项来设置。常用的配置选项如表 4.13 所示。

表 4.13　字符设备配置

第一级配置选项	第二级配置选项	说　明
Character devices	Virtual terminal	虚拟终端。除非是嵌入式系统，否则必选
	Support for console on virtual terminal	内核将一个虚拟终端用作系统控制台（将诸如模块错误/内核错误/启动信息之类的警告信息发送到这里，通常是第一个虚拟终端）。除非是嵌入式系统，否则必选
	Support for binding and unbinding console drivers	虚拟终端是通过控制台驱动程序与物理终端相结合的，但在某些系统上可以使用多个控制台驱动程序（如 framebuffer 控制台驱动程序），该选项使得你可以选择其中之一
	Non-standard serial port support	非标准串口支持。这样的设备早就绝种了
	Serial drivers	串口驱动。如果你有老式的串口鼠标或小猫之类的就选吧
	Unix98 PTY support	伪终端（PTY）可以模拟一个终端，它由 slave（等价于一个物理终端）和 master（被一个诸如 xterms 之类的进程用来读写 slave 设备）两部分组成的软设备。使用 Telnet 或 SSH 远程登录者必选
	Legacy (BSD) PTY support	使用过时的 BSD 风格的/dev/ptyxx 作为 master，/dev/ttyxx 作为 slave，这个方案有一些安全问题，建议不选
	Parallel printer support	并口打印机
	Support for console on line printer	允许将内核信息输出到并口，这样就可以打印出来
	Support for user-space parallel port device drivers	/dev/parport 设备支持，比如 deviceid 之类的程序需要使用它，大部分人可以关闭该选项

第一级配置选项	第二级配置选项	说　　明
Character devices	Texas Instruments parallel link cable support	德州仪器生产的一种使用并行电缆的图形计算器，如果你不知道这是什么设备就别选了
	Generate OEM events containing the panic string	当发生紧急情况（panic）时，IPMI 消息处理器将会产生 OEM 类型的事件
	Device interface for IPMI	为 IPMI 消息处理器提供一个 IOCTL 接口以便用户空间的进程也可以使用 IPMI
	IPMI System Interface handler	向系统提供接口（KCS，SMIC），一般你用了 IPMI 就需要选上
	IPMI Watchdog Timer	启用 IPMI 看门狗定时器
	IPMI Poweroff	允许 IPMI 消息处理器关闭机器
	Watchdog Cards	能让系统在出现致命故障后自动重启，如果没有硬件看门狗，建议使用 Hangcheck timer 而不是软件看门狗
	Watchdog Timer Support	选中它并选中下面的一个 Driver 之后，再创建一个 /dev/watchdog 结点即可拥有一个"看门狗"了。更多信息请参考内核帮助
	Disable watchdog shutdown on close	一旦看门狗启动后就禁止将其停止
	Software watchdog	软件看门狗，使用它不需要有任何硬件的支持，但是可靠性没有硬件看门狗高（此处省略的硬件看门狗部分请按照自己主板实际使用的芯片（可能在南桥中）进行选择）
	Hardware Random Number Generator Core support	硬件随机数发生器核心支持
	Intel HW Random Number Generator support	Intel 芯片组的硬件随机数发生器
	AMD HW Random Number Generator support	AMD 芯片组的硬件随机数发生器
	AMD Geode HW Random Number Generator support	AMD Geode LX 的硬件随机数发生器
	I2C support	I2C 是 Philips 极力推动的微控制应用中使用的低速串行总线协议，可用于监控电压/风扇转速/温度等。SMBus（系统管理总线）是 I2C 的子集。除硬件传感器外 Video For Linux 也需要该模块的支持
	I2C device interface	I2C 设备接口，允许用户空间的程序通过/dev/i2c-*设备文件使用 I2C 总线
	I2C Algorithms	I2C 算法，可以全不选，若有其他部分依赖其子项时，会自动选上
	I2C Hardware Bus support	按实际硬件情况选对应的子项即可
	Miscellaneous I2C Chip support	其他不常见的产品，按需选择
	I2C Core debugging messages	仅供调试
	I2C Algorithm debugging messages	仅供调试
	I2C Bus debugging messages	仅供调试
	I2C Chip debugging messages	仅供调试

3．多媒体设备驱动配置

如果嵌入式系统需要多媒体功能，例如音乐和视频等功能，就需要配置多媒体驱动，常用的配置如表 4.14 所示。

表 4.14　多媒体设备驱动配置

第一级配置选项	第二级配置选项	说　明
Multimedia devices（多媒体设备）	Video For Linux	要使用音频/视频设备或 FM 收音卡的就必选，此功能还需要 I2C 的支持
	Enable Video For Linux API 1	使用老旧的 V4L 第一版 API，反对使用
	Enable Video For Linux API 1 compatible Layer	提供对第一版 V4L 的兼容，建议不选
	Video Capture Adapters	视频捕获卡
	Enable advanced debug functionality	该选项仅供调试
	Autoselect pertinent encoders/decoders and other helper chips	为视频卡自动选择所需的编码和解码模块，建议选择
	Virtual Video Driver	虚拟视频卡，仅供测试视频程序和调试
	SAA5246A, SAA5281 Teletext processor	该选项仅对欧洲用户有意义，中国用户不需要
	Graphics support	图形设备/显卡支持
	Enable firmware EDID	允许访问 Video BIOS 中的扩展显示器识别数据（EDID），使用 Matrox 显卡的建议关闭，建议桌面用户选择
	Support for frame buffer devices	帧缓冲设备是为了让应用程序使用统一的接口操作显示设备而对硬件进行的抽象，建议桌面用户选择
	Enable Video Mode Handling Helpers	使用 GTF 和 EDID 帮助处理显示模式，可以不选，若有其他选项依赖于它时，会自动选上
	Enable Tile Blitting Support	可以不选，若有其他选项依赖于它时，会自动选上
	VGA 16-color graphics support	16 色 VGA 显卡.如果你有就选吧
	VESA VGA graphics support	符合 VESA 2.0 标准的显卡的通用驱动，如果显卡芯片在下面能够找到就可以不选（此处省略的硬件请按照自己实际使用的显卡芯片进行选择）
	Virtual Frame Buffer support	仅供调试使用
	Console display driver support	控制台显示驱动
	Sound	声卡
	Advanced Linux Sound Architecture	使用声卡者必选
	Sequencer support	音序器支持（MIDI 必需），除非你确定不需要，否则请选上
	Sequencer dummy client	除非你要同时连接到多个 MIDI 设备或应用程序，否则请不要选择
	OSS Mixer API	OSS 混音器 API 仿真，许多程序目前仍然需要使用它，建议选择
	OSS PCM (digital audio) API	OSS 数字录音（PCM）API 模拟，许多程序目前仍然需要使用它，建议选择

4．USB 设备驱动配置

在嵌入式系统中，有些设备是通过 USB 总线来连接的，这时候，就需要 USB 设备驱动程序。Linux 内核实现了 USB 驱动的一个框架，驱动开发人员利用这个框架可以容易地写出 USB 驱动程序来。对于是否 USB 设备驱动，内核也可以进行配置，常用的配置选项如表 4.15 所示。

表 4.15　USB 设备驱动配置

第一级配置选项	第二级配置选项	说　明
USB support（USB 支持）	Support for Host-side USB	主机端（Host-side）USB 支持。通用串行总线（USB）是一个串行总线子系统规范，它比传统的串口速度更快并且特性更丰富（供电、热插拔、最多可接 127 个设备等），有望在将来一统 PC 外设接口。USB 的 Host（主机）被称为根（也可以理解为是主板上的 USB 控制器），外部设备被称为叶子，而内部的结点则称为 hub（集线器）。基本上只要你想使用任何 USB 设备都必须选中此项。另外，你还需要从下面至少选中一个 Host Controller Driver（HCD），比如适用于 USB 1.1 的 UHCI HCD support 或 OHCI HCD support，适用于 USB 2.0 的 EHCI HCD（USB 2.0）support。如果拿不准，把它们全部选中一般也不会出问题。如果你的系统有设备端的 USB 接口（也就是你的系统可以作为"叶子"使用），请到"USB Gadget"中进行选择
	USB verbose debug messages	仅供调试使用
	USB device filesystem	在/proc/bus/usb 里列出当前连接的 USB 设备（mount-t usbfs none /proc/bus/usb），这样用户空间的程序就可以直接访问这些 USB 设备，如要使用 USB 设备的话就必须选中此项
	Enforce USB bandwidth allocation	执行 USB 带宽分配限制，禁止打开占用 USB 总线带宽超过 90%的设备，关闭该选项可能会导致某些设备无法正常工作
	Dynamic USB minor allocation	除非你有超过 16 个同类型的 USB 设备，否则不要选择
	USB selective suspend/resume and wakeup	USB 设备的挂起和恢复，毛病多多且许多设备尚未支持它，建议不选
	EHCI HCD (USB 2.0) support	USB 2.0 支持（大多数 2002 年以后的主板都支持）。如果你选中了此项，一般还需要选中 OHCI 或 UHCI 驱动
	Full speed ISO transactions	由于 USB 2.0 支持低速（1.5Mbps）/全速（12Mbps）/高速（480Mbps）三种规格的外部设备，为了将全/低速设备对高速设备可用带宽的影响减到最小，在 USB 2.0 集线器中提供了一种事务转换（Transaction Translator）机制，该机制支持在 HUB 连接的是全/低速设备的情况下，允许主控制器与 HUB 之间以高速传输所有设备的数据，从而节省不必要的等待。如果你没有外置的 USB 集线器就无须选择

第一级配置选项	第二级配置选项	说　　明
	Root Hub Transaction Translators	带有 USB 2.0 接口的主板上都有一个根集线器 Root Hub 以允许在无须额外购买 HUB 的情况下就可以提供多个 USB 插口，其中的某些产品还在其中集成了事务转换（Transaction Translator）功能，这样就不需要再额外使用一个兼容 OHCI 或 UHCI 的控制器来兼容 USB 1.1，即使你不太清楚自己主板上的根集线器是否集成了事务转换功能也可以安全的选中此项
	Improved Transaction Translator scheduling	如果你有一个高速 USB 2.0 HUB 并且某些接在这个 HUB 上的低速或全速设备不能正常工作（显示 "cannot submit datapipe: error –28' 或'error –71" 错误），可以考虑选上
	OHCI HCD support	开放主机控制接口（OHCI）是主要针对嵌入式系统的 USB 1.1 主机控制器规范
USB support（USB 支持）	UHCI HCD (most Intel and VIA) support	通用主机控制器接口（UHCI）是主要针对 PC 机的 USB 1.1 主机控制器规范。另外，EHCI 也可能需要它
	USB Bluetooth TTY support	USB 蓝牙 TTY 设备支持
	USB Modem (CDC ACM) support	USB 接口的猫或 ISDN 适配器
	USB Printer support	USB 打印机
	USB Mass Storage support	USB 存储设备（U 盘、USB 硬盘、USB 软盘、USB CD-ROM、USB 磁带、memory sticks、数码相机、读卡器等）。该选项依赖于 SCSI device support，且大部分情况下还依赖于 SCSI disk support（比如 U 盘或 USB 硬盘）
	USB MIDI support	USB MIDI 设备支持

4.4.10　文件系统配置

文件系统是操作系统的主要组成部分。Linux 支持很多文件系统，为了内核的高效和小巧性，支持哪些文件系统都是可以配置的，常用的配置选项如表 4.16 所示。

表 4.16　文件系统配置

第一级配置选项	第二级配置选项	说　　明
	Second extended fs support	Ext2 文件系统是 Linux 的标准文件系统，擅长处理稀疏文件
File systems	Ext2 extended attributes	Ext2 文件系统扩展属性（与 inode 关联的 name: value 对）支持
	Ext2 POSIX Access Control Lists	POSIX ACL（访问控制列表）支持，可以更精细的针对每个用户进行访问控制，需要外部库和程序的支持

续表

第一级配置选项	第二级配置选项	说　　明
File systems	Ext2 Security Labels	安全标签允许选择使用不同的安全模型实现（如 SELinux）的访问控制模型，如果你没有使用需要扩展属性的安全模型就别选
	Ext2 execute in place support	程序在写入存储介质时就已经分配好运行时的地址，因此不需要载入内存即可在芯片内执行，一般仅在嵌入式系统上才有这种设备
	Ext3 journalling file system support	Ext3 性能平庸，使用 journal 日志模式时数据完整性非常好（但奇怪的是此时多线程并发读写速度却最快）
	Ext3 extended attributes	Ext3 文件系统扩展属性（与 inode 关联的 name:value 对）支持
	Ext3 POSIX Access Control Lists	POSIX ACL（访问控制列表）支持，可以更精细地针对每个用户进行访问控制，需要外部库和程序的支持
	Ext3 Security Labels	安全标签允许选择使用不同的安全模型实现（如 SELinux）的访问控制模型，如果你没有使用需要扩展属性的安全模型就别选
	Ext4dev/ext4 extended fs support	尚处于开发状态的 Ext4
	JBD (ext3) debugging support	仅供开发者使用
	JBD2 (ext4dev/ext4) debugging support	仅供开发者使用
	JFS filesystem support	IBM 的 JFS 文件系统
	XFS filesystem support	碎片最少，多线程并发读写最佳，大文件（>64k）性能最佳，创建和删除文件速度较慢。由于 XFS 在内存中缓存尽可能多的数据且仅当内存不足时才会将数据刷到磁盘，所以应当仅在确保电力供应不会中断的情况下才使用 XFS
	Quota support	XFS 的磁盘配额支持
	Security Label support	扩展的安全标签支持。SELinux 之类的安全系统会使用到这样的扩展安全属性
	POSIX ACL support	POSIX ACL（访问控制列表）支持，可以更精细地针对每个用户进行访问控制，需要外部库和程序的支持
	Realtime support	实时子卷是专门存储文件数据的卷，可以允许将日志与数据分开在不同的磁盘上
	GFS2 file system support	一种用于集群的文件系统
	OCFS2 file system support	一种用于集群的文件系统
	Minix fs support	老古董文件系统
	ROM file system support	用于嵌入式系统的内存文件系统的支持
	Inotify file change notification support	新式的文件系统的变化通知机制，简洁而强大，用于代替老旧的 Dnotify
	Quota support	磁盘配额支持，限制某个用户或者某组用户的磁盘占用空间，Ext2/Ext3/Reiserfs 都支持它

续表

第一级配置选项	第二级配置选项	说　　明
File systems	Dnotify support	旧式的基于目录的文件变化的通知机制（新机制是 Inotify），目前仍然有一些程序依赖它
	Kernel automounter support	内核自动加载远程文件系统（v3，就算选也不选这个旧的）
	Kernel automounter version 4 support (also supports v3)	新的（v4）的内核自动加载远程文件系统的支持，也支持 v3
	Filesystem in Userspace support	FUSE 允许在用户空间实现一个文件系统，如果你打算开发一个自己的文件系统或者使用一个基于 FUSE 的文件系统就选上
	CD-ROM/DVD Filesystems	CD-ROM/DVD 文件系统
	ISO 9660 CDROM file system support	CD-ROM 的标准文件系统
	Microsoft Joliet CDROM extensions	Microsoft 对 ISO 9660 文件系统的 Joliet 扩展，允许在文件名中使用 Unicode 字符，也允许长文件名
	Transparent decompression extension	Linux 对 ISO 9660 文件系统的扩展，允许将数据透明的压缩存储在 CD 上
	UDF file system support	某些新式 CD/DVD 上的文件系统，很少见
	DOS/FAT/NT Filesystems	DOS/Windows 的文件系统
	MSDOS fs support	古老的 MSDOS 文件系统
	VFAT (Windows-95) fs support	从 Win95 开始使用的 VFAT 文件系统
	Default codepage for FAT	默认代码页
	Default iocharset for FAT	默认字符集
	NTFS file system support	从 WinNT 开始使用的 NTFS 文件系统
	NTFS debugging support	仅供调试使用
	NTFS write support	NTFS 写入支持

4.5　嵌入式文件系统基础知识

对于嵌入式系统来说，除了一个嵌入式内核之外，还需要一个嵌入式文件系统来管理和存储数据和程序。目前，嵌入式 Linux 操作系统支持很多种文件系统，具体使用哪种文件系统，需要根据存储介质、访问速度、存储容量等来选择。本章将对嵌入式文件系统的基础知识进行简单的介绍，首先需要对嵌入式系统的存储介质有一定的了解。

4.5.1　嵌入式文件系统

Linux 支持多种文件系统，包括 ext2、ext3、vfat、ntfs、iso9660、jffs、romfs、cramfs 和 nfs 等，为了对各类文件系统进行统一管理，Linux 引入了虚拟文件系统 VFS（Virtual File System），为各类文件系统提供一个统一的操作界面和应用编程接口。Linux 文件系统的结构如图 4.5 所示。

Linux 文件系统结构由 4 层组成，分别是用户层、内核层、驱动层和硬件层。用户层为用户提供一个操作接口，内核层实现了各种文件系统，驱动层是块设备的驱动程序，硬件层是嵌入式系统使用的几种存储器。

在 Linux 文件系统结构中，内核层的文件系统实现是必须的。Linux 启动时，第一个必须挂载的是根文件系统；若系统不能从指定设备上挂载根文件系统，则系统会出错而退出启动。当根文件系统挂载成功后，才可以自动或手动挂载其他的文件系统。因此，一个系统中可以同时存在不同的文件系统。

不同的文件系统类型有不同的特点，因而根据存储设备的硬件特性、系统需求等有不同的应用场合。在嵌入式 Linux 应用中，主要的存储设备为 RAM（DRAM，SDRAM）和 ROM

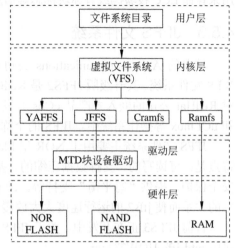

图 4.5　Linux 的文件系统结构

（常采用 FLASH 存储器），常用的基于 FLASH 存储设备的文件系统类型包括 jffs2、yaffs、cramfs、romfs、ramdisk 和 ramfs/tmpfs 等。

4.5.2　嵌入式系统的存储介质

Linux 操作系统支持大量的文件系统，在嵌入式领域，使用哪种文件系统需要根据存储芯片的类型来决定。目前市场上，嵌入式系统主流的两种存储介质是 NOR 和 NAND Flash。Intel 公司于 1988 年首先开发了 NOR Flash 存储器。NOR Flash 的特点是芯片内执行（XIP ，eXecute In Place），这样应用程序可以直接在 Flash 闪存内运行，不必再把代码读到系统 RAM 中。NOR 的传输效率很高，在 1MB～4MB 的小容量时具有很高的成本效益，但缺点是写入和擦除速度很慢，对性能有较大的影响。

1989 年,东芝公司开发了 NAND Flash 存储器。NAND Flash 与 NOR Flash 相比,NAND Flash 能提供极高的单元密度，可以达到高存储密度，并且写入和擦除的速度也很快。这两种存储器的比较如表 4.17 所示。

表 4.17　NOR Flash 与 NAND Flash 的比较

比较项	**NOR Flash**	**NAND Flash**
读速度	NOR 的读速度相对快	NAND 的读速度相对慢
写速度	NOR 的写速度相对慢很多	NAND 的写速度相对快很多
擦除速度	NOR 的擦除速度相对慢很多	NAND 的擦除速度相对快很多
擦除单元	NOR 的擦除单元要大一些，擦除电路更多一些	NAND 的擦除单元更小，擦除电路更少一些
容量	相对小，主要用于存放代码	大，适用于存放大量的数据
成本	相对高	相对低
寿命	擦写 10 万次	擦写 100 万次

总体来说，NOR Flash 比较适合存储代码，其容量较小（一般小于 32MB），而且价格较高。NAND Flash 容量较大，可达 1GB 以上，价格也相对便宜，比较适合存放数据。一般来

说，128MB 以下的 NAND Flash 芯片的一页大小为 528B，另外每一页有 16B 的备用空间，用来存储 ECC 校验码或者坏块标志等信息。若干页组成一块，通常一块的大小为 32KB。

4.5.3　JFFS 文件系统

瑞典的 Axis Communications 公司基于 Linux 2.0 的内核，为嵌入式操作系统开发了 JFFS 文件系统。其升级版 JFFS2 是 RedHat 公司基于 JFFS 开发的闪存文件系统，最初是针对 RedHat 公司的嵌入式产品 eCos 开发的嵌入式文件系统，所以 JFFS2 也可以用在 Linux 和 uCLinux 等操作系统中。JFFS 的全称是日志闪存文件系统。

JFFS 文件系统主要用于 NOR 型 Flash 存储器，其基于 MTD 驱动层。这种文件系统的特点是：可读写的、支持数据压缩的、基于哈希表的日志型文件系统，并提供了崩溃/掉电安全保护，提供"写平衡"支持等。缺点主要是当文件系统已满或接近满时，因为垃圾收集的关系而使 jffs2 的运行速度大大放慢。

目前 JFFS3 正在开发中。关于 JFFS 系列文件系统的使用详细文档，可参考 MTD 补丁包中 mtd-jffs-HOWTO.txt。

JFFS 文件系统不适合用于 NAND 型 Flash 存储器。主要是因为 NAND 闪存的容量一般较大，这样导致 JFFS 为维护日志节点所占用的内存空间迅速增大。另外，JFFS 文件系统在挂载时需要扫描整个 FLASH 的内容，以找出所有的日志结点，建立文件结构，对于大容量的 NAND 闪存会耗费大量时间。

4.5.4　YAFFS 文件系统

YAFFS 是第一个专门为 NAND Flash 存储器设计的嵌入式文件系统，适用于大容量的存储设备；并且是在 GPL（General Public License）协议下发布的，可在其网站免费获得源代码。YAFFS 文件系统有 4 个优点，分别是速度快、占用内存少、不支持压缩和只支持 NAND Flash 存储器。

在 YAFFS 文件系统中，文件是以固定大小的数据块进行存储的。块的大小可以是 512B、1024B 或者 2048B。每个文件（包括目录）都由一个数据块头和数据组成。数据块头中保存了 ECC 校验码和文件系统的组织信息，用于错误检测和坏块处理。YAFFS 文件系统充分考虑了 NAND Flash 的特点，把每个文件的数据块头存储在 NAND Flash 的 16B 备用空间中。

当文件系统被挂载时，只须扫描存储器的备用空间就能将文件系统信息读入内存，并且驻留在内存中，不仅加快了文件系统的加载速度，也提高了文件的访问速度，但是增加了内存的消耗。

选择哪一种文件系统，需要根据 Flash 存储器的类型来确定。Flash 存储器类型主要有 NOR 和 NAND Flash。根据存储器类型，NOR Flash 存储器比较适用于 JFFS。NAND Flash 存储器比较适用于 YAFFS。

4.6　构建根文件系统

当内核启动后，第一件要做的事情就是到存储设备上找到根文件系统。根文件系统包含了使系统运行的主要程序（例如 Shell 程序）和数据。本节将对系统运行所必须的根文件系统进行详细的分析。

4.6.1　根文件系统概述

　　根文件系统是 Linux 操作系统运行需要的一个文件系统。根文件系统被存储在 Flash
存储器中，存储器被分为多个分区，例如分区 1、分区 2、分
区 3 等，如图 4.6 所示。分区 1 一般存储 Linux 内核映像文件，
在 Linux 操作系统中，内核映像文件一般存储在单独的分区中。
分区 2 存放根文件系统，根文件系统中存放着系统启动必须的
文件和程序。这些文件和程序包括提供用户界面的 shell 程序、
应用程序依赖的库和配置文件等。

　　其他分区上存放普通的文件系统，也就是一些数据文件。
操作系统的运行并不依赖于这些普通的文件。内核启动后运行
的第一个程序是 init，其将启动根文件系中的 shell 程序，给用
户提供一个友好的操作界面。这样系统就能够按照用户的需求
正确地运行了。

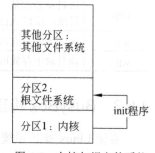

图 4.6　内核与根文件系统

　　嵌入式系统的中一个比较典型的应用是，开发一个图像界面程序，然后通过脚本自动
启动这个程序，这样嵌入式系统一开机，显示的就是定制的图形界面了。

4.6.2　Linux 根文件系统目录结构

　　根文件系统以树形结构来组织目录和文件的结构。系统启动后，根文件系统被挂接到
根目录"/"上，这时根目录下就包含了根文件系统的各个目录和文件，例如/bin、/sbin 和
/mnt 等。根文件系统应该包含的目录和文件遵循 FHS 标准（Filesystem Hierarchy Standard，
文件系统层次标准）。这个标准包含了根文件系统中最少应该包含哪些目录和文件，以及这
些目录和文件的组织原则。其中 FHS 标准定义的根文件系统顶层目录如表 4.18 所示。

表 4.18　根文件系统目录结构

目　录	说　明
bin	该目录存放用户可以使用的基本命令。bin 目录下常用的命令有：cat、chmod、cp、ls、kill、mount、unmount、mkdir、mknod、test 等
sbin	该目录下存放必要的系统管理员命令，这些命令只有系统管理员才能使用。sbin 目录下存放的是基本的系统命令，它们用于启动系统、修复系统。sbin 目录下常用的命令有 shutdown、reboot、fdisk、fsck 等
boot	该目录下包含引导加载程序使用的静态文件
root	根用户（root 用户）的目录，与此对应，普通用户的目录是/home 下的一个子目录
home	用户目录。对于每一个普通用户，在/home 目录下都有一个与用户名同名的子目录，里面存放用户相关的配置文件和私有文件
etc	该目录下存放各种系统配置文件。该目录中的文件或者子目录依赖于系统中拥有的应用程序，很多应用程序需要配置文件
dev	设备文件和一些特殊文件。常见的设备文件一般有字符设备文件和块设备文件
opt	该目录包含附加的软件
mnt	临时文件系统的挂接目录，用来挂接暂时需要用到的文件系统。如挂接光盘、U 盘和硬盘
lib	该目录中存放共享库和一些驱动程序模块。共享库用于对/bin,/sbin 中的程序进行支持

续表

目　录	说　明
proc	该目录是一个空目录，作为 proc 文件系统的挂接点。proc 文件系统是一个虚拟的文件系统，它存在于内存中。proc 文件系统中的目录和文件都是内核临时生成的，用于了解系统目前的运行状态
tmp	该目录通常是一个空目录，用于存放临时文件。一些需要存放临时文件的程序会用到/tmp 目录，所以该目录必须存在
usr	该目录中存放共享、只读的文件和程序。该目录中的文件可以被多个用户共享
var	该目录中存放可变的文件。例如日志文件、log 文件、临时文件等

4.6.3　BusyBox 构建根文件系统

要使 Linux 操作系统能够正常地运行起来，至少需要一个内核和根文件系统。根文件系统除了应该以 FHS 标准的格式组织之外，还应该包含一些必要的命令。这些命令提供给用户使用，以使用户能方便地操作系统。

一般来说构建根文件系统的方法有两种。第一种方法是下载相应的命令源码，并移植到处理器架构平台上，除了一些必须的命令外，用户可以定制一些非必要的命令。第二种方法是使用一些开源的工具构建根文件系统，例如 BusyBox、TinyLogin 和 Embutils。需要注意的是，这些工具都会有配置菜单，让你选择处理器架构，这样编译出来的命令才能够在指定的架构中运行。其中 BusyBox 是最常用的一个工具，下面对这个工具进行简要的介绍。

1. Busybox 概述

BusyBox 是一个用来构建根文件系统的工具。这个工具最初于 1996 年开始开发，当时嵌入式系统并没有开始流行。BushBox 最初的目的是自动构建一个能够在软盘上运行的命令系统。因为当时还没有可以移动的大容量可擦写存储介质，软盘是最常用的存储介质。使用过软盘的读者知道，它的容量很小，对于今天的计算机来说几乎没有什么用武之地。BusyBox 可以把常见的 Linux 命令打包编译成一个单一的可执行文件。通过建立链接，用户可以像使用传统的命令一样使用 BusyBox。

在台式 PC 上，Linux 操作系统的每一个命令都是一个单独的二进制文件。在嵌入式系统中，如果每一个命令都是一个单独的文件，会增加整个根文件系统的大小，并且会使加载命令的速度变慢。这对于存储要求比较严格的嵌入式系统来说是不好的。BusyBox 解决了这个问题，它能够以一个极小的应用程序来提供整个命令集的功能，而且需要哪些命令不需要哪些命令是可以配置的。减少多余的命令，可以节省嵌入式系统宝贵的存储空间。

BusyBox 的出现是基于 Linux 共享库。对于大多数 Linux 工具来说，不同的命令可以共享许多东西。如查找文件的命令 grep 和 find，虽然功能不完全相同，但是两个程序都会用到从文件系统搜索文件的功能，这部分代码可以是相同的。BusyBox 的聪明之处在于把不同工具的代码，以及公用的代码都集成在一起，从而大大减小了可执行文件的体积。

BusyBox 实现了许多命令，这些命令包括 ar、cat、chgrp、chmod、chown、chroot、cpio、cp、date、df、dd、dmesg、du、echo、env、expr、find、grep、gunzip、gzip、halt、id、ifconfig、init、insmod、kill、killall、ln、ls、lsmod、mkdir、mknod、modprobe、more、mount、mv、ping、ps、pwd、reboot、renice、rm、rmdir、rmmod、route、sed、sync、syslogd、tail、tar、telnet、tfp、touch、traceroute、umount、vi、wc、which 和 whoami 等。

2．解压 Busybox

可以从 http://www.busybox.net/downloads 下载 Busybox 的相应版本。这里选择的是
Busybox 1.2.0 版，读者也可以选择其他版本。安装 Busybox 有 3 个步骤，分别是解压
Busybox、配置 Busybox 和编译安装 Busybox。

使用如下命令可以得到解压后的 Busybox 目录，该目录中包含 Busybox 的所有源码，
解压命令是：

```
[root@tom chapter4]# tar jxvf Busybox 1.2.0.tar.bz2
```

3．Busybox 的配置选项

BusyBox 中包含了几百个系统命令，在嵌入式系统中一般不需要全部使用。可以通过
配置 Busybox 来定制一些需要的命令，从而减少根文件系统的大小。也可以配置 Busybox
的链接方式是动态链接还是静态链接。动态链接需要其他库文件的支持，静态链接将需要
的库文件放入最终的应用程序中，不需要其他库文件就能运行。进入 Busybox 源代码所在
的目录，执行 make menuconfig 命令就可以对 Busybox 进行配置，命令如下：

```
[root@tom Busybox 1.2.0]# make menuconfig
```

进入配置界面，根据需要选择所需要的设置和命令。这里，选择了如下几项：

```
Busybox Settings --->
        Build Options --->
                [*] Build BusyBox as a static binary (no shared libs)
                [*] Build with Large File Support (for accessing files > 2 GB)
        Busybox Library Tuning --->
                [*] vi-style line editing commands
                [*] Fancy shell prompts
Linux Module Utilities --->
        [ ] Simplified modutils
        [*] insmod
        [*] rmmod
        [*] lsmod
        [*] modprobe
        [*] depmod
```

当选择好所需要的配置后，退出并保存配置。从上面可以看到，BusyBox 的配置界面
与内核的配置界面相同，方法也大同小异。BusyBox 的配置在构建根文件系统时会经常用
到，这里对主要的配置选项进行简要的介绍，这些配置选项如表 4.19 所示。

表 4.19　BusyBox 配置选项

一级配置项目	二级及以上配置项目	说　明
Busybox Setting	General Configuration	包含一些通用的配置，一般保持默认状态
	Build Options	链接、编译选项。例如，使用静态库，还是动态库。需不需要对大于 2G 的文件进行支持。如果支持
	Debugging Options	调试选项，使用 Busybox 时会打印一些调试信息，在调试 Busybox 时，需要加上，一般不选
	Installation Options	指定 Busybox 的安装路径
	BusyBox Library Tuning	Busybox 的性能微调

续表

一级配置项目	二级及以上配置项目	说　　明
Archival Utilities		各种压缩、解压缩命令。例如 ar、bzip2、gzip 等
Coreutils		常用的核心命令。例如 cat、chmod、chown、chroot、date 等
Console Utilities		控制台的相关命令，例如 clear、reset、resize 等
Debian Utilities		Debian 命令，Debian 是一种 Linux 操作系统。其中包含一些特殊的命令和功能支持
Editors		编辑命令，例如 VI 编辑器
Finding Utilities		查找命令，一般不使用
Init Utilities		初始化程序 init 的配置选项，可以配置 init 程序需要完成的功能。例如是否读取 inittab 文件，是否允许在 init 中写 syslog 日志文件等
Login/Password Management Utilities		登录、用户帐户/密码等命令
Linux Ext2 FS Progs		Ext2 文件系统的一些工具，例如磁盘检查命令 fsck
Linux Module Utilities		加载和卸载模块的命令
Linux System Utilities		Linux 文件系统相关的命令。例如创建文件系统的 mkfs 命令，现实文件的 more 命令
Miscellaneous Utilities		一些不好分类的命令
Networking Utilities		网络通信方面的命令。例如 telnet、ping、tfp 命令
Process Utilities		进程相关的命令，例如查看进程状态的 ps 命令、杀死进程的 kill 命令、显示系统信息的 top 命令等
Shells		配置各种 shell 程序，根据需要可以选择各种 shell 程序
System Logging Utilities		系统日志方面的命令
Load an Alternate Configuration file		加载一个配置文件
save Configuration to an Alternate File		保存一个配置文件

4．Busybox 的常用配置

之前的配置是一些基本配置，根据不同的需要，Busybox 的配置还会有所不同，这里对 BusyBox 的几种常用配置进行说明。

（1）Tab 键自动补齐功能，例如在控制台中输入 mak 会自动补齐为 make。这个配置项为 Busybox Settings--->Busybox Library Tuning --->Tab completion。

（2）将 BusyBox 编译为静态链接，这样在没有其他库支持时，Busybox 也能启动。这个配置项为 Busybox Settings--->Bulid Options--->Bulid Busybox as a static binary (no shared libs)。

（3）如果使用不同的交叉编译工具，需要指定编译工具的路径。这个配置项为 Busybox Settings--->Bulid Options--->Cross Compiler prefix。

（4）init 程序中应该读取配置文件/etc/inittab。这个配置项为 Init Utilities--->Support reading an inittab file。

5．编译和安装 Busybox

编译后的 Busybox 将运行在 ARM 处理器上，所以应该修改 Makefile 文件，使用交叉编译工具，编译能够在 ARM 处理器上运行的 Busybox 程序。需要修改 Busybox 的 Makefile 文件如下：

```
ARCH              ?=$(SUBARCH)
CROSS_COMPILE     ?=
```

这两行分别表示需要移植的处理器架构和交叉编译器，需要修改为如下两行：

```
ARCH              ?=arm
CROSS_COMPILE     ?=arm-linux-
```

然后，执行 make 命令就可以编译安装 Busybox。

```
[root@tom Busybox 1.2.0]#make                    #编译
[root@tom Busybox 1.2.0]#make install            #安装
```

经过编译安装之后，在 Busybox 1.2.0 目录下可以找到_install 子目录，这就是刚才的生成的目录。

6．创建其他目录和文件

经过第 5 步安装 BusyBox 后，在_install 子目录中只是一些 Busybox 生成的命令，这些命令被存储在 bin、sbin 目录和 usr 目录中。bin 和 sbin 中包含的是系统命令，usr 中包含的是用户命令。使用 ls 命令，可以看到_install 目录的情况，如下所示。

```
[root@tom Busybox 1.2.0]# cd _install
[root@tom _install]# ls
bin    linuxrc   sbin   usr
```

Busybox 生成的目录，并不符合根文件系统的要求，还需要为其添加一些额外的目录，使用如下命令在_install 目录中添加以下目录。

```
[root@tom _install]# mkdir bin sbin lib etc dev sys proc tmp var opt mnt
usr home root media
```

其中 media 目录不是必须的，但是在嵌入式开发中一般添加这个目录来存放多媒体文件。然后进入刚刚创建的 etc 目录，创建一些必要的配置文件，操作命令如下：

```
[root@tom _install]# cd etc
[root@tom etc]# touch inittab
[root@tom etc]# touch fstab
[root@tom etc]# touch profile
```

```
[root@tom etc]# touch passwd
[root@tom etc]# touch group
[root@tom etc]# touch shadow
[root@tom etc]# touch resolv.conf
[root@tom etc]# touch mdev.conf
[root@tom etc]# touch inetd.conf
[root@tom etc]# mkdir rc.d
[root@tom etc]# mkdir init.d
[root@tom etc]# touch init.d/rcS
[root@tom etc]# chmod +x init.d/rcS
[root@tom etc]# mkdir sysconfig
[root@tom etc]# touch sysconfig/HOSTNAME
```

7．修改 etc 目录中的文件

etc 目录中的文件是用来对系统进行整体配置的，一般只需要 3 个文件，系统就可以正常工作了。这 3 个文件是 etc/inittab、etc/init.d/rcS 和 etc/fstab。其中文件 etc/inittab 用来创建其他子进程，其内容是：

```
::sysinit:/etc/init.d/rcS
s3c2410_serial0::askfirst:-/bin/sh
::ctrlaltdel:-/sbin/reboot
::shutdown:/bin/umount -a -r
::restart:/sbin/init
```

文件 etc/init.d/rcS 是一个脚本文件，可以在里面添加系统启动后将执行的命令。文件的内容如下：

```
#!/bin/sh
PATH=/sbin:/bin:/usr/sbin:/usr/bin
runlevel=S
prevlevel=N
umask 022
export PATH runlevel prevlevel
mount -a
mkdir /dev/pts
mount -t devpts devpts /dev/pts
echo /sbin/mdev > /proc/sys/kernel/hotplug
mdev -s
/bin/hostname -F /etc/sysconfig/HOSTNAME
ifconfig eth0 192.168.1.78
```

文件 etc/fstab 用来挂接文件系统，mount 命令会解析这个文件，并挂接其中的文件系统，其内容如下：

```
proc /proc proc defaults 0 0
sysfs /sys sysfs defaults 0 0
tmpfs /var tmpfs defaults 0 0
tmpfs /tmp tmpfs defaults 0 0
tmpfs /dev tmpfs defaults 0 0
```

8．创建 dev 目录中的文件

dev 目录中，包含了一些设备文件，根文件系统中的应用程序需要使用这些设备文件来对硬件进行操作。设备文件可以动态创建，也可以静态创建，为了节省嵌入式系统的资源，一般采用静态创建的方式。这里创建了几个简单的设备文件，已经能够满足大部分系统的要求，操作命令如下：

```
[root@tom _install]# cd dev
[root@tom dev]# mknod console c 5 1
[root@tom dev]# chmod 777 console
[root@tom dev]# mknod null c 1 3
[root@tom dev]# chmod 777 null
```

其他设备文件，可以在系统启动后，使用"cat /proc/devices"命令查看内核注册了哪些设备，然后以手动方式一个一个创建设备文件。实际上，各个 Linux 操作系统使用的 dev 目录是很相似的，所以可以从其他已经构建好的根文件系统中直接复制过来尝试。经过以上步骤，就构建了一个可以使用的根文件系统了。

总结起来，构建根文件系统的大概步骤是：第 1 步，生成一些基本的命令，第 2 步，创建必要的目录，第 3 步，创建初始化脚本，第 4 步是创建设备文件，这些文件可以被 init 进程读取。

4.7 小　　结

本章主要讲解怎样构建一个嵌入式操作系统的全过程。首先对 Linux 操作系统的特性做了简单的介绍，然后阐述了 Linux 操作系统的主要内核子系统。在 4.3 节，讲解了 Linux 内核源代码的结构，为修改内核，编写驱动程序打下了基础。第 4.4 节讲解了内核配置的常用选项，这些知识对构建适合自己的嵌入式设备的操作系统内核有非常大的帮助。第 4.5 节在前面基础上，讲解了嵌入式文件系统的基础知识，特别是 YAFFS 文件系统，这是一种很常用的基于 NAND Flash 的文件系统。最后详细讲解了使用 Busybox 构建一个根文件系统的全过程。

第5章 构建第一个驱动程序

万事开头难，写驱动程序也一样，本章将构建第一个驱动程序。驱动程序和模块的关系非常密切，所以这里将详细讲解模块的相关知识。而模块编程成败与否的先决条件是要有统一的内核版本，所以这里将讲解怎样升级内核版本。最后为了提高程序员的编程效率，再将介绍两种集成开发环境。

5.1 开发环境配置之内核升级

构建正确的开发环境，对写驱动程序非常重要。错误的开发环境，编写出的驱动程序不能正确运行。特别是关于内核版本的问题，内核版本不匹配，会使驱动程序不能在系统中运行，所以需要对内核进行升级。本节将对 Fedora Core 9 进行内核升级，首先说明为什么要升级内核。

5.1.1 为什么升级内核

内核是一个提供硬件抽象层、磁盘及文件系统控制、多任务等功能的系统软件。根据内核是否被修改过，可以将内核分为标准内核和厂商内核两类，如图 5.1 所示。

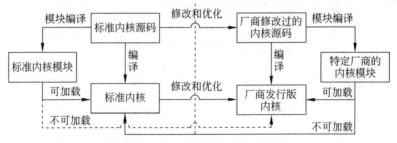

图 5.1 内核与模块版本之间的关系

1. 标准内核源码和标准内核

标准内核源码是指从 kernel.org 官方网站下载的标准代码，其是 Linux 内核开发者经过严格测试所构建的内核代码。标准内核是将标准内核源码编译后得到的二进制映像文件，如图 5.1 左半部所示。

2. 厂商内核源码和厂商内核

在某些情况下，发行版厂商会对标准内核源码进行适当的修改，以优化内核的性能。这种经过修改后的标准内核源码，就是厂商修改过的内核源码。将厂商修改过的内核源码编译后，会形成厂商发行版内核。所以，厂商发行版内核是对标准内核的修改和优化。这里需要注意的是，厂商发行版内核和标准内核对于驱动程序是不兼容的，根据不同内核源码编译的驱动程序是不能互用的。

3．两者兼容性问题

构建驱动程序模块时，必须考虑驱动程序与内核的兼容性。使用标准内核源码构建的内核模块，就是标准内核模块，其不能在厂商内核中使用。使用厂商修改过的内核源码构建的内核模块，就是特定厂商的内核模块，其不能在标准内核中使用。这里需要注意的是，即使模块代码相同，标准内核模块和特定厂商的内核模块其模块格式也是不同的。

标准内核模块可以加载进标准内核中，却不能加载进厂商发行版内核中。同理，特定厂商的内核模块可以加载进厂商发行版内核中，却不能加载进标准内核中。

Fedora Core 9 的内核版本是 2.6.25-14.fc9.i686，可以通过命令 uname -r 来查看。

```
[root@tom ~]# uname -r        #uname 查看操作系统信息，r 选项查看内核版本
2.6.25-14.fc9.i686
```

如果要编写特定厂商的内核模块，那么就要找到 Fedora Core 9 的内核代码。Fedora Core 9 并没有默认安装内核源码，并且程序员也很难找到该源码。所以，这里将采用目前较新的标准内核源码来构建内核模块。这就是将要升级内核的原因。

5.1.2　内核升级

尽管在 Fedora Core 9 中可以使用"软件包管理器工具"对内核进行升级，但毕竟是开发厂商编译的内核有其局限性，里面添加了很多驱动开发系统不需要的模块，而驱动开发需要的模块却没有开启。因此，学会自己手动编译升级内核也是很必要的。例如将内核升级为 linux 2.6.34.14，内核升级的步骤如下。

（1）从 http://www.kernel.org/pub/linux/kernel/ 上下载 linux-2.6.34.14.tar.bz2 内核源码包。读者也可以根据需要下载最新的内核。

（2）使用 mkdir linux-2.6.34.14 在根目录下建立一个目录。

```
[root@tom /]# cd /
[root@tom /]# mkdir linux-2.6.34.14
```

（3）将 linux-2.6.34.14.tar.bz2 复制到/linux-2.6.34.14 目录下。

```
[root@tom /]# cp linux-2.6.34.14.tar.bz2 /linux-2.6.34.14/
```

（4）进入/linux-2.6.34.14 目录，使用 tar -xjvf linux-2.6.34.14.tar.bz2 命令解压内核源码包。

```
[root@tom /]# cd linux-2.6.34.14
[root@tom linux-2.6.34.14]# tar -xjvf linux-2.6.34.14.tar.bz2
```

（5）进入第二层内核源码目录，cd linux-2.6.34.14

```
[root@tom linux-2.6.34.14]# cd linux-2.6.34.14
```

（6）执行 make menconfig 配置内核并保存，如图 5.2 所示。一般情况下 CPU 类型的选择为 586/K5/5x86/6x86/6x86MX。

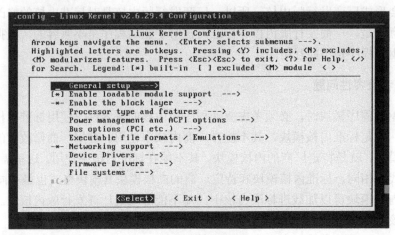

图 5.2　内核配置

（7）编译内核 make 命令。该命令会根据 makefile 文件，按目录编译整个内核。

```
[root@tom linux-2.6.34.14]# make
```

（8）编译内核模块 make modules。

```
[root@tom linux-2.6.34.14]# make modules
```

（9）安装内核模块 make modules_install，将内核模块安装到相应的目录中。

```
[root@tom linux-2.6.34.14]# make modules_install
```

（10）安装内核 make install。

```
[root@tom linux-2.6.34.14]# make install
```

（11）使用 reboot 重启计算机，选择新内核启动系统。

```
[root@tom linux-2.6.34.14]# reboot
```

如图 5.3 所示，可以选择 Fedora （2.6.34.14）这个新安装的内核。图中还有另外两个版本的内核，其中 Fedora （2.6.25-14.fc9.i686）是厂商提供的内核。

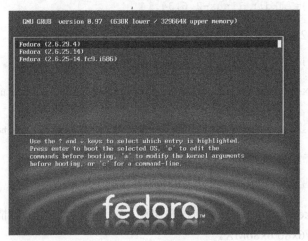

图 5.3　内核选择

内核升级后，Fedora Core 9 的新内核版本，可以通过命令 uname -r 来查看。

```
[root@tom ~]# uname -r
2.6.34.14
```

这说明内核升级到新的版本了。这个过程需要大约一个多小时的时间，为了节省时间，一个一劳永逸的办法是编写一个 shell 程序。shell 程序代码如下：

```
#! /bin/sh
cd /
mkdir linux-2.6.34.14
cp linux-2.6.34.14.tar.bz /linux-2.6.34.14/
cd linux-2.6.34.14
tar -xjvf linux-2.6.34.14.tar.bz2
cd linux-2.6.34.14
make menconfig
make
make modules
make modules_install
make instal
reboot
```

该 shell 文件没有可执行权限，需要使用命令 chmod 让 shell 文件具有可执行权限，命令如下：

```
chmod a+x intall-new-core
```

然后执行该 shell 文件，使升级内核自动进行，使用如下命令，有时也需要获得根用户权限，才能执行相应的命令。

```
./ intall-new-core
```

> 💬说明：对内核的升级并不会破坏现有的内核，也不会破坏系统上的文件等资源。内核升级以后，除了性能上的改变以外，对用户来说就像什么也没有发生一样。内核就像一台汽车的发动机，只要发动机的接口一样，同一台汽车换成不同的发动机也是凑合可以用的。这就是 Linux 内核设计的精妙性。

5.1.3 make menconfig 的注意事项

在 5.1.2 节升级内核的过程中，第（6）步需要非常注意。因为第（6）步是对内核进行配置，特别是对 CPU 进行配置。标准内核源码对 CPU 的默认配置是 Pentium-Pro，其是高性能奔腾处理器。在很多情况下，如果使用这个 CPU 配置编译内核，那么很可能会出现系统引导时无法识别 CPU 的错误。所以建议将 CPU 类型改为目前通用的 X586 类型。步骤如下。

（1）进入 Processor type and feature 选项，如图 5.4 所示。

（2）回车进入 Processor family 选项，然后选择 586/K5/5x86/6x86/6x86MX 选项，如图 5.5 所示。

（3）选择 586/K5/5x86/6x86/6x86MX 选项，如图 5.6 所示。

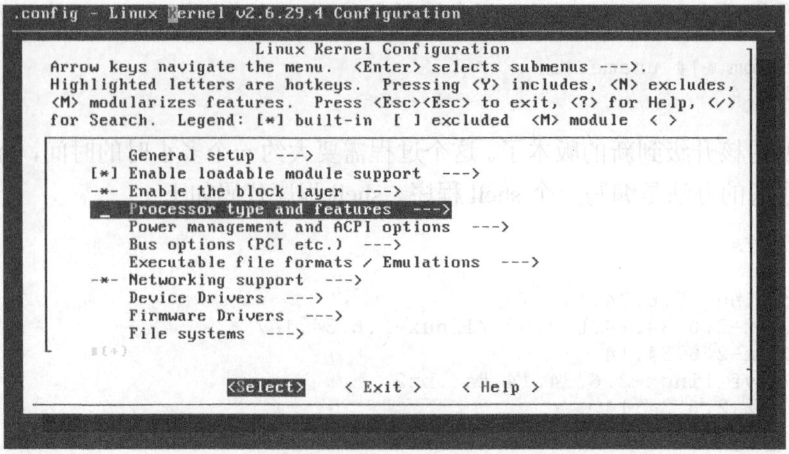

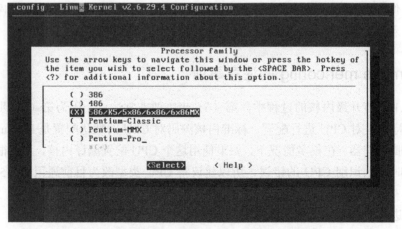

图 5.4　处理器类型和特性

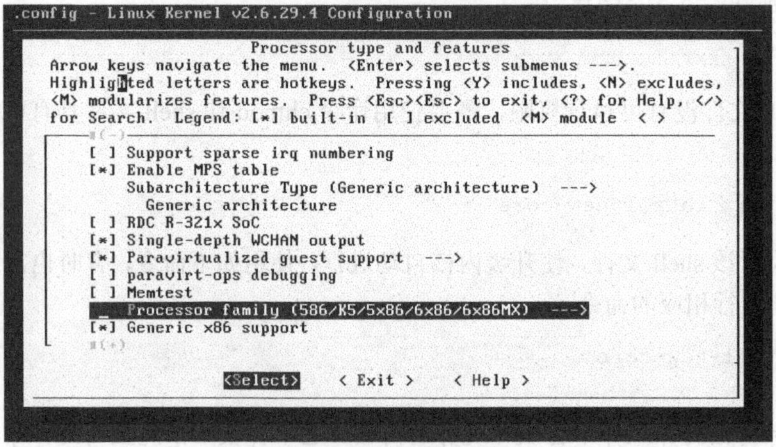

图 5.5　处理器类型

图 5.6　选择 586/K5/5x86/6x86/6x86MX 处理器

（4）保存该配置并退出，如图 5.7 所示。

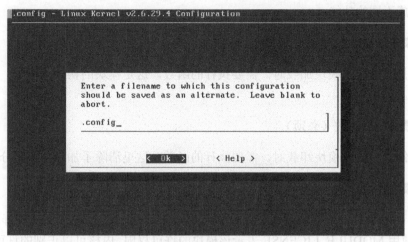

图 5.7　保存配置

5.2　Hello World 驱动程序

本节将带领读者编写第一个驱动模块，该驱动模块的功能是在加载时，输出"Hello, World"；在卸载时，输出"Goodbye, World"。这个驱动模块虽然非常简单，但是也包含了驱动模块的重要组成部分。在本节的开始，将先对模块的重要组成部分进行介绍。

5.2.1　驱动模块的组成

一个驱动模块主要由如下部分组成，如图 5.8 所示。图 5.8 表示的是一个规范的驱动模块应该包含的结构。这些结构在图中的顺序也是在源文件中的顺序。不按照这样的顺序来编写驱动模块也不会出错，只是多数开发人员都喜欢这样的顺序规范。下面对主要的结构部分进行说明。

头文件（必选）
模块参数（可选）
模块功能函数（可选）
其他（可选）
模块加载函数（必须）
模块卸载函数（必须）
模块许可声明（必须）

图 5.8　驱动模块组成

1．头文件（必选）

驱动模块会使用内核中的许多函数，所以需要包含必要的头文件。有两个头文件是所有驱动模块都必须包含的，分别是：

```
#include <linux/module.h>
#include <linux/init.h>
```

module.h 文件包含了加载模块时需要使用的大量符号和函数定义。init.h 包含了模块加载函数和模块释放函数的宏定义。

2．模块参数（可选）

模块参数是驱动模块加载时，需要传递给驱动模块的参数。如果一个驱动模块需要完成两种功能，那么就可以通过模块参数选择使用哪一种功能。这样在模块内部，就可以控制硬件完成不同的功能。

3．模块加载函数（必须）

模块加载函数是模块加载时，需要执行的函数，这是模块的初始化函数，就如 main()
函数一样。

4．模块卸载函数（必须）

模块卸载函数是模块卸载时，需要执行的函数，这里清除了加载函数里分配的资源。

5．模块许可声明（必须）

模块许可申明表示模块受内核支持的程度。有许可权的模块会更受到开发人员的重
视。需要使用 MODULE_LICENSE 表示该模块的许可权限。内核可以识别的许可权限如下：

```
MODULE_LICENSE("GPL");                          /*任一版本的 GNU 公共许可权*/
MODULE_LICENSE("GPL v2");                        /*GPL 版本 2 许可权*/
MODULE_LICENSE("GPL and additional rights");     /*GPL 及其附加许可权*/
MODULE_LICENSE("Dual BSD/GPL");                  /*BSD/GPL 双重许可权*/
MODULE_LICENSE("Dual MPL/GPL");                  /*MPL/GPL 双重许可权*/
MODULE_LICENSE("Proprietary");                    /*专有许可权*/
```

如果一个模块没有包含任何许可权，那么就会认为是不符合规范的。这时，内核加载
这种模块时，会收到内核加载了一个非标准模块的警告。开发人员不喜欢维护这种没有遵
循许可权标准的内核模块。

以 GPL 为例，说明许可权的意义。GPL 是 General Public License 的缩写，表示通用公
共许可证。GNU 通用公共许可证可以保证你有发布自由软件的自由；保证你能收到源程序
或者在你需要时能得到它；保证你能修改软件或将它的一部分用于新的自由软件。

许可权决定了模块在被他人使用或者商用时，是否需要支付授权费用。

5.2.2　Hello World 模块

任何一本关于编程的书，几乎都以"Hello World"开始。现在，来看一下最简单的一
个驱动模块。

```
01  #include <linux/init.h>                       /*定义了一些相关的宏*/
02  #include <linux/module.h>                      /*定义了模块需要的*/
03  static int hello_init(void)
04  {
05      printk(KERN_ALERT "Hello, World\n");        /*打印 Hello, World*/
06      return 0;
07  }
08  static void hello_exit(void)
09  {
10      printk(KERN_ALERT "Goodbye, World\n");      /*打印 Goodbye, World*/
11  }
12  module_init(hello_init);                        /*指定模块加载函数*/
13  module_exit(hello_exit);                        /*指定模块卸载函数*/
14  MODULE_LICENSE("Dual BSD/GPL");                 /*指定许可权为 Dual BSD/GPL*/
```

❑ 第 1 和第 2 行是两个必须的头文件。

❑ 第 3～7 行是该模块的加载函数，当使用 insmod 命令加载模块时，会调用该函数。

❑ 第 8～11 行是该模块的释放函数，当使用 rmmod 命令卸载模块时，会调用该函数。

❑ 第 12 行，module_init 是内核模块的一个宏，用来声明模块的加载函数。也就是使用 insmod 命令加载模块时，调用的函数 hello_init()。

❑ 第 13 行，module_exit 也是内核模块的一个宏，用来声明模块的释放函数。也就是使用 rmmod 命令卸载模块时，调用的函数 hello_exit()。

❑ 第 14 行，使用 MODULE_LICENS()表示代码遵循的规范，该模块代码遵循 BSD 和 GPL 双重规范。这些规范定义了模块在传播过程中的版权问题。

5.2.3 编译 Hello World 模块

在对 Hello World 模块进行编译时，需要满足一定的条件。

1．编译内核模块的条件

正确的编译内核模块，应该满足以下重要的先决条件：

（1）读者应该确保使用正确版本的编译工具、模块工具和其他必要的工具。不同版本的内核需要不同版本的编译工具。这些内容已经在第 3 章介绍过。

（2）应该有一份内核源码，该源码的版本应该和系统目前使用的内核版本一致。这是因为模块的编译，需要借助内核源码中的一些函数或者工具。这一条件已经在本章 5.1 节讲解过。

（3）内核源码应该至少编译过一次，也就是执行过 make 命令。

2．Makefile 文件

编译 Hello World 模块需要编写一个 Makefile 文件。首先来看一下一个完整的 Makefile 文件，以便对该文件有整体的认识。

```
01  ifeq ($(KERNELRELEASE),)
02      KERNELDIR ?= /linux-2.6.34.14/linux-2.6.34.14
03      PWD := $(shell pwd)
04  modules:
05      $(MAKE) -C $(KERNELDIR) M=$(PWD) modules
06  modules_install:
07      $(MAKE) -C $(KERNELDIR) M=$(PWD) modules_install
08  clean:
09      rm -rf *.o *~ core .depend .*.cmd *.ko *.mod.c .tmp_versions
10  else
11      obj-m := hello.o
12  endif
```

❑ 第 1 行，判断 KERNELRELEASE 变量是否为空，该变量是描述内核版本的字符串。只有执行 make 命令的当前目录为内核源代码目录时，该变量才不为空字符。

❑ 第 2 和第 3 行定义了 KERNELDIR 和 PWD 变量。KERNELDIR 是内核路径变量，PWD 是由执行 pwd 命令得到的当前模块路径。

❑ 第 4 行是一个标识，以冒号结尾，表示 Makefile 文件的一个功能选项。

❑ 第 5 行 make 的语法是"Make –C 内核路径 M=模块路径 modules"。该语句会执

行内核模块的编译

- 第 6 行和第 4 行表示同样的意思。
- 第 7 行是将模块安装到模块对应的路径中，当在命令行执行 make modules_install 时，执行该命令，其他时候不执行。
- 第 8 行是删除多余文件标识。
- 第 9 行是删除编译过程的中间文件的命令。
- 第 11 行，意思是将 hello.o 编译成 hello.ko 模块。如果要编译其他模块时，只要将 hello.o 中的 hello 改为模块的文件名就可以了。

3．Makefile 文件的执行过程

Makefile 文件的执行过程有些复杂，为了使读者对该文件的执行过程有清晰的了解，这里结合图 5.9 对该过程进行讲解。

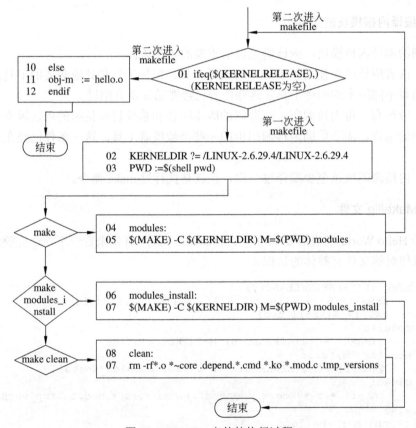

图 5.9　Makefile 文件的执行过程

执行 make 命令后，将进入 Makefile 文件。此时 KERNELRELEASE 变量为空，此时是第一次进入 Makefile 文件。当执行完第 2 行和第 3 行代码后，会根据 make 命令的参数执行不同的逻辑，如下：

- make modules_install 命令，将执行第 6 行和第 7 行将模块安装到操作系统中。
- make clean 命令，会删除目录中的所有临时文件。
- make 命令，会执行第 4 行和第 5 行编译模块。首先$(MAKE) -C $(KERNELDIR)

M=$(PWD) modules 中的-C $(KERNELDIR)选项，会使编译器进入内核源码目录 /linux-2.6.34.14/linux-2.6.34.14，读取 Makefile 文件，并从中得到一些信息，例如变量 KERNELRELEASE 将在这里被赋值。当内核源码目录中的 Makefile 文件读取完成后，编译器会根据选项 M=$(PWD)第二次进入模块所在的目录，并再一次执行 Makefile 文件。当第二次执行 Makefile 文件时，变量 KERNELRELEASE 的值为内核发布版本信息，也就是不为空，此时会执行第 10、11、12 行代码。这里的代码指明了模块源码中各文件的依赖关系，以及要生成的目标模块名，这里就正式编译模块了。

4．编译模块

有了 Makefile 文件，就可以在模块所在目录下执行 make 命令，生成模块文件了。

```
[root@tom hello]# make
make  -C  /linux-2.6.34.14/linux-2.6.34.14  M=/driver-test/chapter5/hello
modules
make[1]: Entering directory `/linux-2.6.34.14/linux-2.6.34.14'
  Building modules, stage 2.
  MODPOST 1 modules
make[1]: Leaving directory `/linux-2.6.34.14/linux-2.6.34.14'
```

从 make 命令执行过程打印的信息可以看出，编译器首先进入内核源代码文件所在的目录，进入该目录的目的是为了生成 hello.o 中间文件。编译模块的第二个阶段是运行 MODPOST 程序，生成 hello.mod.c 文件，最后连接 hello.o 和 hello.mod.c 文件，生成 hello.ko 模块文件。

说明：关于 makefile 的更详细使用方法，请参考《GNU make 使用手册》。

5.2.4　模块的操作

Linux 为用户提供了 modutils 工具，用来操作模块。这个工具集主要包括：

- insmod 命令加载模块。使用 insmod hello.ko 可以加载 hello.ko 模块。模块加载后会自动调用 hello_init()函数。该函数会打印"Hello World"信息。如果在终端没有看见信息，则这条信息被发送到了/var/log/messages 文件中。可以使用 demsg | tail 命令查看文件的最后几行。如果模块带有参数，那么使用下面的格式可以传递参数给模块：

```
insmod 模块.ko 参数1=值1 参数2=值2 参数3=值3   /*参数之间没有逗号*/
```

- rmmod 命令卸载模块。如果模块没有被使用，那么执行 rmmod hello.ko 就可以卸载 hello.ko 模块。
- modprobe 命令是比较高级的加载和删除模块命令，其可以解决模块之间的依赖性问题。将在"导出符号"一节讲解。
- lsmod 命令列出已经加载的模块和信息。在 insmod hello.ko 之前后分别执行该命令，可以知道 hello.ko 模块是否被加载。
- modinfo 命令用于查询模块的相关信息，比如作者、版权等。

5.2.5 Hello World 模块加载后文件系统的变化

当使用 insmod hello.ko 加载模块后，文件系统会发生什么样的变化呢？文件系统存储着有关模块的属性信息。程序员可以从这些属性信息中了解目前模块在系统中的状态，这些状态对开发调试非常重要。

❑ /proc/modules 发生变化。在 modules 文件中会增加如下一行：

```
# cat moudles 命令打印出 modules 模块的信息，grep he*选择包含 he*信息的行
[root@tom proc]# cat modules | grep he*
hello 1064 0 - Live 0xd4c85000
```

这几个字段的信息分别是模块名、使用的内存、引用计数（模块被多少程序使用）、分隔符、活跃状态和加载到内核中的地址。

lsmod 命令就是通过读取/proc/modules 文件列出内核当前已经加载的模块信息的。lsmod 去掉了部分信息，使显示时更为整齐。执行 lsmod 命令的结构如下：

```
[root@tom module]# lsmod | grep hello
hello                   1064  0
```

❑ /proc/devices 文件没有变化，因为 hello.ko 模块并不是一个设备模块，当模块是一个设备的驱动时，在模块中，需要新建一个设备文件。

❑ 在/sys/module/目录会增加 hello 这个模块的基本信息。

❑ 在/sys/module/目录下会增加一个 hello 目录。该目录中包含了一些以层次结构组织的内核模块的属性信息。使用 tree -a hello 命令可以得到下面的目录结构。

```
hello/
|-- holders
|-- initstate
|-- notes
|   `-- .note.gnu.build-id
|-- refcnt
|-- sections
|   |-- .bss
|   |-- .data
|   |-- .gnu.linkonce.this_module
|   |-- .note.gnu.build-id
|   |-- .rodata.str1.1
|   |-- .strtab
|   |-- .symtab
|   `-- .text
`-- srcversion
3 directories, 12 files
```

5.3 模块参数和模块之间通信

为了增加模块的灵活性，可以给模块添加参数。模块参数可以控制模块的内部逻辑，从而使模块在不同的情况下，完成不同的功能，简单的说，模块参数就像函数的参数一样。下面首先对模块参数进行介绍。

5.3.1　模块参数

用户空间的应用程序可以接受用户的参数，设备驱动程序有时候也需要接受参数。例如一个模块可以实现两种相似的功能，这时可以传递一个参数到驱动模块，以决定其使用哪一种功能。参数需要在加载模块时指定，例如 inmod xxx.ko param=1。

可以用"module_param(参数名，参数数据类型，参数读写权限)"来为模块定义个参数。例如下列代码定义了一个长整型和整型参数：

```
static long a = 1;
static int b = 1;
module_param(a, long, S_IRUGO);
module_param(b, int, S_IRUGO);
```

参数数据类型可以是 byte、short、ushort、int、uint、long、ulong、bool 和 charp（字符指针类型）。细心的读者可以看出，模块参数的类型中没有浮点类型。这是因为，内核并不能完美地支持浮点数操作。在内核中使用浮点数时，除了要人工保存和恢复浮点寄存器外，还有一些琐碎的事情要做。为了避免麻烦，通常不在内核中使用浮点数。除此之外，printk()函数也不支持浮点类型。

5.3.2　模块的文件格式 ELF

了解模块以何种格式存储在硬盘中，对于理解模块间怎样通信是非常有必要的。使用 file 命令可以知道 hello.ko 模块使用的是 ELF 文件格式，命令如下：

```
[root@tom hello]# file hello.ko
hello.ko: ELF 32-bit LSB relocatable, Intel 80386, version 1 (SYSV),
    not stripped
```

此命令在 linux 驱动开发中经常使用，请读者留意其使用方法。

如图 5.10 描述的是 ELF 目标文件的总体结构。图中省去了 ELF 一些繁琐的结构，把最主要的结构提取出来，形成了如图 5.10 所示的 ELF 文件基本结构图。

图 5.10　ELF 文件格式

- ❑ ELF Header 头位于文件的最前部。其包含了描述整个文件的基本属性，例如 ELF 文件版本、目标机器型号、程序入口地址等。
- ❑ .text 表示代码段，存放文件的代码部分。
- ❑ .data 表示数据段，存放已经初始化的数据等。
- ❑ .Section Table 表描述了 ELF 文件包含的所有段的信息，例如每个段的段名、段的长度、在文件中的偏移、读写权限及段的其他属性。
- ❑ .symtab 表示符号表。符号表是一种映射函数到真实内存地址的数据结构。其就像一个字典，其记录了在编译阶段，无法确定地址的函数。该符号表将在模块文件加载阶段，由系统赋予真实的内存地址。

5.3.3　模块之间的通信

模块是为了完成某种特定任务而设计的。其功能比较单一，为了丰富系统的功能，所以模块之间常常进行通信。它们之间可以共享变量、数据结构，也可以调用对方提供的功能函数。

下面以图 5.11 为例，来讲解模块 1 是怎样调用模块 2 的功能函数的。为了讲清楚这个过程，需要从模块 2 加载讲起。

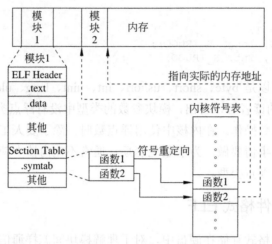

图 5.11　模块调用关系

模块 2 的加载过程如下。

（1）使用 insmod 模块 2.ko 加载模块 2。

（2）内核为模块 2 分配空间，然后将模块的代码和数据装入分配内存中。

（3）内核发现符号表中有函数 1，函数 2 可以导出，于是将其内存地址记录在内核符号表中。

模块 1 在加载进内核时，系统会执行以下操作：

（1）insmod 命令会为模块分配空间，然后将模块的代码和数据装入内存中。

（2）内核在模块 1 的符号表（symtab）中发现一些未解析的函数。图 5.11 中这些未解析的函数是"函数 1"、"函数 2"，这些函数位于模块 2 的代码中。所以模块 1 会通过内核符号表，查到相应的函数，并将函数地址填到模块 1 的符号表中。

通过模块 1 加载的过程后，模块 1 就可以使用模块 2 提供的"函数 1"和"函数 2"了。

5.3.4　模块之间的通信实例

本实例通过两个模块介绍模块之间的通信。模块 add_sub 提供了两个导出函数 add_integer()和 sub_integer()，分别完成两个数字的加法和减法。模块 test 用来调用模块 add_sub 提供的两个方法，完成加法或者减法操作。

1. add_sub 模块

模块 add_sub 中提供了一个加法函数和一个减法函数，其 add_sub.c 文件如下：

```
01    #include <linux/init.h>
02    #include <linux/module.h>
03    #include "add_sub.h"
04    long add_integer(int a, int b)                    /* 函数返回 a 和 b 的和 */
05    {
06          return a+b;
07    }
08    long sub_integer(int a, int b)                    /* 函数返回 a 和 b 的差 */
09    {
10          return a-b;
11    }
12    EXPORT_SYMBOL(add_integer);                       /* 导出加法函数 */
13    EXPORT_SYMBOL(sub_integer);                       /* 导出减法函数 */
14    MODULE_LICENSE("Dual BSD/GPL");
```

该文件定义了一个加法和减法函数，这两个函数需要导出到内核符号表，才能够被其他模块所调用。第 12、13 行的符号 EXPORT_SYMBOL 就是导出宏。该宏的功能就是让内核知道其定义的函数可以被其他函数使用。

使用 EXPORT_SYMBOL 使函数变为导出函数是很方便的，但是不能随便使用。一个 Linux 内核源码中有几百万行代码，函数数以万计，模块中很可能出现同名函数。幸运的是编译器认为模块中的函数都是私有的，不同模块出现相同的函数名，并不会对编译产生影响，前提是不能使用 EXPORT_SYMBOL 导出符号。

为了测试模块 add_sub 的功能，这里建立了另一个 test 模块。test 模块需要知道 add_sub 模块提供了哪些功能函数，所以定义了一个 add_sub.h 头文件，代码如下：

```
#ifndef _ADD_SUB_H
#define _ADD_SUB_H
long add_integer(long a, long b);                      /* 加法函数申明 */
long sub_integer(long a, long b);                      /* 减法函数申明 */
#endif
```

2. test 模块

test 模块用来测试 add_sub 模块提供的两个方法，同时 test 模块也可以接收一个 AddOrSub 参数，用来决定是调用 add_integer()函数还是 sub_integer()函数。当 AddOrSub 为 1 时，调用 add_integer()函数；当 AddOrSub 不为 1 时，调用 sub_integer()函数。test 模块的代码如下：

```
#include <linux/init.h>
#include <linux/module.h>
#include "add_sub.h"                        /* 不要使用<>包含文件，否则找不到该文件 */
/* 定义模块传递的参数 a,b */
static long a = 1;
static long b = 1;
static int AddOrSub =1;
static int test_init(void)                  /* 模块加载函数 */
{
      long result=0;
      printk(KERN_ALERT "test init\n");
      if(1==AddOrSub)
      {
            result=add_integer(a, b);
```

```
        }
        else
        {
            result=sub_integer(a, b);
        }
        printk(KERN_ALERT "The %s result is %ld",AddOrSub==1?"Add":
        "Sub",result);
        return 0;
}
static void test_exit(void)              /* 模块卸载函数 */
{
        printk(KERN_ALERT "test exit\n");
}
module_init(test_init);
module_exit(test_exit);
module_param(a, long, S_IRUGO);
module_param(b, long, S_IRUGO);
module_param(AddOrSub, int, S_IRUGO);
/* 描述信息 */
MODULE_LICENSE("Dual BSD/GPL");
MODULE_AUTHOR("Zheng Qiang");
MODULE_DESCRIPTION("The module for testing module params and EXPORT_SYMBOL");
MODULE_VERSION("V1.0");
```

3．编译模块

分别对两个模块进行编译，得到两个模块文件。add_sub 模块的 Makefile 文件与 Hello World 模块的 Makefile 文件有所不同。在 add_sub 模块的 Makefile 文件中，变量 PRINT_INC 表示 add_sub.h 文件所在的目录，该文件声明了 add_integer()函数和 sub_integer()函数的原型。EXTRA_CFLAGS 变量表示在编译模块时，需要添加的目录。编译器会从这些目录中找到所需要的头文件。add_sub 模块的 Makefile 如下：

```
ifeq ($(KERNELRELEASE),)
    KERNELDIR ?= /linux-2.6.34.14/linux-2.6.34.14
    PWD := $(shell pwd)
    PRINT_INC =$(PWD)/../include
    EXTRA_CFLAGS += -I $(PRINT_INC)
modules:
    $(MAKE) -I $(PRINT_INC) -C $(KERNELDIR) M=$(PWD) modules
modules_install:
    $(MAKE) -C $(KERNELDIR) M=$(PWD) modules_install
clean:
    rm -rf *.o *~ core .depend .*.cmd *.ko *.mod.c .tmp_versions
.PHONY: modules modules_install clean
else
    # called from kernel build system: just declare what our modules are
    obj-m := add_sub.o
endif
```

test 模块的 Makefile 文件如下代码所示。SYMBOL_INC 是包含目录，该目录包含了 add_sub.h 头文件。该文件中定义了两个在 test 模块中调用的函数。KBUILD_EXTRA_ SYMBOLS 包含了在编译 add_sub 模块时，产生的符号表文件 Module.symvers，这个文件中列出了 add_sub 模块中函数的地址。在编译 test 模块时，需要这个符号表。

```
obj-m := test.o
```

```
KERNELDIR ?= /linux-2.6.34.14/linux-2.6.34.14
PWD := $(shell pwd)
SYMBOL_INC = $(obj)/../include
EXTRA_CFLAGS += -I $(SYMBOL_INC)
KBUILD_EXTRA_SYMBOLS=$(obj)/../print/Module.symvers
modules:
    $(MAKE) -C $(KERNELDIR) M=$(PWD) modules
modules_install:
    $(MAKE) -C $(KERNELDIR) M=$(PWD) modules_install
clean:
    rm -rf *.o *~ core .depend .*.cmd *.ko *.mod.c .tmp_versions
.PHONY: modules modules_install clean
```

4．测试模块

在加载 test 模块之前，需要先加载 add_sub 模块，test 模块才能访问 add_sub 模块提供的导出函数，命令如下：

```
[root@tom add_sub]# insmod add_sub.ko
```

使用 insmod 加载模块，并传递参数到模块中。参数 AddOrSu=2 表示执行 a–b。

```
[root@tom test]# insmod test.ko a=3 b=2 AddOrSub=2  #参数之间不用逗号隔开
[root@tom test]# dmesg | tail   # dmesg 实际上是读取/var/log/messages 文件的
内容
test init
The Sub result is 1
```

在/sys/module/目录下会创建一个 test 目录，其中可以清楚地看到 parameters 下有 3 个文件，分别表示 3 个参数。

```
[root@tom module]# tree -a test
test
|-- holders
|-- initstate
|-- notes
|   `-- .note.gnu.build-id
|-- parameters
|   |-- AddOrSub
|   |-- a
|   `-- b
|-- refcnt
|-- sections
|   |-- .bss
|   |-- .data
|   |-- .gnu.linkonce.this_module
|   |-- .note.gnu.build-id
|   |-- .rodata
|   |-- .rodata.str1.1
|   |-- .strtab
|   |-- .symtab
|   |-- .text
|   `-- __param
|-- srcversion
`-- version
4 directories, 18 files
```

5.4　将模块加入内核

当编译了模块后，如果希望模块随系统一起启动，那么需要将模块静态编译进内核。将模块静态编译入内核，需要完成一些必要的步骤。

5.4.1　向内核添加模块

向 Linux 内核中添加驱动模块，需要完成下面 4 个工作：

（1）编写驱动程序文件。

（2）将驱动程序文件放到 Linux 内核源码的相应目录中，如果没有合适的目录，可以自己建立一个目录存放驱动程序文件。

（3）在目录的 Kconfig 文件中添加新驱动程序对应的项目编译选择。

（4）在目录的 Makefile 文件中添加新驱动程序的编译语句。

5.4.2　Kconfig

内核源码树的目录下都有两个文件即 Kconfig 和 Makefile。分布到各目录的 Kconfig 文件构成了一个分布式的内核配置数据库，每个 Kconfig 文件分别描述了所属目录源文档相关的内核配置菜单。在内核配置 make menuconfig（或 xconfig 等）时，从 Kconfig 中读出菜单，用户选择后保存到.config 这个内核配置文档中。在内核编译时，主目录中的 Makefile 调用这个.config 文件，就知道了用户的选择。

上面的内容说明了，Kconfig 就是对应着内核的配置菜单。如果想添加新的驱动到内核的源码中，就需要修改 Kconfig 文件。

为了使读者对 Kconfig 文件有一个直观的认识，这里举一个简单的例子，这个例子是 I2C 驱动。在 linux-2.6.34.14/drivers/i2c 目录中包含了 I2c 设备驱动的源代码，其目录结构如下：

```
[root@tom i2c]# tree
|-- Kconfig
|-- Makefile
|-- i2c-boardinfo.c
|-- i2c-core.c
|-- i2c-core.h
|-- i2c-dev.c
```

该目录中包含了一个 Kconfig 文件，该文件中包含了 I2C_CHARDEV 配置选项。

```
config I2C_CHARDEV
    tristate "I2C device interface"
    help
      Say Y here to use i2c-* device files, usually found in the /dev
      directory on your system.  They make it possible to have user-space
      programs use the I2C bus.  Information on how to do this is
      contained in the file <file:Documentation/i2c/dev-interface>.
      This support is also available as a module.  If so, the module
      will be called i2c-dev.
```

上述 Kconfig 文件的这段脚本配置了 I2C_CHARDEV 选项。这个选项 tristate 是一个三态配置选项，它意味着模块要么编译为内核，要么编译为内核模块，要么不编译。当选项为 Y 时，表示编译入内核；当选项为 M 时，表示编译为模块；当选项为 N 时，表示不编译。如图 5.12 所示，"I2C device interface"选项设置为 M，表示编译为内核模块。help 后面的内容为帮助信息，在单击"快捷键？"时，会显示这些帮助信息。

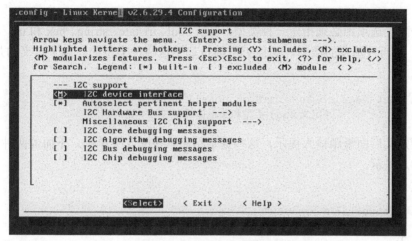

图 5.12　Kconfig 配置菜单

5.4.3　Kconfig 的语法

Kconfig 语法较为简单，其语法在 Documentation/kbuild/kconfig-language.txt 文件中做了介绍。归纳起来 Kconfig 的语法主要包括以下几个方面。

1. 主要语法总览

Kconfig 配置文件描述了一系列的菜单入口。除了帮助信息之外，每一行都以一个关键字开始，这些关键字如下：

```
config
menuconfig
choice/endchoice
comment
menu/endmenu
if/endif
```

前 5 个关键字都定义了一个菜单选项，if/endif 是一个条件选项。下面对常用的一些菜单语法进行说明。

2. 菜单入口（config）

大多数内核配置选项都对应 Kconfig 中的一个菜单，该菜单可以在图 5.5 中显示，写法如下：

```
config MODVERSIONS
    bool "Set version information on all module symbols"
    depends on MODULES
    help
Usually, modules have to be recompiled whenever you switch to a new kernel...
```

　　每行都是以关键字开始，并可以有多个参数。config 关键字定义一个新的配置选项，之后几行定义了该配置选项的属性。属性可以有类型、输入提示（input prompt）、依赖关系、帮助信息和默认值等。

　　可以出现两个相同的配置选项，但每个选项只能有一个输入提示并且类型还不能冲突。

　　每个配置选项都必须指定一种类型，包括 bool、tristate、string、hex 和 int，其中 tristate 和 string 是两种基本的类型，其他类型都是基于这两种类型的。如下定义的是一个 bool 类型：

```
bool "Set version information on all module symbols"
                #定义 bool 类型和菜单提示
```

　　类型定义后面紧跟输入提示，这些提示将显示在配置菜单中。下面的两种方法可以用来定义输入提示。

　　方式 1：

```
bool "Networking support"
```

　　方式 2：

```
bool
prompt "Networking support"
```

　　输入提示的一般语法如下：

```
prompt <prompt> ["if" <expr>]
```

　　其中，prompt 是关键字，表示一个输入提示。<prompt>是一个提示信息。可选项 if 用来表示该提示的依赖关系。

　　默认值的语法如下：

```
default <expr> [if <expr>]
```

　　一个配置选项可以有多个默认值，但是只有第一个默认值是有效的。只有 config 选项才能配置默认值。

　　依赖关系如下：

```
depends on <expr>
```

　　如果定义了多个依赖关系，那么可以用 "&&" 来连接，表示与的关系。依赖关系可以应用到菜单的所有其他选择中，下面两个例子是等价的。

　　例子 1：

```
bool "foo" if BAR      #如果定义 BAR 选项，那么就使能 foo 选项
default y if BAR       #如果定义 BAR 选项，那么 foo 的默认值为 y，表示编译入内核
```

　　例子 2：

```
depends on BAR        #foo 选项的可配置与否，依赖于 BAR 选项
bool "foo"
default y
```

depends 能够限定一个 config 选项的能力，即如果 A 依赖于 B，则在 B 被配置为 Y 的情况下，A 可以为 Y、M、N；在 B 被配置为 M 的情况下，A 可以为 M、N；在 B 被配置为 N 的情况下，A 只能为 N，表示禁用该功能。

帮助信息的语法如下：

```
help（或者---help---）
  begin
  ...
  end
```

可以用"help"或者"---help---"定义帮助信息。帮助信息可以在开发人员配置内核时给出提示。

3．菜单结构（menu）

菜单结构一般作为菜单入口的父菜单。菜单入口在菜单结构中的位置可由两种方式决定。第一种方式如下：

```
menu "Network device support"
    depends on NET
config NETDEVICES
...
endmenu
```

menu 和 endmenu 为菜单结构关键字，处在其中的 config 选项是菜单入口。菜单入口 NETDEVICES 是菜单结构 Network device support 的子菜单。depends on NET 是主菜单 menu 的依赖项，只有在配置 NET 的情况下，才可以配置 Network device support 菜单项。而且，所有子菜单选项都会继承父菜单的依赖关系，例如，Network device support 对 NET 的依赖将被加到配置选项 NETDEVICES 的依赖关系中。

第二种方式是通过分析依赖关系生成菜单结构。如果一个菜单选项在一定程度上依赖另一个菜单选项，那么它就成为该选项的子菜单。如果父菜单选项为 Y 或 M，那么子菜单可见；如果父菜单为 N，那么子菜单就不可见，例如：

```
config MODULES
    bool "Enable loadable module support"
config MODVERSIONS
    bool "Set version information on all module symbols"
    depends on MODULES
comment "module support disabled"
    depends on !MODULES
```

由语句"depends on MODULES"可知，MODVERSIONS 直接依赖于 MODULES，所以 MODVERSIONS 是 MODULES 的子菜单。如果 MODULES 不为 N，那么 MODVERSIONS 是可见的。

4．选择菜单（choice）

选择菜单定义一组选项。此选项的类型只能是 boolean 或 tristate 型。该选项的语法如下：

```
"choice"
```

```
<choice options>
<choice block>
"endchoice"
```

在一个硬件有多个驱动的情况下可以使用 choice 菜单，使用 choice 菜单可以实现最终只有一个驱动被编译进内核中。choice 菜单可以接受的另一个选项是 optional，这样选项就被设置为 N，表示没有被选中。

5. 注释菜单（comment）

注释菜单定义了配置过程中显示给用户的注释，此注释也可以被输出到文件中，以备查看。注释的语法如下：

```
comment <prompt>
<comment options>
```

在注释中唯一可以定义的属性是依赖关系，其他的属性不可以定义。

5.4.4　应用实例：在内核中新增加 add_sub 模块

下面讲解一个综合实例，假设我们将要在内核中添加一个 add_sub 模块。考虑 add_sub 模块的功能，决定将该模块加到内核源码的 drivers 目录中。在 drivers 目录下增加一个 add_sub_Kconfig 子目录。add_sub 模块的源码目录 add_sub_Kconfig 如下：

```
[root@tom drivers]# tree add_sub_Kconfig/
add_sub_Kconfig/
|-- add_sub.c
|-- add_sub.h
`-- test.c
```

在内核中增加了子目录，需要为相应的目录创建 Kconfig 和 Makefile 文件，才能对模块进行配置和编译。同时子目录的父目录中 Kconfig 和 Makefile 文件也需要修改，以使子目录中的 Kconfig 和 Makefile 文件能够被引用。

在新增加的 add_sub_Kconfig 目录中，应该包含如下的 Kconfig 文件：

```
#
# add_sub configuration
#
menu "ADD_SUB"                        #主菜单
    comment "ADD_SUB"
config CONFIG_ADD_SUB                 #子菜单，添加 add_sub 模块的功能
    boolean "ADD_SUB support"
    default y
#子菜单，添加 test 模块的功能，只有配置 CONFIG_ADD_SUB 选项时，该菜单才会显示
config CONFIG_TEST
    tristate "ADD_SUB test support"
    depends on CONFIG_ADD_SUB         #依赖 CONFIG_ADD_SUB
    default y
endmenu                               #主菜单结束
```

由于 ADD_SUB 对于内核来说是新的功能，所以首先需要创建一个 ADD_SUB 菜单；然后用 comment 显示 ADD_SUB，等待用户选择；接下来判断用户是否选择了 ADD_SUB，如果选择了 ADD_SUB，那么将显示 ADD_SUB support，该选项默认值为 Y，表示编译入

内核。接下来，如果 ADD_SUB support 被配置为 Y，即变量 CONFIG_ADD_SUB=y，那么将显示 ADD_SUB test support，此选项依赖于 CONFIG_ADD_SUB。由于 CONFIG_TEST 可以被编译入内核，也可以编译为内核模块，所以这里选项类型设置为 tristate。

为了使这个 Kconfig 文件能起作用，需要修改 linux-2.6.34.14/drivers/Kconfig 文件，在文件的末尾增加以下内容：

```
source "drivers/add_sub_Kconfig/Kconfig"
```

脚本中的 source 表示引用新的 Kconfig 文件，参数为 Kconfig 文件的相对路径名。同时为了使 add_sub 和 test 模块能够被编译，需要在 add_sub_Kconfig 目录下增加一个 Makefile 文件，该 Makefile 文件如下：

```
obj-$(CONFIG_ADD_SUB)+=add_sub.o
obj-$(CONFIG_TEST)+=test.o
```

变量 CONFIG_ADD_SUB 和 CONFIG_TEST 就是 Kconfig 文件中定义的变量。该脚本根据配置变量的取值构建 obj-* 列表。例如 obj-$(CONFIG_ADD_SUB) 等于 obj-y 时，表示构建 add_sub.o 模块，并编译入内核中；当 obj-$(CONFIG_ADD_SUB) 等于 obj-n 时，表示不构建 add_sub.o 模块；当 obj-$(CONFIG_ADD_SUB) 等于 obj-m 时，表示单独编译模块，不放入内核中。

为了使整个 add_sub_Kconfig 目录能够引起编译器的注意，add_sub_Kconfig 的父目录 drivers 中的 Makefile 文件也需要增加如下脚本：

```
obj-$(ADD_SUB)+=add_sub_Kconfig/
```

在 linux-2.6.34.14/drivers/Makefile 中添加 obj-$(ADD_SUB)+=add_sub_Kconfig/，使用户在进行内核编译时能够进入 add_sub_Kconfig 目录中。增加了 Kconfig 和 Makefile 文件之后的新的 add_sub_Kconfig 树形目录如下：

```
[root@tom drivers]# tree add_sub_Kconfig/
add_sub_Kconfig/
|-- Kconfig
|-- Makefile
|-- add_sub.c
|-- add_sub.h
`-- test.c
```

5.4.5　对 add_sub 模块进行配置

当将 add_sub 模块的源文件加入到内核源代码中后，需要对其进行配置，才能编译模块。配置的步骤如下。

（1）在内核源代码目录中执行 make menconfig 命令。

```
[root@tom linux-2.6.34.14]# make menuconfig
```

（2）选择 Device Drivers 选项，再选择 Select 选项，如图 5.13 所示。

（3）在进入的界面中选择 ADD_SUB 选项，该选项就是 Kconfig 文件中 menu 菜单定义的，再选择 Select 选项，如图 5.14 所示。

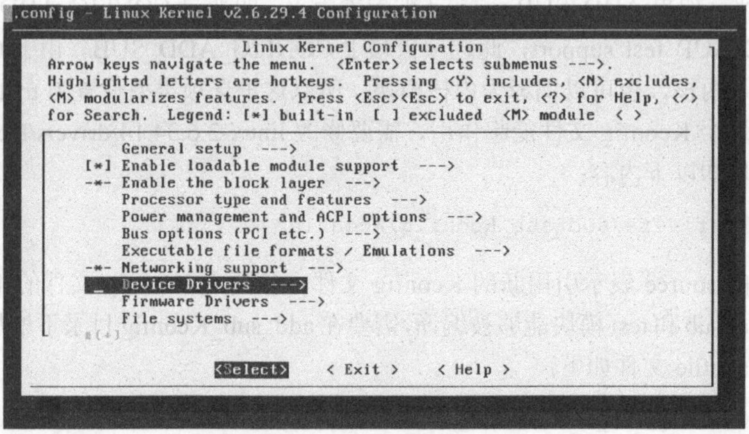

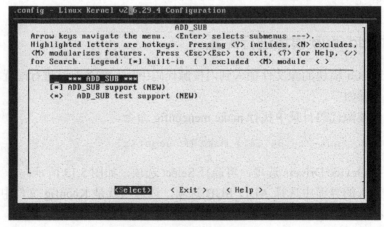

图 5.13　Device Drivers 选项

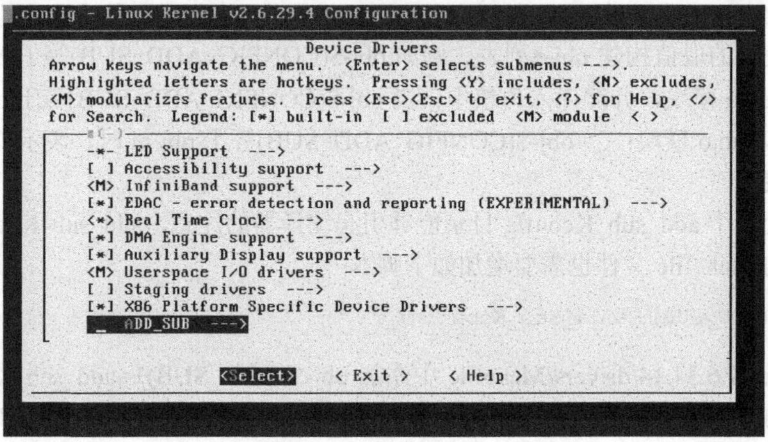

图 5.14　ADD_SUB 选项

（4）之后进入的界面如图 5.15 所示，有 ADD_SUB support（NEW）和 ADD_SUB test support（NEW）两个选项可以选择。其中 ADD_SUB support（NEW）是 ADD_SUB test support（NEW）的父选项，只有在 ADD_SUB support（NEW）选中时，才能对 ADD_SUB test support（NEW）进行选择。图中的"*"表示选中的意思；如果为空，表示不选中。

图 5.15　ADD_SUB 选项

5.5　小　　结

本章主要讲解了怎样构建一个驱动程序，是后面章节的基础。首先讲解了为什么要升级内核，然后对一个 Hello World 程序进行了简单地介绍。在这个基础上，又详细地讲解了模块之间的通信，这些都是驱动程序开发的基础。最后，讲解了怎样将模块加入到内核中，让模块运行起来。这些知识都是非常重要并且应该掌握的。

第6章　简单的字符设备驱动程序

在 Linux 设备驱动程序的家族中，字符设备驱动程序是较为简单的驱动程序，同时也是应用非常广泛的驱动程序。所以学习字符设备驱动程序，对构建 Linux 设备驱动程序的知识结构非常重要。本章将带领读者编写一个完整的字符设备驱动程序。

6.1　字符设备驱动程序框架

本节对字符设备驱动程序框架进行了简要的分析。字符设备驱动程序中有许多非常重要的概念，下面将从最简单的概念讲起，即字符设备和块设备。

6.1.1　字符设备和块设备

Linux 系统将设备分为 3 种类型，分别是字符设备、块设备和网络接口设备。其中字符设备和块设备难以区分，下面将对其进行重要讲解。

1．字符设备

字符设备是指那些只能一个字节一个字节读写数据的设备，不能随机读取设备内存中的某一数据。其读取数据需要按照先后顺序，从这点来看，字符设备是面向数据流的设备。常见的字符有鼠标、键盘、串口、控制台和 LED 等设备。

2．块设备

块设备是指那些可以从设备的任意位置读取一定长度数据的设备。其读取数据不必按照先后顺序，可以定位到设备的某一具体位置，读取数据。常见的块设备有硬盘、磁盘、U 盘、SD 卡等。

3．字符设备和块设备的区分

每一个字符设备或者块设备都在/dev 目录下对应一个设备文件。读者可以通过查看/dev 目录下的文件属性，来区分设备是字符设备还是块设备。使用 cd 命令进入/dev 目录，并执行 ls -l 命令就可以看到设备的属性。

```
[root@tom /]# cd /dev                           /*进入/dev 目录*/
[root@tom dev]# ls -l                           /*列出/dev 中文件的信息*/
/*第 1 字段    2 3 4    5       6         7         8 */
crw-rw----+      1 root root     14,  12    12-21 22:56 adsp
crw-------       1 root root     10, 175    12-21 22:56 agpgart
crw-rw----+      1 root root     14,   4    12-21 22:56 audio
brw-r-----       1 root disk    253,   0    12-21 22:56 dm-0
```

```
brw-r-----  1 root disk  253,  1  12-21 22:56 dm-1
crw-rw----  1 root root   14,  9  12-21 22:56 dmmidi
```

ls -l 命令的第一字段中的第一个字符 c 表示设备是字符设备，b 表示设备是块设备。第 234 字段对驱动程序开发来说没有关系。第 5，6 字段分别表示设备的主设备号和次设备号，将在 6.1.2 节讲解。第 7 字段表示文件的最后修改时间。第 8 字段表示设备的名字。

由第 1 和第 8 字段可知，adsp 是字符设备，dm-0 是块设备。其中 adsp 设备的主设备号是 14，次设备号是 12。

6.1.2　主设备号和次设备号

一个字符设备或者块设备都有一个主设备号和次设备号。主设备号和次设备号统称为设备号。主设备号用来表示一个特定的驱动程序。次设备号用来表示使用该驱动程序的各设备。例如一个嵌入式系统，有两个 LED 指示灯，LED 灯需要独立的打开或者关闭。那么，可以写一个 LED 灯的字符设备驱动程序，可以将其主设备号注册成 5 号设备，次设备号分别为 1 和 2。这里，次设备号就分别表示两个 LED 灯。通过主设备号和次设备号，就能够分别对两个灯进行操作。

1．主设备号和次设备号的表示

在 Linux 内核中，dev_t 类型用来表示设备号。在 Linux 2.6.34.14 中，dev_t 定义为一个无符号长整型变量，定义如下：

```
typedef u_long dev_t;
```

u_long 在 32 位机中是 4 个字节，在 64 位机中是 8 字节。以 32 位机为例，其中高 12 表示主设备号，低 20 为表示次设备号，如图 6.1 所示。

2．主设备号和次设备号的获取

dev_t	
主设备号12位	次设备号20位

图 6.1　dev_t 结构

为了写出可移植的驱动程序，不能假定主设备号和次设备号的位数。不同的机型中，主设备号和次设备号的位数可能是不同的。应该使用 MAJOR 宏得到主设备号，使用 MINOR 宏来得到次设备号。下面是两个宏的定义：

```
#define MINORBITS   20                                    /*次设备号位数*/
#define MINORMASK   ((1U << MINORBITS) - 1)               /*次设备号掩码*/
#define MAJOR(dev)  ((unsigned int) ((dev) >> MINORBITS))
                                           /*dev 右移 20 位得到主设备号*/
#define MINOR(dev)  ((unsigned int) ((dev) & MINORMASK))
                                       /*与次设备掩码与，得到次设备号*/
```

MAJOR 宏将 dev_t 向右移动 20 位，得到主设备号；MINOR 宏将 dev_t 的高 12 位清零，得到次设备号。相反，可以将主设备号和次设备号转换为设备号类型（dev_t），使用宏 MKDEV 可以完成这个功能。

```
#define MKDEV(ma,mi)    (((ma) << MINORBITS) | (mi))
```

MKDEV 宏将主设备号（ma）左移 20 位，然后与次设备号（mi）相与，得到设备号。

3．静态分配设备号

静态分配设备号，就是驱动程序开发者静态地指定一个设备号。对于一部分常用的设备，内核开发者已经为其分配了设备号。这些设备号可以在内核源码 documentation/devices.txt 文件中找到。如果只有开发者自己使用这些设备驱动程序，那么其可以选择一个尚未使用的设备号。在不添加新硬件的时候，这种方式不会产生设备号冲突。但是当添加新硬件时，则很可能造成设备号冲突，影响设备的使用。这是因为新硬件的设备号已经被占用了。

4．动态分配设备号

由于静态分配设备号存在冲突的问题，所以内核社区建议开发者使用动态分配设备号的方法。动态分配设备号的函数是 alloc_chrdev_region()，该函数将在"申请和释放设备号"一节讲述。

5．查看设备号

当静态分配设备号时，需要查看系统中已经存在的设备号，从而决定使用哪个新设备号。可以读取/proc/devices 文件获得设备的设备号。/proc/devices 文件包含字符设备和块设备的设备号，如下所示。

```
[root@tom /]# cat /proc/devices      /*cat 命令查看/proc/devices 文件的内容*/
Character devices:                    /*字符设备*/
  1 mem
  4 /dev/vc/0
  7 vcs
 13 input
 14 sound
 21 sg
Block devices:                        /*块设备*/
  1 ramdisk
  2 fd
  8 sd
253 device-mapper
254 mdp
```

6.1.3　申请和释放设备号

内核维护着一个特殊的数据结构，用来存放设备号与设备的关系。在安装设备时，应该给设备申请一个设备号，使系统可以明确设备对应的设备号。设备驱动程序中的很多功能，是通过设备号来操作设备的。下面，首先对申请设备号进行简述。

1．申请设备号

在构建字符设备之前，首先要向系统申请一个或者多个设备号。完成该工作的函数是 **register_chrdev_region()**，该函数在<fs/char_dev.c>中定义：

```
int register_chrdev_region(dev_t from, unsigned count, const char *name);
```

其中，from 是要分配的设备号范围的起始值，一般只提供 from 的主设备号，from 的次设备号通常被设置成 0。count 是需要申请的连续设备号的个数。name 是和该范围编号关联的设备名称，该名称不能超过 64 字节。

和大多数内核函数一样，register_chrdev_region()函数成功时返回 0。错误时，返回一个负的错误码，并且不能为字符设备分配设备号。下面是一个例子代码，其申请了 CS5535_GPIO_COUNT 个设备号。

```
retval = register_chrdev_region(dev_id, CS5535_GPIO_COUNT,NAME);
```

在 Linux 中有非常多的字符设备，在人为地为字符设备分配设备号时，很可能发生冲突。Linux 内核开发者一直在努力将设备号变为动态的。可以使用 alloc_chrdev_region()函数达到这个目的。

```
int alloc_chrdev_region(dev_t *dev, unsigned baseminor, unsigned count,
const char *name)
```

在上面的函数中，dev 作为输出参数，在函数成功返回后将保存已经分配的设备号。函数有可能申请一段连续的设备号，这时 dev 返回第一个设备号。baseminor 表示要申请的第一个次设备号，其通常设为 0。count 和 name 与 register_chrdev_region()函数的对应参数一样。count 表示要申请的连续设备号个数，name 表示设备的名字。下面是一个例子代码，其申请了 CS5535_GPIO_COUNT 个设备号。

```
retval = alloc_chrdev_region(&dev_id, 0, CS5535_GPIO_COUNT, NAME);
```

2．释放设备号

使用上面两种方式申请的设备号，都应该在不使用设备时，释放设备号。设备号的释放统一使用下面的函数：

```
void unregister_chrdev_region(dev_t from, unsigned count);
```

在上面这个函数中，from 表示要释放的设备号，count 表示从 from 开始要释放的设备号个数。通常，在模块的卸载函数中调用 unregister_chrdev_region()函数。

6.2　初识 cdev 结构

当申请字符设备的设备号后，这时，需要将字符设备注册到系统中，才能使用字符设备。为了理解这个实现过程，首先解释一下 cdev 结构体。

6.2.1　cdev 结构体

在 Linux 内核中使用 cdev 结构体描述字符设备。该结构体是所有字符设备的抽象，其包含了大量字符设备所共有的特性。cdev 结构体定义如下：

```
struct cdev {
    struct kobject kobj;
                            /*内嵌的 kobject 结构，用于内核设备驱动模型的管理*/
```

```
    struct module *owner;
                            /*指向包含该结构的模块的指针，用于引用计数*/
    const struct file_operations *ops;      /*指向字符设备操作函数集的指针*/
    struct list_head list;
                            /*该结构将使用该驱动的字符设备连接成一个链表*/
    dev_t dev;              /*该字符设备的起始设备号，一个设备可能有多个设备号*/
    unsigned int count;     /*使用该字符设备驱动的设备数量*/
};
```

cdev 结构中的 kobj 结构用于内核管理字符设备，驱动开发人员一般不使用该成员。ops 是指向 file_operations 结构的指针，该结构定义了操作字符设备的函数。由于此结构体较为复杂，所以将在 6.2.2 file_operations 结构体一节讲解。

dev 就是用来存储字符设备所申请的设备号。count 表示目前有多少个字符设备在使用该驱动程序。当使用 rmmod 卸载模块时，如果 count 成员不为 0，那么系统不允许卸载模块。

list 结构是一个双向链表，用于将其他结构体连接成一个双向链表。该结构在 Linux 内核中广泛使用，需要读者掌握。

```
struct list_head {
    struct list_head *next, *prev;
};
```

如图 6.2 所示，cdev 结构体的 list 成员连接到了 inode 结构体 i_devices 成员。其中 i_devices 也是一个 list_head 结构。这样，使 cdev 结构与 inode 结点组成了一个双向链表。inode 结构体表示/dev 目录下的设备文件，该结构体较为复杂，所以将在下面讲述。

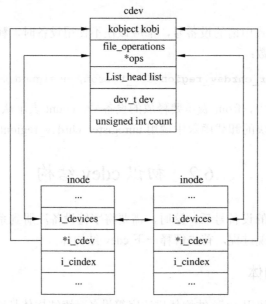

图 6.2　cdev 与 inode 的关系

每一个字符设备在/dev 目录下都有一个设备文件，打开设备文件就相当于打开相应的字符设备。例如应用程序打开设备文件 A，那么系统会产生一个 inode 结点。这样可以通过 inode 结点的 i_cdev 字段找到 cdev 字符结构体。通过 cdev 的 ops 指针，就能找到设备 A

的操作函数。对操作函数的讲解，将放在后面的内容中。

6.2.2　file_operations 结构体

file_operations 是一个对设备进行操作的抽象结构体。Linux 内核的设计非常巧妙。内核允许为设备建立一个设备文件，对设备文件的所有操作，就相当于对设备的操作。这样的好处是，用户程序可以使用访问普通文件的方法访问设备文件，进而访问设备。这样的方法，极大地减轻了程序员的编程负担，程序员不必去熟悉新的驱动接口，就能够访问设备。

对普通文件的访问，常常使用 open()、read()、write()、close()、ioctl()等方法。同样，对设备文件的访问，也可以使用这些方法。这些调用最终会引起对 file_operations 结构体中对应函数的调用。对于程序员来说，只要为不同的设备编写不同的操作函数就可以了。

为了增加 file_operations 的功能，所以将很多函数集中在了该结构中。该结构的定义目前已经比较庞大了，其定义如下：

```
struct file_operations {
    struct module *owner;
    loff_t (*llseek) (struct file *, loff_t, int);
    ssize_t (*read) (struct file *, char __user *, size_t, loff_t *);
    ssize_t (*write) (struct file *, const char __user *, size_t, loff_t *);
    ssize_t (*aio_read) (struct kiocb *, const struct iovec *, unsigned long,
    loff_t);
    ssize_t (*aio_write) (struct kiocb *, const struct iovec *, unsigned long,
    loff_t);
    int (*readdir) (struct file *, void *, filldir_t);
    unsigned int (*poll) (struct file *, struct poll_table_struct *);
    int (*ioctl) (struct inode *, struct file *, unsigned int, unsigned long);
    long (*unlocked_ioctl) (struct file *, unsigned int, unsigned long);
    long (*compat_ioctl) (struct file *, unsigned int, unsigned long);
    int (*mmap) (struct file *, struct vm_area_struct *);
    int (*open) (struct inode *, struct file *);
    int (*flush) (struct file *, fl_owner_t id);
    int (*release) (struct inode *, struct file *);
    int (*fsync) (struct file *, struct dentry *, int datasync);
    int (*aio_fsync) (struct kiocb *, int datasync);
    int (*fasync) (int, struct file *, int);
    int (*lock) (struct file *, int, struct file_lock *);
    ssize_t (*sendpage) (struct file *, struct page *, int, size_t, loff_t
    *, int);
    unsigned long  (*get_unmapped_area)(struct  file  *,  unsigned  long,
    unsigned long, unsigned long, unsigned long);
    int (*check_flags)(int);
    int (*flock) (struct file *, int, struct file_lock *);
    ssize_t (*splice_write)(struct pipe_inode_info *, struct file *, loff_t
    *, size_t, unsigned int);
    ssize_t (*splice_read)(struct file *, loff_t *, struct pipe_inode_info
    *, size_t, unsigned int);
    int (*setlease)(struct file *, long, struct file_lock **);
};
```

下面对 file_operations 结构体的重要成员进行讲解。

❑ owner 成员根本不是一个函数；它是一个指向拥有这个结构模块的指针。这个成员用来维持模块的引用计数，当模块还在使用时，不能用 rmmod 卸载模块。几乎所有时刻，它被简单初始化为 THIS_MODULE，一个在<linux/module.h>中定义的宏。

❑ llseek()函数用来改变文件中的当前读/写位置，并将新位置返回。loff_t 参数是一个"long long"类型，"long long"类型即使在 32 位机上也是 64 位宽。这是为了与 64 位机兼容而定的，因为 64 位机的文件大小完全可以突破 4G。

❑ read()函数用来从设备中获取数据，成功时函数返回读取的字节数，失败时返回一个负的错误码。

❑ write()函数用来写数据到设备中。成功时该函数返回写入的字节数，失败时返回一个负的错误码。

❑ ioctl()函数提供了一种执行设备特定命令的方法。例如使设备复位，这既不是读操作也不是写操作，不适合用 read()和 write()方法来实现。如果在应用程序中给 ioctl 传入没有定义的命令，那么将返回-ENOTTY 的错误，表示该设备不支持这个命令。

❑ open()函数用来打开一个设备，在该函数中可以对设备进行初始化。如果这个函数被复制 NULL，那么设备打开永远成功，并不会对设备产生影响。

❑ release()函数用来释放 open()函数中申请的资源，将在文件引用计数为 0 时，被系统调用。其对应应用程序的 close()方法，但并不是每一次调用 close()方法，都会触发 release()函数，只有在对设备文件的所有打开都释放后，才会被调用。

6.2.3　cdev 和 file_operations 结构体的关系

一般来说，驱动开发人员会将特定设备的特定数据放到 cdev 结构体后，组成一个新的结构体。如图 6.3 所示，"自定义字符设备"中就包含特定设备的数据。该"自定义设备"中有一个 cdev 结构体。cdev 结构体中有一个指向 file_operations 的指针。这里，file_operations 中的函数就可以用来操作硬件，或者"自定义字符设备"中的其他数据，从而起到控制设备的作用。

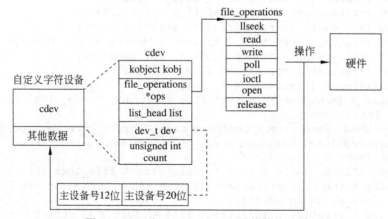

图 6.3　cdev 与 file_operations 结构体的关系

6.2.4　inode 结构体

内核使用 inode 结构在内部表示文件。inode 一般作为 file_operations 结构中函数的参数传递过来。例如，open()函数将传递一个 inode 指针进来，表示目前打开的文件结点。需要注意的是，inode 的成员已经被系统赋予了合适的值，驱动程序只需要使用该结点中的信息，而不用更改。Oepn()函数为：

```
int (*open) (struct inode *, struct file *);
```

inode 结构中包含大量的有关文件的信息。这里，只对编写驱动程序有用的字段进行介绍，对于该结构更多的信息，读者可以参看内核源码。

❑ dev_t i_rdev：表示设备文件对应的设备号。

❑ struct list_head i_devices：如图 6.2 所示，该成员使设备文件连接到对应的 cdev 结构，从而对应到自己的驱动程序。

❑ struct cdev *i_cdev：如图 6.2 所示，该成员也指向 cdev 设备。

除了从 dev_t 得到主设备号和次设备号外，这里还可以使用 imajor()和 iminor()函数从 i_rdev 中得到主设备号和次设备号。

imajor()函数在内部调用 MAJOR 宏，代码如下：

```
static inline unsigned imajor(const struct inode *inode)
{
    return MAJOR(inode->i_rdev);        /*从 inode->i_rdev 中提取主设备号*/
}
```

同样，iminor()函数在内部调用 MINOR 宏，代码如下：

```
static inline unsigned iminor(const struct inode *inode)
{
    return MINOR(inode->i_rdev); ;        /*从 inode->i_rdev 中提取次设备号*/
}
```

6.3　字符设备驱动的组成

了解字符设备驱动程序的组成，对编写驱动程序非常有用。因为字符设备在结构上都有很多相似的地方，所以只要会编写一个字符设备驱动程序，那么相似的字符设备驱动程序的编写就不难了。在 Linux 系统中，字符设备驱动程序由以下几个部分组成。

6.3.1　字符设备加载和卸载函数

在字符设备的加载函数中，应该实现字符设备号的申请和 cdev 的注册。相反，在字符设备的卸载函数中应该实现字符设备号的释放和 cdev 的注销。

cdev 是内核开发者对字符设备的一个抽象。除了 cdev 中的信息外，特定的字符设备还需要特定的信息，常常将特定的信息放在 cdev 之后，形成一个设备结构体，如代码中的 xxx_dev。

常见的设备结构体、加载函数和卸载函数如下面的代码：

```
struct xxx_dev                                    /*自定义设备结构体*/
{
  struct cdev cdev;                               /*cdev 结构体*/
```

```
...                                                    /*特定设备的特定数据*/
};
static int __init xxx_init(void)                       /*设备驱动模块加载函数*/
{
  ...
  /* 申请设备号，当 xxx_major 不为 0 时，表示静态指定；当为 0 时，表示动态申请*/
  if (xxx_major)
    result = register_chrdev_region(xxx_devno, 1, "DEV_NAME");
                                                       /*静态申请设备号*/
  else                                                 /*动态申请设备号*/
  {
    result = alloc_chrdev_region(&xxx_devno, 0, 1, " DEV_NAME ");
    xxx_major = MAJOR(xxx_devno);                      /*获得申请的主设备号*/
  }
/*初始化 cdev 结构，传递 file_operations 结构指针*/
  cdev_init(&xxx_dev.cdev, &xxx_fops);
  dev->cdev.owner = THIS_MODULE;                       /*指定所属模块*/
  err = cdev_add(&xxx_dev .cdev, xxx_devno, 1);        /*注册设备*/
static void __exit xxx_exit(void)                      /*模块卸载函数*/
{
  cdev_del(&xxx_dev.cdev);                             /*注销 cdev*/
  unregister_chrdev_region(xxx_devno, 1);              /*释放设备号*/
}
```

6.3.2　file_operations 结构体和其成员函数

　　file_operations 结构体中的成员函数都对应着驱动程序的接口，用户程序可以通过内核来调用这些接口，从而控制设备。大多数字符设备驱动都会实现 read()、write()和 ioctl()函数，这 3 个函数的常见写法如下面代码所示。

```
/*文件操作结构体*/
static const struct file_operations xxx_fops =
{
  .owner = THIS_MODULE,          /*模块引用，任何时候都赋值 THIS_MODULE */
  .read = xxx_read,              /*指定设备的读函数 */
  .write = xxx_write,            /*指定设备的写函数 */
  .ioctl = xxx_ioctl,           /*指定设备的控制函数 */
};
/*读函数*/
static ssize_t xxx_read(struct file *filp, char __user *buf, size_t
size,loff_t *ppos)
{
  ...
if(size>8)
    copy_to_user(buf,...,...);  /*当数据较大时，使用 copy_to_user()，效率较高*/
esle
put_user(...,buf);             /*当数据较小时，使用 put_user()，效率较高*/
  ...
}
/*写函数*/
static ssize_t xxx_write(struct file *filp, const char __user *buf,size_t
size, loff_t *ppos)
```

```
{
  ...
if(size>8)
copy_from_user(..., buf,...);     /*当数据较大时，使用 copy_to_user()，效率较高*/
else
    get_user(..., buf);           /*当数据较小时，使用 put_user()，效率较高*/
...
}
/* ioctl 设备控制函数 */
static long xxx_ioctl(struct file *file, unsigned int cmd, unsigned long arg)
{
  ...
  switch (cmd)
  {
    case xxx_cmd1:
...                               /*命令 1 执行的操作*/
      break;
    case xxx_cmd1:
...                               /*命令 2 执行的操作*/
      break;
    default:
      return  - EINVAL;           /*内核和驱动程序都不支持该命令时，返回无效的命令*/
  }
  return 0;
}
```

文件操作结构体 xxx_fops 中保存了操作函数的指针。对于没有实现的函数，被赋值为 NULL。xxx_fops 结构体在字符设备加载函数中，作为 cdev_init() 的参数，与 cdev 建立了关联。

设备驱动的 read() 和 write() 函数有同样的参数。filp 是文件结构体的指针，指向打开的文件。buf 是来自用户空间的数据地址，该地址不能在驱动程序中直接读取。size 是要读的字节。ppos 是读写的位置，其相对于文件的开头。

xxx_ioctl 控制函数的 cmd 参数是事先定义的 I/O 控制命令，arg 对应该命令的参数。

6.3.3　驱动程序与应用程序的数据交换

驱动程序和应用程序的数据交换是非常重要的。file_operations 中的 read() 和 write() 函数，就是用来在驱动程序和应用程序间交换数据的。通过数据交换，驱动程序和应用程序可以彼此了解对方的情况。但是驱动程序和应用程序属于不同的地址空间。驱动程序不能直接访问应用程序的地址空间；同样应用程序也不能直接访问驱动程序的地址空间，否则会破坏彼此空间中的数据，从而造成系统崩溃，或者数据损坏。

安全的方法是使用内核提供的专用函数，完成数据在应用程序空间和驱动程序空间的交换。这些函数对用户程序传过来的指针进行了严格的检查和必要的转换，从而保证用户程序与驱动程序交换数据的安全性。这些函数有：

```
unsigned long copy_to_user(void __user *to, const void *from, unsigned long n);
unsigned long copy_from_user(void *to, const void __user *from, unsigned long n);
put_user(local,user);
get_user(local,user);
```

6.3.4　字符设备驱动程序组成小结

字符设备是 3 大类设备（字符设备、块设备、网络设备）中较简单的一类设备，其驱动程序中完成的主要工作是初始化、添加和删除 cdev 结构体，申请和释放设备号，以及填充 file_operation 结构体中操作函数，并实现 file_operations 结构体中的 read()、write()、ioctl() 等重要函数。如图 6.4 所示为 cdev 结构体、file_operations 和用户空间调用驱动的关系。

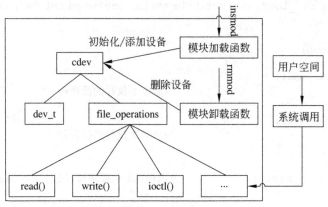

图 6.4　字符设备与用户空间关系

6.4　VirtualDisk 字符设备驱动

从本节开始，后续的几节都将以一个 VirtualDisk 设备为蓝本进行讲解。VirtualDisk 是一个虚拟磁盘设备，在这个虚拟磁盘设备中分配了 8K 的连续内存空间，并定义了两个端口数据（port1 和 port2）。驱动程序可以对设备进行读写、控制和定位操作，用户空间的程序可以通过 Linux 系统调用访问 VirtualDisk 设备中的数据。

6.4.1　VirtualDisk 的头文件、宏和设备结构体

VirtualDisk 驱动程序应该包含必要的头文件和宏信息，并定义一个与实际设备相对应的设备结构体，相关的定义如下面代码所示。

```
01  #include <linux/module.h>
02  #include <linux/types.h>
03  #include <linux/fs.h>
04  #include <linux/errno.h>
05  #include <linux/mm.h>
06  #include <linux/sched.h>
07  #include <linux/init.h>
08  #include <linux/cdev.h>
09  #include <asm/io.h>
10  #include <asm/system.h>
11  #include <asm/uaccess.h>
12  #define VIRTUALDISK_SIZE    0x2000    /*全局内存最大 8K 字节*/
13  #define MEM_CLEAR 0x1                 /*全局内存清零*/
14  #define PORT1_SET 0x2                 /*将 port1 端口清零*/
15  #define PORT2_SET 0x3                 /*将 port2 端口清零*/
```

```
16  #define VIRTUALDISK_MAJOR 200        /*预设的 VirtualDisk 的主设备号为 200*/
17  static int VirtualDisk_major = VIRTUALDISK_MAJOR;
18  /*VirtualDisk 设备结构体*/
19  struct VirtualDisk
20  {
21    struct cdev cdev;                       /*cdev 结构体*/
22    unsigned char mem[VIRTUALDISK_SIZE];   /*全局内存 8K*/
23    int port1;                             /*两个不同类型的端口*/
24    long port2;
25    long count;                            /*记录设备目前被多少设备打开*/
26  };
```

- ❏ 从第 1～11 行列出了必要的头文件,这些头文件中包含驱动程序可能使用的函数。
- ❏ 从第 19～26 行代码,定义了 VirtualDisk 设备结构体。其中包含了 cdev 字符设备结构体,和一块连续的 8K 的设备内存。另外定义了两个端口 port1 和 port2,用来模拟实际设备的端口。count 表示设备被打开的次数。在驱动程序中,可以不将这些成员放在一个结构中,但放在一起的好处是借助了面向对象的封装思想,将设备相关的成员封装成了一个整体。
- ❏ 第 22 行定义了一个 8K 的内存块,驱动程序中一般不静态地分配内存,因为静态分配的内存的生命周期非常长,随着驱动程序生和死。而驱动程序一般运行在系统的整个开机状态中,所以驱动程序分配的内存,一直不会得到释放。所以,编写驱动程序,应避免申请大块内存和静态分配内存。这里只是为了演示方便,所以分配了静态内存。

6.4.2　加载和卸载驱动程序

第 6.3 节已经对字符设备驱动程序的加载和卸载模板进行了介绍。VirtualDisk 的加载和卸载函数也和 6.3 节介绍的类似,其实现代码如下:

```
01  /*设备驱动模块加载函数*/
02  int VirtualDisk_init(void)
03  {
04    int result;
05    dev_t devno = MKDEV(VirtualDisk_major, 0);    /*构建设备号*/
06    /* 申请设备号*/
07    if (VirtualDisk_major)                    /* 如果不为 0,则静态申请*/
08      result = register_chrdev_region(devno, 1, "VirtualDisk");
09    else                                      /* 动态申请设备号 */
10    {
11      result = alloc_chrdev_region(&devno, 0, 1, "VirtualDisk");
12      VirtualDisk_major = MAJOR(devno);      /*从申请设备号中得到主设备号 */
13    }
14    if (result < 0)
15      return result;
16    /* 动态申请设备结构体的内存*/
17    Virtualdisk_devp = kmalloc(sizeof(struct VirtualDisk), GFP_KERNEL);
18    if (!Virtualdisk_devp)                    /*申请失败*/
19    {
20      result = - ENOMEM;
21      goto fail_kmalloc;
```

```
22    }
23    memset(Virtualdisk_devp, 0, sizeof(struct VirtualDisk));
                                                    /*将内存清零*/
24    /*初始化并且添加 cdev 结构体*/
25    VirtualDisk_setup_cdev(Virtualdisk_devp, 0);
26    return 0;
27    fail_kmalloc:
28      unregister_chrdev_region(devno, 1);
29    return result;
30  }
31  /*模块卸载函数*/
32  void VirtualDisk_exit(void)
33  {
34    cdev_del(&Virtualdisk_devp->cdev);                /*注销 cdev*/
35    kfree(Virtualdisk_devp);                          /*释放设备结构体内存*/
36    unregister_chrdev_region(MKDEV(VirtualDisk_major, 0), 1);
                                                        /*释放设备号*/
37  }
```

- ❏ 第 7～13 行，使用两种方式申请设备号。VirtualDisk_major 变量被静态定义为 200。当加载模块时不使 VirtualDisk_major 等于 0，那么就执行 register_chrdev_region() 函数静态分配一个设备号；如果 VirtualDisk_major 等于 0，那么就使用 alloc_chrdev_region() 函数动态分配一个设备号，并由参数 devno 返回。第 12 行，使用 MAJOR 宏返回得到的主设备号。

- ❏ 第 17～22 行，分配一个 VirtualDisk 设备结构体。

- ❏ 第 23 行，将分配的 VirtualDisk 设备结构体清零。

- ❏ 第 25 行，调用自定义的 VirtualDisk_setup_cdev()函数初始化 cdev 结构体，并加入内核中。该函数将在下面讲到。

- ❏ 第 32～37 行是卸载函数，该函数中注销了 cdev 结构体，释放了 VirtualDisk 设备所占的内存，并且释放了设备占用的设备号。

6.4.3　cdev 的初始化和注册

6.4.2 节代码中第 25 行调用的 VirtualDisk_setup_cdev()函数完成了 cdev 的初始化和注册，其代码如下：

```
01  /*初始化并注册 cdev*/
02  static void VirtualDisk_setup_cdev(struct VirtualDisk *dev, int minor)
03  {
04    int err;
05    devno = MKDEV(VirtualDisk_major, minor);          /*构造设备号*/
06    cdev_init(&dev->cdev, &VirtualDisk_fops);          /*初始化 cdev 设备*/
07    dev->cdev.owner = THIS_MODULE;                     /*使驱动程序属于该模块*/
08    dev->cdev.ops = &VirtualDisk_fops;
        /*cdev 连接 file_operations 指针，这样 cdev.ops 就被设置成了文件操作函数的指针*/
09    err = cdev_add(&dev->cdev, devno, 1);
        /*将 cdev 注册到系统中，也就是将字符设备加入到内核中*/
10    if (err)
11      printk(KERN_NOTICE "Error in cdev_add()\n");
12  }
```

下面对该函数进行简要的解释：

❑ 第 5 行，使用 MKDEV 宏构造一个主设备号为 VirtualDisk_major，次设备号为 minor 的设备号。

❑ 第 6 行，调用 cdev_init() 函数，将设备结构体 cdev 与 file_operators 指针相关联。这个文件操作指针定义代码如下：

```
/*文件操作结构体*/
static const struct file_operations VirtualDisk_fops =
{
 .owner = THIS_MODULE,
 .llseek = VirtualDisk_llseek,                    /*定位偏移量函数*/
 .read = VirtualDisk_read,                        /*读设备函数*/
 .write = VirtualDisk_write,                      /*写设备函数*/
 .ioctl = VirtualDisk_ioctl,                      /*控制函数*/
 .open = VirtualDisk_open,                        /*打开设备函数*/
 .release = VirtualDisk_release,                  /*释放设备函数*/
};
```

❑ 第 8 行，指定 VirtualDisk_fops 为字符设备的文件操作函数指针。

❑ 第 9 行，调用 cdev_add() 函数将字符设备加入到内核中。

❑ 第 10、11 行，如果注册字符设备失败，则打印错误信息。

6.4.4　打开和释放函数

当用户程序调用 open() 函数打开设备文件时，内核会最终调用 VirtualDisk_open() 函数。该函数的代码如下：

```
01   /*文件打开函数*/
02   int VirtualDisk_open(struct inode *inode, struct file *filp)
03   {
04     /*将设备结构体指针赋值给文件私有数据指针*/
05     filp->private_data = Virtualdisk_devp;
06     struct VirtualDisk *devp = filp->private_data;   /*获得设备结构体指针*/
07     devp->count++;                                   /*增加设备打开次数*/
08     return 0;
09   }
```

下面对该函数进行简要的解释：

❑ 第 5 行和第 6 行，将 Virtualdisk_devp 赋给私有数据指针，在后面将用到这个指针。

❑ 第 7 行，将设备打开计数增加 1。

当用户程序调用 close() 函数关闭设备文件时，内核会最终调用 VirtualDisk_release() 函数。这个函数主要是将计数器减 1。该函数的代码如下：

```
01   /*文件释放函数*/
02   int VirtualDisk_release(struct inode *inode, struct file *filp)
03   {
04     struct VirtualDisk *devp = filp->private_data;   /*获得设备结构体指针*/
05     devp->count--;                                   /*减少设备打开次数*/
06     return 0;
07   }
```

6.4.5 读写函数

当用户程序调用 read()函数读设备文件中的数据时,内核会最终调用 VirtualDisk_read()函数。该函数的代码如下:

```
01  /*读函数*/
02  static ssize_t VirtualDisk_read(struct file *filp, char __user *buf,
    size_t size,
03    loff_t *ppos)
04  {
05    unsigned long p = *ppos;              /*记录文件指针偏移位置*/
06    unsigned int count = size;            /*记录需要读取的字节数*/
07    int ret = 0;                          /*返回值*/
08    struct VirtualDisk *devp = filp->private_data; /*获得设备结构体指针*/
09    /*分析和获取有效的读长度*/
10    if (p >= VIRTUALDISK_SIZE)            /*要读取的偏移大于设备的内存空间*/
11      return count ? - ENXIO: 0;          /*读取地址错误*/
12    if (count > VIRTUALDISK_SIZE - p)     /*要读取的字节大于设备的内存空间*/
13      count = VIRTUALDISK_SIZE - p;       /*将要读取的字节数设为剩余的字节数*/
14    /*内核空间->用户空间交换数据*/
15    if (copy_to_user(buf, (void*)(devp->mem + p), count))
16    {
17      ret = - EFAULT;
18    }
19    else
20    {
21      *ppos += count;
22      ret = count;
23      printk(KERN_INFO "read %d bytes(s) from %d\n", count, p);
24    }
25    return ret;
26  }
```

下面对该函数进行简要的分析:

- ❑ 第 5~7 行,定义了一些局部变量。
- ❑ 第 8 行,从文件指针中获得设备结构体指针。
- ❑ 第 10 行,如果要读取的位置大于设备的大小,则出错。
- ❑ 第 12 行,如果要读的数据的位置大于设备的大小,则只读到设备的末尾。
- ❑ 第 15~24 行,从用户空间复制数据到设备中。如果复制数据成功,就将文件的偏移位置加上读出的数据个数。

当用户程序调用 write()函数向设备文件写入数据时,内核会最终调用 VirtualDisk_write()函数。该函数的代码如下:

```
01  /*写函数*/
02  static ssize_t VirtualDisk_write(struct file *filp, const char __user
    *buf,
03    size_t size, loff_t *ppos)
04  {
05    unsigned long p = *ppos;              /*记录文件指针偏移位置*/
06    int ret = 0;                          /*返回值*/
07    unsigned int count = size;            /*记录需要写入的字节数*/
```

```
08   struct VirtualDisk *devp = filp->private_data;   /*获得设备结构体指针*/
09   /*分析和获取有效的写长度*/
10   if (p >= VIRTUALDISK_SIZE)                        /*要写入的偏移大于设备的内存空间*/
11     return count ? - ENXIO: 0;                      /*写入地址错误*/
12   if (count > VIRTUALDISK_SIZE - p)                 /*要写入的字节大于设备的内存空间*/
13     count = VIRTUALDISK_SIZE - p;                   /*将要写入的字节数设为剩余的字节数*/
14   /*用户空间->内核空间*/
15   if (copy_from_user(devp->mem + p, buf, count))
16     ret = - EFAULT;
17   else
18   {
19     *ppos += count;                                 /*增加偏移位置*/
20     ret = count;                                     /*返回实际的写入字节数*/
21     printk(KERN_INFO "written %d bytes(s) from %d\n", count, p);
22   }
23   return ret;
24 }
```

下面对该函数进行简要的介绍：

❑ 第 5～7 行，定义了一些局部变量。

❑ 第 8 行，从文件指针中获得设备结构体指针。

❑ 第 10 行，如果要读取的位置大于设备的大小，则出错。

❑ 第 12 行，如果要读的数据的位置大于设备的大小，则只读到设备的末尾。

❑ 第 15～24 行，从设备中复制数据到用户空间中。如果复制数据成功，就将文件的偏移位置加上写入的数据个数。

6.4.6 seek()函数

当用户程序调用 fseek()函数在设备文件中移动文件指针时，内核会最终调用 VirtualDisk_llseek()函数。该函数的代码如下：

```
01 /* seek 文件定位函数 */
02 static loff_t VirtualDisk_llseek(struct file *filp, loff_t offset, int
   orig)
03 {
04   loff_t ret = 0;                                   /*返回的位置偏移*/
05   switch (orig)
06   {
07     case SEEK_SET:                                  /*相对文件开始位置偏移*/
08       if (offset < 0)                               /*offset 不合法*/
09       {
10         ret = - EINVAL;                             /*无效的指针*/
11         break;
12       }
13       if ((unsigned int)offset > VIRTUALDISK_SIZE)
                                                       /*偏移大于设备内存*/
14       {
15         ret = - EINVAL;                             /*无效的指针*/
16         break;
17       }
18       filp->f_pos = (unsigned int)offset;           /*更新文件指针位置*/
19       ret = filp->f_pos;                            /*返回的位置偏移*/
```

```
20       break;
21     case SEEK_CUR:                                    /*相对文件当前位置偏移*/
22       if ((filp->f_pos + offset) > VIRTUALDISK_SIZE)
                                                          /*偏移大于设备内存*/
23       {
24         ret = - EINVAL;                               /*无效的指针*/
25         break;
26       }
27       if ((filp->f_pos + offset) < 0)                 /*指针不合法*/
28       {
29         ret = - EINVAL;                               /*无效的指针*/
30         break;
31       }
32       filp->f_pos += offset;                          /*更新文件指针位置*/
33       ret = filp->f_pos;                              /*返回的位置偏移*/
34       break;
35     default:
36       ret = - EINVAL;                                 /*无效的指针*/
37       break;
38   }
39   return ret;
40 }
```

下面对该函数进行简要的介绍：

❑ 第 4 行，定义了一个返回值，用来表示文件指针现在的偏移量。

❑ 第 5 行，用来选择文件指针移动的方向。

❑ 第 7～20 行，表示文件指针移动的类型是 SEEK_SET，表示相对于文件的开始移动指针 offset 个位置。

❑ 第 8～12 行，如果偏移小于 0，则返回错误。

❑ 第 13～17 行，如果偏移值大于文件的长度，则返回错误。

❑ 第 18 行，设置文件的偏移值到 filp->f_pos，这个指针表示文件的当前位置。

❑ 第 21～34 行，表示文件指针移动的类型是 SEEK_CUR，表示相对于文件的当前位置移动指针 offset 个位置。

❑ 第 22～26 行，如果偏移值大于文件的长度，则返回错误。

❑ 第 27～31 行，表示指针小于 0 的情况，这种情况指针是不合法的。

❑ 第 32 行，将文件的偏移值 filp->f_pos 加上 offset 个偏移。

❑ 第 35 和 36 行，表示命令不是 SEEK_SET 或者 SEEK_CUR，这种情况下表示传入了非法的命令，直接返回。

6.4.7　ioctl()函数

当用户程序调用 ioctl()函数改变设备的功能时，内核会最终调用 VirtualDisk_ioctl()函数。该函数的代码如下：

```
01  /* ioctl 设备控制函数 */
02  static int VirtualDisk_ioctl(struct inode *inodep, struct file *filp, unsigned
03    int cmd, unsigned long arg)
04  {
05    struct VirtualDisk *devp = filp->private_data;
```

```
                                        /*获得设备结构体指针*/
06    switch (cmd)
07    {
08      case MEM_CLEAR:                   /*设备内存清零*/
09        memset(devp->mem, 0, VIRTUALDISK_SIZE);
10        printk(KERN_INFO "VirtualDisk is set to zero\n");
11        break;
12      case PORT1_SET:                   /*将端口 1 置 0*/
13        devp->port1=0;
14        break;
15      case PORT2_SET:                   /*将端口 2 置 0*/
16        devp->port2=0;
17        break;
18      default:
19        return  - EINVAL;
20    }
21    return 0;
22  }
```

下面对该函数进行简要的介绍：

❑ 第 5 行，得到文件的私有数据，私有数据中存放的是 VirtualDisk 设备的指针。

❑ 第 6～20 行，根据 ioctl()函数传进来的参数判断将要执行的操作。这里的字符设备
支持 3 个操作，第 1 个操作是将字符设备的内存全部清 0，第 2 个操作是将端口 1
设置为 0，第 3 个操作是将端口 2 设置成 0。

6.5　小　　结

本章主要讲解了字符设备驱动程序。字符设备是 Linux 中的三大设备之一，很多设备
都可以看成是字符设备，所以学习字符设备驱动程序的编程是很有用的。本章首先从整体
上介绍了字符设备的框架结构，然后介绍了字符设备结构体 struct cdev，接着介绍了字符
设备的组成，最后详细讲解了一个 VirtualDisk 字符设备驱动程序。

第 2 篇　Linux 驱动开发核心技术

第 7 章　设备驱动中的并发控制

现代操作系统有 3 大特性，即中断处理、多任务处理和多处理器（SMP）。这些特性导致当多个进程、线程或者 CPU 同时访问一个资源时，可能会发生错误，这些错误是操作系统运行所不允许的。在操作系统中，内核需要提供并发控制机制，对公用资源进行保护。本章将对保护这些公用资源的方法进行简要的介绍。

7.1　并发与竞争

并发是指在操作系统中，一个时间段中有几个程序同时处于就绪状态，等待调度到 CPU 中运行。并发容易导致竞争的问题。竞争就是两个或者两个以上的进程同时访问一个资源，从而引起资源被无控制的修改。

例如，在数据库中，允许多个用户同时访问和更改数据，就很可能发生冲突。以飞机售票系统为例，会引起数据不一致的错误。

例如，飞机售票系统中的一个活动序列：

（1）甲售票员读出某航班的机票余票张数 A，设 A=16；

（2）乙售票员读出同一航班的机票余票张数 A，也为 16；

（3）甲售票点卖出一张机票，修改机票余票 A=A-1，即是 A=15，把 A 写回数据库；

（4）乙售票点也卖出一张机票，修改机票余票 A=A-1，即是 A=15，把 A 写回数据库。

结果：卖出两张机票，但数据库中机票余票只减少 1 张，这种情况就是并发导致的问题。本章将介绍一些机制，避免并发对系统资源的影响。这些并发控制机制有原子变量操作、自旋锁、信号量和完成量。下面对这几种机制进行详细的讲解。

7.2　原子变量操作

原子变量操作是 Linux 中提供的一种简单的同步机制，是一种在操作过程中不会被打断的操作，所以在内核驱动程序中非常有用。本节将对 Linux 中原子变量的操作进行详细的分析。

7.2.1　原子变量操作

所谓原子变量操作，就是该操作绝不会在执行完毕前被任何其他任务或事件打断。也就是说，原子变量操作是一种不可以被打断的操作。原子操作需要硬件的支持，因此是架构相关的，其 API 和原子类型的定义都定义在内核源码树的 include/asm/atomic.h 文件中，它们都使用汇编语言实现，因为 C 语言并不能实现这样的操作。

原子变量操作不会只执行一半，又去执行其他代码。它要么全部执行完毕，要么一点也不执行。原子变量操作的优点是编写简单；缺点是功能太简单，只能做计数操作，保护的东西太少，但却是其他同步手段的基石。在 Linux 中，原子变量的定义如下：

```
typedef struct {
    volatile int counter;
} atomic_t;
```

关键字 volatile 用来暗示 GCC 不要对该类型做数据优化，所以对这个变量 counter 的访问都是基于内存的，不要将其缓冲到寄存器中。存储到寄存器中，可能导致内存中的数据已经改变，而寄存器中的数据没有改变。

在 Linux 中，定义了两种原子变量操作方法，一种是原子整型操作，另一种是原子位操作。下面分别对这两种原子变量操作方法进行讲述。

7.2.2　原子整型操作

有时候需要共享的资源可能只是一个简单的整型数值。例如在驱动程序中，需要对包含一个 count 的计数器。这个计数器表示有多少个应用程序打开了设备所对应的设备文件。通常在设备驱动程序的 open()函数中，将 count 变量加 1。在 close()函数中，将 count 减 1。如果只有一个应用程序执行打开和关闭操作，那么这里的 count 计数不会出现问题。但是如果有多个应用程序同时打开或者关闭设备文件，那么就可能导致 count 多加或者少加，出现错误。

为了避免这个问题，内核提供了一个原子整型变量，称为 atomic_t。该变量的定义如下：

```
typedef struct {
    volatile int counter;
} atomic_t;
```

一个 atomic_t 变量实际上是一个 int 类型的值，但是由于一些处理器的限制，该 int 类型的变量不能表示完整的整数范围，只能表示 24 位数的范围。在 SPARC 处理器架构上，对原子操作缺乏指令级的支持，所以只能将 32 位中的低 8 位设置成一个锁，用来保护整型数据的并发访问。

在 Linux 中，定义一个 atomic_t 类型的变量与 C 语言中定义个类型的变量没有什么不同。例如，下面的代码定义了前面说的 count 计数器。

```
atomic_t  count;
```

这句代码定义了一个 atomic_t 类型的 count 变量，atomic_t 类型的变量只能通过 Linux 内核中定义的专用函数来操作，不能在变量上直接加 1 或者减 1。下面介绍一下 Linux 中针对 atomic_t 类型的变量的操作函数。

1. 定义 atomic_t 变量

ATOMIC_INIT 宏的功能是定义一个 atomic_t 类型的变量，宏的参数是需要给该变量初始化的值。该宏的定义如下：

```
#define ATOMIC_INIT(i)  { (i) }
```

因为 atomic_t 类型的变量是一个结构体类型，所以对其进行定义和初始化应该用结构体定义和初始化的方法。例如定义一个名为 count 的 atomic_t 类型的变量的方法，代码如下：

```
atomic_t count = ATOMIC_INIT(0);
```

这句代码展开后，就是一个定义和初始化一个结构体的方法，展开后的代码如下：

```
atomic_t count ={ (0) };
```

2．设置 atomic_t 变量的值

atomic_set(v,i)宏用来设置 v 变量的值为 I，其定义如下：

```
#define atomic_set(v, i)      (((v)->counter) = i)
```

3．读 atomic_t 变量的值

atomic_read(v)宏用来读 v 变量的值，其定义如下：

```
#define atomic_read(v)        ((v)->counter)
```

该宏对原子类型的变量进行原子读操作，它返回原子类型的变量 v 的值。

4．原子变量的加减法

atomic_add()函数用来将第一个参数 i 的值加到第二个参数 v 中，并返回一个 void 值。返回空的原因是将耗费更多的 CPU 时间，而大多数情况下原子变量的加法不需要返回值。atomic_add()函数的原型如下：

```
static inline void atomic_add(int i, volatile atomic_t *v)
```

与 atomic_add()函数功能相反的函数是 atomic_sub()函数，该函数从原子变量 v 中减去 i 的值。atomic_sub()函数的原型如下：

```
static inline void atomic_sub(int i, volatile atomic_t *v)
```

5．原子变量的自加自减

atomic_inc()函数用来将 v 指向的变量加 1，并返回一个 void 值。返回空的原因是将耗费更多的 CPU 时间，而大多数情况下原子变量的加法不需要返回值。atomic_inc()函数的原型如下：

```
static inline void atomic_inc(volatile atomic_t *v)
```

与 atomic_inc()函数功能相反的函数是 atomic_dec()函数，该函数从原子变量 v 中减去 1。atomic_dec()函数的原型如下：

```
static inline void atomic_dec(volatile atomic_t *v)
```

6．加减测试

atomic_inc_and_test()函数用来将 v 指向的变量加 1，如果结果是 0，则字节返回真；如果是非 0，则返回假。atomic_inc_and_test()函数的原型如下代码所示。

```
static inline int atomic_inc_and_test (volatile atomic_t *v)
```

与 atomic_inc_and_test()函数功能相反的函数是 atomic_dec_and_test()函数，该函数从原子变量 v 中减去 1。如果结果是 0，则字节返回真；如果是非 0，则返回假。atomic_dec_and_test()函数的原型如下代码所示。

```
static inline int atomic_dec_and_test(volatile atomic_t *v)
```

综上所述，atomic_t 类型的变量必须使用上面介绍的函数来访问，如果试图将原子变量看作整型变量来使用，则会出现编译错误。

7.2.3　原子位操作

除了原子整数操作外，还有原子位操作。原子位操作是根据数据的每一位单独进行操作。根据体系结构的不同，原子位操作函数的实现也不同。这些函数的原型如下：

```
01   static inline void set_bit(int nr, volatile unsigned long *addr)
02   static inline void clear_bit(int nr, volatile unsigned long *addr)
03   static inline void change_bit(int nr, volatile unsigned long *addr)
04   static inline int test_and_set_bit(int nr, volatile unsigned long *addr)
05   static inline int test_and_clear_bit(int nr, volatile unsigned long
     *addr)
06   static inline int test_and_change_bit(int nr, volatile unsigned long
     *addr)
```

需要注意的是，原子位操作和原子整数操作是不同的。原子位操作不需要专门定义一个类似 atomic_t 类型的变量，只需要一个普通的变量指针就可以了。下面对上面的几个函数进行简要的分析：

- 第 1 行，set_bit()函数将 addr 变量的第 nr 位设置为 1。
- 第 2 行，clear_bit()函数将 addr 变量的第 nr 位设置为 0。
- 第 3 行，change_bit()函数将 addr 变量的第 nr 位设置为相反的数。
- 第 4 行，test_and_set_bit()函数将 addr 变量的第 nr 位设置为 1，并返回没有修改之前的值。
- 第 5 行，test_and_clear_bit()函数将 addr 变量的第 nr 位设置为 0，并返回没有修改之前的值。
- 第 6 行，test_and_change_bit()函数将 addr 变量的第 nr 位设置为相反的数，并返回没有修改之前的值。

在 Linux 中，还定义了一组与原子位操作功能相同但非原子位的操作。这些函数的命名是在原子位操作的函数前加两个下划线。例如，与原子位操作 set_bit()函数相对应的是 __set_bit()函数，这个函数不会保证是一个原子操作。与此类似的函数原型如下：

```
01   static inline void __set_bit(int nr, volatile unsigned long *addr)
02   static inline void __clear_bit(int nr, volatile unsigned long *addr)
```

```
03  static inline void __change_bit(int nr, volatile unsigned long *addr)
04  static inline int __test_and_set_bit(int nr, volatile unsigned long
    *addr)
05  static inline int __test_and_clear_bit(int nr, volatile unsigned long
    *addr)
06  static inline int __test_and_change_bit(int nr, volatile unsigned long
    *addr)
```

7.3　自　旋　锁

自旋锁是一种简单的并发控制机制，其是实现信号量和完成量的基础。自旋锁对资源有很好的保护作用，在 Linux 驱动程序中经常使用，本节将对自旋锁进行详细的介绍。

7.3.1　自旋锁概述

在 Linux 中提供了一些锁机制来避免竞争条件，最简单的一种就是自旋锁。引入锁的机制，是因为单独的原子操作不能满足复杂的内核设计需要。例如，当一个临界区域要在多个函数之间来回运行时，原子操作就显得无能为力了。

Linux 中一般可以认为有两种锁，一种是自旋锁，另一种是信号量。这两种锁是为了解决内核中遇到的不同问题开发的。其实现机制和应用场合有所不同，下文将分别对这两种锁机制进行介绍。

7.3.2　自旋锁的使用

在 Linux 中，自旋锁的类型为 struct spinlock_t。内核提供了一系列的函数对 struct spinlock_t 进行操作。下面将对自旋锁的操作方法进行简要的介绍。

1．定义和初始化自旋锁

在 Linux 中，定义自旋锁的方法和定义普通结构体的方法相同，定义方法如下：

```
spinlock_t lock;
```

一个自旋锁必须初始化才能被使用，对自旋锁的初始化可以在编译阶段通过宏来实现，初始化自旋锁可以使用宏 SPIN_LOCK_UNLOCKED，这个宏表示一个没有锁定的自旋锁，其代码形式如下：

```
spinlock_t lock=SPIN_LOCK_UNLOCKED;                    /*初始化一个未使用的自旋锁*/
```

在运行阶段，可以使用 spin_lock_init()函数动态地初始化一个自旋锁，这个函数的原型如下：

```
void spin_lock_init(spinlock_t lock)
```

2．锁定自旋锁

在进入临界区前，需要使用 spin_lock 宏来获得自旋锁。spin_lock 宏的代码如下：

```
#define spin_lock(lock)          _spin_lock(lock)
```

这个宏用来获得 lock 自旋锁，如果能够立即获得自旋锁，则宏立刻返回；否则，这个锁会一直自旋在那里，直到该锁被其他线程释放为止。

3．释放自旋锁

当不再使用临界区时，需要使用 spin_unlock 宏释放自旋锁。spin_lock 宏的代码如下：

```
# define spin_unlock(lock)       _spin_unlock(lock)
```

这个宏用来释放 lock 自旋锁，当调用该宏之后，锁立刻被释放。

4．使用自旋锁

这里给出一个自旋锁的使用方法，首先是定义自旋锁，然后初始化、获得自旋锁和释放自旋锁。其代码如下：

```
spinlock_t lock;
spin_lock_init(&lock);
spin_lock(&lock);
临界资源
spin_unlock(&lock);
```

在驱动程序中，有些设备只允许打开一次，那么就需要一个自旋锁保护表示设备的打开或者关闭状态的变量 count。此处 count 属于一个临界资源，如果不对 count 进行保护，当设备打开频繁时，可能出现错误的 count 计数，所以必须对 count 进行保护。使用自旋锁包含 count 的代码如下：

```
int count=0;
spinlock_t lock;
int xxx_init(void)
{
    ...
    spin_lock_init(&lock);
    ...
}
/*文件打开函数*/
int xxx_open(struct inode *inode, struct file *filp)
{
    ...
    spin_lock(&lock);
    if(count)
    {
        spin_unlock(&lock);
        return -EBUSY;
    }
    count++;
    spin_unlock(&lock);
    ...

}
/*文件释放函数*/
int xxx_release(struct inode *inode, struct file *filp)
{
    ...
```

```
spin_lock(&lock);
count++;
spin_unlock(&lock);
...
}
```

7.3.3　自旋锁的使用注意事项

在使用自旋锁时，有几个注意事项需要读者理解，这几个注意事项是：

- ❑ 自旋锁是一种忙等待。Linux 中，自旋锁当条件不满足时，会一直不断地循环条件是否被满足。如果满足就解锁，继续运行下面的代码。这种忙等待机制是否对系统的性能有所影响呢？答案是肯定的。内核这样设计自旋锁确定对系统的性能有所影响，所以在实际编程中，程序员应该注意自旋锁不应该长时间地持有，它是一种适合短时间锁定的轻量级的加锁机制。
- ❑ 自旋锁不能递归使用。这是因为，自旋锁被设计成在不同线程或者函数之间同步。如果一个线程在已经持有自旋锁时，其处于忙等待状态，则已经没有机会释放自己持有的锁了。如果这时再调用自身，则自旋锁受保护的代码永远没有执行的机会了，所以类似下面的递归形式是不能使用自旋锁的。

```
void A()
{
    锁定自旋锁;
    A();
    解锁自旋锁;
}
```

7.4　信　号　量

本节介绍锁的另一种实现机制，这种机制就是 Linux 中常用的信号量。Linux 中提供了两种信号量，一种用于内核程序中，一种用于应用程序中。由于这里讲解的是内核编程的知识，所以只对内核中的信号量进行详细讲述。

7.4.1　信号量概述

和自旋锁一样，信号量也是保护临界资源的一种有用方法。信号量与自旋锁的使用方法基本一样。与自旋锁相比，信号量只有当得到信号量的进程或者线程处于执行状态时才能够进入临界区，执行临界代码。信号量与自旋锁的最大不同点在于，当一个进程试图去获取一个已经锁定的信号量时，进程不会像自旋锁一样在远处忙等待，在信号量中采用了另一种方式，这种方式如下所述。

当获取的信号量没有释放时，进程会将自身加入一个等待队列中去睡眠，直到拥有信号量的进程释放信号量后，处于等待队列中的那个进程才被唤醒。当进程唤醒之后，就立刻重新从睡眠的地方开始执行，又一次试图获得信号量，当获得信号量后，程序继续执行。

从信号量的原理上来说，没有获得信号量的函数可能睡眠。这就要求只有能够睡眠的进程才能够使用信号量，不能睡眠的进程不能使用信号量。例如在中断处理程序中，由于中断需要立刻完成，所以不能睡眠，也就是说在中断处理程序中是不能使用信号量的。

7.4.2 信号量的实现

根据不同的平台，其提供的指令代码有所不同，所以信号量的实现也有所不同。在 Linux 中，信号量的定义如下：

```
struct semaphore {
    spinlock_t        lock;
    unsigned int        count;
    struct list_head    wait_list;
};
```

下面详细介绍这个结构体的各个成员变量。

1．lock 自旋锁

lock 自旋锁的功能比较简单，用来对 count 变量起保护作用。当 count 要变化时，内部会锁定 lock 锁，当修改完成后，会释放 lock 锁。

2．count 变量

count 是信号量中一个非常重要的成员变量，这个变量可能取下面的 3 种值。

- ❑ 等于 0 的值：如果这个值等于 0，表示信号量被其他进程使用，现在不可以用这个信号量，但是 wait_list 队列中没有进程在等待信号量。
- ❑ 小于 0 的值：如果这个值小于 0，那么表示至少有一个进程在 wait_list 队列中等待信号量被释放。
- ❑ 大于 0 的值：如果这个值大于 0，表示这个信号量是空闲的，程序可以使用这个信号量。

从这里可以看出信号量与自旋锁的一点不同是，自旋锁只能允许一个进程持有自旋锁，而信号量可以根据 count 的值，设定可以有多少个进程持有这个信号量。根据 count 的取值，可以将信号量分为二值信号量和计数信号量。

二值信号量就是 count 初始化时，被设置成 1 时的使用量，这种类型的信号量可以强制二者同一时刻只有一个运行。

计数信号量，其允许一个时刻有一个或者多个进程同时持有信号量。具体有多少个进程可以持有信号量，取决于 count 的取值。

3．等待队列

wait 是一个等待队列的链表头，这个链表将所有等待该信号量的进程组成一个链表结构。在这个链表中，存放了正在睡眠的进程链表。

7.4.3 信号量的使用

在 Linux 中，信号量的类型为 struct semaphore。内核提供了一系列的函数对 struct semaphore 进行操作。下面将对信号量的操作方法进行简要的介绍。

1．定义和初始化自旋锁

在 Linux 中，定义信号量的方法和定义普通结构体的方法相同，定义方法如下：

```
struct semaphore    sema;
```

一个信号量必须初始化才能被使用，sema_init()函数用来初始化信号量，并设置 sem 中 count 的值为 val。其代码形式如下：

```
static inline void sema_init(struct semaphore *sem, int val)
```

另一个宏可以初始化一个信号量的值为 1 的信号量，这种信号量又叫互斥体，其定义如下：

```
#define init_MUTEX(sem)    sema_init(sem, 1)
```

该宏用于初始化一个互斥的信号量，并将这个信号量 sem 的值设置为 1，等同于 sema_init(sem, 1)。另一个宏 init_MUTEX_LOCKED 也用来初始化一个信号量，其将信号量 sem 的值设置为 0，定义如下：

```
#define init_MUTEX_LOCKED(sem) sema_init(sem, 0)
```

2．锁定信号量

在进入临界区前，需要使用 down()函数获得信号量。down()函数的代码如下：

```
void down(struct semaphore *sem)
```

该函数会导致睡眠，所以不能在中断上下文使用。另一个函数与 down()函数相似，其代码如下：

```
int down_interruptible(struct semaphore *sem)
```

该函数与 down()函数非常相似，不同之处在于，down()函数进入睡眠之后，就不能够被信号唤醒。而 down_interruptible()函数进入睡眠后可以被信号唤醒。如果被信号唤醒，那么会返回非 0 值。所以在调用 down_interruptible()函数时，一般应该检查返回值，判断被唤醒的原因。其代码如下：

```
if (down_interruptible(&sem))
{
    return -ERESTARTSYS;
}
```

3．释放信号量

当不再使用临界区时，需要使用 up()函数释放信号量，up()函数的代码如下：

```
void up(struct semaphore *sem)
```

4．使用信号量

下面给出一个信号量的使用方法，首先是定义信号量，然后初始化、获得信号量和释放信号。其代码如下：

```
struct semaphore sem;
int xxx_init(void)
{
    ...
    init_MUTEX(&lock);
    ...
}
/*文件打开函数*/
int xxx_open(struct inode *inode, struct file *filp)
{
    ...
    down(&sem);
    /*不允许其他进程访问这个程序的临界资源*/
    ...
    return 0;

}
/*文件释放函数*/
int xxx_release(struct inode *inode, struct file *filp)
{
    ...
    up(&sem);
    ...
}
```

5. 信号量用于同步操作

前面已经说过，如果信号量被初始化为 0，那么又可以将这种信号量叫做互斥体。互斥体可以用来实现同步的功能。同步表示一个线程的执行需要依赖于另一个线程的执行，这样可以保证线程的执行先后顺序。如图 7.1 所示，线程 A 执行到被保护代码 A 之前，一直处于睡眠状态，直到线程 B 执行完被保护代码 B 并调用 up()函数后，才会执行被保护代码 A。信号量的同步操作对于很多驱动程序来说是非常有用的，需要引起程序的注意。

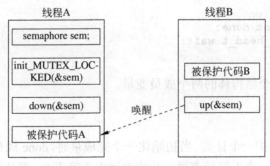

图 7.1　信号量用于同步操作

7.4.4　自旋锁与信号量的对比

自旋锁和信号量是解决并发控制的两个很重要的方法。在使用时，应该如何选择它们其中的一种方法呢？这要根据被包含资源的特定来确定。

自旋锁是一种最简单的保护机制，从上面的代码分析中可以看出，自旋锁的定义只有一个结构体成员。当被包含的代码能够在很短的时间内执行完成时，那么使用自旋锁是一种很好的选择。因为自旋锁只是忙等待，不会进入睡眠。要知道，睡眠是一种非常浪费时间的操作。

信号量用来在多个进程之间互斥。信号量的执行可能引起进程的睡眠，睡眠需要进程上下文的切换，这是非常浪费时间的一项工作。所以只有在一个进程对被保护的资源占用时间比进程切换的时间长很多时，信号量才是一种更好的选择，否则，会降低系统的执行效率。

7.5　完　成　量

在驱动程序开发中，一种常见的情况是：一个线程需要等待另一个线程执行完某个操作后，才能继续执行。前面讲的信号量其实也能够完成这种工作，但其效率比 Linux 中专门针对这种情况的完成量机制要差些。本节将对完成量进行详细的介绍。

7.5.1　完成量概述

Linux 中提供了一种机制，实现一个线程发送一个信号通知另一个线程开始执行某个任务，这种机制就是完成量。完成量的目的是告诉一个线程某个事件已经发生，可以在此事件基础上做你想做的另一个事件了。其实完成量和信号量比较类似，但是在这种线程通信的情况下，使用完成量有更高的效率。在内核中，完成量是一种轻量级的机制，这种机制在一个线程希望告诉另一个线程某个工作已经完成的情况下是非常有用的。

7.5.2　完成量的实现

完成量是实现两个任务之间同步的简单方法，在内核中完成量由 struct completion 结构体表示。该结构体定义在 include\linux\completion.h 文件中，其定义如下：

```
struct completion {
    unsigned int done;
    wait_queue_head_t wait;
};
```

下面详细介绍这个结构体的两个成员变量。

1．done 成员

done 成员用来维护一个计数。当初始化一个完成量时，done 成员被初始化为 1。由 done 的类型可以知道这是一个无符号类型，其值永远大于等于 0。当 done 等于 0 时，会将拥有完成量的线程置于等待状态；当 done 的值大于 0 时，表示等待完成量的函数可以立刻执行，而不需要等待。

2．wait 成员

wait 是一个等待队列的链表头，这个链表将所有等待该完成量的进程组成一个链表结构。在这个链表中，存放了正在睡眠的进程链表。

7.5.3 完成量的使用

在 Linux 中，信号量的类型为 struct completion。内核提供了一系列的函数对 struct completion 进行操作。下面对完成量的操作方法进行简要的介绍。

1. 定义和初始化完成量

在 Linux 中，定义完成量的方法和定义普通结构体的方法相同，定义方法如下：

```
struct completion  com;
```

一个完成量必须初始化才能被使用，init_completion()函数用来初始化完成量。其定义如下：

```
static inline void init_completion(struct completion *x)
{
    x->done = 0;
    init_waitqueue_head(&x->wait);              /*初始化等待队列头*/
}
```

还可以使用宏 DECLARE_COMPLETION 定义和初始化一个完成量，定义如下：

```
#define DECLARE_COMPLETION(work) \
    struct completion work = COMPLETION_INITIALIZER(work)
#define COMPLETION_INITIALIZER(work) \
    { 0, __WAIT_QUEUE_HEAD_INITIALIZER((work).wait) }
```

仔细分析这个宏，可以发现其宏和 init_completion()函数实现的功能一样，只是定义和初始化一个完成量的简单实现而已。

2. 等待完成量

当要实现同步时，可以使用 wait_for_completion()函数等待一个完成量，其函数代码如下：

```
void __sched wait_for_completion(struct completion *x)
```

该函数会执行一个不会被信号中断的等待。如果调用这个函数之后，没有一个线程完成这个完成量，那么执行 wait_for_completion()函数的线程会一直等待下去，线程将不可以退出。

3. 释放完成量

当需要同步的任务完成后，可以使用下面的两个函数唤醒完成量。当唤醒之后，wait_for_completion()函数之后的代码才可以继续执行。这两个函数的定义如下：

```
void complete(struct completion *x)
void complete_all(struct completion *x)
```

前者只唤醒一个等待的进程或者线程，后者将唤醒所有等待的进程或者线程。

4．使用完成量

下面给出一个完成量的使用方法，首先是定义完成量，然后初始化、获得完成量和释放完成量。其代码如下：

```
struct completion  com;
int xxx_init(void)
{
    ...
    init_completion(&com);
    ...
}
int xxx_A()
{
    ...
    /*代码A*/
    wait_for_completion(&com);
    /*代码B*/
    ...
    return 0;

}
int xxx_B()
{
    ...
    /*代码C*/
    complete(&com);
    ...
}
```

代码中，xxx_init()函数完成了完成量的初始化。在 xxx_A()函数中代码会一直执行到
wait_for_completion()函数，如果此时 complete->done 的值等于 0，那么线程会进入睡眠。
如果此时的值大于 0，那么 wait_for_completion()函数会将 complete->done 的值减去 1，然
后执行代码 B 部分。

在执行 xxx_B()函数的过程中，无论如何代码 C 都可以顺利地执行，complete()函数会
将 complete->done 的值加 1，然后唤醒 complete->wait 中的一个线程。如果碰巧这个线程
是执行 xxx_A()函数的线程，那么会将这个线程从 complete->wait 队列中唤醒并执行。

7.6　小　　结

本章介绍了 Linux 中内核的并发控制机制，分别介绍了完成并发控制功能的原子变量
操作、自旋锁、信号量和完成量。这些都是内核中广泛使用的机制。每一种机制都有自己
的一些特点和适用范围。读者在使用时，应该对这些特点进行比较，选择出符合要求的并
发控制机制。只有这样，才可以写出高效稳定的程序。

第8章 设备驱动中的阻塞和同步机制

阻塞和非阻塞是设备访问的两种基本方式。使用这两种方式,驱动程序可以灵活地支持阻塞与非阻塞的访问。在写阻塞与非阻塞的驱动程序时,经常用到等待队列,所以本章将先对等待队列进行简要的介绍。

8.1 阻塞和非阻塞

阻塞调用是指调用结果返回之前,当前线程会被挂起。函数只有在得到结果之后才会返回。有人也许会把阻塞调用和同步调用等同起来,实际上它们是不同的。对于同步调用来说,很多时候当前线程还是激活的,只是从逻辑上当前函数没有返回而已。

非阻塞和阻塞的概念相对应,指在不能立刻得到结果之前,该函数不会阻塞当前线程,而会立刻返回。对象是否处于阻塞模式和函数是不是阻塞调用有很强的相关性,但并不是一一对应的。阻塞对象上可以有非阻塞的调用方式,我们可以通过一定的 API 去轮询状态,在适当的时候调用阻塞函数,就可以避免阻塞。而对于非阻塞对象,调用特殊的函数也可以进入阻塞调用。函数 select()就是这样的一个例子。下面是调用 select()函数进入阻塞的一个例子。

```
void main()
{
    FILE *fp;
    struct fd_set fds;
    struct timeval timeout={4,0};              //select()函数等待 4 秒,4 秒后轮询
    char buffer[256]={0};                       //256 字节的缓冲区
    fp=fopen(...);                              //打开文件
    while(1)
    {
      FD_ZERO(&fds);                            //清空集合
      FD_SET(fp,&fds);                          //同上
      maxfdp=fp+1;                              //描述符最大值加 1
      switch(select(maxfdp,&fds,&fds,NULL,&timeout))  //select 函数使用
      {
        case -1:
          exit(-1);
          break;                               //select()函数错误,退出程序
        case 0:
          break;                               //再次轮询
        default:
              if(FD_ISSET(fp,&fds))            //判断是否文件中有数据
              {
                  read(fds,buffer,256,.....);  //接受文件数据
                  if(FD_ISSET(fp,&fds))        //测试文件是否可写
```

```
                    fwrite(fp,buffer...);              //写入文件 buffer 清空
              }
       }
}
}
```

8.2　等　待　队　列

本节将介绍驱动程序编程中常用的等待队列机制。这种机制使等待的进程暂时睡眠，当等待的信号到来时，便唤醒等待队列中的进程继续执行。本节将详细介绍等待队列的内容。

8.2.1　等待队列概述

在 Linux 驱动程序中，阻塞进程可以使用等待队列（Wait Queue）来实现。由于等待队列很有用，在 Linux 2.0 的时代，就已经引入了等待队列机制。等待队列的基本数据结构是一个双向链表，这个链表存储睡眠的进程。等待队列也与进程调度机制紧密结合，能够用于实现内核中异步事件通知机制。等待队列可以用来同步对系统资源的访问。例如，当完成一项工作之后，才允许完成另一项工作。

在内核中，等待队列是有很多用处的，尤其是在中断处理、进程同步和定时等场合。可以使用等待队列实现阻塞进程的唤醒。它以队列为基础数据结构，与进程调度机制紧密结合，能够用于实现内核中的异步事件通知机制，同步对系统资源的访问等。

8.2.2　等待队列的实现

根据不同的平台，其提供的指令代码有所不同，所以等待队列的实现也有所不同。在 Linux 中，等待队列的定义如下：

```
struct __wait_queue_head {
    spinlock_t lock;
    struct list_head task_list;
};
typedef struct __wait_queue_head wait_queue_head_t;
```

下面详细介绍该结构体中的各个成员变量。

1．lock 自旋锁

lock 自旋锁的功能比较简单，用来对 task_list 链表起保护作用。当要向 task_list 链表中加入或者删除元素时，内核内部就会锁定 lock 锁，当修改完成后，会释放 lock 锁。也就是说，lock 自旋锁在对 task_list 与操作的过程中，实现了对等待队列的互斥访问。

2．task_list 变量

task_list 是一个双向循环链表，用来存放等待的进程。

8.2.3　等待队列的使用

在 Linux 中，等待队列的类型为 struct wait_queue_head_t。内核提供了一系列的函数对

struct wait_queue_head_t 进行操作。下面将对等待队列的操作方法进行简要的介绍。

1．定义和初始化等待队列头

在 Linux 中，定义等待队列的方法和定义普通结构体的方法相同，定义方法如下：

```
struct wait_queue_head_t     wait;
```

一个等待队列必须初始化才能被使用，init_waitqueue_head()函数用来初始化一个等待队列，其代码形式如下：

```
#define DECLARE_WAIT_QUEUE_HEAD(name) \
    wait_queue_head_t name = __WAIT_QUEUE_HEAD_INITIALIZER(name)
```

2．定义等待队列

Linux 内核中提供了一个宏用来定义等待队列，该宏的代码如下：

```
#define DECLARE_WAITQUEUE(name, tsk)    \wait_queue_t name = __WAITQUEUE_
INITIALIZER(name, tsk)
```

该宏用来定义并且初始化一个名为 name 的等待队列。

3．添加和移除等待队列

Linux 内核中提供了两个函数用来添加和移除队列，这两个函数的定义如下：

```
void add_wait_queue(wait_queue_head_t *q, wait_queue_t *wait);
void remove_wait_queue(wait_queue_head_t *q, wait_queue_t *wait);
```

add_wait_queue()函数用来将等待队列元素wait添加到等待队列头q所指向的等待队列链表中。与其相反的函数是 remove_wait_queue()，该函数用来将队列元素 wait 从等待队列 q 所指向的等待队列中删除。

4．等待事件

Linux 内核中提供一些宏来等待相应的事件，这些宏的定义如下：

```
#define  wait_event(wq, condition)
#define  wait_event_timeout(wq, condition, ret)
#define  wait_event_interruptible(wq, condition, ret)
#define  wait_event_interruptible_timeout(wq, condition, ret)
```

❑ wait_event 宏的功能是，在等待队列中睡眠直到 condition 为真。在等待的期间，进程会被置为 TASK_UNINTERRUPTIBLE 进入睡眠，直到 condition 变量变为真。每次进程被唤醒的时候都会检查 condition 的值。

❑ wait_event_timeout 宏与 wait_event 宏类似，但如果所给的睡眠时间为负数则立即返回。如果在睡眠期间被唤醒，且 condition 为真则返回剩余的睡眠时间，否则继续睡眠直到到达或超过给定的睡眠时间，然后返回 0。

❑ wait_event_interruptible 宏与 wait_event 宏的区别是，调用该宏在等待的过程中当前进程会被设置为 TASK_INTERRUPTIBLE 状态。在每次被唤醒的时候，首先检查 condition 是否为真，如果为真则返回；否则检查如果进程是被信号唤醒，会返回-ERESTARTSYS 错误码。如果是 condition 为真，则返回 0。

❑ wait_event_interruptible_timeout 宏与 wait_event_timeout 宏类似，不过如果在睡眠期间被信号打断则返回 ERESTARTSYS 错误码。

5．唤醒等待队列

Linux 内核中提供一些宏用来唤醒相应的队列中的进程，这些宏的定义如下：

```
#define wake_up(x)              __wake_up(x, TASK_NORMAL, 1, NULL)
#define wake_up_interruptible(x) __wake_up(x, TASK_INTERRUPTIBLE, 1, NULL)
```

❑ wake_up 宏唤醒等待队列，可唤醒处于 TASK_INTERRUPTIBLE 和 TASK_UNINTERUPTIBLE 状态的进程，这个宏和 wait_event/wait_event_timeout 成对使用。

❑ wake_up_interruptible 宏和 wake_up() 唯一的区别是，它只能唤醒 TASK_INTERRUPTIBLE 状态的进程。这个宏可以唤醒使用 wait_event_interruptible、wait_event_interruptible_timeout 宏睡眠的进程。

8.3　同步机制实验

本节将讲解一个使用等待队列实现的同步机制的实验，通过本节的实验，读者可以对 Linux 中的同步机制有一个较深入的了解。

8.3.1　同步机制设计

进程同步机制的设计首先需要一个等待队列，所有等待一个事件完成的进程都挂接在这个等待队列中，一个包含队列的数据结构可以实现这种意图。这个数据结构的定义代码如下：

```
01  struct CustomEvent{
02      int eventNum;                   //事件号
03      wait_queue_head_t *p;           //系统等待队列首指针
04      struct CustomEvent *next;       //队列链指针
05  }
```

下面对该结构体进行简要的解释：
❑ 第 2 行的 eventNum 表示进程等待的事件号。
❑ 第 3 行，是一个等待队列，进程在这个等待队列中等待。
❑ 第 4 行，是连接这个结构体的指针。

为了实现实验的意图，设计了两个指针分别表示事件链表的头部和尾部，这两个结构的定义如下：

```
CustomEvent * lpevent_head = NULL ;     //链头指针
CustomEvent * lpevent_end = NULL ;      //链尾指针
```

每一个事件由一个链表组成，每一个链表中包含了等待这个事件的等待队列。这个结构如图 8.1 所示。

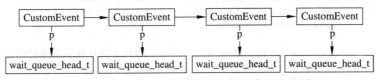

图 8.1　CustomEvent 的链表结构

为了实现实验的设计，定义了一个函数 FindEventNum()从一个事件链表中找到某一个事件对应的等待链表，这个函数的代码如下：

```
01  CustomEvent * FindEventNum(int eventNum, CustomEvent **prev)
02  {
03      CustomEvent *tmp = lpevent_head;
04      *prev = NULL;
05      while(tmp)
06      {
07          if(tmp->eventNum == eventNum)
08              return tmp;
09          *prev = tmp;
10          tmp = tmp->next;
11      }
12      return NULL;
13  }
```

下面对这个函数进行简要的介绍：

❑ 第 1 行，函数接收两个参数，第 1 个参数 eventNum 是事件的序号，第 2 个参数是返回事件的前一个事件。该函数找到所要的事件则返回，否则返回 NULL。

❑ 第 3 行，将 tmp 赋值为事件链表的头部。

❑ 第 4 行，将 prev 指向 NULL。

❑ 第 5～11 行，是一个 while()循环，找到所要事件的结构体指针。

❑ 第 7 行，判断 tmp 所指向的事件号是否与 eventNum 相同，如果相同则返回，表示找到，否则继续沿着链表查找。

❑ 第 10 行，将 tmp 向后移动。

❑ 第 12 行，如果没有找到，则返回 NULL 值。

为了实现实验的设计，定义了一个系统调用函数 sys_CustomEvent_open()，该函数新分配一个事件，并返回新分配事件的事件号，其函数的定义如下：

```
01  asmlinkage int sys_CustomEvent_open(int eventNum)
02  {
03      CustomEvent *new;
04      CustomEvent *prev;
05  i   if(eventNum)
06          if(!FindEventNum( eventNum, &prev))
07              return -1;
08          else
09              return eventNum;
10      else
11      {
12          new = (CustomEvent *) kmalloc(sizeof(CustomEvent),GFP_KERNEL);
13          new->p = (wait_queue_head_t *) kmalloc(sizeof(wait_queue_head_
            t),GFP_KERNEL);
```

```
14          new->next = NULL;
15          new->p->task_list.next = &new->p->task_list;
16          new->p->task_list.prev = &new->p->task_list;
17          if(!lpevent_head)
18          {
19              new->eventNum = 2;          //从 2 开始按偶数递增事件号
20              lpevent_head = lpevent_end = new;
21              return new->eventNum;
22          }
23          else
24          {
25              //事件队列不为空，按偶数递增一个事件号
26              new->eventNum = lpevent_end->eventNum + 2;
27              lpevent_end->next = new;
28              lpevent_end = new;
29          }
30          return new->eventNum;
31      }
32  return 0;
33  }
```

下面对该函数进行简要的介绍：

❑ 第 1 行，该函数用来建立一个新的事件，参数为新建立的事件号。

❑ 第 3 行和第 4 行，定义了两个事件的指针。

❑ 第 5 行，判断事件号是否为 0，如果为 0，则重新创建一个事件。

❑ 第 6～9 行，根据事件号查找事件，如果找到返回事件号，如果没有找到返回–1。FindEventNum()函数根据事件号查找相应的事件。

❑ 第 12～31 行，用来新分配一个事件。

❑ 第 12 行，调用 kmalloc()函数新分配一个事件。

❑ 第 13 行，分配该事件对应的等待队列，将等待队列的任务结构体链接指向自己。

❑ 第 17～22 行，如果没有事件链表头，则将新分配的事件赋给事件链表头，并返回新分配的事件号。

❑ 第 25～28 行，如果已经有事件链表头，则将新分配的事件连接到链表中。

❑ 第 30 行，返回新分配的事件号。

下面定义了一个将进程阻塞到一个事件的系统调用函数，直到等待的事件被唤醒时，事件才退出。该函数的代码如下：

```
01  asmlinkage int sys_CustomEvent_wait(int eventNum)
02  {
03      CustomEvent *tmp;
04      CustomEvent *prev = NULL;
05      if((tmp = FindEventNum( eventNum, &prev)) != NULL)
06      {
07          DEFINE_WAIT(wait);                      //初始化一个 wait_queue_head
08          prepare_to_wait(tmp->p,&wait,TASK_INTERRUPTIBLE);
                                                    //当前进程进入阻塞队列
09          schedule();                             //重新调度
10          finish_wait(tmp->p,&wait);              //进程被唤醒从阻塞队列退出
11          return eventNum;
12      }
13      return -1;
14  }
```

下面对该函数进行简要的介绍：

❑ 第 1 行，函数实现了一个等待队列等待的系统调用。

❑ 第 3 行和第 4 行，定义了两个事件的指针。

❑ 第 5 行，通过 eventNum 找到事件结构体，如果查找失败，则返回–1。

❑ 第 7 行，定义并初始化一个等待队列。

❑ 第 8 行，将当前进程放入等待队列中，

❑ 第 9 行，重新调度新的进程。

❑ 第 10 行，当进程被唤醒时，进程从等待队列中退出。

❑ 第 11 行，返回事件号。

有使进程睡眠的函数，就有使进程唤醒的函数。唤醒等待特定事件的函数是 sys_CustomEvent_signal()，该函数的代码如下：

```
01   asmlinkage int sys_CustomEvent_signal(int eventNum)
02   {
03       CustomEvent *tmp = NULL;
04       CustomEvent *prev = NULL;
05       if(!(tmp = FindEventNum(eventNum,&prev)))
06           return 0;
07       wake_up(tmp->p);                        //唤醒等待事件的进程
08       return 1;
09   }
```

下面对该函数进行简要的介绍：

❑ 第 1 行，函数接收一个参数，这个参数是要唤醒的事件的事件号，在这个事件上等待的函数，都将被唤醒。

❑ 第 2 行和第 3 行，定义了两个结构体指针。

❑ 第 5 行，如果没有发现事件，则返回。

❑ 第 7 行，唤醒等待队列上的所有进程。

❑ 第 8 行，返回 1，表示成功。

定义了一个关闭事件的函数，该函数先唤醒事件上的等待队列，然后清除事件占用的空间。函数的代码如下：

```
01   asmlinkage int sys_CustomEvent_close(int eventNum)
02   {
03       CustomEvent *prev=NULL;
04       CustomEvent *releaseItem;
05       if(releaseItem = FindEventNum(eventNUm,&prev))
06       {
07           if( releaseItem == lpevent_end)
08               lpevent_end = prev;
09           else if(releaseItem == lpevent_head)
10               lpevent_head = lpevent_head->next;
11           else
12               prev->next = releaseNum->next;
13           sys_CustomEvent_signal(eventNum);
14           if(releaseNum){
15               kfree(releaseNum);
16           return releaseNum;
17       }
18       return 0;
19   }
```

下面对该函数进行简要的介绍：

- □ 第 1 行，函数表示关闭事件。如果关闭失败返回 0，否则返回关闭的事件号。
- □ 第 3 行和第 4 行，定义了两个结构体指针。
- □ 第 5 行，找到需要关闭的事件。
- □ 第 7 行，如果是链表中的最后一个事件，那么将 lpevent_end 指向前一个事件。
- □ 第 9 行，如果是链表中的第一个事件，那么将 lpevent_head 指向第二个事件。
- □ 第 10 行，如果事件是中间的事件，那么将中间的事件去掉，用指针连接起来。
- □ 第 13 行，唤醒需要关闭的事件。
- □ 第 14 行，清空事件占用的内存。
- □ 第 18 行，返回事件号。

8.3.2　实验验证

将以上的代码编译进内核，并用新内核启动系统，那么系统中就存在了 4 个新的系统调用。这 4 个新的系统调用分别是__NR_CustomEven_open、__NR_CustomEven_wait、__NR_CustomEven_signal 和__NR_myevent_close。分别使用这 4 个系统调用编写程序来验证同步机制。

首先需要打开一个事件，完成这个功能的代码如下，该段代码打开了一个事件号为 2 的函数，然后退出。

```
#include <linux/unistd.h>
#include <stdio.h>
#include <stdlib.h>
int CustomEven_open(int flag){
    return syscall(__NR_CustomEven_open,flag);
}
int main(int argc, char ** argv)
{
    int i;
    if(argc != 2)
        return -1;
    i = CustomEven_open(atoi(argv[1]));
    printf("%d\n",i);
    return 0 ;
}
```

打开一个事件号为 2 的函数后，就可以在这个事件上将多个进程置为等待状态。将一个进程置为等待状态的代码如下，多次执行下面的代码，并传递参数 2，会将进程放入事件 2 的等待队列中。

```
#include <linux/unistd.h>
#include <stdio.h>
#include <stdlib.h>
int CustomEven_wait(int flag){
    return syscall(__NR_CustomEven_wait,flag);
}
int main(int argc, char ** argv)
{
    int i;
    if(argc != 2)
        return -1;
```

```
        i = CustomEven_wait(atoi(argv[1]));
        printf("%d\n",i);
        return 0
}
```

如果执行了上面的操作，那么会将多个进程置为等待状态，这时候可以调用下面的代码，并传递参数 2，来唤醒多个等待事件 2 的进程。

```
#include <linux/unistd.h>
#include <stdio.h>
#include <stdlib.h>
int CustomEven_wait(int flag){
    return syscall(__NR_CustomEven_signal,flag);
}
int main(int argc, char ** argv)
{
    int i;
    if(argc != 2)
        return -1;
    i = CustomEven_signal(atoi(argv[1]));
    printf("%d\n",i);
    return 0 ;
}
```

当不需要一个事件时，可以删除这个事件，那么在这个事件上等待的所有进程，都会返回并执行，完成该功能的代码如下：

```
#include <linux/unistd.h>
#include <stdio.h>
#include <stdlib.h>
int myevent_close(int flag){
    return syscall(__NR_ CustomEven_close,flag);
}
int main(int argc, char ** argv)
{
    int i;
    if(argc != 2)
        return -1;
    i = CustomEven _close(atoi(argv[1]));
    printf("%d\n",i);
    return 0 ;
}
```

8.4　小　　结

阻塞和非阻塞在驱动程序中经常用到。阻塞在 I/O 操作暂时不能进行时，让进程进入等待队列。后者在 I/O 操作暂时不能进行时，立刻返回。这两种方式各有优劣，在实际应用中，应该有选择地使用。由于阻塞和非阻塞也是由等待队列来实现的，所以本章也概要地讲解了一些等待队列的用法。

第 9 章　中断与时钟机制

中断和时钟机制是 Linux 驱动中重要的两项技术。使用这些技术，可以帮助驱动程序更高效地完成任务。在写设备驱动程序的过程中，为了使系统知道硬件在做什么，必须使用中断。如果没有中断，设备几乎什么都不能做。本章将详细讲解中断与时钟机制。

9.1　中　断　简　述

本节将对中断相关概念进行简要的分析，并对中断进行分类。根据不同的中断类型，写中断驱动程序的方法也不一样。下面将主要介绍中断的基本概念和常见分类。

9.1.1　中断的概念

中断是计算机中一个十分重要的概念。如果没有中断，那么设备和程序就无法高效利用计算机的 CPU 资源。

1. 什么是中断

这里以著名数学家华罗庚老师的一篇科学小品文《统筹方法》来做个比喻——泡壶茶。当时的情况是：开水没有；水壶要洗，茶壶茶杯要洗；火生了，茶叶也有了。怎么办？最节约时间的方法是洗好水壶，灌上凉水，放在火上；在等待水开的时间里，洗茶壶、洗茶杯、拿茶叶；等水开了，泡茶喝。

在没有中断的情况下，计算机只能处理一个线性的过程，其要么只烧水，要么只洗茶壶，或者烧完水后再来处理洗茶壶这个事件，这显然是非常浪费时间的。不使用中断方式和使用中断方式泡茶喝水的过程如图 9.1 所示。

图 9.1　没有中断和使用中断的对比

由于使用中断机制更为高效，所以计算机中引进了中断机制。在烧水的过程中处理洗茶壶、洗茶杯、拿茶叶，这些短时的事情，其好处就是能使洗茶壶这个事件尽快地得到执行，从而最快地完成泡茶喝这个任务。对应地，在计算机执行程序的过程中，由于出现某个特殊情况（或称为"事件"），使得暂时中止正在运行的程序，而转去执行这一特殊事件的处理，处理完毕之后再回到原来的程序继续向下执行，这个过程就是中断。

2．中断在 Linux 中的实现

中断在 Linux 中仅仅是通过信号来实现的。当硬件需要通知处理器一个事件时，就可以发送一个信号给处理器。例如，当用户按下手机键盘的应答键时，就会向手机处理器发送一个信号。处理器接收到这个信号后，就会调用喇叭和话筒驱动程序，使用户可以进行通话。

通常情况下，一个驱动程序只要申请中断，并添加中断处理函数就可以了。中断的到达和中断处理函数的调用，都是由内核框架完成的。这样就减少了程序员的很多负担，程序员只要保证申请了正确的中断号及编写了正确的中断处理函数就可以了。

🔔说明：大多数手机使用的是 ARM 处理器。对于驱动刚刚入门的读者，不知道应该选择什么处理器来学习。目前最为流行的处理器之一是 ARM 处理器。其广泛地应用于数字音频播放器、数字机顶盒、游戏机、数码相机和打印机等设备中。

9.1.2　中断的宏观分类

在 Linux 操作系统中，中断的分类是非常复杂的。根据不同的角度，可以将中断分为不同的类型。各种类型之间的关系并非相互独立，往往是相互交叉的。从宏观上可以分为两类，分别是硬中断和软中断。

1．硬中断

硬中断就是由系统硬件产生的中断。系统硬件通常引起外部事件。外部事件具有随机性和突发性，因此硬中断也具有随机性和突发性。例如当用户使用手机时，正常情况下处于待机状态，待机状态下 CPU 处理时钟和电源管理方面的问题。当手机的 GSM 模块接收到来电请求时，会通过连接到 CPU 的中断线向 CPU 发送一个硬件中断请求。CPU 接收到该中断后，会立刻处理预先定义好的中断处理程序。该中断处理程序会调用铃声驱动程序或者电机驱动程序，使手机响起铃声或震动，等待用户接听电话。

硬件中断具有随机性和突发性的原因是手机根本无法预见电话什么时候到来。另外，硬中断是可以屏蔽的。目前许多手机具有飞行模式，在飞机上可以自动屏蔽来电。

2．软中断

软中断是执行中断指令时产生的。软中断不用外设施加中断请求信号，因此中断的发生不是随机的而是由程序安排好的。在汇编程序设计中经常会使用软中断指令，如 int n，n 必须是中断向量。

处理器接收软中断有两个来源，一是处理器执行到错误的指令代码，如除零错误；二是由软件产生中断，如进程的调度就是使用的软中断方式。

9.1.3　中断产生的位置分类

从中断产生的位置，可以将中断分为外部中断和内部中断。

1．外部中断

外部中断一般是指由计算机外设发出的中断请求，键盘中断、打印机中断和定时器中

断等。外部中断是可以通过编程方式给予屏蔽的。

2．内部中断

内部中断是指因硬件出错（如突然掉电、奇偶校验错等）或运算出错（除数为零、运算溢出、单步中断等）所引起的中断。内部中断是不可屏蔽的中断。通常情况下，大多数内部中断都由 Linux 内核进行了处理，所以驱动程序员往往不需要关心这些问题。

9.1.4　同步和异步中断

从指令执行的角度，中断又可以分为同步中断和异步中断。

1．同步中断

同步中断是指令执行的过程中由 CPU 控制的，CPU 在执行完一条指令后才发出中断。也就是说，在指令执行的过程中，即使有中断的到来，只要指令还没执行完，CPU 就不会去执行该中断。同步中断一般是因为程序错误所引起的，例如内存管理中的缺页中断，被 0 除出错等。当 CPU 决定处理同步中断时，会调用异常处理函数，使系统从错误的状态恢复过来。当错误不可恢复时，就会出现死机和蓝屏等现象。Windows 系统以前的版本经常出现蓝屏现象，就是因为无法从异常恢复的原因。

2．异步中断

异步中断是由硬件设备随机产生的，产生中断时并不考虑与处理器的时钟同步问题，该类型的中断是可以随时产生的。例如在网卡驱动程序中，当网卡接收到数据包后，会向 CPU 发送一个异步中断事件，表示数据到来，CPU 并不知道何时将接收该事件。异步中断的中断处理函数与内核的执行顺序是异步执行的，两者没有必然的联系，也不会互相影响。

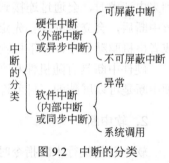

图 9.2　中断的分类

9.1.5　中断小结

以上 4 节从不同的角度对 Linux 中的中断进行了分类，但这不是严格的分类。例如，硬件中断可以是外部中断也可以是异步中断，同时，软件中断可以是内部中断也可以是同步中断，如图 9.2 所示。

9.2　中断的实现过程

中断的实现过程是一个比较复杂的过程，其中涉及中断信号线、中断控制器等概念。首先介绍中断信号线的概念。

9.2.1　中断信号线（IRQ）

中断信号线是对中断输入线和中断输出线的统称。中断输入线是指接收中断信号的引脚。中断输出线是指发送中断信号的引脚。每一个能够产生中断的外设都有一条或者多条中断输出线（Interrput ReQquest，简称 IRQ），用来通知处理器产生中断。相应地，处理器也有一组中断输入线，用来接收连接到它的外部设备发出的中断信号。

如图 9.3 所示，外设 1、外设 2 和外设 3 都通过自己的中断输出线连接到 ARM 处理器上的不同中断输入线上。每一条 IRQ 线都是有编号的，一般从 0 开始编号，编号也可以叫做中断号。在写设备驱动程序的过程中，中断号往往需要驱动开发人员来指定。这时，可以查看硬件开发板的原理图，找到设备与 ARM 处理器的连接关系，如果连接到 0 号中断线，那么中断号就是 0。

9.2.2 中断控制器

中断控制器位于 ARM 处理器核心和中断源之间。外部中断源将中断发到中断控制器。中断控制器根据优先级进行判断，然后通过引脚将中断请求发送给 ARM 处理器核心。ARM 处理器内部中断控制器如图 9.4 所示。

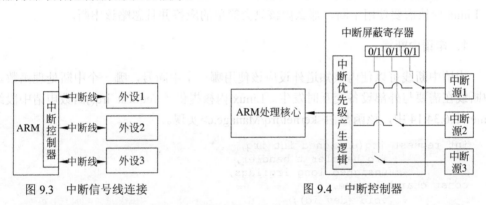

图 9.3　中断信号线连接　　　　　　　　图 9.4　中断控制器

当外部设备同时产生中断时，中断优先级产生逻辑会判断哪一个中断将被执行。如图 9.4 中的中断屏蔽寄存器，当屏蔽位为 1 时，表示对应的中断被禁止；当屏蔽位为 0 时，表示对应的中断可以正常执行。不同的处理器屏蔽位 0/1 的意义可能有所不同。

9.2.3 中断处理过程

Linux 处理中断的整个过程如图 9.5 所示。

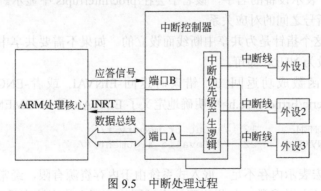

图 9.5　中断处理过程

（1）外设产生一个中断信号，该中断通过中断线以电信号的方式发送给中断控制器。

（2）中断控制器一直检查 IRQ 线，检查是否有信号产生。如果有一条或者多条 IRQ 线产生信号，那么中断控制器就先处理中断编号较小的 IRQ 线，其优先级较高。

（3）中断控制器将收到的该中断号存放在 I/O 端口 A 中，该端口直接连接到 CPU 的数据总线上。这样，CPU 可以通过数据总线读出端口 A 中的中断号。

（4）当一切都准备就绪后，中断控制器才发送一个信号给 CPU 的 INTR 引脚，这时 CPU 在指令周期的适当时刻，就会分析该信号，以决定中断的类型。

（5）如果中断是由外部设备引起的，就会发送一个应答信号给中断控制器的端口 B。端口 B 被设置为一个中断挂起值，表示 CPU 正在执行该中断，此时不允许该中断再一次产生。

（6）CPU 根据中断号确定相应的中断处理函数。

9.2.4　中断的安装与释放

当设备需要中断功能时，应该安装中断。如果驱动程序员没有通过安装中断的方式通知 Linux 内核需要使用中断，那么内核只会简单的应答并且忽略该中断。

1．申请中断线

申请中断线可以使内核知道外设应该使用哪一个中断号，哪一个中断处理函数。申请中断线在需要与外部设备交互时发生。Linux 内核提供了 request_irq()函数申请中段线。在 Linux 2.6.34.14 中，该函数由<kernel/irq/Manage.c>实现。

```
int request_irq(unsigned int irq,
          irq_handler_t handler,
          unsigned long irqflags,
const char *devname,
          void *dev_id);
```

❑ irq 表示要申请的中断号，中断号由开发板的硬件原理图决定。

❑ handler 表示要注册的中断处理函数指针。当中断发生时，内核会自动调用该函数来处理中断。

❑ irqflags 表示关于中断处理的属性。内核通过这个标志可以决定该中断应该如何处理，在中断上半部和下半部机制中，会详细讲解这方面的知识。

❑ devname 表示设备的名字，该名字会在/proc/interrupts 中显示。interrupts 记录了设备和中断号之间的对应关系。

❑ dev_id 这个指针是为共享中断线而设立的。如果不需要共享中断线，那么只要将该指针设为 NULL 即可。

request_irq()函数成功返回 0，错误时返回-EINVAL 或者-ENOMEM。在头文件<include/asm-generic/Errno-base.h>中明确地定义了 EINVAL 和 ENOMEM 宏。

```
#define ENOMEM     12   /* Out of memory */
#define EINVAL     22   /* Invalid argument */
```

ENOMEM 宏表示内存不足。嵌入式系统由于内存资源有限，经常发生这样的错误。EINVAL 宏表示无效的参数。如果出现这个返回值，那么就应该查看传递给 request_irq()的参数是否正确。

🔔说明：如何知道一个函数的执行过程和返回值，最好的办法是使用前面介绍的 Source Insight 工具来查看内核源代码。这样可以帮助读者对内容的实现机制有更深入的理解。

2．释放中断线

当设备不需要中段线时，就需要释放中断线。中断信号线是非常紧缺的，例如 S3C2440 处理器有 24 根外部中断线（EINT）。可能有读者会疑问，24 根外部中断线已经很多了，但其实是远远不够的。例如，以不共享中断信号线的方式来设计手机键盘。数字键会占去 10 条中断线，应答和接听会占去 2 条中断线，其他功能键又会占去若干条中断线。这个例子中仅仅键盘就占去了十几条中断线，剩下十几条给手机的其他外部设备使用，就是说，中断信号线是远远不够的。

所以 Linux 内核设计者都建议当中断不再使用时，就应该释放该中断信号线。但是，从应用的角度来思考，手机的键盘应该是手机开机时都是有效的，键盘设备的使用必须要借助中断线来实现，所以开机时不能释放中断线。关机时一般只有启动按键有效，关机任务不是通过操作系统来完成的，所以关机时，可以释放中断线。中断的有效期应该在手机的整个运行周期中。

释放中断线的实现函数是 free_irq()。

```
void free_irq(unsigned int irq, void *dev_id);
```

❑ irq 表示释放申请的中断号。
❑ dev_id 这个指针是为共享中断线而设立的。该参数将在"共享中断"一节中讲述。
需要注意的是，只有中断线被释放了，该中断才能被其他设备使用。

9.3　按键中断实例

掌握了足够多的关于中断的知识后，下面将介绍一个按键驱动程序。该按键驱动程序是当按键被按下时，打印按键按下的提示信息。

作为一个驱动程序开发人员，要做的第一件事情就是要读懂电路图。在实际的项目开发过程中，硬件设计有时非常复杂。这时驱动开发人员应该多和硬件开发人员沟通，掌握足够多的硬件知识，以避免写出错误的驱动程序。

9.3.1　按键设备原理图

首先应该仔细看懂按键设备的原理图。作为一名驱动开发人员这是最基本的素质。按键设备在实际项目中是一种非常简单的设备，硬件原理图也非常简单。本实例的原理图可以从 mini2440 开发板的官方网站免费下载（http://www.arm9.net/）。按键原理图如图 9.6 所示。

这里简单介绍一下该电路图的工作原理。K1 到 K6 是 6 个按键，其一端接地，另一端分别连接到 S3C2440 处理器的 EINT8、EINT11、EINT13、EINT14、EINT15 和 EINT19 引

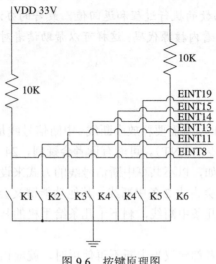

图 9.6　按键原理图

脚上。EINT 表示外部中断（External Interrupt）的意思。其中 EINT8 和 EINT19 分别接了一个上拉电阻 R17 和 R22。

说明：上拉电阻就是起上拉作用的电阻。上拉就是将一个不确定值的引脚通过一个电阻连接到高电平上，使该引脚呈现高电平。这个电阻就是上拉电阻，如图 9.6 的 R17 和 R22 所示。电阻同时起限流作用。下拉同理。芯片的管脚加上拉电阻的作用是提高输出电平，从而提高芯片输入信号的噪声容限增强抗干扰能力。当按键 K1、K2 断开时，EINT8 和 EINT19 都处于高电平状态。当按键 K1～K6 的按键按下时，对应的外部中断线就接地，处于低电平状态。这时只要读取外部中断线对应的端口寄存器的状态，就可以知道是否有按键按下。

9.3.2　有寄存器设备和无寄存器设备

从设备的角度来看，设备可以分为有寄存器的设备和无寄存器的设备。按键设备就是一种没有寄存器的设备。按键设备内部没有寄存器并不能代表其没有相应的外部寄存器。为了节约成本，外部寄存器常常被集成到了处理器芯片内部。这样，处理器可以通过内部寄存器控制外部设备的功能。所以目前的处理器已经不再像是以前纯粹的处理器了，其更像一台简易的计算机。

9.3.3　按键设备相关端口寄存器

与按键 K1 相关的寄存器是端口 G 控制寄存器，如图 9.7 所示。综合图 9.6 和图 9.7 可知，按键 K1 连接到 EINT8 引脚，该引脚对应 GPG0 端口的第 0 位。

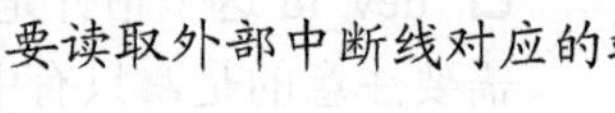

EINT8　　N9　EINT8/GPG0

图 9.7　EINT8 对应的 G 端口

端口是具有有限存储容量的高速存储部件（也叫寄存器），存储容量一般为 8、16 和 32 位。其可以用来存储指令、数据和地址。对硬件设备的操作一般是通过软件方法读取相应寄存器的状态来实现的。下面介绍与按键设备相关的 G 端口寄存器，这些内容可以参考三星公司的 S3C2440 芯片用户手册，也叫 datasheet。

端口 G 有三个控制寄存器，分别为 GPGCON、GPGDAT 和 GPGUP。该端口各寄存器的地址，读写要求等如表 9.1 所示。

表 9.1　端口 G 控制寄存器

寄存器	地　址	R/W	描　　述	复位值
GPGCON	0x56000060	R/W	端口 G 的配置寄存器	0x0
GPGDAT	0x56000064	R/W	端口 G 的数据寄存器	未定义
GPGUP	0x56000068	R/W	端口 G 的上拉使能寄存器	0xfc00

1. GPGCON 寄存器

GPGCON 是配置寄存器（GPG Configure）。在 S3C2440 中，大多数引脚都是功能复用的。一个引脚可以配置成输入、输出或者其他的功能。这里 GPGCON 就是用来为下面要介绍的数据寄存器选择一个功能。GPGDAT 有 16 根引脚，每一个引脚有 4 种功能。这 4 种功能分别是数据输入、数据输出、中断和保留。GPGCON 的每两位可以取值 00、01、10、11，表示不同的功能。

由表 9.1 可以看出，GPGCON 的总线地址是 0x56000060，其实就是一个 4 字节的寄存器。

2. GPGDAT 数据寄存器

GPGDAT 是数据寄存器。GPGDAT 用于记录引脚的状态。寄存器的每一位表示一种状态。当引脚被 GPGCON 设为输入时，读取该寄存器可以获得相应位的状态值；当引脚被 GPGCON 设置为输出时，写此寄存器的相应位可以令此引脚输出高电平或者低电平。当引脚被 GPGCON 设置为中断时，此引脚会被设置为中断信号源。

3. GPGUP 寄存器

GPGUP 寄存器是端口上拉寄存器。端口上拉寄存器控制着每一个端口的上拉寄存器的使能或禁止。当对应位为 1 时，表示相应的引脚没有内部上拉电阻；为 0 时，相应的引脚使用上拉电阻。当需要上拉或下拉电阻时，外围电路没有加上上拉或下拉电阻，那么就可以使用内部上拉或下拉电阻来代替。如图 9.8 所示为上拉电阻和下拉电阻。

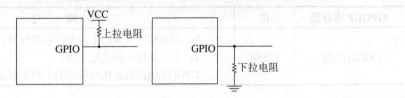

图 9.8　上拉电阻和下拉电阻

一般，GPIO 引脚在挂空时，即没有接芯片时，其电压状态是不稳定的，而且容易受到噪声信号的影响。如果该引脚接上上拉电阻，那么电平将处于高电平状态；接上下拉电阻，引脚电平将被拉低。另外，上拉电阻可以增强 I/O 端口的驱动能力。由于硬件工程师一般会为电路设计外部上拉或下拉电阻，所以驱动开发人员在编写驱动时，一般禁用内部上拉或下拉电阻。

4．各寄存器的设置

GPGCON、GPGDAT 和 GPGUP 这 3 个端口寄存器是相互联系的。它们的设置关系如表 9.2、表 9.3 和表 9.4 所示。

表 9.2　GPGCON 寄存器设置

GPGCON 寄存器	位	描　　述			
GPG15	[31:30]	00 = Input	01 = Output	10 = EINT[23]	11 = Reserved
GPG14	[29:28]	00 = Input	01 = Output	10 = EINT[22]	11 = Reserved
GPG13	[27:26]	00 = Input	01 = Output	10 = EINT[21]	11 = Reserved
GPG12	[25:24]	00 = Input	01 = Output	10 = EINT[20]	11 = Reserved
GPG11	[23:22]	00 = Input	01 = Output	10 = EINT[19]	11 = TCLK[1]
GPG10	[21:20]	00 = Input	01 = Output	10 = EINT[18]	11 = nCTS1
GPG9	[19:18]	00 = Input	01 = Output	10 = EINT[17]	11 = nRTS1
GPG8	[17:16]	00 = Input	01 = Output	10 = EINT[16]	11 = Reserved
GPG7	[15:14]	00 = Input	01 = Output	10 = EINT[15]	11 = SPICLK1
GPG6	[13:12]	00 = Input	01 = Output	10 = EINT[14]	11 = SPIMOSI1
GPG5	[11:10]	00 = Input	01 = Output	10 = EINT[13]	11 = SPIMISO1
GPG4	[9:8]	00 = Input	01 = Output	10 = EINT[12]	11 = LCD_PWRDN
GPG3	[7:6]	00 = Input	01 = Output	10 = EINT[11]	11 = nSS1
GPG2	[5:4]	00 = Input	01 = Output	10 = EINT[10]	11 = nSS0
GPG1	[3:2]	00 = Input	01 = Output	10 = EINT[9]	11 = Reserved
GPG0	[1:0]	00 = Input	01 = Output	10 = EINT[8]	11 = Reserved

表 9.3　GPGDAT 寄存器设置

GPGDAT 寄存器	位	描　　述
GPG[15:0]	[15:0]	当端口被设置为输入时，处理器通过相应的引脚获得输入；当端口被设置成输出时，寄存器中的数据可以通过引脚发送出去；当设置为功能引脚时，将读取未知的值

表 9.4　GPGUP寄存器设置

GPGUP 寄存器	位	描　　述
GPG[15:0]	[15:0]	0：表示相应引脚的上拉电阻功能打开； 1：表示上拉电阻功能关闭； GPG[15:0]在初始化时所有的上拉电阻功能是关闭的

9.4　按键中断实例程序分析

现在开始对按键设备程序进行分析。按键驱动程序由初始化函数、退出函数和中断处理函数组成。

9.4.1　按键驱动程序组成

按键驱动程序初始化函数、退出函数和中断处理函数的关系如图 9.9 所示。

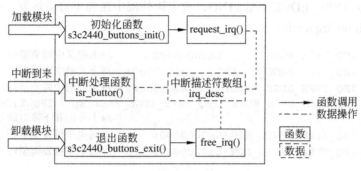

图 9.9　按键驱动程序组成

- ❏ 当模块加载时，会调用初始化函数 s3c2440_buttons_init()。在该函数中会进一步调用 request_irq()函数注册中断。request_irq()函数会操作内核中的一个中断描述符数组结构 irq_desc。该数组结构比较复杂，主要的功能就是记录中断号对应的中断处理函数。
- ❏ 当中断到来时，会到中断描述符数组中询问中断号对应的中断处理函数，然后执行该函数。在本实例中，该函数的函数名是 isr_button。
- ❏ 卸载模块时，会调用退出函数 s3c2440_buttons_exit()。在该函数中，会调用 free_irq()释放设备所使用的中断号。free_irq()函数也会操作中断描述符数组结构 irq_desc，将该设备所对应的中断处理函数删除。

9.4.2　初始化函数 s3c2440_buttons_init()

初始化函数 s3c2440_buttons_init()主要负责模块的初始化工作。模块初始化主要包括设置中断触发方式，注册中断号等。该函数的具体代码如下：

```
01   static int __init s3c2440_buttons_init(void)
02   {
03       int ret;                              /*存储返回值*/
04   set_irq_type(K1_IRQ1, IRQ_TYPE_EDGE_FALLING);
                                              /*设置按键 K1 为下降沿中断*/
05       /*注册中断处理函数*/
06
     ret=request_irq(K1_IRQ1,isr_button,SA_INTERRUPT,DEVICE_NAME,NULL);
07       if(ret)                               /*出错*/
08       {
09           printk("K1_IRQ: could not register interrupt\n");
10           return ret;
11       }
12       printk(DEVICE_NAME "initialized\n");
13       return 0;
14   }
```

接下来逐行分析 s3c2440_buttons_init()函数。

- ❏ 第 4 行，使用 set_irq_type()函数设置中断触发条件。set_irq_type()函数的原型如下：

```
int set_irq_type(unsigned int irq, unsigned int type);
```

参数 irq 表示中断号，参数 type 用来定义该中断的触发类型。中断触发类型有低电平触发、高电平触发、下降沿触发、上升沿触发、上升沿和下降沿联合触发。这里定义的中断类型为 IRQ_TYPE_EDGE_FALLING，表示该外部中断为下降沿触发。中断触发类型定义在<include/linux/irq.h>中。

```
#define IRQ_TYPE_NONE          0x00000000        /*未定义中断类型*/
#define IRQ_TYPE_EDGE_RISING   0x00000001  /*上升沿中断类型*/
#define IRQ_TYPE_EDGE_FALLING  0x00000002  /*下降沿中断类型*/
#define IRQ_TYPE_EDGE_BOTH (IRQ_TYPE_EDGE_FALLING | IRQ_TYPE_EDGE_RISING)
                                           /*上升沿和下降沿联合触发类型*/
#define IRQ_TYPE_LEVEL_HIGH 0x00000004        /*高电平触发类型*/
#define IRQ_TYPE_LEVEL_LOW  0x00000008        /*低电平触发类型*/
```

❑ 第 6 行，用来为按键 K1 申请中断。参数 K1_IRQ1 是要申请的中断号。参数 isr_button 是中断回调函数，该回调函数由按键 K1 触发。触发的条件被设置为下降沿触发。下降沿触发就是在两个连续的时钟周期内，中断控制器检测到端口的相应引脚，第一个周期为高电平，第二个周期为低电平。如图 9.10 为下降沿触发方式。

图 9.10　下降沿触发

❑ 第 7～11 行，当申请中断出错时，打印出错信息和返回。printk()函数的用法与 printf()函数的用法相同，只是前者用于驱动程序中，后者用于用户程序中。

9.4.3　中断处理函数 isr_button()

当按键按下时，中断被触发，就会触发中断处理函数。该函数主要的功能是判断按键 K1 是否按下。

中断处理函数由 isr_button()函数实现。该函数的参数由系统调用该函数时传递过来。参数 irq 表示被触发的中断号。参数 dev_id 是为共享中断线而设立的，因为按键驱动不使用共享中断，所以这里传进来的是 NULL 值。参数 regs 是一个寄存器组的结构体指针。寄存器组保存了处理器进入中断代码之前处理器的上下文。这些信息一般只在调试时使用，其他时候很少使用。所以对于一般的驱动程序来说，该参数通常是没有用的。

```
01  static irqreturn_t isr_button(int irq,void *dev_id,struct pt_regs
    *regs)
02  {
03      unsigned long GPGDAT;
04      GPGDAT=(unsigned long)ioremap(0x56000064,4);    /*映射内核地址*/
05      if(irq==K1_IRQ1)                                /*是否 K1 按下*/
06      {
07          if((*(volatile unsigned long *)GPGDAT) & 1==0)
                                                        /*是否 K1 仍然按下*/
08          {
09              printk("K1 is pressed\n");
10          }
11      }
12      return 0;
13  }
```

- 第 3 行定义了一个长整型变量 GPGDAT，用来存储内核地址。只有内核地址才能被驱动程序访问，内核地址的相关概念将在第 10 章讲述。
- 第 4 行使用 ioremap 将一个开发板上的物理端口地址转换为内核地址。ioremap 在内核中的实现如下：

```
void *ioremap(unsigned long phys_addr, unsigned long size)
```

该函数的参数 phys_addr 表示要映射的起始的 I/O 端口地址。参数 size 表示要映射的空间大小。从表 9.1 中可以知道，GPGDAT 的地址是 0x56000064，大小属于 32 位寄存器，所以它的参数分别是 0x56000064 和 4 字节。

- 第 5 行判断该信号是否是按键 K1 发送过来的中断信号。
- 第 7～10 行，当按键 K1 被按下时将在终端或者日志文件中打印 "K1 is pressed" 信息。第 7 行表示当 GPGDAT 寄存器的第 0 位为 0（低电平）时，按键 K1 按下。

9.4.4　退出函数 s3c2440_buttons_exit()

当模块不再使用时，需要退出模块。按键的退出模块由 s3c2440_buttons_exit()函数实现，其主要功能是释放中断线。

```
01  static void __exit s3c2440_buttons_exit(void)
02  {
03      free_irq(K1_IRQ1,NULL);                          /*释放中断线*/
04      printk(DEVICE_NAME "exit\n");
05  }
```

- 第 3 行，释放按键 K1 所申请的中断线。
- 第 4 行，打印调试信息。

9.5　时钟机制

Linux 驱动程序中经常会使用一些时钟机制，主要是用来延时一段时间。在这段时间中硬件设备可以完成相应的工作。本节将对 Linux 的时钟机制做一个简要的介绍。

9.5.1　时间度量

Linux 内核中一个重要的全局变量是 HZ，这个变量表示与时钟中断相关的一个值。时钟中断是由系统定时硬件以周期性的间隔产生，这个周期性的值由 HZ 来表示。根据不同的硬件平台，HZ 的取值是不一样的。这个值一般被定义为 1000，如下代码所示。

```
# define HZ    1000
```

这里 HZ 的意思是每一秒钟时钟中断发生 1000 次。每当时钟中断发生时，内核内部计数器的值就会加上 1。内部计数器由 jiffies 变量来表示，当系统初始化时，这个变量被设置为 0。每一个时钟到来时，这个计数器的值加 1，也就是说这个变量记录了系统引导以来经历的时间。

比较 jiffies 变量的值可以使用下面的几个宏来实现，这几个宏的原型如下：

```
01  #define time_after(a,b)      \
02    (typecheck(unsigned long, a) && \
03     typecheck(unsigned long, b) && \
04     ((long)(b) - (long)(a) < 0))
05  #define time_before(a,b)     time_after(b,a)
06  #define time_after_eq(a,b)  \
07    (typecheck(unsigned long, a) && \
08     typecheck(unsigned long, b) && \
09     ((long)(a) - (long)(b) >= 0))
10  #define time_before_eq(a,b) time_after_eq(b,a)
```

第 1 行的 time_after 宏，只是简单地比较 a 和 b 的大小，如果 a>b 则返回 true。第 5 行的 time_before 宏通过 time_after 宏来实现。第 6 行的 time_after_eq 宏用来比较 a 和 b 的大小及相等情况，如果 a>=b 则返回 true。第 10 行的 time_before_eq 宏通过 time_after_eq 宏来实现。

9.5.2　时间延时

在 C 语言中，经常使用 sleep()函数将程序延时一段时间，这个函数能够实现毫秒级的延时。在设备驱动程序中，很多对设备的操作也需要延时一段时间，使设备完成某些特定的任务。在 Linux 内核中，延时技术有很多种，这里只讲解其中重要的两种。

1．短时延时

当设备驱动程序需要等待硬件处理的完成时，会主动地延时一段时间。这个时间一般是几十毫秒，甚至更短的时间。例如，驱动程序向设备的某个寄存器写入数据时，由于寄存器的写入速度较慢，所以需要驱动程序等待一定的时间，然后继续执行下面的工作。

Linux 内核中提供了 3 个函数来完成纳秒、微秒和毫秒级的延时，这 3 个函数的原型如下：

```
static inline void ndelay(unsigned long x)
static inline void udelay(unsigned long usecs)
static inline void msleep(unsigned int msecs)
```

这些函数的实现与具体的平台有关，有的平台根本不能实现纳秒级的等待。这种情况下，只能根据 CPU 频率信息计算执行一条代码的时间，然后通过一个忙等待来软件模拟。这种软件模拟类似于下面的代码：

```
static inline void ndelay(unsigned long x)
{
    ...                                      /*由 x 计算出 count 的值*/
    while(count)
    {
        count--;                             /*忙等待*/
    }
}
```

除了使用 msleep()函数实现毫秒级的延时，另外还有一些函数也用来实现毫秒级的延时。这种函数会使等待的进程睡眠而不是忙等待，函数的原型如下：

```
void msleep(unsigned int msecs)
unsigned long msleep_interruptible(unsigned int msecs)
```

```
static inline void ssleep(unsigned int seconds)
```

这 3 个函数不会忙等待，而是将等待的进程放入等待队列中，当延时的时间到达时，唤醒等待队列中的进程。其中 msleep() 和 ssleep() 函数不能被打断，而 msleep_interruptible() 函数可以被打断。

2．长时延时

长时延时表示驱动程序要延时一段相对较长的时间。实现这种延时，一般是比较当前 jiffies 和目标 jiffies 的值。长延时可以使用忙等待来实现，下面的代码给出了驱动程序延时 3 秒钟的实例：

```
unsigned long timeout = jiffies + 3*HZ;
wile(time_before(jiffies, timeout));
```

time_before 宏简单地比较两个时间的大小，如果参数 1 的值小于参数 2 的值，则返回 true。

9.6　小　　结

大多数设备以中断方式来驱动代码的执行。例如本章讲解的按键驱动程序，当用户按下键盘时，才会触发先前注册的中断处理程序。这种机制具有很多的优点，可以节约很多 CPU 时间。除了中断之外，本章还简要地介绍了时钟机制，硬件工作的速度一般较慢，在操作硬件的某些寄存器时，一般需要内核延时一段时间，在短时延时时可以使用忙等待机制，但是对于长时延时则最好使用等待延时机制。

第 10 章 内外存访问

驱动程序加载成功的一个关键因素，就是内核能够为驱动程序分配足够的内存空间。这些空间一部分用于驱动程序必要的数据结构，另一部分用于数据的交换。同时，内核也应该具有访问外部设备端口的能力。一般来说，外部设备被连接到内存空间或者 I/O 空间中。本章将对内外存设备的访问进行详细的介绍。

10.1 内 存 分 配

本节主要介绍内存分配的一些函数，包括 kmalloc()函数和 vmalloc()函数等。在介绍完这两个重要的函数之后，将重点讲解后备高速缓存的内容，这些知识对于驱动开发来说非常重要，需要引起注意。

10.1.1 kmalloc()函数

在 C 语言中，经常会遇到 malloc()和 free()这两个函数"冤家"。malloc()函数用来进行内存分配，free()函数用来释放内存。kmalloc()函数类似于 malloc()函数，不同的是 kmalloc()函数用于内核态的内存分配。kmalloc()函数是一个功能强大的函数，如果内存充足，这个函数将运行的非常快。

kmlloc()函数在物理内存中为程序分配一个连续的存储空间。这个存储空间的数据不会被清零，也就是保存内存中原有的数据，在使用的时候需要引起注意。kmalloc()函数运行很快，可以传递标志给它，不允许其在分配内存时阻塞。kmalloc()函数的原型如下：

```
static inline void *kmalloc(size_t size, gfp_t flags)
```

kmalloc()函数的第 1 个参数是 size，表示分配内存的大小。第 2 个参数是分配标志，可以通过这个标志控制 kmalloc()函数的多种分配方式。和其他函数不同，kmalloc()函数的这两个参数非常重要，下面将对这两个参数详细的解释。

1. size 参数

size 参数涉及内存管理的问题，内存管理是 Linux 子系统中非常重要的一部分。Linux 的内存管理方式限定了内存只能按照页面的大小进行内存分配。通常，内存页面大小为 4K。如果使用 kmalloc()函数为某个驱动程序分配 4 字节的内存空间，则 Linux 会返回一个页面 4K 的内存空间，这显然是一种内存浪费。

因为空间浪费的原因，kmalloc()函数与用户空间 malloc()函数的实现完全不同。malloc()函数在堆中分配内存空间，分配的空间大小非常灵活，而 kmalloc()函数分配内存空间的方法比较特殊，下面对这种方法进行简要的解释。

　　Linux 内核对 kmalloc()函数的处理方式是，先分配一系列不同大小的内存池，每一个池中的内存大小是固定的。当分配内存时，就将包含足够大的内存池中的内存传递给 kmalloc()函数。在分配内存时，Linux 内核只能分配预定义、固定大小的字节数。如果申请的内存大小不是 2 的整数倍，则会多申请一些内存，将大于申请内存的内存区块返回给请求者。

　　Linux 内核为 kmalloc()函数提供了大小为 32 字节、64 字节、128 字节、256 字节、512 字节、1024 字节、2048 字节、4096 字节、8KB、16KB、32KB、64KB 和 128KB 的内存池。所以程序员应该注意，kmalloc()函数最小能够分配 32 字节的内存，如果请求的内存小于 32 个字节，那么也会返回 32 个字节。kmallloc()函数能够分配的内存块大小，也存在一个上限。为了代码的可移植性，这个上限一般是 128KB。如果希望分配更多的内存，最好使用其他的内存分配方法。

2. flags 参数

　　flags 参数能够以多种方式控制 kmalloc()函数的行为。最常用的申请内存的参数是 GFP_KERNEL。使用这个参数允许调用它的进程在内存较少时进入睡眠，当内存充足时再分配页面。因此，使用 GFP_KERNEL 标志可能会引起进程阻塞，对于不允许阻塞的应用，应该使用其他的申请内存标志。在进程睡眠时，内核子系统会将缓冲区的内容写入磁盘，从而为睡眠的进程留出更多的空间。

　　在中断处理程序、等待队列等函数中不能使用 GFP_KERNEL 标志，因为这个标志可能会引起调用者的睡眠。当睡眠之后再唤醒，则很多程序会出现错误。这种情况下可以使用 GFP_ATOMIC 标志，表示原子性的分配内存，也就是在分配内存的过程中不允许睡眠。为什么 GFP_ATOMIC 标志不会引起睡眠呢，这是因为内核为这种分配方式预留了一些内存空间，这些内存空间只有在 kmalloc()函数传递标志为 GFP_ATOMIC 时，才会使用。在大多数情况下，GFP_ATOMIC 标志的分配方式会成功，并即时返回。

　　除了 GFP_KERNE 和 GFP_ATOMIC 标志外，还有其他一些标志，但它们并不常用。这些标志的意义和使用方法如表 10.1 所示。

表 10.1　kmalloc()函数的分配标志

标　　志	说　　明
GFP_KERNEL	内存分配时最常用的方法，当内存不足时，可能会引起休眠
GFP_ATOMIC	在不允许睡眠的进程中使用，不会引起睡眠
GFP_USER	用于为用户空间分配内存，可能会引起睡眠
GFP_HIGHUSER	如果有高端内存，则优先从高端内存中分配
GFP_NOIO	这两个标志类似于 GFP_KERNEL，但是有更多的限制。GFP_NOIO 标志分配内存时，禁止任何 I/O 调用。GFP_NOFS 标志分配内存时不允许执行文件系统调用
GFP_NOFS	

10.1.2　vmalloc()函数

　　vmalloc()函数用来分配虚拟地址连续但是物理地址不连续的内存。这就是说，用

vmalloc()函数分配的页在虚拟地址空间中是连续的，而在物理地址空间是不连续的。这是因为如果需要分配 200M 的内存空间，而实际的物理内存中现在不存在一块连续的 200M 内存空间，但是内存有大量的内存碎片，其容量大于 200M，那么就可以使用 vmalloc()函数将不连续的物理地址空间映射层连续的虚拟地址空间。

从执行效率上来讲，vmalloc()函数的运行开销远远大于__get_free_pages()函数。因为 vmalloc()函数会建立新的页表，将不连续的物理内存映射成连续的虚拟内存，所以开销比较大。另外，由于新页表的建立，vmalloc()函数也更浪费 CPU 时间，而且需要更多的内存来存放页表。一般来说，vmalloc()函数用来申请大量的内存，对于少量的内存，最好使用__get_free_pages()函数来申请。

1．vmalloc()函数申请和释放

vmalloc()函数定义在 mm\vmalloc.c 文件中，该函数的原型如下：

```
void *vmalloc(unsigned long size)
```

vmalloc()函数接收一个参数，size 是分配连续内存的大小。如果函数执行成功，则返回虚拟地址连续的一块内存区域。为了释放内存，Linux 内核也提供了一个释放由 vmalloc()函数分配的内存，这个函数是 vfree()函数，其代码如下：

```
void vfree(const void *addr)
```

2．vmalloc()函数举例

vmalloc()函数在功能上与 kmalloc()函数不同，但在使用上基本相同。首先使用 vmalloc()函数分配一个内存空间，并返回一个虚拟地址。内存分配是一项要求严格的任务，无论什么时候，都应该对返回值进行检测。当分配内存后，可以使用 copy_from_user()对内存进行访问。也可以将返回的内存空间转换为一个结构体，像第 12～15 行一样使用 vmalloc()分配的内存空间。在不需要使用内存时，可以使用第 20 行的 vfree()函数释放内存。在驱动程序中，使用 vmalloc()函数的一个实例如 xxx()函数所示。

```
01  static int xxx(...)
02  {
03      …/*省略部分代码*/
04      cpuid_entries = vmalloc(sizeof(struct kvm_cpuid_entry) * cpuid->
        nent);
05      if (!cpuid_entries)
06          goto out;
07      if (copy_from_user(cpuid_entries, entries,
08              cpuid->nent * sizeof(struct kvm_cpuid_entry)))
09          goto out_free;
10
11      for (i = 0; i < cpuid->nent; i++) {
12          vcpu->arch.cpuid_entries[i].eax = cpuid_entries[i].eax;
13          vcpu->arch.cpuid_entries[i].ebx = cpuid_entries[i].ebx;
14          vcpu->arch.cpuid_entries[i].ecx = cpuid_entries[i].ecx;
15          vcpu->arch.cpuid_entries[i].edx = cpuid_entries[i].edx;
16          vcpu->arch.cpuid_entries[i].index = 0;
17      }
```

```
18        …/*省略部分代码*/
19  out_free:
20        vfree(cpuid_entries);
21  out:
22        return r;
23  }
```

10.1.3　后备高速缓存

在驱动程序中，会经常反复地分配很多同一大小的内存块，也会频繁地将这些内存块释放掉。如果频繁的申请和释放内存，很容易产生内存碎片，使用内存池很好地解决了这个问题。在 Linux 中，为一些反复分配和释放的结构体预留了一些内存空间，使用内存池来管理，管理这种内存池的技术叫做 slab 分配器。这种内存叫做后备高速缓存。

slab 分配器的相关函数定义在 linux/slab.h 文件中，使用后备告诉缓存前，需要创建一个 kmem_cache 的结构体。

1.　创建 slab 缓存函数

在使用 slab 缓存前，需要先调用 kmem_cache_create()函数创建一块 slab 缓存，该函数的代码如下：

```
struct kmem_cache *kmem_cache_create(const char *name, size_t size,
    size_t align, unsigned long flags, void (*ctor)(void *))
```

该函数创建一个新的后备告诉缓存对象，这个缓冲区中可以容纳指定个数的内存块。内存块的数目由参数 size 来指定。参数 name 表示该后备高速缓存对象的名字，以后可以使用 name 来表示使用哪个后备高速缓存。

kmem_cache_create()函数的第 3 个参数 align 是后备高速缓存中第一个对象的偏移值，这个值一般情况下被置为 0。第 4 个参数 flage 是一个位掩码，表示控制如何完成分配工作。第 5 个参数 ctor 是一个可选的函数，用来对加入后备告诉缓存中的内存块进行初始化。

```
unsigned int sz = sizeof(struct bio) + extra_size;
slab = kmem_cache_create("RIVER_NAME" sz, 0, SLAB_HWCACHE_ALIGN, NULL);
```

2.　分配 slab 缓存函数

一旦调用 kmem_cache_create()函数创建了后备高速缓存，就可以调用 kmem_cache_alloc()函数创建内存块对象。kmem_cache_alloc()函数的原型如下：

```
void *kmem_cache_alloc(struct kmem_cache *cachep, gfp_t flags)
```

该函数的第 1 个参数 cachep 是开始分配的后备高速缓存。第 2 个参数 flags 与传递给 kmalloc()函数的参数相同，一般为 GFP_KERNEL。

与 kmem_cache_alloc()函数对应的释放函数是 kmem_cache_free()函数，该函数释放一个内存块对象，其函数原型如下：

```
void kmem_cache_free(struct kmem_cache *cachep, void *objp)
```

3. 销毁 slab 缓存函数

与 kmem_cache_create()函数对应的释放函数是 kmem_cache_destroy()函数，该函数释放一个后备高速缓存，其函数的原型如下：

```
void kmem_cache_destroy(struct kmem_cache *c)
```

该函数只有在后备高速缓存区中的所有内存块对象都调用 kmem_cache_free()函数释放后，才能销毁后备高速缓存。

4. slab 缓存举例

一个使用后备高速缓存的例子如下代码所示，这段代码创建了一个存放 struct thread_info 结构体的后备高速缓存，这个结构体表示线程结构体。在 Linux 中，涉及大量线程的创建与销毁，如果使用__get_free_pages()函数会造成内存的大量浪费，而且效率也比较低。对于线程结构体，在内核的初始化阶段，就创建了一个名为 thread_info 的后备高速缓存，代码如下：

```
/*以下两行创建 slab 缓存*/
static struct kmem_cache *thread_info_cache;
                                        /*声明一个 struct kmem_cache 的指针*/
thread_info_cache = kmem_cache_create("thread_info", THREAD_SIZE,
                       THREAD_SIZE, 0, NULL); /*创建一个后备高速缓存区*/
/*以下两行分配 slab 缓存*/
struct thread_info *ti;                              /*线程结构体指针*/
ti = kmem_cache_alloc(thread_info_cache, GFP_KERNEL);  /*分配一个结构体*/
/*省略了使用 slab 缓存的函数........*/
/*以下两行释放 slab 缓存*/
kmem_cache_free(thread_info_cache, ti);              /*释放一个结构体*/
kmem_cache_destroy(thread_info_cache);              /*销毁一个结构体*/
```

10.2　页面分配

在 Linux 中提供了一系列的函数用来分配和释放页面。当一个驱动程序进程需要申请内存时，内核会根据需要分配请求的页面数给申请者。当驱动程序不需要申请的内存时，必须释放申请的页面数，以防止内存泄漏。本节将对页面的分配方法进行详细的讲述，这些知识对驱动程序开发非常重要。

10.2.1　内存分配

Linux 内核内存管理子系统提供了一系列函数用来进行内存分配和释放。为了管理方便，Linux 中是以页为单位进行内存分配的。在 32 位的机器上，一般一页大小为 4KB；在 64 位的机器上，一般一页大小为 8KB，具体根据平台而定。当驱动程序的一个进程申请空间时，内存管理子系统会分配所请求的页数给驱动程序。如果驱动程序不需要内存时，也可以释放内存，将内存归还给内核为其他程序所用。下面介绍内存管理子系统提供了哪些函数进行内存的分配和释放。

1．内存分配函数的分类

从内存管理子系统提供的内存管理函数的返回值将函数分为两类，第一类函数向内存申请者返回一个 struct page 结构的指针，指向内核分配给申请者的页面。第二类函数返回一个 32 位的虚拟地址，该地址是分配的页面的虚拟首地址。虚拟地址和物理地址在大多数计算机组成和原理课上都有讲解，希望引起读者的注意。

其次可以根据函数返回的页面数目对函数进行分类，第一类函数只返回一个页面，第二类函数可以返回多个页面，页面的数目可以由驱动程序开发人员自己指定。内存分配函数分类如图 10.1 所示。

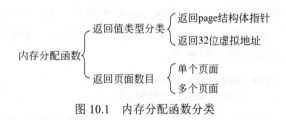

图 10.1　内存分配函数分类

2．alloc_page()和 alloc_pages()函数

返回 struct page 结构体函数主要有两个，分别是 alloc_page()函数和 alloc_pages()函数。这两个函数定义在/include/linux/gfp.h 文件中。alloc_page()函数分配一个页面，alloc_pages()函数根据用户需要分配多个页面。需要注意的是，这两个函数都返回一个 struct page 结构体的指针。这两个函数的代码如下：

```
01  /* alloc_page ()函数分配一个页面，调用 alloc_pages()实现分配一个页面的功能*/
02  #define alloc_page(gfp_mask) alloc_pages(gfp_mask, 0)
03  /* alloc_pages()函数分配多个页面，用 alloc_pages_node()实现分配一个页面的功能*/
04  #define alloc_pages(gfp_mask, order) \
05  alloc_pages_node(numa_node_id(), gfp_mask, order)
06  /*该函数是真正的内存分配函数*/
07  static inline struct page *alloc_pages_node(int nid, gfp_t gfp_mask,
08  unsigned int order)
09  {
10      if (unlikely(order >= MAX_ORDER))
11          return NULL;
12      if (nid < 0)
13          nid = numa_node_id();
14      return __alloc_pages(gfp_mask, order, node_zonelist(nid, gfp_
        mask));
15  }
```

下面对这些函数进行详细的解释。

- alloc_pages()函数的功能是分配多个页面。第 1 个参数表示分配内存的标志，这个标志与 kmalloc()函数的标志是相同的。准确地说，kmalloc()函数是由 alloc_pages()函数实现的，所以它们有相同的内存分配标志。第 2 个参数 order 表示分配页面的个数，这些页面是连续的。页面的个数由 2^{order} 来表示，例如如果只分配一个页面，

order 的值应该为 0。

❑ alloc_pages()函数调用如果成功，会返回指向第一个页面的 struct page 结构体的指针；如果分配失败，则返回一个 NULL 值。任何时候内存分配都有可能失败，所以应该在内存分配之后检查其返回值是否合法。

❑ alloc_page()函数定义在 02 行，其只分配一个页面。这个宏只接收一个 gfp_mask 参数，表示内存分配的标志。默认情况下 order 被设置为 0，表示函数将分配 $2^0=1$ 个物理页面给申请进程。

3. __get_free_page()和__get_free_pages()函数

第二类函数执行后，返回申请的页面的第一个页面虚拟地址。如果返回多个页面，则只返回第一个页面的虚拟地址。__get_free_page()函数和__get_free_pages()函数就返回一个页面虚拟地址。其中__get_free_page()函数只返回一个页面，__get_free_pages()函数则返回多个页面。这两个函数或宏的代码如下：

```
#define __get_free_page(gfp_mask) \
        __get_free_pages((gfp_mask),0)
```

__get_free_page 宏最终是调用__get_free_pages()函数实现的，在调用__get_free_pages()函数时将 order 的值直接赋为 0，这样就只返回一个页面。__get_free_pages()函数不仅可以分配多个连续的页面，而且可以分配一个页面，其代码如下：

```
01  unsigned long __get_free_pages(gfp_t gfp_mask, unsigned int order)
02  {
03      struct page * page;
04      page = alloc_pages(gfp_mask, order);
05      if (!page)
06          return 0;
07      return (unsigned long) page_address(page);
08  }
```

下面对该函数进行详细的解释。

❑ __get_free_pages()函数接收两个参数。第一个参数与 kmalloc()函数的标志是一样的，第二个函数用来表示申请多少页的内存，页数的计算公式为：

$$页数=2^{order}$$

如果要分配一个页面，那么只需要 order 等于 0 就可以了。

❑ 第 3 行，定义了一个 struct page 的指针。

❑ 第 4 行，调用 alloc_pages()函数分配了 2^{order} 页的内存空间。

❑ 第 5 行和第 6 行，如果内存不足分配失败，则返回 0。

❑ 第 7 行，调用 page_address()函数将物理地址转换为虚拟地址。

4. 内存释放函数

当不再需要内存时，需要将内存还给内存管理系统，否则可能会造成资源泄漏。Linux 提供了一个函数用来释放内存。在释放内存时，应该给释放函数传递正确的 struct page 指针或者地址，否则会使内存错误的释放，导致系统崩溃。内存释放函数或宏定义如下：

```
#define __free_page(page) __free_pages((page), 0)
#define free_page(addr) free_pages((addr),0)
```

这两个函数的代码如下:

```
void free_pages(unsigned long addr, unsigned int order)
{
    if (addr != 0) {
        VM_BUG_ON(!virt_addr_valid((void *)addr));
        __free_pages(virt_to_page((void *)addr), order);
    }
}
void __free_pages(struct page *page, unsigned int order)
{
    if (put_page_testzero(page)) {
        if (order == 0)
            free_hot_page(page);
        else
            __free_pages_ok(page, order);
    }
}
```

从上面的代码可以看出,free_pages()函数是调用__free_pages()函数完成内存释放的。free_pages()函数的第 1 个参数是指向内存页面的虚拟地址,第 2 个参数是需要释放的页面数目,应该和分配页面时的数目相同。

10.2.2　物理地址和虚拟地址之间的转换

在内存分配的大多数函数中,基本都涉及物理地址和虚拟地址之间的转换。使用virt_to_phys()函数可以将内核虚拟地址转换为物理地址,virt_to_phys()函数定义如下:

```
# define __pa(x)        ((x) - PAGE_OFFSET)
static inline unsigned long virt_to_phys(volatile void * address)
{
    return __pa((void *) address);
}
```

virt_to_phys()函数调用了__pa 宏,__pa 宏会将虚拟地址 address 减去 PAGE_OFFSET,通常在 32 位平台上定义为 3GB。

与 virt_to_phys()函数对应的函数是 **phys_to_virt()**,这个函数将物理地址转化为内核虚拟地址。phys_to_virt()函数的定义如下:

```
# define __va(x)        ((x) + PAGE_OFFSET)
static inline void * phys_to_virt(unsigned long address)
{
    return __va(address);
}
```

phys_to_virt()函数调用了__va 宏,__va 宏会将物理地址 address 加上 PAGE_OFFSET,通常在 32 位平台上定义为 3GB。

Linux 中,物理地址和虚拟地址的关系如图 10.2 所示。在 32 位的计算机中,最大的虚拟地址空间大小是 4GB。0~3GB 表示用户空间,3GB~4GB 表示内核空间,PAGE_OFFSET被定义为 3GB,就是用户空间和内核空间的分界点。Linux 内核中,使用 3GB~4GB 的内核空间来映射实际的物理内存。物理内存可能大于 1GB 的内核空间，甚至可能大很多。目前，主流的计算机物理内存在 4GB 左右，这种情况下，Linux 使用一种非线性的映射方法，用 1GB 大小的内核空间来映射有可能大于 1GB 的物理内存。

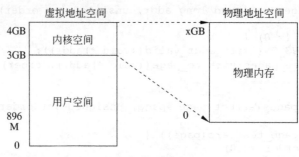

图 10.2　物理地址到虚拟地址的转换

10.3　设备 I/O 端口的访问

设备有一组外部寄存器用来存储和控制设备的状态。存储设备状态的寄存器叫做数据寄存器；控制设备状态的寄存器叫做控制寄存器。这些寄存器可能位于内存空间，也可能位于 I/O 空间，本节将介绍这些空间的寄存器访问方法。

10.3.1　Linux I/O 端口读写函数

设备内部集成了一些寄存器，程序可以通过寄存器来控制设备。大部分外部设备都有多个寄存器，例如看门狗控制寄存器（WTCON）、数据寄存器（WTDAT）和计数寄存器（WTCNT）等；有如 IIC 设备也有 4 个寄存器来完成所有 IIC 操作，这些寄存器是 IICCON、IICSTAT、IICADD、IICCDS。

根据设备需要完成的功能，可以将外部设备连接到内存地址空间上或者连接到 I/O 地址空间。无论是内存地址空间还是 I/O 地址空间，这些寄存器的访问都是连续的。一般台式机在设计时，因为内存地址空间比较紧张，所以一般将外部设备连接到 I/O 地址空间上。而对于嵌入式设备，内存一般为 64M 或者 128M，大多数嵌入式处理器支持 1G 的内存空间，所以可以将外部设备连接到多余的内存空间上。

在硬件设计上，内存地址空间和 I/O 地址空间的区别不大，都是由地址总线、控制总线和数据总线连接到 CPU 上的。对于非嵌入式产品的大型设备使用的 CPU，一般将内存空间和 I/O 地址空间分开，对其进行单独访问，并提供相应的读写指令。例如在 x86 平台上，对 I/O 地址空间的访问，就是使用 in、out 指令。

对于简单的嵌入式设备的 CPU，一般将 I/O 地址空间合并在内存地址空间中。ARM 处理器可以访问 1G 的内存地址空间，可以将内存挂接在低地址空间，将外部设备挂接在未使用的内存地址空间中。可以使用与访问内存相同的方法来访问外部设备。

10.3.2　I/O 内存读写

可以将 I/O 端口映射到 I/O 内存空间来访问。如图 10.3 所示是 I/O 内存的访问流程，在设备驱动模块的加载函数或者 open()函数中可以调用 request_mem_region()函数来申请资源。使用 ioremap()函数将 I/O 端口所在的物理地址映射到虚拟地址上，之后，就可以调用 readb()、readw()和 readl()等函数读写寄存器中的内容了。当不再使用 I/O 内存时，可以使用 iounmap()函数释放物理地址到虚拟地址的映射。最后，使用 release_mem_region()函数释放申请的资源。

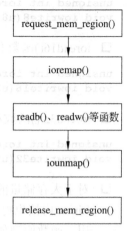

图 10.3　I/O 内存的访问流程

1．申请 I/O 内存

在使用形如 readb()、readw()、randl()等函数访问 I/O 内存前，首先需要分配一个 I/O 内存区域。完成这个功能的函数是 request_mem_region()，该函数原型如下：

```
#define request_mem_region(start,n,name) __request_region(&iomem_resource,
(start), (n), (name), 0)
```

request_mem_region 被定义为一个宏，内部调用了 __request_region()函数。宏 request_mem_region 带 3 个参数，第 1 个参数 start 是物理地址的开始区域，第 2 个参数 n 是需要分配内存的字节长度，第 3 个参数 name 是这个资源的名字。如果函数成功，返回一个资源指针；如果函数失败，则返回一个 NULL 值。在模块卸载函数中，如果不再使用内存资源，可以使用 release_region 宏释放内存资源，该函数的原型如下：

```
#define release_region(start,n)        __release_region(&ioport_resource,
(start), (n))
```

2．物理地址到虚拟地址的映射函数

在使用读写 I/O 内存的函数之前，需要使用 ioremap()函数，将外部设备的 I/O 端口物理地址映射到虚拟地址。ioremap()函数的原型如下：

```
void __iomem * ioremap (unsigned long phys_addr, unsigned long size)
```

ioremap()函数接收一个物理地址和一个整个 I/O 端口的大小，返回一个虚拟地址，这个虚拟地址对应一个 size 大小的物理地址空间。使用 ioremap()函数后，物理地址被映射到虚拟地址空间中，所以读写 I/O 端口中的数据就像读取内存中的数据一样简单。通过 ioremap()函数申请的虚拟地址，需要使用 iounmap()函数来释放，该函数的原型如下：

```
void iounmap (volatile void __iomem *addr)
```

iounmap()函数接收 ioremap()函数申请的虚拟地址作为参数，并取消物理地址到虚拟地址的映射。虽然 ioremap()函数是返回的虚拟地址，但是不能直接当作指针使用。

3．I/O 内存的读写

内核开发者准备了一组函数用来完成虚拟地址的读写，这些函数如下：

❏ ioread()函数和 iowrite8()函数用来读写 8 位 I/O 内存。

```
unsigned int ioread8(void __iomem *addr)
void iowrite8(u8 b, void __iomem *addr)
```

❑ ioread16()函数和 iowrite16 ()函数用来读写 16 位 I/O 内存。

```
unsigned int ioread16(void __iomem *addr)
void iowrite16(u16 b, void __iomem *addr)
```

❑ ioread32 ()函数和 iowrite32 ()函数用来读写 32 位 I/O 内存。

```
unsigned int ioread32(void __iomem *addr)
void iowrite32(u32 b, void __iomem *addr)
```

❑ 对于大存储量的设备，可以通过以上函数重复地读写多次来完成大量数据的传送。
Linux 内核也提供了一组函数用来读写一系列的值，这些函数是上面函数的重复调
用，函数原型如下：

```
/*以下 3 个函数读取一串 I/O 内存的值*/
#define ioread8_rep(p,d,c)      __raw_readsb(p,d,c)
#define ioread16_rep(p,d,c)     __raw_readsw(p,d,c)
#define ioread32_rep(p,d,c)     __raw_readsl(p,d,c)
/*以下 3 个函数写入一串 I/O 内存的值*/
#define iowrite8_rep(p,s,c)      __raw_writesb(p,s,c)
#define iowrite16_rep(p,s,c)      __raw_writesw(p,s,c)
#define iowrite32_rep(p,s,c)      __raw_writesl(p,s,c)
```

在阅读 Linux 内核源代码时，会发现有些驱动程序使用 readb()、readw()和 readl()等较
古老的函数。为了保证驱动程序的兼容性，内核仍然使用这些函数，但是在新的驱动代码
中鼓励使用前面提到的函数。主要原因是新函数在运行时，会执行类型检查，从而保证了
驱动程序的安全性。旧的函数或宏原型如下：

```
u8 readb(const volatile void __iomem *addr)
void writeb(u8 b, volatile void __iomem *addr)
u16 readw(const volatile void __iomem *addr)
void writew(u16 b, volatile void __iomem *addr)
u32 readl(const volatile void __iomem *addr)
void writel(u32 b, volatile void __iomem *addr)
```

readb()函数与 ioread8()函数的功能相同；writeb()函数和 iowrite8()函数的功能相同；
readw()函数和 ioread16()函数的功能相同；writew()函数和 write16()函数的功能相同；readl()
函数和 ioread32()函数的功能相同；writel()函数和 write132()函数的功能相同。

4．I/O 内存的读写举例

一个使用 I/O 内存的完成实例可以从 rtc 实时时钟驱动程序中看到。在 rtc 实时时钟驱
动程序的探测函数 s3c_rtc_probe()中，首先调用了 platform_get_resource()函数从平台设备
中获得 I/O 端口的定义，主要是 I/O 端口的物理地址。然后先后使用 request_mem_region()
和 ioremap()函数将 I/O 端口的物理地址转换为虚拟地址，并存储在一个全局变量
s3c_rtc_base 中，这样就可以通过这个变量访问 rtc 寄存器的值了。s3c_rtc_probe()函数的代
码如下：

```
01  static void __iomem *s3c_rtc_base; /*定义一个全局变量,存放虚拟内存基地址*/
```

```
02  static int __devinit s3c_rtc_probe(struct platform_device *pdev)
03  {
04      ...                              /*省略部分代码*/
05      /*从平台设备中获得I/O端口的定义*/
06      res = platform_get_resource(pdev, IORESOURCE_MEM, 0); if (res ==
    NULL) {
07          dev_err(&pdev->dev, "failed to get memory region resource\n");
08          return -ENOENT;
09      }
10      s3c_rtc_mem = request_mem_region(res->start,
11                      res->end-res->start+1,
12                      pdev->name);     /*申请内存资源*/
13      if (s3c_rtc_mem == NULL) {       /*如果错误，则挑战到错误处理代码中*/
14          dev_err(&pdev->dev, "failed to reserve memory region\n");
15          ret = -ENOENT;
16          goto err_nores;
17      }
18      s3c_rtc_base = ioremap(res->start, res->end - res->start + 1);
        /*申请物理地址映射成虚拟地址*/
19      if (s3c_rtc_base == NULL) {{     /*如果错误，则跳转到错误处理代码中*/
20          dev_err(&pdev->dev, "failed ioremap()\n");
21          ret = -EINVAL;
22          goto err_nomap;
23      }
24      ...                              /*省略部分代码*/
25  err_nortc:
26      iounmap(s3c_rtc_base);           /*如果错误，则取消映射*/
27  err_nomap:
28      release_resource(s3c_rtc_mem);   /*如果错误，则释放内存资源*/
29  err_nores:
30      return ret;
31  }
```

使用 request_mem_region() 和 ioremap() 函数将 I/O 端口的物理地址转换为虚拟地址，这样就可以使用 readb() 和 writeb 函数向 I/O 内存中写入数据了。rtc 实时时钟的 s3c_rtc_setpie() 函数就使用了这两个函数向 S3C2410_TICNT 中写入数据。s3c_rtc_setpie() 函数的源代码如下：

```
01  static int s3c_rtc_setpie(struct device *dev, int enabled)
02  {
03      unsigned int tmp;
04      pr_debug("%s: pie=%d\n", __func__, enabled);
05      spin_lock_irq(&s3c_rtc_pie_lock);
06      tmp = readb(s3c_rtc_base + S3C2410_TICNT) & ~S3C2410_TICNT_ENABLE;
07      if (enabled)
08          tmp |= S3C2410_TICNT_ENABLE;
09      writeb(tmp, s3c_rtc_base + S3C2410_TICNT);
10      spin_unlock_irq(&s3c_rtc_pie_lock);
11      return 0;
12  }
```

当不再使用 I/O 内存时，可以使用 iounmap() 函数释放物理地址到虚拟地址的映射。最后，使用 release_mem_region() 函数释放申请的资源。rtc 实时时钟的 s3c_rtc_remove() 函数就使用 iounmap() 和 release_mem_region() 函数释放申请的内存空间。s3c_rtc_remove() 函数的代码如下：

```
01  static int __devexit s3c_rtc_remove(struct platform_device *dev)
```

```
02  {
03      struct rtc_device *rtc = platform_get_drvdata(dev);
04      platform_set_drvdata(dev, NULL);
05      rtc_device_unregister(rtc);
06      s3c_rtc_setpie(&dev->dev, 0);
07      s3c_rtc_setaie(0);
08      iounmap(s3c_rtc_base);
09      release_resource(s3c_rtc_mem);
10      kfree(s3c_rtc_mem);
11      return 0;
12  }
```

10.3.3　使用 I/O 端口

对于使用 I/O 地址空间的外部设备，需要通过 I/O 端口和设备传输数据。在访问 I/O 端口前，需要向内核申请 I/O 端口使用的资源。如图 10.4 所示，在设备驱动模块的加载函数或者 open()函数中可以调用 request_region()函数请求 I/O 端口资源；然后使用 inb()、outb()、inw()和 outw()等函数来读写外部设备的 I/O 端口；最后，在设备驱动程序的模块卸载函数或者 release()函数中，释放申请的 I/O 内存资源。

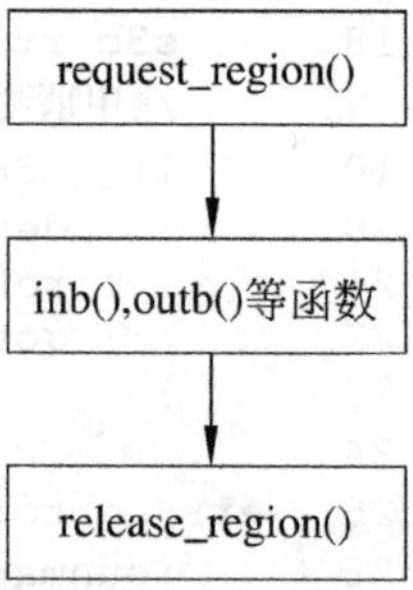

```
┌─────────────────────┐
│  request_region()   │
└─────────────────────┘
          │
          ▼
┌─────────────────────┐
│  inb(),outb()等函数  │
└─────────────────────┘
          │
          ▼
┌─────────────────────┐
│  release_region()   │
└─────────────────────┘
```

图 10.4　I/O 端口的访问流程

1．申请和释放 I/O 端口

如果要访问 I/O 端口，那么就需要先申请一个内存资源来对应 I/O 端口，在此之前，不能对 I/O 端口进行操作。Linux 内核提供了一个函数来申请 I/O 端口的资源，只有申请了该端口资源之后，才能使用该端口，这个函数是 request_region()，函数代码如下：

```
#define request_region(start,n,name)    __request_region(&ioport_resource,
(start), (n), (name), 0)
struct resource * __request_region(struct resource *parent,
                resource_size_t start, resource_size_t n,
                const char *name, int flags)
```

request_region()函数是一个宏，由 __request_region()函数来实现。这个宏接收 3 个参数，第 1 个参数 start 是要使用的 I/O 端口的地址，第 2 个参数表示从 start 开始的 n 个端口，第 3 个参数是设备的名字。如果分配成功，那么 request_region()函数会返回一个非 NLL 值；如果失败，则返回 NULL 值，此时，不能使用这些端口。

__request_region()函数用来申请资源，这个函数有 5 个参数。第 1 个参数是资源的父资源，这样所有系统的资源被连接成一棵资源树，方便内核的管理。第 2 个参数是 I/O 端口的开始地址。第 3 个参数表示需要映射多少个 I/O 端口。第 4 个参数是设备的名字。第 5 个参数是资源的标志。

如果不再使用 I/O 端口，需要在适当的时候释放 I/O 端口，这个过程一般在模块的卸载函数中。释放 I/O 端口的宏是 release_region，其代码如下：

```
#define release_region(start,n)     __release_region(&ioport_resource,
(start), (n))
void __release_region(struct resource *parent, resource_size_t start,
```

```
                                resource_size_t n)
```

release_region 是一个宏，由__release_region()函数来实现。第 1 个参数 start 是要使用的 I/O 端口的地址，第 2 个参数表示从 start 开始的 n 个端口。

2．读写 I/O 端口

当驱动程序申请了 I/O 端口相关的资源后，可以对这些端口进行数据的读取或写入。对不同功能的寄存器写入不同的值，就能够使外部设备完成相应的工作。一般来说，大多数外部设备将端口的大小设为 8 位、16 位或者 32 位。不同大小的端口需要使用不同的读取和写入函数，不能将这些函数混淆使用。如果用一个读取 8 位端口的函数读一个 16 位的端口，会导致错误。读取端口数据的函数如下。

- ❑ inb()和 outb()函数是读写 8 位端口的函数。inb()函数的第 1 参数是端口号，其是一个无符号的 16 位的端口号。outb()函数用来向端口写入一个 8 位的数据，第 1 个参数是要写入的 8 位数据，第 2 个参数是 I/O 端口。

```
static inline u8 inb(u16 port)
static inline void outb(u8 v, u16 port)
```

- ❑ inw()和 outw()函数是读写 16 位端口的函数。inw()函数的第 1 参数是端口号。outw()函数用来向端口写入一个 16 位的数据，第 1 个参数是要写入的 16 位数据，第 2 个参数是 I/O 端口。

```
static inline u16 inw(u16 port)
static inline void outw(u16 v, u16 port)
```

- ❑ inl()和 outl()函数是读写 32 位端口的函数。inl()函数的第 1 个参数是端口号。outl()函数用来向端口写入一个 32 位的数据，第 1 个参数是要写入的 32 位数据，第 2 个参数是 I/O 端口。

```
static inline u32 inl(u32 port)
static inline void outl(u32 v, u16 port)
```

上面的函数基本是一次传送 1、2 和 4 个字节。在某些处理器上也实现了一次传输一串数据的功能，串中的基本单位可以是字节、字和双字。串传输比单独的字节传输速度要快很多，所以对于处理需要传输大量数据时非常有用。一些串传输的 I/O 函数原型如下：

```
void insb(unsigned long addr, void *dst, unsigned long count)
void outsb(unsigned long addr, const void *src, unsigned long count)
```

insb()函数从 addr 地址向 dst 地址读取 count 个字节，outsb()函数从 addr 地址向 dst 地址写入 count 个字节。

```
void insw(unsigned long addr, void *dst, unsigned long count)
void outsw(unsigned long addr, const void *src, unsigned long count)
```

insw()函数从 addr 地址向 dst 地址读取 count×2 个字节，outsw()函数从 addr 地址向 dst 地址写入 count×2 个字节。

```
void insl(unsigned long addr, void *dst, unsigned long count)
void outsl(unsigned long addr, const void *src, unsigned long count)
```

insl()函数从 addr 地址向 dst 地址读取 count×4 个字节，outsl()函数从 addr 地址向 dst 地址写入 count×4 个字节。

需要注意的是，串传输函数直接地从端口中读出或者写入指定长度的数据。因此，如果当外部设备和主机之间有不同的字节序时，则会导致意外的错误。例如主机使用小端字节序，外部设备使用大端字节序，在进行数据读写时，应该交换字节序，使彼此互相理解。

10.4　小　　结

外部设备可以处于内存空间或者 I/O 空间中，对于嵌入式产品来说，一般外部设备处于内存空间中。本章对外部设备处于内存空间和 I/O 空间的情况分别进行了讲解。在 Linux 中，为了方便编写驱动程序，对内存空间和 I/O 空间的访问提供了一套统一的方法，这个方法是"申请资源->映射内存空间->访问内存->取消映射->释放资源"。

Linux 中使用了后备高速缓存来频繁地分配和释放同一种对象，这样不但减少了内存碎片的出现，而且还提高了系统的性能，为驱动程序的高效性打下了基础。

Linux 中提供了一套分配和释放页面的函数，这些函数可以根据需要分配物理连续或者不连续的内存，并将其映射到虚拟地址空间中，然后对其进行访问。

第 3 篇　Linux 驱动开发实用实战

第 11 章　设备驱动模型

在早期的 Linux 内核中并没有为设备驱动提供统一的设备模型。随着内核的不断扩大及系统更加复杂，编写一个驱动程序越来越困难，所以在 Linux 2.6 内核中添加了一个统一的设备模型。这样，写设备驱动程序就稍微容易一些了。本章将对设备模型进行详细的介绍。

11.1　设备驱动模型概述

设备驱动模型比较复杂，Linux 系统将设备和驱动归一到设备驱动模型中来管理。设备驱动模型的提出，解决了以前编写驱动程序没有统一方法的局面。设备驱动模型给各种驱动程序提供了很多辅助性的函数，这些函数经过严格测试，可以很大程度地提高驱动开发人员的工作效率。

11.1.1　设备驱动模型的功能

Linux 内核的早期版本为编写驱动程序提供了简单的功能,如分配内存、分配 I/O 地址、分配中断请求等。写好驱动之后，直接把程序加入到内核的相关初始化函数中，这是一个非常复杂的过程，所以开发驱动程序并不简单。并且，由于没有统一的设备驱动模型，几乎每一种设备驱动程序都需要自己完成所有的工作，驱动程序中不免会产生错误和大量的重复代码。

有了设备驱动模型后，现在的情况就不一样了。设备驱动模型提供了硬件的抽象，内核使用该抽象可以完成很多硬件重复的工作。这样很多重复的代码就不需要重新编写和调试了，编写驱动程序的难度有所下降。这些抽象包括如下几个方面。

1．电源管理

电源管理一直是内核的一个组成部分，在笔记本和嵌入式系统中更是如此，它们使用电池来供电。简单地说，电源管理就是当系统的某些设备不需要工作时，暂时的以最低电耗的方式挂起设备，以节省系统的电能。电源管理的一个重要功能是在省电模式下，使系统中的设备以一定的先后顺序挂起；在全速工作模式下，使系统中的设备以一定的先后顺序恢复运行。

例如：一条总线上连接了 A、B、C 这 3 个设备，只有当 A、B、C 这 3 个设备都挂起时，总线才能挂起。当 A、B、C 这 3 个设备中的任何一个恢复工作以前，总线必须先恢复工作。总之，设备驱动模型使得电源管理子系统能够以正确的顺序遍历系统上的设备。

2．即插即用设备支持

越来越多的设备可以即插即用了，最常用的设备就是 U 盘，甚至连（移动）硬盘也可以即插即用。这种即插即用机制，使得用户可以根据自己的需要安装和卸载设备。设备驱动模型自动捕捉插拔信号，加载驱动程序，使内核容易与设备进行通信。

3．与用户空间的通信

用户空间程序通过 sysfs 虚拟文件系统访问设备的相关信息。这些信息被组织成层次结构，用 sysfs 虚拟文件系统来表示。用户通过对 sysfs 文件系统的操作，就能够控制设备，或者从系统中读出设备的当前信息。

11.1.2　sysfs 文件系统

sysfs 文件系统是 Linux 众多文件系统中的一个。在 Linux 系统中，每一个文件系统都有其特殊的用途。例如 ext2 用于快速读写存储文件；ext3 用来记录日志文件。

Linux 设备驱动模型由大量的数据结构和算法组成。这些数据结构之间的关系非常复杂，多个数结构之间通过指针互相关联，构成树形或者网状关系。显示这种关系的最好方法是利用一种树形的文件系统，但是这种文件系统需要具有其他文件系统没有的功能，例如显示内核中的一些关于设备、驱动和总线的信息。为了达到这个目的，Linux 内核开发者创建了一种新的文件系统，这就是 sysfs 文件系统。

1．sysfs 概述

sysfs 文件系统是 Linux 2.6 内核的一个新特性，其是一个只存在于内存中的文件系统。内核通过这个文件系统将信息导出到用户空间中。sysfs 文件系统的目录之间的关系非常复杂，各目录与文件之间既有树形关系，又有目录关系。

在内核中，这种关系由设备驱动模型来表示。在 sysfs 文件系统中产生的文件大多数是 ASCII 文件，通常每个文件有一个值，也可叫属性文件。文件的 ASCII 码特性保证了被导出信息的准确性，而且易于访问，这些特点使 sysfs 成为 2.6 内核最直观、最有用的特性之一。

2．sysfs 文件系统与内核结构的关系

sysfs 文件系统是内核对象（kobject）、属性（kobj_type）及它们相互关系的一种表现机制。用户可以从 sysfs 文件系统中读出内核的数据，也可以将用户空间的数据写入内核中。这是 sysfs 文件系统非常重要的特性，通过这个特性，用户空间的数据就能够传送到内核空间中，从而设置驱动程序的属性和状态。如表 11.1 揭示了内核中的数据结构与 sysfs 文件系统的关系。

表 11.1　内核结构与 sysfs 的对应关系

Linux 内核中的结构	sysfs 中的结构
kobject	目录
kobj_type	属性文件
对象之间的关系	符号链接

11.1.3　sysfs 文件系统的目录结构

sysfs 文件系统中包含了一些重要的目录，这些目录中包含了与设备和驱动等相关的信息，现对其详细介绍如下。

1. sysfs 文件系统的目录

sysfs 文件系统与其他文件系统一样，由目录、文件和链接组成。与其他文件系统不同的是，sysfs 文件系统表示的内容与其他文件系统中的内容不同。另外，sysfs 文件系统只存在于内存中，动态的表示着内核的数据结构。

sysfs 文件系统挂接了一些子目录，这些目录代表注册了 sysfs 中的主要的子系统。要查看这些子目录和文件，可以使用 ls 命令，命令执行如下：

```
[root@tom sys]# ls
block bus class dev devices firmware fs kernel module power
```

当设备启动时，设备驱动模型会注册 kobject 对象，并在 sysfs 文件系统中产生以上的目录。现对其中的主要目录所包含的信息进行说明。

2. block 目录

块目录包含了在系统中发现的每个块设备的子目录，每个块设备对应一个子目录。每个块设备的目录中有各种属性，描述了设备的各种信息。例如设备的大小、设备号等。

块设备目录中有一个表示了 I/O 调度器的目录，这个目录中提供了一些属性文件。它们是关于设备请求队列信息和一些可调整的特性。用户和管理员可以用它们优化性能，包括用它们动态改变 I/O 调度器。块设备的每个分区表示为块设备的子目录，这些目录中包含了分区的读写属性。

3. bus 目录

总线目录包含了在内核中注册而得到支持的每个物理总线的子目录，例如 ide、pci、scsi、usb、i2c 和 pnp 总线等。使用 ls 命令可以查看 bus 目录的结构信息，如下所示。

```
[root@tom bus]# ls
ac97 gameport i2c pci          pcmcia   pnp  serio virtio
acpi hid       isa pci_express platform scsi usb
```

ls 命令列出了注册到系统中的总线，其中每个目录中的结构都大同小异。这里以 usb 目录为例，分析其目录的结构关系。使用 cd usb 命令，进入 usb 目录，然后使用 ls 命令列出 usb 目录中包含的目录和文件，如下所示。

```
[root@tom bus]# cd usb
[root@tom usb]# ls
devices drivers drivers_autoprobe drivers_probe uevent
```

usb 目录中包含了 devices 和 drivers 目录。devices 目录包含了 USB 总线下所有设备的列表，这些列表实际上是指向设备目录中相应设备的符号链接。使用 ls 命令查看如下所示。

```
[root@tom devices]# ls -l
```

```
总计   0
lrwxrwxrwx    1    root    root    0    03-18    21:12    1-0:1.0
-> ../../../devices/pci0000:00/0000:00:11.0/0000:02:03.0/usb1/1-0:1.0
lrwxrwxrwx    1    root    root    0    03-18    21:12    2-0:1.0
-> ../../../devices/pci0000:00/0000:00:11.0/0000:02:00.0/usb2/2-0:1.0
lrwxrwxrwx    1    root    root    0    03-18    21:12    usb1
-> ../../../devices/pci0000:00/0000:00:11.0/0000:02:03.0/usb1
lrwxrwxrwx    1    root    root    0    03-18    21:12    usb2
-> ../../../devices/pci0000:00/0000:00:11.0/0000:02:00.0/usb2
```

其中 1-0:1.0 和 2-0:1.0 是 USB 设备的名字，这些名字由 USB 协议规范来定义。可以看出 devices 目录下包含的是符号链接，其指向/sys/devices 目录下的相应硬件设备。硬件的设备文件是在/sys/devices/目录及其子目录下，这个链接的目的是为了构建 sysfs 文件系统的层次结构。

drivers 目录包含了 USB 总线下注册时所有驱动程序的目录。每个驱动目录中有允许查看和操作设备参数的属性文件，和指向该设备所绑定的物理设备的符号链接。

4. class 目录

类目录中的子目录表示每一个注册到内核中的设备类。例如固件类（firmware）、混杂设备类（misc）、图形类（graphics）、声音类（sound）和输入类（input）等。这些类如下所示。

```
[root@tom class]# ls
backlight    firmware      misc          scsi_device    thermal
bdi          graphics      net           scsi_disk      tty
block        hidraw        pci_bus       scsi_generic   usb_endpoint
bluetooth    i2c-adapter   pcmcia_socket scsi_host      usb_host
bsg          input         power_supply  sound          usbmon
dma          leds          ppdev         spi_host       vc
dmi          mem           rtc           spi_transport  vtconsole
```

类对象只包含一些设备的总称，例如网络类包含一切的网络设备，集中在/sys/class/net 目录下。输入设备类包含一切的输入设备，如鼠标、键盘和触摸板等，它们集中在/sys/class/input 目录下。关于类的详细概念将在后面讲述。

11.2　设备驱动模型的核心数据结构

设备驱动模型由几个核心的数据结构组成，分别是 **kobject**、**kset** 和 **subsystem**。这些结构使设备驱动模型组成了一个层次结构。该层次结构将驱动、设备和总线等联系起来，形成一个完整的设备模型。下面分别对这些结构进行详细的介绍。

11.2.1　kobject 结构体

宏观上来说，设备驱动模型是一个设备和驱动组成的层次结构。例如一条总线上挂接了很多设备，总线在 Linux 中也是一种设备，为了表述清楚，这里将其命名为 A。在 A 总线上挂接了一个 USB 控制器硬件 B，在 B 上挂接了设备 C 和 D，当然，如果 C 和 D 是一种可以挂接其他设备的父设备，那么在 C 和 D 设备下也可以挂接其他设备，但这里认为它们是普通设备。另外在 A 总线上还挂接了 E 和 F 设备，则这些设备的关系如图 11.1 所示。

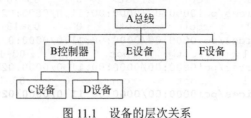

图 11.1 设备的层次关系

在 sysfs 文件系统中，这些设备使用树形目录来表示，如下所示。

```
[root@tom sys]# tree /sys
sys
`-- A 总线
    |-- B 控制器
    |   |-- C 设备
    |   `-- D 设备
    |-- E 设备
    `-- F 设备
```

树形结构中每一个目录与一个 kobject 对象相对应，其包含了目录的组织结构和名字等信息。在 Linux 系统中，kobject 结构体是组成设备驱动模型的基本结构。最初它作为设备的一个引用计数使用，随着系统功能的增加，它的任务也越来越多。kobject 提供了最基本的设备对象管理能力，每一个在内核中注册的 kobject 对象都对应于 sysfs 文件系统中的一个目录。kobject 结构体的定义如下：

1. kobject 结构体

kobject 结构体的定义如下：

```
01  struct kobject {
02      const char        *name;              /*kobject 的名称*/
03      struct list_head    entry;             /*连接下一个 kobject 结构*/
04      struct kobject *parent;               /*指向父 kobject 结构体，果存在父亲*/
05      struct kset       *kset;               /*指向 kset 集合*/
06      struct kobj_type   *ktype;            /*指向 kobject 的类型描述符*/
07      struct sysfs_dirent *sd;              /*对应 sysfs 的文件目录*/
08      struct kref       kref;               /*kobject 的引用计数*/
09      unsigned int state_initialized:1;    /*该 kobject 对象是否初始化的位*/
10      unsigned int state_in_sysfs:1;       /*是否已经加入 sysfs 中*/
11      unsigned int state_add_uevent_sent:1;
12      unsigned int state_remove_uevent_sent:1;
13  };
```

下面对 kobject 的几个重要成员进行介绍。

❑ 第 2 行是 kobject 结构体的名称，该名称将显示在 sysfs 文件系统中，作为一个目录的名字。

❑ 第 6 行代表 kobject 的属性，可以将属性看成 sysfs 中的一个属性文件。每个对象都有属性，例如，电源管理需要一个属性表示是否支持挂起；热插拔事件管理需要一个属性来现实设备的状态。因为大部分的同类设备都有相同的属性，因此将这个属性单独组织为一个数据结构 kobj_type，存放在 ktype 中。这样就可以灵活地管理属性了。需要注意的是，对于 sysfs 中的普通文件读写操作，都是由 kobject->ktype-> sysfs_ops 指针来完成的。对 kobj_type 的详细说明将在后面列出。

- 第 8 行的 kref 字段表示该对象引用的计数，内核通过 kref 实现对象引用计数管理。内核提供两个函数 kobject_get()、kobject_put()分别用于增加和减少引用计数，当引用计数为 0 时，所有该对象使用的资源被释放。后面将对这两个函数详细解释。

- 第 9 行的 state_initialized 表示 kobject 是否已经初始化过，1 表示初始化，0 表示未初始化。unsigned int state_initialized:1 中的 1 表示，只用 unsigned int 的最低 1 位表示这个布尔值。

- 第 10 行的 state_in_sysfs 表示 kobject 是否已经注册到 sysfs 文件系统中。

2．kobject 结构体的初始化函数 kobject_init()

对 kobejct 结构体进行初始化有些复杂。但无论如何，首先应将整个 kobject 设置为 0，一般使用 memset()函数来完成。如果没有对 kobject 置 0，那么在以后使用 kobject 时，可能发生一些奇怪的错误。对 kobject 置 0 后，可以调用 kobject_init()函数，对其中的成员进行初始化，该函数的代码如下：

```
01  void kobject_init(struct kobject *kobj, struct kobj_type *ktype)
02  {
03      char *err_str;                          /*出错时，保存错误字符串提示*/
04      if (!kobj) {
05          err_str = "invalid kobject pointer!"    /*kobj 为无效的指针*/
06          goto error;
07      }
08      if (!ktype) {                           /*ktype 没有定义*/
09          err_str = "must have a ktype to be initialized properly!\n";
10          goto error;
11      }
12      if (kobj->state_initialized) {          /*如果 kobject 已经初始化,则出错*/
13          /* 打印错误信息, 有时候可以恢复到正常状态 */
14          printk(KERN_ERR "kobject (%p): tried to init an initialized "
15                  "object, something is seriously wrong.\n", kobj);
16          dump_stack();                       /*以堆栈方式追溯出错信息*/
17      }
18      kobject_init_internal(kobj);            /*初始化 kobject 的内部成员变量*/
19      kobj->ktype = ktype;                    /*为 kobject 绑定一个 ktype 属性*/
20      return;
21  error:
22      printk(KERN_ERR "kobject (%p): %s\n", kobj, err_str);
23      dump_stack();
24  }
```

- 第 4～11 行，检查 kobj 和 ktype 是否合法，它们都不应该是一个空指针。

- 第 12～16 行，判断该 kobj 是否已经初始化过了，如果已经初始化，则打印出错信息。

- 第 18 行调用 kobject_init_internal()函数初始化 kobj 结构体的内部成员，该函数将在后面介绍。

- 第 19 行将定义的一个属性结构体 ktype 赋给 kobj->ktype。这是一个 kobj_type 结构体，与 sysfs 文件的属性有关，将在后面介绍。例如一个喇叭设备在 sysfs 目录中注册了一个 A 目录，该目录对应一个名为 A 的 kobject 结构体。即使再普通的喇叭也应该有一个音量属性，用来控制和显示声音的大小，这个属性可以在 A 目录下用一个名为 B 的属性文件来表示。很显然，如果要控制喇叭的声音大小，应该对 B 文件进行写操作，将新的音量值写入；如果要查看当前的音量，应该读 B 文件。所以属性文件 B 应该是一个可读可写的文件。

3．初始化 kobject 的内部成员函数 kobject_init_internal()

在前面的函数 kobject_init()第 18 行，调用了 kobject_init_internal()函数初始化 kobject 的内部成员。该函数的代码如下：

```
static void kobject_init_internal(struct kobject *kobj)
{
    if (!kobj)                           /*如果 kobj 为空，则出错退出*/
        return;
    kref_init(&kobj->kref);              /*增加 kobject 的引用计数*/
    INIT_LIST_HEAD(&kobj->entry);        /*初始化 kobject 的链表*/
    kobj->state_in_sysfs = 0;            /*表示 kobject 还没有注册到 sysfs 中*/
    kobj->state_add_uevent_sent = 0;     /*始终初始化为 0*/
    kobj->state_remove_uevent_sent = 0;  /*始终初始化为 0*/
    kobj->state_initialized = 1;         /*表示该结构体已经初始化过了*/
}
```

该函数主要对 kobject 的内部成员进行初始化，例如引用计数 kref，连接 kboject 的 entry 链表等。

4．kobject 结构体的引用计数操作

kobject_get()函数是用来增加 kobject 的引用计数，引用计数由 kobject 结构体的 kref 成员表示。只要对象的引用计数大于等于 1，对象就必须继续存在。kobject_get()函数的代码如下：

```
struct kobject *kobject_get(struct kobject *kobj)
{
    if (kobj)
        kref_get(&kobj->kref);                /*增加引用计数*/
    return kobj;
}
```

kobject_get()函数将增加 kobject 的引用计数，并返回指向 kobject 的指针。如果 kobject 对象已经在释放的过程中，那么 kobject_get()函数将返回 NULL 值。

kobject_put()函数用来减少 kobject 的引用计数，当 kobject 的引用计数为 0 时，系统就将释放该对象和其占用的资源。前面讲的 kobject_init()函数设置了引用计数为 1，所以在创建 kobject 对象时，就不需要调用 kobject_get()函数增加引用计数了。当删除 kobject 对象时，需要调用 kobject_put()函数减少引用计数。该函数的代码如下：

```
01  void kobject_put(struct kobject *kobj)
02  {
03      if (kobj) {
```

```
04            if (!kobj->state_initialized)
                                  /*为初始化 kobject 就减少引用计数, 则出错*/
05            WARN(1, KERN_WARNING "kobject: '%s' (%p): is not "
06                "initialized, yet kobject_put() is being "
07                "called.\n", kobject_name(kobj), kobj);
08        kref_put(&kobj->kref, kobject_release);    /*减少引用计数*/
09    }
10 }
```

前面已经说过，当 kobject 的引用计数为 0 时，将释放 kobject 对象和其占用的资源。由于每一个 kobject 对象所占用的资源都不一样，所以需要驱动开发人员自己实现释放对象资源的函数。该释放函数需要在 kobject 的引用技术为 0 时，被系统自动调用。

kobject_put()函数中第 8 行的 kref_put()函数的第 2 个参数指定了释放函数，该释放函数是 kobject_release()，其由内核实现，在其内部调用了 kobj_type 结构中自定义的 release()函数。由此可见 kobj_type 中的 release()函数是需要驱动开发人员真正实现的释放函数。从 kobject_put()函数到调用自定义的 release()函数的路径如图 11.2 所示。

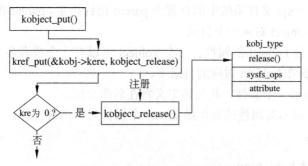

图 11.2　释放函数的调用路线

5．设置 kobject 名字的函数

用来设置 kobject.name 的函数有两个，分别是 kobject_set_name()和 kobject_rename()函数，这两个函数的原型是：

```
int kobject_set_name(struct kobject *kobj, const char *fmt, ...);
int kobject_rename(struct kobject *kobj, const char *new_name);
```

第 1 个函数用来直接设置 kobject 结构体的名字。该函数的第 1 个参数是需要设置名字的 kobject 对象，第 2 个参数是一个用来格式化名字的字符串，与 C 语言中 printf()函数的对应参数相似。

第 2 个函数用来当 kobject 已经注册到系统后，如果一定要该 kobject 结构体的名字时使用。

11.2.2　设备属性 kobj_type

每个 kobject 对象都有一些属性，这些属性由 kobj_type 结构体表示。最开始，内核开发者考虑将属性包含在 kobject 结构体中，后来考虑到同类设备会具有相同的属性，所以将属性隔离开来，由 kobj_type 表示。kobject 中有指向 kobj_type 的指针，如图 11.3 所示。

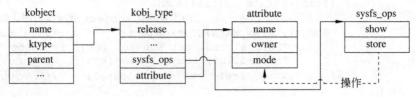

图 11.3 kobject 与 kobj_type 的关系

下面结合图 11.3，解释几个重要的问题。

- ❑ kobject 始终代表 sysfs 文件系统中的一个目录，而不是文件。对 kobject_add() 函数的调用将在 sysfs 文件系统中创建一个目录。最底层目录对应于系统中的一个设备、驱动或者其他内容。通常一个目录中包含一个或者多个属性，以文件的方式表示，属性由 ktype 指向。
- ❑ kobject 对象的成员 name 是 sysfs 文件系统中的目录名。通常使用 kobject_set_name() 函数来设置。在同一个目录下，不能有相同的目录名。
- ❑ kobject 在 sysfs 文件系统中的位置由 parent 指针指定。parent 指针指向一个 kojbect 结构体，kobject 对应一个目录。
- ❑ kobj_type 是 kobject 的属性。一个 kobject 可以有一个或者多个属性。属性用文件来表示，放在 kobject 对应的目录下。
- ❑ attribute 表示一个属性，其具体定义将在后面介绍。
- ❑ sysfs_ops 表示对属性的操作函数。一个属性只有两种操作，一种是读操作，一种是写操作。

1. 属性结构体 kobj_type

当创建 kobject 结构体的时候，会给 kobject 一些默认的属性。这些属性保存在 kobj_type 结构体中，该结构体定义如下：

```
struct kobj_type {
    void (*release)(struct kobject *kobj);   /*释放 kobject 和其占用资源的函数*/
    struct sysfs_ops *sysfs_ops;             /*操作下一个属性数组的方法*/
    struct attribute **default_attrs;        /*属性数组*/
};
```

kobj_type 的 default_attrs 成员保存了属性数组，每一个 kobject 对象可以有一个或者多个属性。属性结构体的定义如下：

```
struct attribute {
    const char      *name;        /*属性的名称*/
    struct module   *owner;       /*指向拥有该属性的模块，已经不常使用*/
    mode_t          mode;         /*属性的读写权限*/
}
```

在这个结构体中，name 是属性的名字，对应某个目录下的一个文件的名字。owner 指向实现这个属性的模块指针，就是驱动模块的指针。在 x86 平台上已经不推荐使用了。mode 是属性的读写权限，也就是 sysfs 中文件的读写权限。这些权限在 include\linux\stat.h 文件中定义。S_IRUGO 表示属性可读；S_IWUGO 表示属性可写。

2．操作结构体 sysfs_ops

kobj_type 结构的字段 default_attrs 数组说明了一个 kobject 都有哪些属性，但是并没有说明如何操作这些属性。这个任务要使用 kobj_type->sysfs_ops 成员来完成，sysfs_ops 结构体的定义如下：

```
struct sysfs_ops {
    ssize_t (*show)(struct kobject *, struct attribute *,char *);
                                              /*读属性操作函数*/
    ssize_t (*store)(struct kobject *,struct attribute *,const char *,
    size_t);                                  /*写属性操作函数*/
};
```

❑ show()函数用于读取一个属性到用户空间。函数的第 1 个参数是要读取的 kobject 的指针，它对应要读的目录；第 2 个参数是要读的属性；第 3 个参数是存放读到的属性的缓存区。当函数调用成功后，会返回实际读取的数据长度，这个长度不能超过 PAGE_SIZE 个字节大小。

❑ store()函数将属性写入内核中。函数的第 1 个参数是与写相关的 kobject 的指针，它对应要写的目录；第 2 个参数是要写的属性；第 3 个参数是要写入的数据；第 4 个参数是要写入的参数长度。这个长度不能超过 PAGE_SIZE 个字节大小。只有当拥有属性有写权限时，才能调用 store()函数。

🔈说明：sysfs 文件系统约定一个属性不能太长，一般一至两行左右，如果太长，需要把它分为多个属性。

这两个函数比较复杂，下面举一个关于这两个函数的例子。代码如下：

```
/*该函数用来读取一个属性的名字*/
ssize_t kobject_test_show(struct kobject *kobject, struct attribute
*attr,char *buf)
{
    printk("call kobject_test_show().\n");      /*调试信息*/
    printk("attrname:%s.\n", attr->name);        /*打印属性的名字*/
    sprintf(buf,"%s\n",attr->name);     /*将属性名字存放在buf中，返回用户空间*/
    return strlen(attr->name)+2;
}
/*该函数用来写入一个属性的值*/
ssize_t kobject_test_store(struct kobject *kobject,struct attribute
*attr,const char *buf, size_t count)
{
    printk("call kobject_test_store().\n"         /*调试信息*/
    printk("write: %s\n",buf);                    /*输出要存的信息*/
    /*省略写入attr中数据的代码，根据具体的逻辑定义*/
    return count;
}
```

kobject_test_show()函数将 kobject 的名字赋给 buf，并返回给用户空间。例如在用户空间使用 cat 命令查看属性文件时，会调用 kobject_test_show()函数，并显示 kobject 的名字。kobject_test_store()函数用于将来自用户空间的 buf 数据写入内核中，此次并没有实际地写入操作，可以根据具体情况写入一些需要的数据。

3．kobj_type 结构体的 release()函数

在上面讨论 kobj_type 的过程中，遗留了一个重要的函数即 release()函数。该函数表示当 kojbect 的引用计数为 0 时，将对 kobject 采取什么样的操作。对 kobject_put()函数的讲解中，已经对该函数做了铺垫，该函数的原型如下：

```
void (*release)(struct kobject *kobj);
```

该函数的存在至少有两个原因：第一，每一个 kobject 对象在释放时，可能都有一些不同的操作，所以并没有一个统一的函数对 kobject 及其包含的结构进行释放操作。第二，创建 kobject 的代码并不知道什么时候应该释放 koject 对象。所以 kobject 维护了一个引用计数，当计数为 0 时，则在合适的时候系统会调用自定义的 release()函数来释放 kobject 对象。一个 release()函数的模板如下：

```
void kobject_test_release(struct kobject *kobject)
{
    printk("kobject_test: kobject_test_release() .\n");
    struct  my_object  *myobject=container_of(kobject,struct  my_object,
    kobj);                    /*获得 my_object 对象*/
    /*省略了对自定义的设备对象 my_object 执行其他操作*/
    kfree(myobject);         /*释放自定义的 my_object 对象，其中包含 kobject 对象*/
}
```

kobject 一般包含在一个更大的自定义结构中，这里就是 my_object 对象。在驱动程序中，为了完成驱动的一些功能，该对象在系统中申请了一些资源，这些资源的释放就在自定义的 kobject_test_release()中完成。

需要注意的是：每一个 kobject 对象都有一个 release()方法，此方法会自动在引用计数为 0 时，被内核调用，不需要程序员来调用。如果在引用计数不为 0 时调用，就会出现错误。

4．非默认属性

在许多的情况下，kobject 类型的 default_attrs 成员定义了 kobject 拥有的所有默认属性。但是在特殊情况下，也可以对 kobject 添加一些非默认的属性，用来控制 kobject 代表的总线、设备和驱动的行为。例如为驱动的 kobject 结构体添加一个属性文件 switch，用来选择驱动的功能。假设驱动有功能 A 和 B，如果写 switch 为 A，那么选择驱动的 A 功能，写 switch 为 B，则选择驱动的 B 功能。添加非默认属性的函数原型如下：

```
int sysfs_create_file(struct kobject * kobj, const struct attribute * attr);
```

如果函数执行成功，则使用 attribute 结构中的名字创建一个属性文件并返回 0，否则返回一个负的错误码。这里举一个创建 switch 属性的例子，其代码如下：

```
struct attribute switch_attr = {
    .name = "switch",                        /*属性名*/
    .mode = S_IRWXUGO,                       /*属性为可读可写*/
};
err = sysfs_create_file(kobj, switch_attr));       /*创建一个属性文件*/
```

```
if (err)                                          /*返回非 0, 则出错*/
    printk(KERN_ERR"sysfs_create_file error");
```

内核提供了 sysfs_remove_file()函数来删除属性, 其函数原型如下:

```
void sysfs_remove_file(struct kobject * kobj, const struct attribute * attr);
```

调用该函数成功, 将在 sysfs 文件系统中删除 attr 属性指定的文件。当属性文件删除后, 如果用户空间的某一程序仍然拥有该属性文件的文件描述符, 那么利用该文件描述符对属性文件的操作会出现错误, 需要引起开发者的注意。

11.3　注册 kobject 到 sysfs 中的实例

为了对 kobject 对象有一个清晰的认识, 这里将给读者展现一个完整的实例代码。在讲解这个实例代码之前, 需要重点讲解一下到目前为止, 我们需要知道的设备驱动模型结构。

11.3.1　设备驱动模型结构

在 Linux 设备驱动模型中, 设备驱动模型在内核中的关系用 kobject 结构体来表示。在用户空间的关系用 sysfs 文件系统的结构来表示。如图 11.4 所示, 左边是 bus 子系统在内核中的关系, 使用 kobject 结构体来组织。右边是 sysfs 文件系统的结构关系, 使用目录和文件来表示。左边的 kobject 和右边的目录或者文件是一一对应的关系, 如果左边有一个 kobject 对象, 那么右边就对应一个目录。文件表示该 kobject 的属性, 并不与 kobject 相对应。

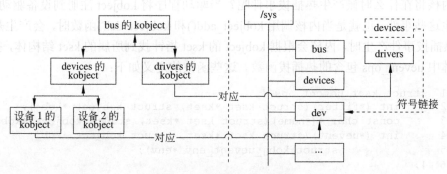

图 11.4　设备驱动模型结构

11.3.2　kset 集合

kobject 通过 kset 组织成层次化的结构。kset 是具有相同类型的 kobject 集合, 像驱动程序一样放在/sys/drivers/目录下, 目录 drivers 是一个 kset 对象, 包含系统中的驱动程序对应的目录, 驱动程序的目录由 kobject 表示。

1. kset 集合

kset 结构体的定义代码如下:

```
01  struct kset {
02      struct list_head list;      /*连接所包含的 kobject 对象的链表首部*/
03      spinlock_t list_lock;       /*维护 list 链表的自旋锁*/
04      struct kobject kobj;/*内嵌的 kobject 结构体，说明 kset 本身也是一个目录*/
05      struct kset_uevent_ops *uevent_ops; /*热插拔事件*/
06  };
```

❑ 第 1 行表示一个链表。包含在 kset 中的所有 kobject 对象被组织成一个双向循环链表，list 就是这个链表的头部。

❑ 第 3 行是用来从 list 中添加或者删除 kobject 的自旋锁。

❑ 第 4 行是一个内嵌的 kobject 对象。所有属于这个 kset 集合的 kobject 对象的 parent 指针，均指向这个内嵌的 kobject 对象。另外 kset 的引用计数就是内嵌的 kobject 对象的引用计数。

❑ 第 5 行是支持热插拔事件的函数集。

2. 热插拔事件 kset_uevent_ops

一个热插拔事件是从内核空间发送到用户空间的通知，表明系统某些部分的配置已经发生变化。用户空间接收到内核空间的通知后，会调用相应的程序，处理配置的变化。例如，当 U 盘插入到 USB 系统时，会产生一个热插拔事件，内核会捕获这个热插拔事件，并调用用户空间的/sbin/hotplug 程序，该程序通过加载驱动程序来响应 U 盘插入的动作。

在早期的系统中，如果要加入一个新设备，必须要关闭计算机，插入设备，然后再重启，这是一个非常繁琐的过程。现在计算机系统的硬软件已经有能力支持设备的热插拔，这种特性带来的好处是设备可以即插即用，节省用户的时间。

内核将在什么时候产生热插拔事件呢？当驱动程序将 kobject 注册到设备驱动模型时，会产生这些事件。也就是当内核调用 kobject_add()和 kobject_del()函数时，会产生热插拔事件。热插拔事件产生时，内核会根据 kobject 的 kset 指针找到所属的 kset 结构体，执行 kset 结构体中 uevent_ops 包含的热插拔函数。这些函数的定义如下：

```
01  struct kset_uevent_ops {
02      int (*filter)(struct kset *kset, struct kobject *kobj);
03      const char *(*name)(struct kset *kset, struct kobject *kobj);
04      int (*uevent)(struct kset *kset, struct kobject *kobj,
05              struct kobj_uevent_env *env);
06  };
```

❑ 第 2 行的 filter()函数是一个过滤函数。通过 filter()函数，内核可以决定是否向用户空间发送事件产生信号。如果 filter()返回 0，表示不产生事件；如果 filter()返回 1，表示产生事件。例如，在块设备子系统中可以使用该函数决定哪些事件应该发送给用户空间。在块设备子系统中至少存在 3 种类型的 kobject 结构体：磁盘、分区和请求队列。用户空间需要对磁盘和分区的改变产生响应，但一般不需要对请求队列的变化产生响应。在把事件发送给用户空间时，可以使用 filter()函数过滤不需要产生的事件。块设备子系统的过滤函数如下：

```
static int dev_uevent_filter(struct kset *kset, struct kobject *kobj)
{
    int ret;
```

```
    struct kobj_type *ktype = get_ktype(kobj);  /*得到 kobject 属性的类型*/
    ret=((ktype==&ktype_block)||(ktype==&ktype_part));
                                                 /*判断是否磁盘或分区事件*/
    return ret;                                  /*返回 0 表示过滤，非 0 表示不过滤*/
}
```

❑ 第 3 行的 name()函数在用户空间的热插拔程序需要知道子系统的名字时被调用。
该函数将返回给用户空间程序一个字符串数据。该函数的一个例子是
dev_uevent_name()函数，代码如下：

```
static const char *dev_uevent_name(struct kset *kset, struct kobject *kobj)
{
    struct device *dev = to_dev(kobj);
    if (dev->bus)
        return dev->bus->name;
    if (dev->class)
        return dev->class->name;
    return NULL;
}
```

该函数先由 kobj 获得 device 类型的 dev 指针。如果该设备的总线存在，则返回总线的
名字，否则返回设备类的名字。

❑ 任何热插拔程序需要的信息可以通过环境变量来传递。uevent()函数可以在热插拔
程序执行前，向环境变量中写入值。

11.3.3　kset 与 kobject 的关系

kset 是 kobject 的一个集合，用来与 kobject 建立层次关系。内核可以将相似的 kobject
结构连接在 kset 集合中，这些相似的 kobject 可能有相似的属性，使用统一的 kset 来表示。
如图 11.5 显示了 kset 集合和 koject 之间的关系。

❑ kset 集合包含了属于其的 kobject 结构体，kset.list 链表用来连接第一个和最后一个
   kobject 对象。第 1 个 kobject 使用 entry 连接 kset 集合和第 2 个 kobject 对象。第 2
   个 kobject 对象使用 entry 连接第 1 个 kobject 对象和第 3 个 kobject 对象，依次类
   推，最终形成一个 kobject 对象的链表。

❑ 所有 kobject 结构的 parent 指针指向 kset 包含的 kobject 对象，构成一个父子层次
   关系。

❑ kobject 的所有 kset 指针指向包含它的 kset 集合，所以通过 kobject 对象很容易就能
   找到 kset 集合。

❑ kobject 的 kobj_type 指针指向自身的 kobj_type，每个 kobject 都有一个单独的
   kobj_type 结构。另外在 kset 集合中也有一个 kobject 结构体，该结构体的 xxx 也指
   向一个 kobj_type 结构体。从前文中知道，kobj_type 中定义了一组属性和操作属性
   的方法。这里需要注意的是，kset 中 kobj_type 的优先级要高于 kobject 对象中
   kobj_type 的优先级。如果两个 kobj_type 都存在，那么优先调用 kset 中的函数。如
   果 kset 中的 kobj_type 为空，才调用各个 kobject 结构体自身对应的 kobj_type 中的
   函数。

❑ kset 中的 kobj 也负责对 kset 的引用技术。

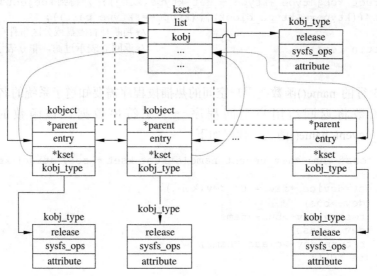

图 11.5　kset 和 kobject 的关系

11.3.4　kset 相关的操作函数

kset 相关的操作函数与 kobject 的函数相似，也有初始化、注册和注销等函数。下面对这些函数进行介绍。

1. 初始化函数 kset_init()

kset_init()函数用来初始化 kset 对象的成员，其中最重要的是初始化 kset.kobj 成员，使用上面介绍过的 kobject_init_internal()函数。

```
01   void kset_init(struct kset *k)
02   {
03       kobject_init_internal(&k->kobj);    /*初始化 kset.kojb 成员*/
04       INIT_LIST_HEAD(&k->list);           /*初始化连接 kobject 的链表*/
05       spin_lock_init(&k->list_lock);      /*初始化自旋锁，该锁用于对 kobject
                                               的添加、删除等操作*/
06   }
```

2. 注册函数 kset_register()

kset_register()函数用来完成系统对 kset 的注册，函数的原型如下：

```
int kset_register(struct kset *k);
```

3. 注销函数 kset_unregister()

kset_unregister()函数用来完成系统对 kset 的注销，函数的原型如下：

```
void kset_unregister(struct kset *k);
```

4．kset 的引用计数

kset 也有引用计数，该引用计数由 kset 的 kobj 成员来维护。可以使用 kset_get()函数增加引用计数，使用 kset_put()函数减少引用计数。这两个函数的原型如下：

```
static inline struct kset *kset_get(struct kset *k);
static inline void kset_put(struct kset *k);
```

11.3.5　注册 kobject 到 sysfs 中的实例

对 kobject 和 kset 有所了解后，本节将讲解一个实例程序，以使读者对这些概念有更清楚的认识。这个实例程序的功能是，在/sys 目录下添加了一个名为 kobject_test 的目录名，并在该目录下添加了一个名为 kobject_test_attr 的文件，这个文件就是属性文件。本实例可以通过 kobject_test_show()函数显示属性的值；也可以通过 kobject_test_store()函数向属性中写入一个值。这个实例的完整代码如下：

```
#include <linux/device.h>
#include <linux/module.h>
#include <linux/kernel.h>
#include <linux/init.h>
#include <linux/string.h>
#include <linux/sysfs.h>
#include <linux/stat.h>

void kobject_test_release(struct kobject *kobject);
                                                /*释放 kobject 结构体的函数*/
/*读属性的函数*/
ssize_t kobject_test_show(struct kobject *kobject, struct attribute
*attr,char *buf);
/*写属性的函数*/
ssize_t kobject_test_store(struct kobject *kobject,struct attribute
*attr,const char *buf, size_t count);
/*定义了一个名为 kobject_test，可以读写的属性*/
struct attribute test_attr = {
    .name = "kobject_test",                     /*属性名*/
    .mode = S_IRWXUGO,                          /*属性为可读可写*/
};
/*该 kobject 只有一个属性*/
static struct attribute *def_attrs[] = {
    &test_attr,
    NULL,
};
struct sysfs_ops obj_test_sysops =
{
    .show = kobject_test_show,                  /*属性读函数*/
    .store = kobject_test_store,                /*属性写函数*/
};
struct kobj_type ktype =
{
    .release = kobject_test_release,            /*释放函数*/
    .sysfs_ops=&obj_test_sysops,                /*属性的操作函数*/
    .default_attrs=def_attrs,                   /*默认属性*/
```

```
};
void kobject_test_release(struct kobject *kobject)
{
    printk("kobject_test: kobject_test_release() .\n");
                                        /*这只是一个测试例子，实际的代码要复杂很多*/
}
/*该函数用来读取一个属性的名字*/
ssize_t  kobject_test_show(struct  kobject  *kobject,  struct  attribute
*attr,char *buf)
{
    printk("call kobject_test_show().\n"); /*调试信息*/
    printk("attrname:%s.\n", attr->name);  /*打印属性的名字*/
    sprintf(buf,"%s\n",attr->name);       /*将属性名字存放在 buf 中，返回用户空间*/
    return strlen(attr->name)+2;
}
/*该函数用来写入一个属性的值*/
ssize_t  kobject_test_store(struct  kobject  *kobject,struct  attribute
*attr,const char *buf, size_t count)
{
    printk("call kobject_test_store().\n");/*调试信息*/
    printk("write: %s\n",buf);              /*输出要存入的信息*/
    strcpy(attr->name,buf);                 /*写一个属性*/
    return count;
}
struct kobject kobj;                        /*要添加的 kobject 结构*/
static int kobject_test_init()
{
    printk("kboject test_init().\n");
    kobject_init_and_add(&kobj,&ktype,NULL,"kobject_test");
                                            /*初始化并添加 kobject 到内核中*/
    return 0;
}
static int kobject_test_exit()
{
    printk("kobject test exit.\n");
    kobject_del(&kobj);                     /*删除 kobject*/
    return 0;
}
module_init(kobject_test_init);
module_exit(kobject_test_exit);
MODULE_AUTHOR("Zheng Qiang");
MODULE_LICENSE("Dual BSD/GPL");
```

下面对实例的一些扩展知识进行简要介绍。

1．kobject_init_and_add()函数

加载函数 kobject_test_init()调用 kobject_init_and_add()函数来初始化和添加 kobject 到内核中。函数调用成功后将在/sys 目录下新建一个 kobject_test 的目录，这样就构建了 kobject 的设备层次模型。这个函数主要完成了如下两个功能：

（1）调用 kobject_init()函数对 kobject 进行初始化，并将 kobject 与 kobj_type 关联起来。

（2）调用 kobject_add_varg()函数将 kobject 加入设备驱动层次模型中，并设置一个名字。kobject_init_and_add()函数的代码如下：

```
01  int kobject_init_and_add(struct kobject *kobj, struct kobj_type *ktype,
```

```
02                    struct kobject *parent, const char *fmt, ...)
03   {
04       va_list args;                              /*参数列表*/
05       int retval;                                /*返回值*/
06       kobject_init(kobj, ktype);                 /*初始化 kobject 结构体*/
07       va_start(args, fmt);                       /*开始解析可变参数列表*/
08       retval = kobject_add_varg(kobj, parent, fmt, args);
                                                    /*给 kobj 添加一些参数*/
09       va_end(args);                              /*结束解析参数列表*/
10       return retval;
11   }
```

- 参数说明：第 1 个参数 kobj 是指向要初始化的 kobject 结构体；第 2 个参数 ktype 是指向要与 kobj 联系的 kobj_type。第 3 个参数指定 kobj 的父 kobject 结构体；第 4、5 个参数是 XXXXXX
- 第 6 行的 kobject_init()函数已经在前面详细说明。
- 第 8 行调用 kobject_add_varg()函数向设备驱动模型添加一个 kobject 结构体。这个函数比较复杂，将在后面详细介绍。

2. 将 kobject 加入设备驱动模型中的函数 kobject_add_varg()

kobject_add_varg()函数将 kobject 加入驱动设备模型中。函数的第 1 个参数 kobj 是要加入设备驱动模型中的 kobject 结构体指针；第 2 个参数是该 kobject 结构体的父结构体，该值为 NULL 时，表示在/sys 目录下创建一个目录，本实例就是这种情况；第 3、4 个参数与 printf()函数的参数相同，接收一个可变参数，这里用来设置 kobject 的名字。kobject_add_varg()函数的代码如下：

```
01   static int kobject_add_varg(struct kobject *kobj, struct kobject
*parent,
02                   const char *fmt, va_list vargs)
03   {
04       int retval;                              /*返回值*/
05       retval = kobject_set_name_vargs(kobj, fmt, vargs);
                                                  /*给 kobject 赋新的名字*/
06       if (retval) {                            /*设置名字失败*/
07           printk(KERN_ERR "kobject: can not set name properly!\n");/**/
08           return retval;
09       }
10       kobj->parent = parent;                   /*设置 kojbect 的父 kobject 结构体*/
11       return kobject_add_internal(kobj); /**/
12   }
```

- 函数第 5～9 行，设置将要加入 sysfs 文件系统中的 kobject 的名字。本实例的名字是 kobject_test。将在 sysfs 文件系统中加入一个 kobject_test 的目录。
- 第 10 行设置 kobject 的父 kobject 结构体。也就是 kobject_test 的父目录，如果 parent 为 NULL，那么将在 sysfs 文件系统顶层目录中加入 kobject_test 目录，表示没有父目录。
- 第 11 行调用 kobject_add_internal()函数向设备驱动模型中添加 kobject 结构体。

3. kobject 添加函数 kobject_add_internal()

kobject_add_internal()函数负责向设备驱动模型中添加 kobject 结构体，并在 sysfs 文件系统中创建一个目录。该函数的代码如下：

```
static int kobject_add_internal(struct kobject *kobj)
{
    int error = 0;
    struct kobject *parent;
    if (!kobj)                    /*为空，则失败，表示没有需要添加的 kobject*/
        return -ENOENT;
    if (!kobj->name || !kobj->name[0]) {
                                  /*kobject 没有名字，不能注册到设备驱动模型中*/
        WARN(1, "kobject: (%p): attempted to be registered with empty "
            "name!\n", kobj);
        return -EINVAL;
    }
    parent = kobject_get(kobj->parent);     /*增加父目录的引用计数*/
    if (kobj->kset) {                       /*是否属于一个 kset 集合*/
        if (!parent)    /*如果 kobject 本身没有父 kobject，则使用 kset 的 kobject
                        作为 kobject 的父亲*/
            parent = kobject_get(&kobj->kset->kobj);     /*增加引用计数*/
        kobj_kset_join(kobj);/**/
        kobj->parent = parent;               /*设置父 kobject 结构*/
    }
    /*打印调试信息：kobject 名字、对象地址、该函数名；父 kobject 名字；kset 集合名
      字*/
    pr_debug("kobject: '%s' (%p): %s: parent: '%s', set: '%s'\n",
        kobject_name(kobj), kobj, __func__,
        parent ? kobject_name(parent) : "<NULL>",
        kobj->kset ? kobject_name(&kobj->kset->kobj) : "<NULL>");
    error = create_dir(kobj);/*创建一个 sysfs 目录，该目录的名字为 kobj->name*/
    if (error) {                             /*以下为创建目录失败的函数*/
        kobj_kset_leave(kobj); /**/
        kobject_put(parent); /**/
        kobj->parent = NULL;
        /* be noisy on error issues */
        if (error == -EEXIST) /**/
            printk(KERN_ERR "%s failed for %s with "
                "-EEXIST, don't try to register things with "
                "the same name in the same directory.\n",
                __func__, kobject_name(kobj));
        else
            printk(KERN_ERR "%s failed for %s (%d)\n",
                __func__, kobject_name(kobj), error);
        dump_stack();/**/
    } else
        kobj->state_in_sysfs = 1;            /*创建成功，表示 kobject 在 sysfs 中*/
    return error;                            /*返回错误码*/
}
```

4. 删除 kobject 对象的 kobject_del()函数

kobject_del()函数用来从设备驱动模型中删除一个 kobject 对象，本实例中该函数在卸

载函数 kobject_test_exit()中调用。具体来说，kobject_del()函数主要完成以下 3 个工作：

（1）从 sysfs 文件系统中删除 kobject 对应的目录，并设置 kobject 的状态为没有在 sysfs 中。

（2）如果 kobject 属于一个 kset 集合，则从 kset 中删除。

（3）减少 kobject 的相关引用技术。kobject_del()函数的代码如下：

```
void kobject_del(struct kobject *kobj)
{
    if (!kobj)                      /*为空，则退出*/
        return;
    sysfs_remove_dir(kobj);         /*从 sysfs 文件系统中删除 kobj 对象*/
    kobj->state_in_sysfs = 0;       /*表示该 kobj 没有在 sysfs 中*/
    kobj_kset_leave(kobj);          /*如果 kobj 对象属于一个 kset 集合，则从集合中删除*/
    kobject_put(kobj->parent);      /*减少父目录的引用计数*/
    kobj->parent = NULL;            /*将父目录设为 NULL*/
}
```

5．释放函数 kobject_test_release()

前面已经说过每一个 kobject 都有自己的释放函数，本例的释放函数是 kobject_test_release()，该函数除打印一条信息之外，什么也没有做。因为这个例子并不需要做其他工作，在实际的项目中该函数可能较为复杂。

6．读写属性函数

本例有一个 test_attr 的属性，该属性的读写函数分别是 kobject_test_show()和 kobject_test_store()函数，分别用来向属性 test_attr 中读出属性名和写入属性名。

11.3.6　实例测试

使用 make 命令编译 kboject_test.c 文件，得到 kobject_test.ko 模块，然后使用 insmod 命令加载该模块。当模块加载后会在/sys 目录中增加一个 kobject_test 的目录，如下所示。

```
[root@tom 11.3]# cd /sys
[root@tom sys]# ls
block  class  devices  fs      kobject_test  power
bus    dev    firmware  kernel  module
```

进入 kobject_test 目录，在该目录下有一个名为 kobject_test_attr 的属性文件，如下所示。

```
[root@tom sys]# cd kobject_test/
[root@tom kobject_test]# ls
kobject_test_attr
```

使用 echo 命令和 cat 命令可以对这个属性文件进行读写，读写时，内核里调用的分别是 kobject_test_show()和 kobject_test_store()函数。这两个函数分别用来显示和设置属性的名字，测试过程如下：

```
[root@tom kobject_test]# cat kobject_test_attr
kobject_test_attr
```

```
[root@tom kobject_test]# echo abc> kobject_test_attr
[root@tom kobject_test]# ls
abc
```

11.4　设备驱动模型的三大组件

设备驱动模型有 3 个重要组件，分别是总线（bus_type）、设备（device）和驱动（driver）。下面对这 3 个重要组件分别进行介绍。

11.4.1　总线

从硬件结构上来讲，物理总线有数据总线和地址总线。物理总线是处理器与一个或者多个设备之间的通道。在设备驱动模型中，所有设备都通过总线连接，此处的总线与物理总线不同，总线是物理总线的一个抽象，同时还包含一些硬件中不存在的虚拟总线。在设备驱动模型中，驱动程序是附属在总线上的。下面将首先介绍总线、设备和驱动之间的关系。

1．总线、设备、驱动关系

在设备驱动模型中，总线、设备和驱动三者之间紧密联系。如图 11.6 所示，在/sys 目录下，有一个 bus 目录，所有的总线都在 bus 目录下有一个新的子目录。一般，一个总线目录有一个设备目录、一个驱动目录和一些总线属性文件。设备目录中包含挂接在该总线上的设备，驱动目录包含挂接在总线上的驱动程序。设备和驱动程序之间通过指针互相联系。这些关系从图 11.6 中可以看出。

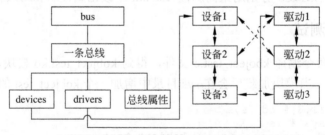

图 11.6　总线、设备、驱动之间的关系

如图 11.6 所示，总线上的设备链表有 3 个设备，设备 1、设备 2 和设备 3。总线上的驱动链表也有 3 个驱动程序，驱动 1、驱动 2 和驱动 3。其中虚线箭头表示设备与驱动的绑定关系，这个绑定是在总线枚举设备时设置的。这里，设备 1 与驱动 2 绑定，设备 2 与驱动 1 绑定，设备 3 与驱动 3 绑定。

2．总线数据结构 bus_type

在 Linux 设备模型中，总线用 bus_type 表示。内核支持的每一条总线都由一个 bus_type 对象来描述。其代码如下：

```
01  struct bus_type {
02      const char      *name;              /*总线类型的名称*/
```

```
03        struct bus_attribute    *bus_attrs;
                                /*总线属性和导出到 sysfs 中的方法*/
04        struct device_attribute *dev_attrs;
                                /*设备属性和导出到 sysfs 中的方法*/
05        struct driver_attribute *drv_attrs;
                                /*驱动程序属性和导出到 sysfs 中的方法*/
06        /*匹配函数,检验参数 2 中的驱动是否支持参数 1 中的设备*/
07        int (*match)(struct device *dev, struct device_driver *drv);
08        int (*uevent)(struct device *dev, struct kobj_uevent_env *env); /**/
09        int (*probe)(struct device *dev);        /*探测设备*/
10        int (*remove)(struct device *dev);       /*移除设备*/
11        void (*shutdown)(struct device *dev);    /*关闭函数*/
12        int (*suspend)(struct device *dev, pm_message_t state);
                                /*改变设备供电状态,使其节能*/
13        int (*suspend_late)(struct device *dev, pm_message_t state);
                                        /*挂起函数*/
14        int (*resume_early)(struct device *dev);        /*唤醒函数*/
15        int (*resume)(struct device *dev);
                                /*恢复供电状态,使设备正常工作的方法*/
16        struct dev_pm_ops *pm;          /*关于电源管理的操作符*/
17        struct bus_type_private *p;     /*总线的私有数据*/
18   };
```

❑ 第 2 行的 name 成员是总线的名字,例如 PCI。
❑ 第 3～5 行分别是 3 个属性,与 kobject 对应的属性类似。设备驱动模型的每一个层次都有一个属性。
❑ 第 6～15 行是总线匹配、探测、电源管理等相关的函数。在具体用到时,将详细解释。
❑ 第 16 行是 dev_pm_ops 是与电源管理相关的函数集合。
❑ 第 17 行的 bus_type_private 表示的是总线的私有数据。

3. bus_type 声明实例

在 Linux 中,总线不仅是物理总线的抽象,还代表一些虚拟的总线,例如平台设备总线(platform)就是虚拟总线。值得注意的是 bus_type 中的很少成员需要自己定义,内核负责完成大部分的功能。例如 ac97 声卡的总线定义就非常简单,如果去掉电源管理的函数,那么 ac97 总线就只有 match()函数的定义了。其总线代码如下:

```
struct bus_type ac97_bus_type = {
    .name       = "ac97",
    .match      = ac97_bus_match,
#ifdef CONFIG_PM
    .suspend    = ac97_bus_suspend,
    .resume     = ac97_bus_resume,
#endif /* CONFIG_PM */
};
```

4. 总线私有数据 bus_type_private

总线私有数据结构 bus_type_private 包含 3 个主要的成员。一个 kset 的类型的 subsys

容器，表示一条总线的主要部分；一个总线上的驱动程序容器 drivers_kset；一个总线上的设备容器 devices_kset。

```
struct bus_type_private {
    struct kset subsys;              /*代表该 bus 子系统，里面的 kobj 是该 bus 的主
                                       kobj,也就是最顶层*/
    struct kset *drivers_kset;  /*挂接到该总线上的所有驱动集合*/
    struct kset *devices_kset;  /*挂接到该总线上的所有设备集合*/
    struct klist klist_devices; /*所有设备的列表,与 devices_kset 中的 list 相同*/
    struct klist klist_drivers; /*所有驱动程序的列表,与 drivers_kset 中的 list
                                       相同*/
    struct blocking_notifier_head bus_notifier; /**/
    unsigned int drivers_autoprobe:1;
                                     /*设置是否在驱动注册时,自动探测（probe）设备*/
    struct bus_type *bus;            /*回指包含自己的总线*/
};
```

5. 总线注册 bus_register()

如果为驱动程序定义了一条新的总线，那么需要调用 bus_register()函数进行注册。这个函数有可能会调用失败，所以有必要检测它的返回值。如果函数调用成功，那么一条新的总线将被添加到系统中。可以在 sysfs 文件系统的/sys/bus 目录下看到它。该函数的代码如下：

```
int bus_register(struct bus_type *bus)
{
    int retval;                      /*返回值*/
    struct bus_type_private *priv;   /*总线私有数据*/
    priv = kzalloc(sizeof(struct bus_type_private), GFP_KERNEL);
                                     /*申请一个总线私有数据结构*/
    if (!priv)                       /*内存不足,返回*/
        return -ENOMEM;
    priv->bus = bus;                 /*总线私有数据结构回指的总线*/
    bus->p = priv;                   /*总线的私有数据*/
    BLOCKING_INIT_NOTIFIER_HEAD(&priv->bus_notifier);/*初始化通知链表*/
    retval = kobject_set_name(&priv->subsys.kobj, "%s", bus->name);
                                     /*设置总线的名字,例如 PCI*/
    if (retval)                      /*失败则返回*/
        goto out;
    priv->subsys.kobj.kset = bus_kset;
                        /*指向其父 kset,bus_kset 在 buses_init()例程中添加*/
    priv->subsys.kobj.ktype = &bus_ktype;   /*设置读取总线属性文件的默认方法*/
    priv->drivers_autoprobe = 1;     /*驱动程序注册时,可以探测(probe)设备*/
    retval = kset_register(&priv->subsys); /*注册总线容器 priv->subsys*/
    if (retval)                      /*失败返回*/
        goto out;
    retval = bus_create_file(bus, &bus_attr_uevent);
                                     /*建立 uevent 属性文件*/
    if (retval)  /**/
        goto bus_uevent_fail;
    /*创建一个 devices_kset 容器。也就是在新的总线目录下创建一个 devices 的目录,其
```

```
父目录就是 priv->subsys.kobj 对应的总线目录*/
    priv->devices_kset = kset_create_and_add("devices", NULL,
                        &priv->subsys.kobj);
    if (!priv->devices_kset) {                     /*创建失败则返回*/
        retval = -ENOMEM;
        goto bus_devices_fail;
    }
    /*创建一个 drivers_kset 容器。也就是在新的总线目录下创建一个 drivers 的目录，其
父目录就是 priv->subsys.kobj 对应的总线目录*/
    priv->drivers_kset = kset_create_and_add("drivers", NULL,
                        &priv->subsys.kobj);
    if (!priv->drivers_kset) {                     /*创建失败则返回*/
        retval = -ENOMEM;
        goto bus_drivers_fail;
    }
    klist_init(&priv->klist_devices, klist_devices_get, klist_devices_
    put);                                          /*初始化设备链表*/
    klist_init(&priv->klist_drivers, NULL, NULL);  /*初始化驱动程序链表*/
    retval = add_probe_files(bus);                 /*与热插拔相关的探测文件*/
    if (retval)
        goto bus_probe_files_fail;
    retval = bus_add_attrs(bus);                   /*为总线创建一些属性文件*/
    if (retval)
        goto bus_attrs_fail;
    pr_debug("bus: '%s': registered\n", bus->name);
    return 0;
/*错误处理*/
bus_attrs_fail:
    remove_probe_files(bus);
bus_probe_files_fail:
    kset_unregister(bus->p->drivers_kset);
bus_drivers_fail:
    kset_unregister(bus->p->devices_kset);
bus_devices_fail:
    bus_remove_file(bus, &bus_attr_uevent);
bus_uevent_fail:
    kset_unregister(&bus->p->subsys);
    kfree(bus->p);
out:
    return retval;
}
```

bus_register()函数对 bus_type 进行注册，当从系统中删除一条总线时，应该使用 bus_unregister()函数。该函数的原型如下：

```
void bus_unregister(struct bus_type *bus);
```

11.4.2　总线属性和总线方法

bus_type 中还包含表示总线属性和总线方法的成员。属性使用成员 bus_attrs 表示，相对该成员介绍如下。

1. 总线的属性 bus_attribute

在 Linux 设备驱动模型中，几乎每一层都有添加属性的函数，bus_type 也不例外。总

线属性用 bus_attribute 表示，由 bus_type 的 bus_attrs 指针指向。bus_attribute 属性如以下代码所示。

```
struct bus_attribute {
    struct attribute    attr;                                    /*总线属性*/
    ssize_t (*show)(struct bus_type *bus, char *buf);            /*属性读函数*/
    ssize_t (*store)(struct bus_type *bus, const char *buf, size_t count);
                                                                 /*属性写函数*/
};
```

bus_attribute 中的 attribute 属性与 kobject 中的属性结构体是一样的。bus_attribute 总线属性也包含两个显示和设置属性值的函数，分别是 show() 和 store() 函数。可以使用 BUS_ATTR 宏来初始化一个 bus_attribute 结构体，该宏的定义如下：

```
#define BUS_ATTR(_name, _mode, _show, _store)  \
struct bus_attribute bus_attr_##_name = __ATTR(_name, _mode, _show, _store)
```

此宏有 4 个参数，分别是属性名、属性读写模式、显示属性和存储属性的函数。例如定义了一个名为 bus_attr_config_time 的属性，可以写成如下形式：

```
static BUS_ATTR(config_time, 0644, ap_config_time_show, ap_config_
time_store);
```

对该宏进行扩展，就能得到 bus_attr_config_time 属性的定义如下：

```
struct bus_attribute bus_attr_config_time = {
    .attr = {.name = config_time, .mode = 0644 },
    .show  = ap_config_time_show,
    .store = ap_config_time_store,
}
```

2．创建和删除总线属性

创建总线的属性，需要调用 bus_create_file() 函数，该函数的原型如下：

```
int bus_create_file(struct bus_type *bus, struct bus_attribute *attr);
```

当不需要某个属性时，可以使用 gbus_remove_file() 函数删除该属性，该函数的原型如下：

```
void bus_remove_file(struct bus_type *bus, struct bus_attribute *attr);
```

3．总线上的方法

在 bus_type 结构体中，定义了许多方法。这些方法都是与总线相关的，例如电源管理，新设备与驱动匹配的方法。这里主要介绍 match() 函数和 uevent() 函数，其他函数在驱动中几乎不需要使用。match() 函数的原型如下：

```
int (*match)(struct device *dev, struct device_driver *drv);
```

当一条总线上的新设备或者新驱动被添加时，会一次或多次调用该函数。如果指定的驱动程序能够适用于指定的设备，那么该函数返回非 0 值，否则返回 0。当定义一种新总线时，必须实现该函数，以使内核知道怎样匹配设备和驱动程序。一个 match()函数的例子如下：

```
static int bttv_sub_bus_match(struct device *dev, struct device_driver *drv)
{
    struct bttv_sub_driver *sub = to_bttv_sub_drv(drv);/*转换为自定义驱动*/
    int len = strlen(sub->wanted);          /*取驱动能支持的设备名长度*/
    if (0 == strncmp(dev_name(dev), sub->wanted, len))
                        /*新添加的设备名是否与驱动支持的设备名相同*/

        return 1;                /*如果总线上的驱动支持该设备，则返回1，否则返回0*/
    return 0;
}
```

当用户空间产生热插拔事件前，可能需要内核传递一些参数给用户程序，这里只能使用环境变量来传递参数。传递环境变量的函数由 uevent()实现，该函数的原型如下：

```
int (*uevent)(struct device *dev, struct kobj_uevent_env *env);
```

该函数只有在内核支持热插拔事件（CONFIG_HOTPLUG）时才有用，否则该函数被定义为 NULL 值。以 amba_uevent()函数为例，该函数只有在支持热插拔时，才被定义。函数体中调用了 add_uevent_var()函数添加了一个新的环境变量，代码如下：

```
#ifdef CONFIG_HOTPLUG
static int amba_uevent(struct device *dev, struct kobj_uevent_env *env)
{
    struct amba_device *pcdev = to_amba_device(dev);
                                    /*由 device 转换为自定义的设备结构*/
    int retval = 0;
    /*向 env 中添加一个新的变量 AMBA_ID*/
    retval = add_uevent_var(env, "AMBA_ID=%08x", pcdev->periphid);
    return retval;
}
#else
#define amba_uevent NULL                /*不支持热插拔事件*/
#endif
```

11.4.3　设备

在 Linux 设备驱动模型中，每一个设备都由一个 device 结构体来描述。device 结构体包含了设备所具有的一些通用信息。对于驱动开发人员来说，当遇到新设备时，需要定义一个新的设备结构体，将 device 作为新结构体的成员。这样就可以在新结构体中定义新设备的一些信息，而设备通用的信息就使用 device 结构体来表示。使用 device 结构体的另一个好处是，可以通过 device 轻松地将新设备加入设备驱动模型的管理中。下面对 device 结构体进行简要的介绍。

1. device 结构体

device 中的大多函数被内核使用，驱动开发人员不需要关注，这里只对该结构体的主要成员进行介绍。该结构体的主要成员如下：

```
01  struct device {
02      struct klist          klist_children;      /*连接子设备的链表*/
03      struct device        *parent;              /*指向父设备的指针*/
04      struct kobject kobj;                        /*内嵌的kobject结构体*/
05      char     bus_id[BUS_ID_SIZE];              /*连接到总线上的位置 */
06      unsigned          uevent_suppress:1;       /*是否支持热插拔事件*/
07      const char       *init_name;               /*设备的初始化名字*/
08      struct device_type *type;                  /*设备相关的特殊处理函数*/
09      struct bus_type *bus;                       /*指向连接的总线指针*/
10      struct device_driver *driver;              /*指向该设备的驱动程序*/
11      void        *driver_data;                  /*指向驱动程序私有数据的指针*/
12      struct dev_pm_info power;                   /*电源管理信息*/
13      dev_t           devt;                       /*设备号*/
14      struct class        *class;                /*指向设备所属类*/
15      struct attribute_group **groups;           /*设备的组属性*/
16      void    (*release)(struct device *dev);/*释放设备描述符的回调函数*/
17      ...
18  };
```

- 第 3 行指向父设备，设备的父子关系表示，子设备离开了父设备就不能工作。
- 第 5 行的 bus_id 字段，表示总线上一个设备的名字。例如 PCI 设备使用了标准的 PCI ID 格式，其格式为：域编号、总线编号、设备编号和功能编号。
- 第 8 行的 device_type 结构中包含了一个用来对设备操作的函数。
- 第 9 行的 bus 指针指向设备所属的总线。
- 第 10 行的 driver 指针指向设备的驱动程序。
- 第 16 行的 release 函数。当指向设备的最后一个引用被删除时，内核会调用该方法。所有向内核注册的 device 结构都必须有一个 release()方法，否则内核就会打印出错信息。

2. 设备注册和注销

设备必须注册之后，才能使用。在注册 device 结构前，至少要设置 parent、bus_id、bus 和 release 成员。常用的注册和注销函数如下代码所示。

```
int device_register(struct device *dev);
void device_unregister(struct device *dev);
```

为了使读者对设备注册有一个清楚的认识，下面的代码完成一个简单的设备注册。

```
static void test_device_release(struct device * dev)/*释放device的函数*/
{
    printk(KERN_DEBUG"test_device release()");
}
/*设备结构体*/
struct device test_device=
{
    .bus_id="test_device",
    .release=test_device_release,
    .parent=NULL
};
int ret;
```

```
ret=device_register(&test_device);           /*注册设备结构体*/
if(ret)                                        /*注册失败,则返回*/
    printk(KERN_DEBUG "register is error");
```

这段代码完成一个设备的注册,其 parent 和 bus 成员都是 NULL。设备的名字是 test_device。释放函数 test_device_release()并不做任何实质的工作。这段代码调用成功后,会在 sysfs 文件系统的/sys/devices 目录下看到一个新的目录 test_device,该目录就对应这里注册的设备。

设备的注销函数是 device_unregister(),该函数的原型如下:

```
void device_unregister(struct device *dev);
```

3. 设备属性

每一个设备都可以有相关的一些属性,在 sysfs 文件系统中以文件的形式来表示。设备属性的定义如下:

```
struct device_attribute {
    struct attribute    attr;                      /*属性*/
    ssize_t (*show)(struct device *dev, struct device_attribute *attr,
            char *buf);                            /*显示属性的方法*/
    ssize_t (*store)(struct device *dev, struct device_attribute *attr,
            const char *buf, size_t count);        /*设置属性的方法*/
};
```

在写程序时,可以使用宏 DEVICE_ATTR 定义 attribute 结构,这个宏的定义如下:

```
#define DEVICE_ATTR(_name, _mode, _show, _store) \
struct device_attribute dev_attr_##_name = __ATTR(_name, _mode, _show,
_store)
```

该宏使用 dev_attr_ 作为前缀构造属性名,并传递属性的读写模式,读函数和写函数。另外,可以使用下面两个函数对属性文件进行实际的处理。

```
int device_create_file(struct device *device,struct device_attribute
*entry);
void device_remove_file(struct device *dev,struct device_attribute *attr);
```

device_create_file()函数用来在 device 所在的目录下创建一个属性文件;device_remove_ile()函数用来在 device 所在的目录下删除一个属性文件。

11.4.4　驱动

在设备驱动模型中,记录了注册到系统中的所有设备。有些设备可以使用,有些设备不可以使用,原因是设备需要与对应的驱动程序绑定才能使用,本节将重点介绍设备驱动程序。

1. 设备驱动 device_driver

一个设备对应一个最合适的设备驱动程序。但是,一个设备驱动程序就有可能适用多个设备。设备驱动模型自动地探测新设备的产生,并为其分配最合适的设备驱动程序,这样新设备就能够使用了。驱动程序由以下结构体定义：

```
01  struct device_driver {
02      const char       *name;            /*设备驱动程序的名字*/
03      struct bus_type  *bus;             /*指向驱动属于的总线，总线上有很多设备*/
04      struct module    *owner;           /*设备驱动自身模块*/
05      const char       *mod_name;        /*驱动模块的名字 */
06      /*探测设备的方法，并检测设备驱动可以控制哪些设备*/
07      int (*probe) (struct device *dev);
08      int (*remove) (struct device *dev);              /*移除设备时调用该方法*/
09      void (*shutdown) (struct device *dev);           /*设备关闭时调用的方法*/
10      int (*suspend) (struct device *dev, pm_message_t state);
                                           /*设备置于低功率状态时所调用的方法*/
11      int (*resume) (struct device *dev);/*设备恢复正常状态时所调用的方法*/
12      struct attribute_group **groups;                 /*属性组*/
13      struct dev_pm_ops *pm;                           /*用于电源管理*/
14      struct driver_private *p;                        /*设备驱动的私有数据*/
15  };
```

❑ 第 3 行的 bus 指针指向驱动所属的总线。

❑ 第 7 行的 probe()函数用来探测设备。也就是当总线设备驱动发现一个可能由它处理的设备时，会自动调用 probe()方法。在这个方法中会执行一些硬件初始化工作。

❑ 第 8 行的 remove()函数在移除设备时调用。同时，如果驱动程序本身被卸载，那么它所管理的每一个设备都会调用 remove()方法。

❑ 第 9～11 行是当内核改变设备供电状态时，内核自动调用的函数。

❑ 第 12 行是驱动所属的属性组，属性组定义了一组驱动共用的属性。

❑ 第 14 行表示驱动的私有数据，可以用来存储与驱动相关的其他信息。driver_private 结构体定义如下：

```
struct driver_private {
    struct kobject kobj;        /*内嵌的 kobject 结构，用来构建设备驱动模型的结构*/
    struct klist klist_devices;           /*该驱动支持的所有设备链表*/
    struct klist_node knode_bus;          /*该驱动所属总线*/
    struct module_kobject *mkobj;         /*驱动的模块*/
    struct device_driver *driver;         /*指向驱动本身*/
};
```

2．驱动举例

在声明一个 device_driver 时，一般需要 probe()、remove()、name、bus()、supsend()和 resume()等成员。下面是一个 PCI 的例子：

```
static struct device_driver au1x00_pcmcia_driver = {
    .probe      = au1x00_drv_pcmcia_probe,
    .remove     = au1x00_drv_pcmcia_remove,
    .name       = "au1x00-pcmcia",
    .bus        = &platform_bus_type,
    .suspend    = pcmcia_socket_dev_suspend,
    .resume     = pcmcia_socket_dev_resume,
};
```

该驱动被挂接在平台总线（platform_bus_type）上，这是一个很简单的例子。但是在实际中，大多数驱动程序会带有自己特定的设备信息，这些信息不是 device_driver 可以全部包含的。比较典型的例子是 pci_driver。

```
struct pci_driver {
    struct list_head node;
    char *name;
    const struct pci_device_id *id_table
    ...
    struct device_driver    driver;
    struct pci_dynids dynids;
};
```

pci_driver 是由 device_driver 衍生出来的，pci_driver 中包含了 PCI 设备特有的信息。

3．驱动程序注册和注销

设备驱动的注册与注销函数如下：

```
int driver_register(struct device_driver *drv);
void driver_unregister(struct device_driver *drv);
```

driver_register()函数的功能是向设备驱动程序模型中插入一个新的 device_driver 对象。当注册成功后，会在 sysfs 文件系统下创建一个新的目录。该函数的代码如下：

```
int driver_register(struct device_driver *drv)
{
    int ret;/*返回值*/
    struct device_driver *other;
    /*drv 和 drv 所属的 bus 中只要有一个提供该函数即可，否则也只能调用 bus 的函数，而不
    理会 drv 的函数。这种方式已经过时，推荐使用 bus_type 中的方法*/
    if ((drv->bus->probe && drv->probe) ||
        (drv->bus->remove && drv->remove) ||
        (drv->bus->shutdown && drv->shutdown))
        printk(KERN_WARNING "Driver '%s' needs updating - please use "
            "bus_type methods\n", drv->name);
    other = driver_find(drv->name, drv->bus);   /*总线中是否已经存在该驱动*/
    if (other) {                                /*驱动已经注册，则返回存在*/
        put_driver(other);                      /*减少驱动引用计数*/
        printk(KERN_ERR "Error: Driver '%s' is already registered, "
            "aborting...\n", drv->name);
        return -EEXIST;
    }
    ret = bus_add_driver(drv);  /*将本 drv 驱动注册登记到 drv->bus 所在的总线*/
    if (ret)                    /*失败则返回*/
        return ret;
    ret = driver_add_groups(drv, drv->groups); /*将该驱动加到所属组中*/
    if (ret)
        bus_remove_driver(drv); /*如果错误，从总线中移除驱动程序*/
    return ret;
}
```

driver_unregister()函数用来注销驱动程序。该函数首先从驱动组中删除该驱动，然后再从总线中移除该驱动程序，代码如下：

```
void driver_unregister(struct device_driver *drv)
{
    driver_remove_groups(drv, drv->groups);        /*从组中移除该驱动*/
    bus_remove_driver(drv);                        /*从总线中移除驱动*/
}
```

4．驱动的属性

驱动的属性可以使用 driver_attribute 表示，该结构体的定义如下：

```
struct driver_attribute {
    struct attribute attr;
    ssize_t (*show)(struct device_driver *driver, char *buf);
    ssize_t (*store)(struct device_driver *driver, const char *buf,
            size_t count);
};
```

使用下面的函数可以在驱动所属目录创建和删除一个属性文件。属性文件中的内容可以用来控制驱动的某些特性，这两个函数是：

```
int driver_create_file(struct device_driver *drv,struct driver_attribute
*attr);
void driver_remove_file(struct device_driver *drv,struct driver_attribute
*attr);
```

11.5　小　　结

设备驱动模型是编写 Linux 驱动程序需要了解的重要知识。设备驱动模型中主要包括 3 大组件，分别是总线、设备和驱动。这 3 种结构之间的关系非常复杂，为了使驱动程序对用户进程来说是可见的，内核提供了 sysfs 文件系统来映射设备驱动模型各组件的关系。通过本章的学习，相信会对后面驱动实例的学习有很大的帮助。

第 12 章 RTC 实时时钟驱动

RTC（Real-Time Clock，简称 RTC）实时时钟为操作系统提供一个可靠的时间，并且在断电的情况下，RTC 实时时钟也可以通过电池供电，一直运行下去。在计算机系统中，经常会用到 RTC 实时时钟。例如，手机在关机模式下，仍然能够保证时间的正确性，就是因为 RTC 实时时钟可以在很小的耗电量下工作。在嵌入式系统中，RTC 设备是一种常用的设备，所以学会写 RTC 实时时钟驱动程序是一件非常重要的事情。

12.1 RTC 实时时钟硬件原理

在编写驱动程序之前，需要首先了解一下 RTC 实时时钟的概念和硬件原理。熟悉 RTC 实时时钟的概念和硬件原理，对驱动程序的编写有非常大的好处。首先来看看什么是 RTC 实时时钟。

12.1.1 RTC 实时时钟

RTC 一般称为 RTC 实时时钟。实时时钟（RTC）单元可以在系统电源关闭的情况下依靠备用电池工作，一般主板上都有一个纽扣电池作为实时时钟的电源。RTC 可以通过使用 STRB/LDDRB 这两个 ARM 指令向 CPU 传递 8 位数据（BCD 码）。数据包括秒、分、小时、日期、天、月和年。RTC 实时时钟依靠一个外部的 32.768kHz 的石晶体，产生周期性的脉冲信号。每一个脉冲信号到来时，计数器就加 1，通过这种方式，完成计时功能。

RTC 实时时钟有如下一些特性。

- ❑ BCD 数据：这些数据包括秒、分、小时、日期、星期几、月和年。
- ❑ 闰年产生器。
- ❑ 报警功能：报警中断或者从掉电模式唤醒。
- ❑ 解决了千年虫问题。
- ❑ 独立电源引脚 RTCVDD。
- ❑ 支持 ms 中断作为 RTOS 内核时钟。
- ❑ 循环复位（round reset）功能。

12.1.2 RTC 实时时钟的功能

如图 12.1 所示是 RTC 实时时钟的框架图。XTIrtc 和 XTOrtc 产生脉冲信号。传给 2^{15} 的一个时钟分频器，得到一个 128Hz 的频率，这个频率用来产生滴答计数。当 TICNT 计数为 0 时，产生一个 TIME TICK 中断信号。RTCCON 寄存器用来控制 RTC 实时时钟的功能。RTCRST 是重置寄存器，用来重置 SEC 和 MIN 寄存器。Leap Year Generator 是一个闰年发生器，用来产生闰年逻辑。RTCALM 用来控制是否产生报警信号。下面对这些功能分别介绍如下。

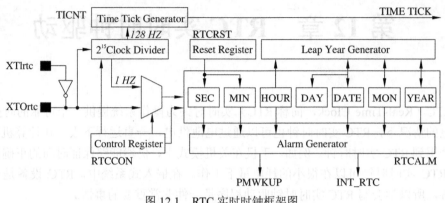

图 12.1　RTC 实时时钟框架图

1．闰年产生器（Leap Year Generator）

闰年产生器可以基于 BCDDATE、BCDMON、BCDYEAR 决定每月最后一天的日期是 28、29、30 还是 31。一个 8 位计数器只能表示两位 BCD 码，每一位 BCD 码由 4 位表示。因此不能决定 00 年是否是闰年，例如它不能区别 1900 年还是 2000 年。RTC 模块通过硬件逻辑支持 2000 年为闰年（注意 1900 年不是闰年，2000 年才是闰年）。因此这两位"00"指的是 2000 年，而不是 1900 年。

2．读写寄存器

要写 BCD 寄存器时，必须要将 RTCCON 寄存器的 0 位置 1；要显示秒、分、小时、日期、星期几、月和年等时间，必须单独读取 BCDSEC、BCDMIN、BCDHOUR、BCDDAY、BCDDATE、BCDMON 和 BCDYEAR 寄存器的值。但是这中间可能存在 1 秒钟的偏差，因为要读多个寄存器。例如，用户读到的结果是 2038 年 12 月 31 日 23 点 59 分，如果读取 BCDSEC 寄存器的值是 1～59 则没问题，但如果是 0，由于存在 1 秒钟的偏差，时间将变成 2039 年 1 月 1 日 0 时 0 分。这种情况下，应该重新读取 BCDYEAR－BCDSEC 寄存器的值，否则读出的值仍然是 2038 年 12 月 31 日 23 点 59 分。

3．后备电池

即使系统电源关闭，RTC 模块可以由后备电池通过 RTCVDD 引脚供电。当系统电源关闭时，CPU 和 RTC 的接口应该被阻塞，后备电池应该只驱动晶振电路和 BCD 计数器，以消耗最少的电量。

4．报警功能

在正常模式和掉电模式下，RTC 在指定的时刻会产生一个报警信号。正常模式下，报警中断 ALMINT 有效，对应 INT_RTC 引脚。掉电模式下，报警中断 ALMINT 有效外还产生一个唤醒信号 PMWKUP，对应 PMWKUP 引脚。RTC 报警寄存器 RTCALM 决定是否使能报警状态和设置报警条件。

5．时钟脉冲中断

RTC 时钟脉冲用于中断请求，图 12.1 中的 TICNT 寄存器有一个中断使能位和一个相关的计数器值。最高位是中断使能位，低 7 位是计数位。每产生一个时钟脉冲，计数值减 1。如果当时钟脉冲发生时，计数器值到达 0，那么会发生一个 TIME TICK 中断。

图 12.1 中方框 Time Tick Generator 下有一个 128Hz 的时钟频率，表示 1 秒钟产生 128 次时钟嘀嗒。可以给 TICNT 的低 7 位赋值，取值范围为 0～127，用 n 表示。则产生中断请求的周期公式如下：

Period=$(n+1)/128$　second

其中，n 表示产生中断前需要嘀嗒的次数（1～127）。

6．后循环测试功能

后循环测试功能由 RTCRST 寄存器执行。秒执行发生器的循环边界可以选择为 30 秒、40 秒或 50 秒，第二个值会变为 0。例如，如果当前时间是 23:37:47，循环测试时间为 40 秒，则循环测试将当前时间设为 23:38:00。注意，所有 RTC 寄存器都必须使用 SRTB 和 LDRB 指令或者字符型指针操作。

12.1.2　RTC 实时时钟的工作原理

RTC 实时时钟的工作由多个寄存器来控制。RTCCON 寄存器用来控制 RTC 实时时钟的整体功能。

1．RTC 控制寄存器 RTCCON

如表 12.1 中的 Control Register 是 RTC 控制寄存器 RTCCON。RTCCON 寄存器由 4 位组成，分别是 RTCEN、CLKSEL、CNTSEL 和 CLKRST，其各位功能如表 12.2 所示。其中，RTCEN 控制 BCD 寄存器的读写使能，CLKRST 用于测试。RTCEN 位能够控制 CPU 和 RTC 的所有接口，因此在系统复位后它应该被设置为 1 以允许数据读写。在电源关闭之前，RTCEN 应该清零以防止无效数据写入 RTC 寄存器。

表 12.1　RTC 控制寄存器 RTCCON

寄存器	地　　址	读写权限	说　　明	默认值
RTCCON	0x57000040	读/写	RTC 控制寄存器	0x0

表 12.2　RTCCON 各位的功能

RTCCON 各位	位	说　　明	默认值
CLKRST	[3]	RTC 时钟寄存器重置位。0 表示不重置，1 表示重置	0
CNTSEL	[2]	BCD 计数器选择。0 表示使用合并 BCD 编码，1 表示分离 BCD 编码	0
CLKSEL	[1]	BCD 时钟选择，0 表示使用 XTAL 分配时钟，1 表示使用 XTAT 来测试	0
RTCEN	[0]	RTC 实时时钟使能位。0 表示不使用 RTC 时钟，1 表示使用 RTC 时钟	0

2. RTC 报警控制寄存器 RTCALM

RTCALM 控制报警使能和报警时间，注意 RTCALM 在掉电模式下产生 ALMINT 和 PMWKUP 报警信号，而在正常模式下只产生 LAMINT 信号。RTCALM 寄存器的各位表示的内容如表 12.3 和表 12.4 所示。

表 12.3　RTC 控制报警寄存器 RTCALM

寄存器	地　址	读写权限	说　明	默认值
RTCALM	0x57000050(L)	读/写	RTC 报警控制寄存器	0x0

表 12.4　RTCCON 各位的功能

RTCCON 各位	位	说　明	默认值
Reserved	[7]	保留，未用	0
ALMEN	[6]	报警器使能，0 表示不能使用报警器，1 表示使用报警器	0
YEAREN	[5]	年报警使能，0 表示不能使用年报警器，1 表示使用年报警器	0
MONREN	[4]	月报警使能，0 表示不能使用月报警器，1 表示使用月报警器	0
DATEEN	[3]	日期报警使能，0 表示不能使用日期报警器，1 表示使用日期报警器	0
HOUREN	[2]	小时报警使能，0 表示不能使用小时报警器，1 表示使用小时报警器	0
MINEN	[1]	分报警使能，0 表示不能使用分报警器，1 表示使用分报警器	0
SECEN	[0]	秒报警使能，0 表示不能使用秒报警器，1 表示使用秒报警器	0

3. RTC 报警控制寄存器 RTCALM

RTCALM 寄存器用来报警时使用，这个寄存器的地址和意义如表 12.5 所示。

表 12.5　RTC 报警控制寄存器 RTCALM

寄存器	地　址	读写权限	说　明	默认值
RTCALM	0x57000050(L)	读/写	RTC 报警控制寄存器	0x0

4. RTC 报警秒数据寄存器 ALMSEC

ALMSEC 寄存器用来存储报警的秒数，其寄存器的地址和各位的意义如表 12.6 和表 12.7 所示。

表 12.6　RTC 报警秒数据寄存器 ALMSEC

寄存器	地　址	读写权限	说　明	默认值
ALMSEC	0x57000054(L)	读/写	报警秒数据寄存器	0x0

表 12.7　ALMSEC 各位的功能

RTCCON 各位	位	说　明	默认值
Reserved	[7]	保留，未用	0
SECDATA	[6:4]	报警器秒数的 BCD 值，这个值从 0～5	000
	[3:0]	报警器秒数的 BCD 值，这个值从 0～9	0000

5．RTC 报警分数据寄存器 ALMMIN

ALMMIN 寄存器用来存储报警的分数，其寄存器的地址和各位的意义如表 12.8 和表 12.9 所示。

表 12.8　RTC 报警分数据寄存器 ALMMIN

寄存器	地　　址	读写权限	说　　明	默认值
ALMMIN	0x57000058(L)	读/写	报警分数据寄存器	0x00

表 12.9　ALMMIN 各位的功能

RTCCON 各位	位	说　　明	默认值
Reserved	[7]	保留，未用	0
MINDATA	[6:4]	报警器分数的 BCD 值，这个值从 0～5	000
	[3:0]	报警器分数的 BCD 值，这个值从 0～9	0000

6．RTC 报警小时数据寄存器 ALMHOUR

ALMHOUR 寄存器用来存储报警的小时数，其地址和各位的意义如表 12.10 和表 12.11 所示。

表 12.10　报警小时数据寄存器 ALMHOUR

寄存器	地　　址	读写权限	说　　明	默认值
ALMHOUR	0x5700005C(L)	读/写	报警小时数据寄存器	0x00

表 12.11　ALMHOUR 各位的功能

RTCCON 各位	位	说　　明	默认值
Reserved	[7,6]	保留，未用	0
HOURDATA	[5:4]	报警器小时数的 BCD 值，这个值从 0～2	000
	[3:0]	报警器小时数的 BCD 值，这个值从 0～9	0000

7．RTC 报警日期数据寄存器 ALMDATE

ALMDATE 寄存器用来存储报警的日期，其地址和各位的意义如表 12.12 和表 12.13 所示。

表 12.12　报警日期数据寄存器 ALMDATE

寄存器	地　　址	读写权限	说　　明	默认值
ALMDATE	0x57000060(L)	读/写	报警日期数据寄存器	0x01

表 12.13　ALMDATE 各位的功能

RTCCON 各位	位	说　　明	默认值
Reserved	[7,6]	保留，未用	0
DATEDATA	[5:4]	报警器日期数的 BCD 值，日期值从 0～31，这个值从 0～3	000
	[3:0]	报警器日期数的 BCD 值，这个值从 0～9	0001

8．RTC 报警月数据寄存器 ALMMON

ALMMON 寄存器用来存储报警的月份，其地址和各位的意义如表 12.14 和表 12.15 所示。

表 12.14 报警月数据寄存器 ALMMON

寄存器	地　　址	读写权限	说　　明	默认值
ALMMON	0x57000064(L)	读/写	报警月数据寄存器	0x01

表 12.15 ALMMON 各位的功能

RTCCON 各位	位	说　　明	默认值
Reserved	[7,5]	保留，未用	0
MONDATA	[4]	报警器日期数的 BCD 值，这个值从 0～1	000
	[3:0]	报警器日期数的 BCD 值，这个值从 0～9	0001

9．RTC 报警年数据寄存器 ALMYEAR

ALMYEAR 寄存器用来存储报警的年，其地址和各位的意义如表 12.16 和表 12.17 所示。

表 12.16 报警年数据寄存器 ALMYEAR

寄存器	地　　址	读写权限	说　　明	默认值
ALMYEAR	0x57000068(L)	读/写	报警年数据寄存器	0x01

表 12.17 ALMYEAR 各位的功能

RTCCON 各位	位	说　　明	默认值
YEARDATA	[7,5]	报警器年数的 BCD 值，这个值从 0～99，可以表示 100 年	0x0

10．RTC 报警秒数据寄存器 BCDSEC

BCDSEC 寄存器用来存储实时时钟当前时间的秒值，其地址和各位的意义如表 12.18 和表 12.19 所示。

表 12.18 报警秒数据寄存器 BCDSEC

寄存器	地　　址	读写权限	说　　明	默认值
BCDSEC	0x57000070(L)	读/写	报警秒数据寄存器	Undefined

表 12.19 SECDATA 各位的功能

RTCCON 各位	位	说　　明	默认值
SECDATA	[6:4]	报警器秒数的 BCD 值，这个值从 0～5	Undefined
	[3:0]	报警器秒数的 BCD 值，这个值从 0～9	Undefined

11．RTC 报警分数据寄存器 BCDMIN

BCDMIN 寄存器用来存储实时时钟当前时间的分钟数，其地址和各位的意义如

表 12.20 和表 12.21 所示。

表 12.20　报警分数据寄存器 BCDMIN

寄存器	地　址	读写权限	说　明	默认值
BCDMIN	0x57000074(L)	读/写	报警秒数据寄存器	Undefined

表 12.21　MINDATA 各位的功能

RTCCON 各位	位	说　明	默认值
MINDATA	[6:4]	报警器秒数的 BCD 值，这个值从 0～5	Undefined
	[3:0]	报警器秒数的 BCD 值，这个值从 0～9	Undefined

12. RTC 的 BCD 小时寄存器 BCDHOUR

BCDHOUR 寄存器用来存储实时时钟当前时间的小时数，其地址和各位的意义如表 12.22 和表 12.23 所示。

表 12.22　BCD 小时寄存器 BCDHOUR

寄存器	地　址	读写权限	说　明	默认值
BCDHOUR	0x57000078(L)	读/写	BCD 小时寄存器	Undefined

表 12.23　BCDHOUR 各位的功能

RTCCON 各位	位	说　明	默　认　值
Reserved	[7:6]	保留，未用	0
HOURDATA	[5:4]	小数的 BCD 值，这个值从 0～2	000
	[3:0]	小时的 BCD 值，这个值从 0～9	0000

12.2　RTC 实时时钟架构

本节将对 RTC 实时时钟的整体架构进行简要的分析,主要包括驱动程序的加载卸载函数、探测函数、使能函数和频率设置函数等。从这些函数的分析中，读者可以了解到整个驱动程序的架构，也能对 RTC 实时时钟的工作原理更为了解。

12.2.1　加载卸载函数

RTC 实时时钟的驱动程序包含在/drivers/rtc/Rtc-s3c.c 文件中。RTC 实时时钟的驱动模块逻辑比较简单，首先注册一个平台设备驱动，然后由平台设备驱动负责完成对 RTC 实时时钟的驱动工作。RTC 模块的加载函数是 s3c_rtc_init()，卸载函数是 s3c_rtc_exit()。代码如下：

```
01  static char __initdata banner[] = "S3C24XX RTC, (c) 2004,2006 Simtec
    Electronics\n";                              /*标志语*/
02  static int __init s3c_rtc_init(void)          /*初始化模块*/
03  {
04      printk(banner);
```

```
05         return platform_driver_register(&s3c2410_rtc_driver);
06   }
07   static void __exit s3c_rtc_exit(void)                        /*卸载模块*/
08   {
09         platform_driver_unregister(&s3c2410_rtc_driver);
10   }
11   module_init(s3c_rtc_init);
12   module_exit(s3c_rtc_exit);
```

在加载函数的第 4 行，打印了一个实时时钟的标志语。第 5 行，调用 platform_driver_register()函数注册了一个平台设备驱动。平台设备是指处理器上集成的额外功能的附加设备，如 Watch Dog、IIC、IIS、RTC 和 ADC 等设备。这些格外功能设备是为了节约硬件成本，减少产品功耗，缩小产品形状而集成到处理器内部的。

在卸载函数 s3c_rtc_exit()的第 9 行，调用了 platform_driver_unregister()函数卸载平台设备驱动，该函数的代码如下：

```
void platform_driver_unregister(struct platform_driver *drv)
{
    driver_unregister(&drv->driver);
}
```

在 platform_driver_unregister()函数中调用了 driver_unregister()函数，将 drv->driver 从设备驱动模型中去除。

12.2.2　RTC 实时时钟的平台驱动

在文件/drivers/rtc/Rtc-s3c.c 中定义了 RTC 实时时钟的平台设备驱动。其中平台设备驱动的一些函数没有用处，所以没有定义，代码如下：

```
01   static struct platform_driver s3c2410_rtc_driver = {
02       .probe      = s3c_rtc_probe,               /*RTC 探测函数*/
03       .remove     = __devexit_p(s3c_rtc_remove), /*RTC 移除函数*/
04       .suspend    = s3c_rtc_suspend,             /*RTC 挂起函数*/
05       .resume     = s3c_rtc_resume,              /*RTC 恢复函数*/
06       .driver     = {                            /*内嵌的驱动程序结构*/
07           .name   = "s3c2410-rtc",               /*驱动名字*/
08           .owner  = THIS_MODULE,                 /*驱动的模块*/
09       },
10   };
```

1．probe()函数

一般来说，在内核启动时，会注册平台设备和平台设备驱动程序。内核将在适当的时候，将平台设备和平台设备驱动程序连接起来。连接的方法，是用系统中的所有平台设备和所有已经注册的平台驱动进行匹配。当匹配成功后就会调用 probe()函数，probe()函数是除加载函数 s3c_rtc_init()之后，调用的第一个函数。

2．remove()函数

如果设备可以移除，为了减少所占用的系统资源，那么应该实现 remove()函数。该函数一般与 probe()函数对应，在 probe()函数中申请的资源，应该在 remove()函数中释放。

3．suspend()和 resume()函数

suspend()函数使设备处于低功耗状态；resume()函数使设备从低功耗恢复到正常状态。在这两个函数中，设置设备的相应寄存器，使设备进入省电状态。

4．driver 结构

driver 结构体是设备驱动模型中定义的驱动结构体，这里将驱动名字设为 s3c2410-rtc。

12.2.3　RTC 驱动探测函数

当调用 platform_driver_register()函数注册驱动之后，会触发平台设备和驱动的匹配函数 platform_match()。匹配成功，则会调用平台设备驱动中的 probe()函数，RTC 实时时钟驱动中对应的函数就是 s3c_rtc_probe()，其主要完成以下几个任务。

（1）读取平台设备的资源结构体 s3c_rtc_resource 中的第 2 个中断号，即嘀嗒中断号。

（2）读取平台设备的资源结构体 s3c_rtc_resource 中的第 1 个中断号，即报警中断号。

（3）将 RTC 实时时钟的寄存器映射为虚拟地址，返回虚拟基地址。

（4）重新打开 RTC 实时时钟，通过调用 s3c_rtc_enable()函数。

（5）设置 RTC 嘀嗒中断间隔，并打开 RTC 嘀嗒中断。

（6）调用 rtc_device_register()函数注册 RTC 并退出，返回 struct rtc_device 结构指针。

（7）设置平台设备的驱动数据 dev->driver_dat 为 sruct rtc_device 指针。

s3c_rtc_probe()的源代码如下：

```
01   static int __devinit s3c_rtc_probe(struct platform_device *pdev)
02   {
03       struct rtc_device *rtc;
04       struct resource *res;
05       int ret;
06       pr_debug("%s: probe=%p\n", __func__, pdev);
07       /*以下几行获得 RTC 实时时钟的中断*/
08       s3c_rtc_tickno = platform_get_irq(pdev, 1);
09       if (s3c_rtc_tickno < 0) {
10       dev_err(&pdev->dev, "no irq for rtc tick\n");
11           return -ENOENT;
12       }
13       s3c_rtc_alarmno = platform_get_irq(pdev, 0);
14       if (s3c_rtc_alarmno < 0) {
15           dev_err(&pdev->dev, "no irq for alarm\n");
16           return -ENOENT;
17       }
18       pr_debug("s3c2410_rtc: tick irq %d, alarm irq %d\n",
19           s3c_rtc_tickno, s3c_rtc_alarmno);
20       /*以下几行获得 RTC 的 I/O 内存映射*/
21       res = platform_get_resource(pdev, IORESOURCE_MEM, 0);
22       if (res == NULL) {
23           dev_err(&pdev->dev, "failed to get memory region resource\n");
24           return -ENOENT;
25       }
26       s3c_rtc_mem = request_mem_region(res->start,
27                       res->end-res->start+1,
```

```
28                      pdev->name);
29          if (s3c_rtc_mem == NULL) {
30              dev_err(&pdev->dev, "failed to reserve memory region\n");
31              ret = -ENOENT;
32              goto err_nores;
33          }
34          s3c_rtc_base = ioremap(res->start, res->end - res->start + 1);
35          if (s3c_rtc_base == NULL) {
36              dev_err(&pdev->dev, "failed ioremap()\n");
37              ret = -EINVAL;
38              goto err_nomap;
39          }
40          s3c_rtc_enable(pdev, 1);
41          pr_debug("s3c2410_rtc: RTCCON=%02x\n",
42           readb(s3c_rtc_base + S3C2410_RTCCON));
43          s3c_rtc_setfreq(&pdev->dev, 1);
44          device_init_wakeup(&pdev->dev, 1);
45          rtc = rtc_device_register("s3c", &pdev->dev, &s3c_rtcops,
46                      THIS_MODULE);
47          if (IS_ERR(rtc)) {
48              dev_err(&pdev->dev, "cannot attach rtc\n");
49              ret = PTR_ERR(rtc);
50              goto err_nortc;
51          }
52          rtc->max_user_freq = 128;
53          platform_set_drvdata(pdev, rtc);
54          return 0;
55           err_nortc:
56          s3c_rtc_enable(pdev, 0);
57          iounmap(s3c_rtc_base);
58      err_nomap:
59          release_resource(s3c_rtc_mem);
60      err_nores:
61          return ret;
62  }
```

下面对该函数进行详细分析：

❏ 第 3 行，定义了一个指向 RTC 设备的指针 rtc。

❏ 第 4 行，定义了一个指向资源的指针。

❏ 第 5 行，定义了一个返回值。

❏ 第 6 行，打印一段调试信息，表示执行到了 s3c_rtc_probe()函数。

❏ 第 8~12 行，调用 platform_get_irq()函数获得平台设备的资源信息中的第 2 个中断号，第 2 个参数传递 1，表示第 2 个中断号。这里 s3c_rtc_tickno 被赋值为 46。第 9 行判断返回的值，如果小于 0，则表示资源信息中没有这个中断对应的中断号。

❏ 第 13~17 行，调用 platform_get_irq()函数获得平台设备资源信息中的第 1 个中断号，第 2 个参数传递 0，表示第 1 个中断号。这里 s3c_rtc_alarmno 被赋值为 24。第 14 行判断返回的值，如果小于 0，则表示资源信息中没有这个中断对应的中断号。

❏ 第 18~19 行，打印获得的两个中断号。

❏ 第 21 行，调用 platform_get_resource()函数获得 rtc 实时时钟使用的内存资源描述。

❏ 第 26 行，调用 request_mem_region()申请一块 I/O 内存，对应 rtc 实时时钟的寄

存器。

- ❑ 第 29~33 行，如果申请内存失败则返回。
- ❑ 第 34 行，调用 ioremap()函数将寄存器地址映射到虚拟地址空间，这样可以使用内核提供的访问内存的函数访问寄存器。
- ❑ 第 35~39 行，如果映射失败则返回。

1．struct rtc_device 结构

RTC 实时时钟设备由结构体 struct rtc_device 表示。这个结构体中包含了 RTC 设备的大部分信息。其内嵌了一个 struct device 结构体，说明最终 struct rtc_device 结构体将被加入设备驱动模型中。设备结构体中也包含了设备的名字、ID 号和频率等信息。这个结构体的定义如下：

```
struct rtc_device
{
    struct device dev;                      /*内嵌的设备结构体*/
    struct module *owner;                   /*指向自身所在的模块*/
    int id;                                 /*设备的 ID 号*/
    char name[RTC_DEVICE_NAME_SIZE];        /*RTC 的名字，最多 20 个字节*/
    const struct rtc_class_ops *ops;        /*类操作函数集*/
    struct mutex ops_lock;                  /*一个互斥锁*/
    struct cdev char_dev;                   /*内嵌的一个字符设备*/
    unsigned long flags;                    /*RTC 状态的标志*/
    unsigned long irq_data;                 /*中断数据*/
    spinlock_t irq_lock;                    /*中断自旋锁*/
    wait_queue_head_t irq_queue;            /*中断等待队列头*/
    struct fasync_struct *async_queue;      /*异步队列*/
    struct rtc_task *irq_task;              /*RTC 的任务结构体*/
    spinlock_t irq_task_lock;               /*自旋锁*/
    int irq_freq;                           /*中断频率*/
    int max_user_freq;                      /*最大的用户频率*/
};
```

2．平台设备结构体 s3c_device_rtc

s3c2440 处理器的内部硬件大多与 s3c2410 处理器相同，所以内核并没有对 s3c2440 处理器的驱动代码进行升级，而沿用了 s3c2410 处理器的驱动。在文件 linux-2.6.34.14\arch\arm\plat-s3c24xx\devs.c 中定义了处理器的看门狗平台设备，代码如下：

```
struct platform_device s3c_device_rtc = {
    .name          = "s3c2410-rtc",                    /*平台设备的名字*/
    .id          = -1,                                 /*一般设为-1*/
    .num_resources    = ARRAY_SIZE(s3c_rtc_resource),  /*资源数量*/
    .resource      = s3c_rtc_resource,                 /*资源的指针*/
};
```

为了便于统一管理平台设备的资源，在 platform_device 结构体中定义了平台设备所使用的资源。这些资源都是与特定处理器相关的，需要驱动开发者查阅相关的处理器数据手

册来编写。s3c2440 处理器的看门狗资源代码如下：

```
static struct resource s3c_rtc_resource[] = {
    [0] = {
        /*看门狗 I/O 内存开始位置，被定义为 WTCON 的地址 0x53000000*/
        .start = S3C24XX_PA_RTC,
        .end  = S3C24XX_PA_RTC + 0xff,        /*256 字节的地址空间*/
        .flags = IORESOURCE_MEM,              /*I/O 内存资源*/
    },
    [1] = {
        .start = IRQ_RTC,                     /*RTC 的嘀嗒中断号被定义为 46*/
        .end  = IRQ_RTC,                      /*RTC 嘀嗒的结束中断号*/
        .flags = IORESOURCE_IRQ,              /*中断的 IRQ 资源*/
    },
    [2] = {
        .start = IRQ_TICK,                    /*RTC 的报警中断号，被定义为 24*/
        .end  = IRQ_TICK,                     /*RTC 的报警结束中断号*/
        .flags = IORESOURCE_IRQ               /*中断的 IRQ 资源*/
    }
};
```

从代码中可以看出 s3c2440 处理器只使用了 I/O 内存和 IRQ 资源。这里的 I/O 内存指向 RTC 实时时钟的 RTCALM、ALMSEC 和 ALMHOUR 等寄存器。

12.2.4　RTC 实时时钟的使能函数 s3c_rtc_enable()

RTC 实时时钟可以设置相应的寄存器来控制实时时钟的状态，这些状态包括使实时时钟开始工作，也包括使实时时钟停止工作。s3c_rtc_enable()函数用来设置实时时钟的工作状态。第一个参数是 RTC 的平台设备指针，第二个参数是使能标志 en。en 等于 0 时，表示实时时钟停止工作，en 不等于 0 时，表示实时时钟开始工作。s3c_rtc_enable()函数的代码如下：

```
01  static void s3c_rtc_enable(struct platform_device *pdev, int en)
02  {
03      void __iomem *base = s3c_rtc_base;
04      unsigned int tmp;
05      if (s3c_rtc_base == NULL)
06          return;
07      if (!en) {
08          tmp = readb(base + S3C2410_RTCCON);
09          writeb(tmp & ~S3C2410_RTCCON_RTCEN, base + S3C2410_RTCCON);
10          tmp = readb(base + S3C2410_TICNT);
11          writeb(tmp & ~S3C2410_TICNT_ENABLE, base + S3C2410_TICNT);
12      } else {
13          if ((readb(base+S3C2410_RTCCON) & S3C2410_RTCCON_RTCEN) == 0){
14              dev_info(&pdev->dev, "rtc disabled, re-enabling\n");
15              tmp = readb(base + S3C2410_RTCCON);
16              writeb(tmp|S3C2410_RTCCON_RTCEN, base+S3C2410_RTCCON);
17          }
18          if ((readb(base + S3C2410_RTCCON) & S3C2410_RTCCON_CNTSEL)){
19              dev_info(&pdev->dev, "removing RTCCON_CNTSEL\n");
20              tmp = readb(base + S3C2410_RTCCON);
21              writeb(tmp& ~S3C2410_RTCCON_CNTSEL, base+S3C2410_RTCCON);
22          }
23          if ((readb(base + S3C2410_RTCCON) & S3C2410_RTCCON_CLKRST)){
```

```
24                     dev_info(&pdev->dev, "removing RTCCON_CLKRST\n");
25                     tmp = readb(base + S3C2410_RTCCON);
26                     writeb(tmp & ~S3C2410_RTCCON_CLKRST, base+S3C2410_RTCCON);
27             }
28         }
29   }
```

下面对该函数进行简要的介绍。

- ❑ 第 3 行，将虚拟地址 s3c_rtc_base 赋给 base 指针。
- ❑ 第 4 行，定义了一个临时变量。
- ❑ 第 5 行和第 6 行，如果虚拟地址 s3c_rtc_base 为空，则返回。这表示没有成功申请到内存，设备驱动退出。
- ❑ 第 7～11 行，如果 en 等于 0，表示不允许 RTC 实时时钟工作。这时，需要将 RTCCON 寄存器的最低位置为 0，表示不允许实时时钟计数，这一任务由 09 行代码完成。同时，需要将 TICNT 寄存器的最高位置为 0，表示不允许实时时钟产生报警中断，这一任务由 11 行代码完成。
- ❑ 第 13～17 行，将 RTCCON 寄存器的最低位置为 0，使 RTC 实时时钟工作起来。
- ❑ 第 18～21 行，将 RTCCON 寄存器的位 2 置为 0，不使用 BCD 计数选择器。
- ❑ 第 23～27 行，将 RTCCON 寄存器的位 3 置为 0，不重新设置计数器。

12.2.5　RTC 实时时钟设置频率函数 s3c_rtc_setfreq()

时钟脉冲 1 秒钟产生 128 次时钟嘀嗒。可以给 TICNT 寄存器的低 7 位赋值，取值范围为 0～127，用 n 来表示，则产生中断请求的周期为如下公式所示。

```
Period = ( n+1 ) / 128 second
```

频率公式为：

```
freq=128/(n+1)
```

其中 n 是 TICNT 寄存器低 7 位的值，其值为：

```
n=128/freq-1
```

TICNT 寄存器的取值和各位的意义如表 12.24 和表 12.25 所示。

表 12.24　RTC 时钟脉冲寄存器 TICNT

寄存器	地址	读写权限	说明	默认值
TICNT	0x57000044(L)	读/写	时钟脉冲计数器	0x0

表 12.25　TICNT 各位的功能

TICNT 各位	位	说明	默认值
TICK INT ENABLE	[7]	时钟脉冲中断使能，0 表示不允许时钟脉冲中断，1 表示允许时钟脉冲中断	0
TICK TIME COUNT	[6:0]	时钟脉冲计数器，其取值为 0～127。当一个时钟脉冲到来时，其值减 1。当在工作时，不可以读取这个寄存器中的值	0000000

s3c_rtc_setfreq() 函数用来设置时钟脉冲中断的频率，即多少时间产生一次中断。第一

个参数表示 RTC 的设备结构体,第二个参数表示频率,即多久时间产生一次中断。如果 freq 等于 1,则表示 1 秒钟产生一次中断;freq 等于 2,则表示每秒产生两次中断。s3c_rtc_setfreq() 函数的代码如下:

```
01  static int s3c_rtc_setfreq(struct device *dev, int freq)
02  {
03      unsigned int tmp;
04      if (!is_power_of_2(freq))
05          return -EINVAL;
06      spin_lock_irq(&s3c_rtc_pie_lock);
07      tmp = readb(s3c_rtc_base + S3C2410_TICNT) & S3C2410_TICNT_ENABLE;
08      tmp |= (128 / freq)-1;
09      writeb(tmp, s3c_rtc_base + S3C2410_TICNT);
10      spin_unlock_irq(&s3c_rtc_pie_lock);
11      return 0;
12  }
```

下面对该函数进行简要的介绍。

❑ 第 3 行,声明一个局部变量。

❑ 第 4 行,判断需要设置的频率 freq 是不是 2 的倍数。

❑ 第 6 行,锁定自旋锁,对临界资源进行保护。

❑ 第 7 行,读取 TICNT 寄存器中的值,S3C2410_TICNT 是这个寄存器的地址,其值定义为:

```
#define S3C2410_TICNT        S3C2410_RTCREG(0x44)
#define S3C2410_RTCREG(x) (x)
```

其中 s3c_rtc_base 的值为寄存器映射的虚拟内存地址,其偏移为 0x44 地址的内容正好对应 TICNT 这个寄存器。readb()读取这个寄存器中的值,和 S3C2410_TICNT_ENABLE 取与,将最后 7 位设为 0。

❑ 第 8 行,设置 TICNT 低 7 位的值,公式是 n=128/freq−1。

❑ 第 9 行,将设置的值写入 TICNT 寄存器。

❑ 第 10 行,解除自旋锁。

12.2.6　RTC 设备注册函数 rtc_device_register()

RTC 实时时钟设备必须注册到内核中才可以使用。在注册设备的过程中,将设备提供的应用程序的接口 ops 也指定到设备上。这样,当应用成员读取设备的数据时,就可以调用这些底层的驱动函数。注册 RTC 设备的函数是 rtc_device_register(),其代码如下:

```
01  struct rtc_device *rtc_device_register(const char *name, struct device
    *dev,
02                    const struct rtc_class_ops *ops,
03                    struct module *owner)
04  {
05      struct rtc_device *rtc;
06      int id, err;
07      if (idr_pre_get(&rtc_idr, GFP_KERNEL) == 0) {
08          err = -ENOMEM;
09          goto exit;
10      }
11      mutex_lock(&idr_lock);
```

```
12        err = idr_get_new(&rtc_idr, NULL, &id);
13        mutex_unlock(&idr_lock);
14        if (err < 0)
15            goto exit;
16        id = id & MAX_ID_MASK;
17        rtc = kzalloc(sizeof(struct rtc_device), GFP_KERNEL);
18        if (rtc == NULL) {
19            err = -ENOMEM;
20            goto exit_idr;
21        }
22        rtc->id = id;
23        rtc->ops = ops;
24        rtc->owner = owner;
25        rtc->max_user_freq = 64;
26        rtc->dev.parent = dev;
27        rtc->dev.class = rtc_class;
28        rtc->dev.release = rtc_device_release;
29        mutex_init(&rtc->ops_lock);
30        spin_lock_init(&rtc->irq_lock);
31        spin_lock_init(&rtc->irq_task_lock);
32        init_waitqueue_head(&rtc->irq_queue);
33        strlcpy(rtc->name, name, RTC_DEVICE_NAME_SIZE);
34        dev_set_name(&rtc->dev, "rtc%d", id);
35        rtc_dev_prepare(rtc);
36        err = device_register(&rtc->dev);
37        if (err)
38            goto exit_kfree;
39        rtc_dev_add_device(rtc);
40        rtc_sysfs_add_device(rtc);
41        rtc_proc_add_device(rtc);
42        dev_info(dev, "rtc core: registered %s as %s\n",
43                rtc->name, dev_name(&rtc->dev));
44        return rtc;
45  exit_kfree:
46        kfree(rtc);
47  exit_idr:
48        mutex_lock(&idr_lock);
49        idr_remove(&rtc_idr, id);
50        mutex_unlock(&idr_lock);
51  exit:
52        dev_err(dev, "rtc core: unable to register %s, err = %d\n",
53                name, err);
54        return ERR_PTR(err);
55  }
```

下面对该函数进行简要的介绍。

❑ 第 5 行和第 6 行，声明一些局部变量供函数使用。

❑ 第 7～9 行，分配一个 ID 号，用来把一个数字与一个指针联系起来。

❑ 第 11 行，锁定一个 idr_lock 自旋锁。

❑ 第 12 行，得到一个 ID 号。

❑ 第 13 行，释放一个 idr_lock 自旋锁。

❑ 第 17 行，分配一个 RTC 设备结构体 struct rtc_device。

❑ 第 18～21，检查是否分配成功。

❑ 第 22～28 行，初始化 RTC 设备结构体的相关成员。将 ops 操作函数赋给 rtc->ops 结构体指针。将用户可以设置的最大频率设为 64。

- ❑ 第 30～34 行，初始化相应的锁和设置设备的名字。
- ❑ 第 35 行，设置 RTC 设备的设备号。
- ❑ 第 36 行，是最为关键的一行，向内核注册实时时钟设备。
- ❑ 第 39～41 行，向文件系统注册设备，这样就可以通过文件系统访问相应的设备。

12.3　RTC 文件系统接口

和字符设备一样，RTC 实时时钟驱动程序也定义了一个与 flie_operation 对应的 rtc_class_ops 结构体。这个结构体中的函数定义了文件系统中的对应函数。本节将对这些函数进行简要的分析，以使读者对驱动程序的读写有详细的了解。

12.3.1　文件系统接口 rtc_class_ops

rtc_class_ops 是一个对设备进行操作的抽象结构体。内核允许为设备建立一个设备文件，对设备文件的所有操作，就相当于对设备的操作。这样的好处是，用户程序可以使用访问普通文件的方法来访问设备文件，进而访问设备。这样的方法极大地减轻了程序员的编程负担，程序员不必熟悉新的驱动接口就能够访问设备。

对普通文件的访问常常使用 open()、read()、write()、close()和 ioctl()等方法。同样对设备文件的访问也可以使用这些方法。这些调用最终会引起对 rtc_class_ops 结构体中对应函数的调用。对于程序员来说，只要为不同的设备编写不同的操作函数就可以了。rtc_class_ops 结构体的定义如下：

```
01  struct rtc_class_ops {
02      int (*open)(struct device *);
03      void (*release)(struct device *);
04      int (*ioctl)(struct device *, unsigned int, unsigned long);
05      int (*read_time)(struct device *, struct rtc_time *);
06      int (*set_time)(struct device *, struct rtc_time *);
07      int (*read_alarm)(struct device *, struct rtc_wkalrm *);
08      int (*set_alarm)(struct device *, struct rtc_wkalrm *);
09      int (*proc)(struct device *, struct seq_file *);
10      int (*set_mmss)(struct device *, unsigned long secs);
11      int (*irq_set_state)(struct device *, int enabled);
12      int (*irq_set_freq)(struct device *, int freq);
13      int (*read_callback)(struct device *, int data);
14      int (*alarm_irq_enable)(struct device *, unsigned int enabled);
15      int (*update_irq_enable)(struct device *, unsigned int enabled);
16  };
```

下面对该函数进行简要的介绍。

- ❑ 第 2 行，open()函数用来打开一个设备，在该函数中可以对设备进行初始化。如果这个函数被赋值为 NULL，那么设备打开永远成功，并不会对设备产生影响。
- ❑ 第 3 行，release()函数用来释放 open()函数中申请的资源。其将在文件引用计数为 0 时，被系统调用。其对应应用程序的 close()方法，但并不是每一次调用 close()方法都会触发 release()函数。其会在对设备文件的所有打开都释放后，才会被调用。
- ❑ 第 4 行，ioctl()函数提供了一种执行设备特定命令的方法。例如使设备复位，这既不是读操作也不是写操作，不适合用 read() 和 write() 方法来实现。如果在应用程序中给 ioctl 传入没有定义的命令，那么将返回-ENOTTY 的错误，表示该设备不支持这个命令。

❑ 第 5 行，read_time() 函数用来读取 RTC 设备的当前时间。

❑ 第 6 行，set_time() 函数用来设置 RTC 设备的当前时间。

❑ 第 7 行，read_alarm() 函数用来读取 RTC 设备的报警时间。

❑ 第 8 行，set_alarm() 函数用来设置 RTC 设备的报警时间，当时间到达时，会产生中断信号。

❑ 第 9 行，proc() 函数用来读取 proc 文件系统的数据。

❑ 第 11 行，irq_set_state () 函数用来设置中断状态。

❑ 第 12 行，irq_set_freq() 函数用来设置中断频率，最大不能超过 64。

❑ 第 14 行，larm_irq_enable() 函数用来设置中断使能状态。

❑ 第 15 行，update_irq_enable () 函数用来更新中断使能状态。

实时时钟的 rtc_class_ops 结构体定义代码如下，后面的内容中将对这些函数进行详细的介绍。

```
static const struct rtc_class_ops s3c_rtcops = {
    .open       = s3c_rtc_open,
    .release    = s3c_rtc_release,
    .read_time  = s3c_rtc_gettime,
    .set_time   = s3c_rtc_settime,
    .read_alarm = s3c_rtc_getalarm,
    .set_alarm  = s3c_rtc_setalarm,
    .irq_set_freq  = s3c_rtc_setfreq,
    .irq_set_state = s3c_rtc_setpie,
    .proc          = s3c_rtc_proc,
};
```

12.3.2　RTC 实时时钟打开函数 s3c_rtc_open()

RTC 设备的打开函数由 s3c_rtc_open() 来实现。用户空间调用 open() 时，最终会调用 s3c_rtc_open() 函数。该函数主要申请了两个中断，一个报警中断，另一个是计时中断。该函数的代码如下：

```
01  static int s3c_rtc_open(struct device *dev)
02  {
03      struct platform_device *pdev = to_platform_device(dev);
04      struct rtc_device *rtc_dev = platform_get_drvdata(pdev);
05      int ret;
06      ret = request_irq(s3c_rtc_alarmno, s3c_rtc_alarmirq,
07              IRQF_DISABLED, "s3c2410-rtc alarm", rtc_dev);
08      if (ret) {
09          dev_err(dev, "IRQ%d error %d\n", s3c_rtc_alarmno, ret);
10          return ret;
11      }
12      ret = request_irq(s3c_rtc_tickno, s3c_rtc_tickirq,
13              IRQF_DISABLED, "s3c2410-rtc tick", rtc_dev);
14      if (ret) {
15          dev_err(dev, "IRQ%d error %d\n", s3c_rtc_tickno, ret);
16          goto tick_err;
17      }
```

```
18      return ret;
19   tick_err:
20      free_irq(s3c_rtc_alarmno, rtc_dev);
21      return ret;
22   }
```

下面对该函数进行简要的介绍。

- ❑ 第 3 行，调用 to_platform_device 宏从 device 结构体转到平台设备 platform_device。
- ❑ 第 4 行，调用 platform_get_drvdata 宏从 pdev->dev 的私有数据中得到 rtc_device 结构体，并赋给 rtc_dev 变量。这个值是在 s3c_rtc_probe()函数的 53 行设置的。
- ❑ 第 6 行，申请一个报警中断，将中断函数设为 s3c_rtc_alarmirq()，并传递 rtc_dev作为参数。
- ❑ 第 8～11 行，如果中断申请失败则退出。
- ❑ 第 12 行，申请一个计数中断，将中断函数设为 s3c_rtc_tickirq()，并传递 rtc_dev作为参数。
- ❑ 第 14～17 行，如果中断申请失败则退出。
- ❑ 第 18 行，成功退出。

12.3.3　RTC 实时时钟关闭函数 s3c_rtc_release()

RTC 设备的释放函数由 s3c_rtc_release()来实现。用户空间调用 close()时，最终会调用 s3c_rtc_release()函数。该函数主要释放 s3c_rtc_open()函数中申请的两个中断，一个报警中断，另一个是计时中断。该函数的代码如下：

```
01   static void s3c_rtc_release(struct device *dev)
02   {
03      struct platform_device *pdev = to_platform_device(dev);
04      struct rtc_device *rtc_dev = platform_get_drvdata(pdev);
05      s3c_rtc_setpie(dev, 0);
06      free_irq(s3c_rtc_alarmno, rtc_dev);
07      free_irq(s3c_rtc_tickno, rtc_dev);
08   }
```

下面对该函数进行简要的介绍。

- ❑ 第 3 行，调用 to_platform_device 宏从 device 结构体转到平台设备 platform_device。
- ❑ 第 4 行，调用 platform_get_drvdata 宏从 pdev->dev 的私有数据中得到 rtc_device 结构体，并赋值。
- ❑ 第 6 行，释放报警中断 s3c_rtc_alarmno。
- ❑ 第 7 行，释放计时中断 s3c_rtc_tickno。

12.3.4　RTC 实时时钟获得时间函数 s3c_rtc_gettime()

当调用 read()函数时会间接地调用 s3c_rtc_gettime()函数来获得实时时钟的时间。时间值分别保存在 RTC 实时时钟的各个寄存器中。这些寄存器是秒寄存器（BCDSEC）、日期寄存器（SECDATA）、分钟寄存器（BCDMIN）和小时寄存器（BCDHOUR）。s3c_rtc_gettime()函数中会使用一个 struct rtc_time 的结构体，该结构体表示一个时间值，其定义如下：

```
struct rtc_time {
```

```
    int tm_sec;                              /*秒*/
    int tm_min;                              /*分*/
    int tm_hour;                             /*小时*/
    int tm_mday;                             /*天*/
    int tm_mon;                              /*月*/
    int tm_year;                             /*年*/
    int tm_wday;                             /*RTC 实时时钟中未用*/
    int tm_yday;                             /*RTC 实时时钟中未用*/
    int tm_isdst;                            /*RTC 实时时钟中未用*/
};
```

存储在 RTC 实时时钟寄存器中的值都是以 BCD 码的形式保存的，但是 Linux 驱动程序中使用二进制码形式。BCD 码到二进制码的转换函数是 bcd2bin()，二进制码到 BCD 码的转换函数是 bin2bcd()，这两个函数的代码如下：

```
unsigned bcd2bin(unsigned char val)
{
    return (val & 0x0f) + (val >> 4) * 10;
}
EXPORT_SYMBOL(bcd2bin);
unsigned char bin2bcd(unsigned val)
{
    return ((val / 10) << 4) + val % 10;
}
EXPORT_SYMBOL(bin2bcd);
```

从 RTC 实时时钟得到时间的函数是 s3c_rtc_gettime()。函数的第 1 个参数是 RTC 设备结构体指针，第 2 个参数是前面提到的 struct rtc_time 结构体。s3c_rtc_gettime()函数的代码如下：

```
01    static int s3c_rtc_gettime(struct device *dev, struct rtc_time *rtc_tm)
02    {
03        unsigned int have_retried = 0;
04        void __iomem *base = s3c_rtc_base;
05     retry_get_time:
06        rtc_tm->tm_min  = readb(base + S3C2410_RTCMIN);
07        rtc_tm->tm_hour = readb(base + S3C2410_RTCHOUR);
08        rtc_tm->tm_mday = readb(base + S3C2410_RTCDATE);
09        rtc_tm->tm_mon  = readb(base + S3C2410_RTCMON);
10        rtc_tm->tm_year = readb(base + S3C2410_RTCYEAR);
11        rtc_tm->tm_sec  = readb(base + S3C2410_RTCSEC);
12        if (rtc_tm->tm_sec == 0 && !have_retried) {
13            have_retried = 1;
14            goto retry_get_time;
15        }
16        pr_debug("read time %02x.%02x.%02x %02x/%02x/%02x\n",
17            rtc_tm->tm_year, rtc_tm->tm_mon, rtc_tm->tm_mday,
18            rtc_tm->tm_hour, rtc_tm->tm_min, rtc_tm->tm_sec);
19        rtc_tm->tm_sec = bcd2bin(rtc_tm->tm_sec);
20        rtc_tm->tm_min = bcd2bin(rtc_tm->tm_min);
21        rtc_tm->tm_hour = bcd2bin(rtc_tm->tm_hour);
22        rtc_tm->tm_mday = bcd2bin(rtc_tm->tm_mday);
23        rtc_tm->tm_mon = bcd2bin(rtc_tm->tm_mon);
24        rtc_tm->tm_year = bcd2bin(rtc_tm->tm_year);
25        rtc_tm->tm_year += 100;
26        rtc_tm->tm_mon -= 1;
27        return 0;
```

```
28   }
```

下面对该函数进行简要的介绍。

❑ 第 3 行，定义了一个重试变量，如果该变量为 0，表示可能重新读取寄存器中的时间值。

❑ 第 4 行，将寄存器映射到虚拟内存的基地址赋给 base 变量。

❑ 第 6～11 行，分别从各个寄存器中读取 rtc_tm 结构中需要的值，这些值存储在 s3c2410 相应寄存器中。

❑ 第 12 行，如果秒寄存器中是 0，则表示过了 1 分钟，那么小时、天和月等寄存器中的值都可能已经变化，则重新读取这些寄存器中的值。

❑ 第 16 行，以十六进制的方式打印出这些值。

❑ 第 19～24 行，将 BCD 码转换到二进制数存储到 rtc_tm 结构的相应成员中，将其作为时间值返回给调用者。

❑ 第 25 行，将年数加 1，因为存储器中存放的是从 1900 年开始的时间。

12.3.5　RTC 实时时钟设置时间函数 s3c_rtc_settime()

当调用 write()函数向设备驱动程序写入时间时，会间接地调用 s3c_rtc_settime()函数来设置实时时钟的时间。时间值分别保存在 RTC 实时时钟的各个寄存器中。这些寄存器是秒寄存器（BCDSEC）、日期寄存器（SECDATA）、分钟寄存器（BCDMIN）和小时寄存器（BCDHOUR）。对应驱动程序中的 S3C2410_RTCSEC、S3C2410_RTCDATE、S3C2410_RTCMIN 和 S3C2410_RTCHOUR 等寄存器。s3c_rtc_settime()函数的代码如下：

```
01   static int s3c_rtc_settime(struct device *dev, struct rtc_time *tm)
02   {
03       void __iomem *base = s3c_rtc_base;
04       int year = tm->tm_year - 100;
05       pr_debug("set time %02d.%02d.%02d %02d/%02d/%02d\n",
06            tm->tm_year, tm->tm_mon, tm->tm_mday,
07            tm->tm_hour, tm->tm_min, tm->tm_sec);
08       if (year < 0 || year >= 100) {
09           dev_err(dev, "rtc only supports 100 years\n");
10           return -EINVAL;
11       }
12       writeb(bin2bcd(tm->tm_sec),  base + S3C2410_RTCSEC);
13       writeb(bin2bcd(tm->tm_min),  base + S3C2410_RTCMIN);
14       writeb(bin2bcd(tm->tm_hour), base + S3C2410_RTCHOUR);
15       writeb(bin2bcd(tm->tm_mday), base + S3C2410_RTCDATE);
16       writeb(bin2bcd(tm->tm_mon + 1), base + S3C2410_RTCMON);
17       writeb(bin2bcd(year), base + S3C2410_RTCYEAR);
18       return 0;
19   }
```

下面对该函数进行简要的介绍。

❑ 第 3 行，将寄存器映射到虚拟内存的基地址赋给 base 变量。

❑ 第 4 行，存储器中存储的时间比实际的时间少 100 年，所以要减去 100 年。

❑ 第 5 行，以十六进制的方式打印出这些值。

❑ 第 8～11 行，由于寄存器的限制，RTC 实时时钟只支持 100 年的时间，如果 year 非法，将出现错误。

❑ 第 12～17 行，将相应的 BCD 码写到相应的寄存器中。

12.3.6　RTC 驱动探测函数 s3c_rtc_getalarm()

在正常模式和掉电模式下，RTC 在指定的时刻会产生一个报警信号。正常模式下，报警中断 ALMINT 有效，对应 INT_RTC 引脚。掉电模式下，报警中断 ALMINT 有效外还产生一个唤醒信号 PMWKUP，对应 PMWKUP 引脚。RTC 报警寄存器 RTCALM 决定是否使能报警状态和设置报警条件。

这个指定的时刻由年、月、日、分、秒等组成，在 Linux 中，由 struct rtc_time 结构体表示。这里 struct rtc_time 结构体被包含在 struct rtc_wkalrm 结构体中。s3c_rtc_getalarm() 函数用来获得这个指定的时刻，该函数的第一个参数是 RTC 设备结构体，第二个参数是包含报警时刻的 rtc_wkalrm 结构体。s3c_rtc_getalarm() 函数的代码如下：

```
01    static int s3c_rtc_getalarm(struct device *dev, struct rtc_wkalrm *alrm)
02    {
03        struct rtc_time *alm_tm = &alrm->time;
04        void __iomem *base = s3c_rtc_base;
05        unsigned int alm_en;
06        alm_tm->tm_sec  = readb(base + S3C2410_ALMSEC);
07        alm_tm->tm_min  = readb(base + S3C2410_ALMMIN);
08        alm_tm->tm_hour = readb(base + S3C2410_ALMHOUR);
09        alm_tm->tm_mon  = readb(base + S3C2410_ALMMON);
10        alm_tm->tm_mday = readb(base + S3C2410_ALMDATE);
11        alm_tm->tm_year = readb(base + S3C2410_ALMYEAR);
12        alm_en = readb(base + S3C2410_RTCALM);
13        alrm->enabled = (alm_en & S3C2410_RTCALM_ALMEN) ? 1 : 0;
14        pr_debug("read alarm %02x %02x.%02x.%02x %02x/%02x/%02x\n",
15            alm_en,
16            alm_tm->tm_year, alm_tm->tm_mon, alm_tm->tm_mday,
17            alm_tm->tm_hour, alm_tm->tm_min, alm_tm->tm_sec);
18        if (alm_en & S3C2410_RTCALM_SECEN)
19            alm_tm->tm_sec = bcd2bin(alm_tm->tm_sec);
20        else
21            alm_tm->tm_sec = 0xff;
22        if (alm_en & S3C2410_RTCALM_MINEN)
23            alm_tm->tm_min = bcd2bin(alm_tm->tm_min);
24        else
25            alm_tm->tm_min = 0xff;
26        if (alm_en & S3C2410_RTCALM_HOUREN)
27            alm_tm->tm_hour = bcd2bin(alm_tm->tm_hour);
28        else
29            alm_tm->tm_hour = 0xff;
30        if (alm_en & S3C2410_RTCALM_DAYEN)
31            alm_tm->tm_mday = bcd2bin(alm_tm->tm_mday);
32        else
33            alm_tm->tm_mday = 0xff;
34        if (alm_en & S3C2410_RTCALM_MONEN) {
35            alm_tm->tm_mon = bcd2bin(alm_tm->tm_mon);
36            alm_tm->tm_mon -= 1;
37        } else {
38            alm_tm->tm_mon = 0xff;
39        }
40        if (alm_en & S3C2410_RTCALM_YEAREN)
41            alm_tm->tm_year = bcd2bin(alm_tm->tm_year);
42        else
43            alm_tm->tm_year = 0xffff;
```

```
44        return 0;
45   }
```

下面对该函数进行简要的介绍。

❑ 第 3 行，得到 rtc_time 表示的报警时间。

❑ 第 4 行，得到寄存器的虚拟内存地址的基地址。

❑ 第 5 行，alm_en 表示是否使能报警。

❑ 第 6～11 行，从各个报警寄存器中读出其值。这些值包括报警时刻的秒、分、小时、月、日期和年。

❑ 第 12 行，读出 RTCALM 寄存器的值（这个寄存器中保存了秒、分、小时、月、日期和年）及这些寄存器中的值是否有效的标志。

❑ 第 13 行，判断所有寄存器中的报警时间是否可用，并将这个结构赋给 alrm->enabled。

❑ 第 14 行，打印出一些调试信息。

❑ 第 18～20 行，如果秒报警有效，则将其转换为十进制形式，否则将 alm_tm->tm_sec 赋为一个无效值 0xff。由 BCD 码转换为十制进的函数是 bcd2bin()，其代码如下：

```
unsigned bcd2bin(unsigned char val)
{
    /*分别由低 4 位和高 4 位组成一个十进制数，取值范围为 0～99*/
    return (val & 0x0f) + (val >> 4) * 10;
}
```

❑ 第 22～25 行，如果分报警有效，则将其转换为十进制形式，否则将 alm_tm->tm_min 赋为一个无效值 0xff。

❑ 第 26～29 行，如果小时报警有效，则将其转换为十进制形式，否则将 alm_tm->tm_hour 赋为一个无效值 0xff。

❑ 第 30～34 行，如果日报警有效，则将其转换为十进制形式，否则将 alm_tm->tm_mday 赋为一个无效值 0xff。

❑ 第 35～39 行，如果月报警有效，则将其转换为十进制形式，否则将 alm_tm->tm_mon 赋为一个无效值 0xff。

❑ 第 40～43 行，如果年报警有效，则将其转换为十进制形式，否则将 alm_tm->tm_year 赋为一个无效值 0xff。

12.3.7　RTC 实时时钟设置报警时间函数 s3c_rtc_setalarm()

与 s3c_rtc_getalarm()函数对应的函数是 s3c_rtc_setalarm()函数。s3c_rtc_setalarm()函数用来设置报警时间，该函数的代码如下：

```
01   static int s3c_rtc_setalarm(struct device *dev, struct rtc_wkalrm *alrm)
02   {
03        struct rtc_time *tm = &alrm->time;
04        void __iomem *base = s3c_rtc_base;
05        unsigned int alrm_en;
06        pr_debug("s3c_rtc_setalarm: %d, %02x/%02x/%02x %02x.%02x.%02x\n",
07             alrm->enabled,
08             tm->tm_mday & 0xff, tm->tm_mon & 0xff, tm->tm_year & 0xff,
09             tm->tm_hour & 0xff, tm->tm_min & 0xff, tm->tm_sec);
```

```
10      alrm_en = readb(base + S3C2410_RTCALM) & S3C2410_RTCALM_ALMEN;
11      writeb(0x00, base + S3C2410_RTCALM);
12      if (tm->tm_sec < 60 && tm->tm_sec >= 0) {
13          alrm_en |= S3C2410_RTCALM_SECEN;
14          writeb(bin2bcd(tm->tm_sec), base + S3C2410_ALMSEC);
15      }
16      if (tm->tm_min < 60 && tm->tm_min >= 0) {
17          alrm_en |= S3C2410_RTCALM_MINEN;
18          writeb(bin2bcd(tm->tm_min), base + S3C2410_ALMMIN);
19      }
20      if (tm->tm_hour < 24 && tm->tm_hour >= 0) {
21          alrm_en |= S3C2410_RTCALM_HOUREN;
22          writeb(bin2bcd(tm->tm_hour), base + S3C2410_ALMHOUR);
23      }
24      pr_debug("setting S3C2410_RTCALM to %08x\n", alrm_en);
25      writeb(alrm_en, base + S3C2410_RTCALM);
26      s3c_rtc_setaie(alrm->enabled);
27      if (alrm->enabled)
28          enable_irq_wake(s3c_rtc_alarmno);
29      else
30          disable_irq_wake(s3c_rtc_alarmno);
31      return 0;
32  }
```

下面对该函数进行简要的介绍。

❏ 第 3 行，得到 rtc_time 表示的报警时间。

❏ 第 4 行，得到寄存器的虚拟内存地址的基地址。

❏ 第 5 行，alm_en 表示是否使能报警。

❏ 第 6 行，打印出一些调试信息。

❏ 第 10 行，读出 RTCALM 寄存器第 6 位的值，表示所有报警功能都打开。

❏ 第 11 行，将 00 写入 RTCALM 寄存器，使所有功能都不可以用。

❏ 第 12~14 行，如果 tm->tm_sec 的值合法，大于 0 小于 60 秒，则设置报警秒寄存器 ALMSEC 的值，并设置 RTCALM 寄存器的第 0 位为 1，表示打开秒报警功能。

❏ 第 16~19 行，如果 tm->tm_min 的值合法，大于 0 小于 60 分，则设置报警分寄存器 ALMMIN 的值，并设置 RTCALM 寄存器的第 1 位为 1，表示打开分报警功能。

❏ 第 20~23 行，如果 tm->tm_hour 的值合法，大于 0 小于 24 小时，则设置报警小时寄存器 ALMHOUR 的值，并设置 RTCALM 寄存器的第 2 位为 1，表示打开小时报警功能。

❏ 第 24 行，打印报警功能的使能状态。

❏ 第 25 行，打印报警功能的使能状态。

❏ 第 28 行，使能中断唤醒功能。

12.3.8　RTC 设置脉冲中断使能函数 s3c_rtc_setpie()

s3c_rtc_setpie()函数用来设置是否允许脉冲中断。第 1 个参数是 RTC 设备结构体，第 2 个参数表示是否允许脉冲中断。enalbed 等于 1 表示允许，enabled 等于 0 表示不允许脉冲中断。s3c_rtc_setpie()函数的代码如下：

```
01  static int s3c_rtc_setpie(struct device *dev, int enabled)
```

```
02  {
03      unsigned int tmp;
04      pr_debug("%s: pie=%d\n", __func__, enabled);
05      spin_lock_irq(&s3c_rtc_pie_lock);
06      tmp = readb(s3c_rtc_base + S3C2410_TICNT) & ~S3C2410_TICNT_ENABLE;
07      if (enabled)
08          tmp |= S3C2410_TICNT_ENABLE;
09      writeb(tmp, s3c_rtc_base + S3C2410_TICNT);
10      spin_unlock_irq(&s3c_rtc_pie_lock);
11      return 0;
12  }
```

下面对该函数进行简要的介绍：

❑ 第 3 行，声明一个局部变量。

❑ 第 5 行，锁定自旋锁，对临界资源进行保护。

❑ 第 6 行，读出 TICNT 的值，清除最高位。

❑ 第 7 和第 8 行，如果 enabled 不等于 0，则设置 tmp 变量最高位为允许脉冲中断。

❑ 第 9 行，将 tmp 的值写入 TICNT 寄存器。

❑ 第 10 行，解除自旋锁。

12.3.9 RTC 时钟脉冲中断判断函数 s3c_rtc_proc()

在 proc 文件系统中，可以读取 proc 文件系统来判断 RTC 实时时钟是否支持脉冲中断。脉冲中断由 TICNT 寄存器的最高位决定，最高位为 1 则表示使能脉冲中断，为 0 表示不允许脉冲中断。proc 文件系统中的读取命令一般为 cat 命令，会调用内核中的 s3c_rtc_proc() 函数，该函数的代码如下：

```
01  static int s3c_rtc_proc(struct device *dev, struct seq_file *seq)
02  {
03      unsigned int ticnt = readb(s3c_rtc_base + S3C2410_TICNT);
04      seq_printf(seq, "periodic_IRQ\t: %s\n",
05              (ticnt & S3C2410_TICNT_ENABLE) ? "yes" : "no" );
06      return 0;
7   }
```

下面对该函数进行简要的介绍。

❑ 第 3 行，读取 TICNT 寄存器的值。

❑ 第 4 行，判断 TICNT 寄存器的最高位是否为 1，1 表示允许中断，0 表示不允许中断。

12.4 小　结

RTC 实时时钟是计算机中一个非常重要的计时系统。这个时钟为操作系统提供一个可靠的时间，并且在断电的情况下，RTC 实时时钟也可以通过电池供电，一直运行下去。所以当断电后开机，操作系统仍然能够从 RTC 实时时钟中读出正确的时间来。另外，RTC 实时时钟也支持唤醒功能，可以在指定时刻将设备从睡眠或者关机状态唤醒。总之，在实际应用中，RTC 实时时钟是一种广泛使用的设备。

第 13 章　看门狗驱动程序

大多数设备中都有看门狗硬件，所以驱动开发人员需要去实现这种设备的驱动。看门狗的用途是当 CPU 进入错误状态后，无法恢复的情况下，使计算机重新启动。本章将对看门狗的原理和驱动程序进行详细分析。

13.1　看门狗硬件原理

了解看门狗硬件的原理是写驱动程序的第一步，本节将对看门狗硬件的主要原理进行分析。

13.1.1　看门狗

由于计算机在工作时不可避免地要受到各种各样因素的干扰，即使再优秀的计算机程序也可能因为这种干扰使计算机进入一个死循环，更严重的就是导致死机。有两种方法来处理这种情况，一是采用人工复位的方法，二是依赖某种硬件来执行这个复位工作。这种硬件通常叫做看门狗（Watch Dog，WD）。

看门狗实际上是一个定时器，其硬件内部维护了一个计数寄存器，每当时钟信号到来时，计数寄存器减 1。如果减到 0，则重新启动系统；如果在减到 0 之前，系统又设置计数寄存器为一个较大的值，那么系统永远不会重启。系统的这种设置能力表示系统一直处于一种正常运行状态。反之，如果计算机系统崩溃时，那么就无法重新设置计数寄存器的值。当计数寄存器的值为 0 时，系统就又重新启动。

13.1.2　看门狗工作原理

s3c2440 处理器内部集成了一个看门狗硬件，其提供了 3 个寄存器对看门狗进行操作。这 3 个寄存器分别是 WTCON（看门狗控制寄存器）、WTDAT（看门狗数据寄存器）和 WTCNT（看门狗计数寄存器）。这 3 个寄存器的地址如表 13.1 所示。

表 13.1　看门狗寄存器

寄存器名字	地　　址	读　写	描　　述	重置值
WTCON	0x53000000	R/W	看门狗控制寄存器	0x8021
WTDAT	0x53000004	R/W	看门狗数据寄存器	0x8000
WTCNT	0x53000008	R/W	看门狗计数寄存器	0x8000

s3c2440 处理器通过这 3 个寄存器控制看门狗硬件的工作，原理将在下面介绍。

1．看门狗工作原理

在三星公司的 s3c2440 处理器数据手册中，有关于看门狗的介绍。手册中看门狗原理图如图 13.1 所示。

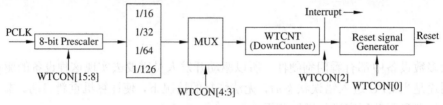

图 13.1　看门狗硬件结构

结合图 13.1 可知，看门狗从一个 PCLK 频率到产生一个 RESET 复位信号的过程如下。

（1）处理器向看门狗提供一个 PCLK 时钟信号。其通过一个 8 位预分频器（8-bit Prescaler）使频率降低。

（2）8 位预分频系数由控制寄存器 WTCON 的第 8～15 位决定。分频后的频率就相当于 PCLK 除以（WTCON[15:8]+1）。

（3）然后再通过一个 4 相分频器，分成 4 种大小的频率。这 4 种分频系数分别是 16、32、64、128。看门狗可以通过控制寄存器的第 3、4 位来决定使用哪种频率。

（4）当选择的时钟频率到达计数器（Down Counter）时，会按照工作频率将 WTCNT 减 1。当达到 0 时，就会产生一个中断信号或者复位信号。

（5）如果控制寄存器 WTCON 的第 2 位为 1，则发出一个中断信号；如果控制寄存器 WTCON 的第 0 位为 1，则输出一个复位信号，使系统重新启动。

在正常的情况下，需要不断地设置计数寄存器 WTCNT 的值使其不为 0，这样可以保证系统不被重启，这称为"喂狗"。在喂狗时，计数寄存器 WTCNT 的值会被设为数据寄存器 WTDAT 的值。当系统崩溃时，不能对计数寄存器 WTCNT 重新设值，最终导致系统复位重启。上面说到的寄存器的主要功能如下。

2．控制寄存器（WTCON）

控制寄存器 WTCON 用来设置预分频系数、选择工作频率、决定是否使用中断、是否使用复位功能等。其各位的作用如表 13.2 所示。

表 13.2　看门狗寄存器 WTCON

WTCON	英 文 名	位	描　　述	初始状态
预分频系数	Prescaler value	[15:8]	预分频系数（0～255）	0x80
保留	Reserved	[7:6]	保留，必须设置为 0	00
看门狗使能	Watchdog timer	[5]	使能看门狗，0：停止看门狗；1：启动看门狗	1
时钟选择	Clock select	[4:3]	选择分频系数： 0b00：16，0b01：32，0b10：64，0b11：128	00
中断使能	Interrupt generation	[2]	使能中断，0：禁止中断；1：使能中断	0

续表

WTCON	英　文　名	位	描　　述	初始状态
保留	Reserved	[1]	保留，必须设置为 0	0
复位使能	Reset enable/disable	[0]	0：不输出复位信号 1：输出复位信号	1

当一个时钟脉冲到来时，看门狗计数寄存器 WTCNT 就减 1。这个时钟脉冲的频率可以由如下公式计算：

$$看门狗工作频率 = \frac{PCLK}{(WTCON[15:8]+1) \times divider}$$

$$divider = (16, 32, 64, 128)$$

公式中 WTCON[15:8]+1 是因为 WTCONT[15:8]的取值范围为 0～255，因为除数不能为 0，所以设计者规定需要加 1。divider 的值由 WTCONT 的第 3、4 位决定，可以取值 16、32、64 和 128。经过这个分频公式可以将系统时钟降低，从而满足看门狗的需要。

3. 数据寄存器（WTDAT）

WTDAT 寄存器用来决定看门狗的超时周期。当看门狗作为定时器使用时，当计数寄存器 WTCNT 的值达到 0 时，WTDAT 寄存器的值会被自动传入 WTCNT 寄存器，并不会发出复位信号。WTDAT 的各位的作用如表 13.3 所示。

表 13.3　看门狗寄存器 WTDAT

WTDAT	英　文　名	位	描　　述	初始状态
数据寄存器	Count reload value	[15:0]	需要重新加载到 WTCNT 的值	0x8000

4. 计数寄存器（WTCNT）

在启动看门狗之前必须向计数寄存器 WTCNT 写入一个非 0 的初始值。启动看门狗后，每一个时钟周期减 1，当计数寄存器达到 0 时：如果中断被使能的话则发出中断信号；如果复位信号使能，并且系统没有崩溃，则重新用 WTDAT 的值装载 WTCNT 的值；如果程序崩溃，则向 CPU 发出复位信号。WTCNT 的各位的作用如表 13.4 所示。

表 13.4　看门狗寄存器 WTCNT

WTCNT	英文名	位	描　　述	初始状态
计数寄存器	Count value	[15:0]	看门狗的当前计数值	0x8000

13.2　平台设备模型

看门狗驱动中涉及两种设备模型，分别是**平台设备**和**混杂设备**。本节将分别对两种设备模型进行讲解。

13.2.1　平台设备模型

从 Linux 2.6 起引入了一套新的驱动管理和注册模型,即平台设备 platform_device 和平台驱动 platform_driver。Linux 中大部分的设备驱动,都可以使用这套机制,设备用 platform_device 表示,驱动用 platform_driver 表示。

平台设备模型与传统的 device 和 driver 模型相比,一个十分明显的优势在于平台设备模型将设备本身的资源注册进内核,由内核统一管理。这样提高了驱动和资源管理的独立性,并且拥有较好的可移植性和安全性。通过平台设备模型开发底层设备驱动的大致流程如图 13.2 所示。

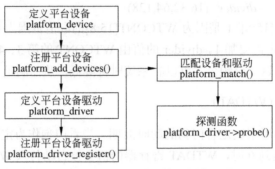

图 13.2　平台设备使用方法

13.2.2　平台设备

在 Linux 设备驱动中,有一种设备叫做平台设备。平台设备是指处理器上集成的额外功能的附加设备,如 Watch Dog、IIC、IIS、RTC 和 ADC 等设备。这些格外功能设备是为了节约硬件成本、减少产品功耗、缩小产品形状而集成到处理器内部的。需要注意的是,平台设备并不是与字符设备、块设备和网络设备并列的概念,而是一种平行的概念,其从另一个角度对设备进行了概括。如果从内核开发者的角度来看,平台设备的引入是为了更容易地开发字符设备、块设备和网络设备驱动。

1. 平台设备结构体(platform_device)

平台设备用 platform_device 结构体来描述,其结构体的定义如下:

```
struct platform_device
{
    const char  * name;        /*平台设备的名字,与驱动的名字对应*/
    int      id;;              /*与驱动绑定有关,一般为-1*/
    struct device   dev;       /*设备结构体,说明 platform_device 派生于 device*/
    u32     num_resources;     /*设备使用的资源数量*/
    struct resource * resource;/*指向资源的数组,数量由 num_resources 指定*/
};
```

s3c2440 处理器的内部硬件大多与 s3c2410 处理器的相同,所以内核并没有对 s3c2440 处理器的驱动代码进行升级,而沿用了 s3c2410 处理器的驱动。在文件 linux-2.6.34.14\arch\arm\plat-s3c24xx\devs.c 中定义了处理器的看门狗平台设备,代码如下:

```
struct platform_device s3c_device_wdt =
{
    .name         = "s3c2410-wdt",                    /*平台设备的名字*/
    .id       = -1,                                    /*一般设为-1*/
    .num_resources    = ARRAY_SIZE(s3c_wdt_resource),  /*资源数量*/
    .resource     = s3c_wdt_resource,                  /*资源的指针*/
};
```

2. 平台设备的资源

为了便于统一管理平台设备的资源,在 platform_device 结构体中定义了平台设备所使用的资源。这些资源都与特定处理器相关,需要驱动开发者查阅相关的处理器数据手册来编写。s3c2440 处理器的看门狗资源代码如下:

```
static struct resource s3c_wdt_resource[] =
{
    [0] = {
        /*看门狗 I/O 内存开始位置,被定义为 WTCON 的地址 0x53000000 */
        .start = S3C24XX_PA_WATCHDOG,
        .end   = S3C24XX_PA_WATCHDOG + S3C24XX_SZ_WATCHDOG - 1,
                                       /*1M 的地址空间*/
        .flags = IORESOURCE_MEM,       /*I/O 内存资源*/
    },
    [1] = {
        .start = IRQ_WDT,              /*看门狗的开始中断号,被定义为 80*/
        .end   = IRQ_WDT,              /*看门狗的结束中断号*/
        .flags = IORESOURCE_IRQ,       /*中断的 IRQ 资源*/
    }
};
```

从代码中可以看出 s3c2440 处理器只使用了 I/O 内存和 IRQ 资源。这里的 I/O 内存指向看门狗的 WTCON、WTDAT 和 WTCNT 寄存器。为了更清楚地了解资源的概念,将资源结构体 resource 列出如下:

```
struct resource {
    resource_size_t start;        /*资源的开始地址,resource_size 是 32 位或者 64
                                     位的无符号整型*/
    resource_size_t end;          /*资源的结束地址*/
    const char *name;             /*资源名*/
    unsigned long flags;          /*资源的类型*/
    struct resource *parent, *sibling, *child;/*用于构建资源的树形结构*/
};
```

resource 结构的 start 和 end 的类型是无符号整型。在 32 位平台上是 32 位整型;在 64 位平台上是 64 位整型。flags 标志表示资源的类型,有 I/O 端口(IORESOURCE_IO)、内存资源(IORESOURCE_MEM)、中断号(IORESOURCE_IRQ)和 DMA 资源(IORESOURCE_DMA)等。parent、sibling 和 child 指针用于将资源构建成一个树,加快内核的资源访问和管理,驱动程序员不需要关心。

3．平台设备相关的操作函数

通过 platform_add_devices()函数可以将一组设备添加到系统中，其主要完成以下两个功能：

- 分配平台设备所使用的资源，并将这些资源挂接到资源树中。
- 初始化 device 设备，并将设备注册到系统中。

其函数的原型如下：

```
int platform_add_devices(struct platform_device **devs, int num);
```

该函数的第 1 个参数 devs 是平台设备数组的指针，第 2 个参数是平台设备的数量。

通过 platform_get_resource()函数可以获得平台设备中的 resource 资源。

```
struct        resource       *platform_get_resource(struct        platform_device
*dev,unsigned int type, unsigned int num);
```

该函数的第 1 个参数 dev 是平台设备的指针。第 2 个参数 type 是资源的类型，这些类型可以是 I/O 端口（IORESOURCE_IO）、内存资源（IORESOURCE_MEM）、中断号（IORESOURCE_IRQ）和 DMA 资源（IORESOURCE_DMA）等。第 3 个参数 num 是同种资源的索引。例如一个平台设备中，有 3 个 IORESOURCE_MEM 资源，如果要获得第 2 个资源，那么需要使 num 等于 1。从平台设备 pdev 中获得第一个内存资源的例子如下：

```
struct resource *res;
res = platform_get_resource(pdev, IORESOURCE_MEM, 0);
```

13.2.3　平台设备驱动

每一个平台设备都对应一个平台设备驱动，这个驱动用来对平台设备进行探测、移除、关闭和电源管理等操作。平台设备用驱动 platform_device 结构体来描述，其定义如下：

```
struct platform_driver
{
    int (*probe)(struct platform_device *)          /*探测函数*/
    int (*remove)(struct platform_device *);        /*移除函数*/
    void (*shutdown)(struct platform_device *);      /*关闭设备时调用该函数*/
    int (*suspend)(struct platform_device *, pm_message_t state);
                                                /*挂起函数*/
    int (*suspend_late)(struct platform_device *, pm_message_t state);
                                                /*挂起之后调用的函数*/
    int (*resume_early)(struct platform_device *);
                                            /*恢复正常状态之前调用的函数*/
    int (*resume)(struct platform_device *);        /*恢复正常状态的函数*/
    struct device_driver driver;                    /*设备驱动核心结构*/
};
```

在文件 linux-2.6.34.14\drivers\watchdog\s3c2410_wdt.c 中定义了处理器的看门狗平台设备驱动，其中一些函数没有用处，所以没有定义，代码如下：

```
static struct platform_driver s3c2410wdt_driver =
{
```

```
    .probe      = s3c2410wdt_probe,        /*看门狗探测函数*/
    .remove     = s3c2410wdt_remove,       /*看门狗移除函数*/
    .shutdown   = s3c2410wdt_shutdown,     /*看门狗关闭函数*/
    .suspend    = s3c2410wdt_suspend,      /*看门狗挂起函数*/
    .resume     = s3c2410wdt_resume,       /*看门狗恢复函数*/
    .driver     = {
        .owner  = THIS_MODULE,
        .name   = "s3c2410-wdt",           /*设备的名字, 与平台设备中的名字对应*/
    },
};
```

1. probe()函数

一般来说，在内核启动时，会注册平台设备和平台设备驱动程序。内核将在适当的时候，将平台设备和平台设备驱动程序连接起来。连接的方法是用系统中的所有平台设备和所有已经注册的平台驱动进行匹配。匹配函数由 platform_match()实现，代码如下：

```
static int platform_match(struct device *dev, struct device_driver *drv)
{
    struct platform_device *pdev;                    /*平台设备指针*/
    pdev = container_of(dev, struct platform_device, dev);
                                    /*从 device 获得 platform_device */
    return (strcmp(pdev->name, drv->name) == 0)      /*比较设备名*/
}
```

该函数比较平台设备的 name 字段和驱动的 name 字段，相同时，表示匹配成功；不同时，表示驱动不匹配该设备。函数匹配成功返回 1，失败时返回 0。该函数将由内核自己调用，当设备找到对应的驱动时，会触发 probe()函数，所以 probe()函数一般是驱动加载成功后调用的第一个函数，在该函数中可以申请设备所需要的资源。

2. remove()函数

如果设备可以移除，为了减少所占用的系统资源，那么应该实现 remove()函数。该函数一般与 probe()函数对应，在 probe()函数中申请的资源，应该在 remove()函数中释放。

3. shutdown()、suspend()和 resume()函数

shutdown()函数当设备断电或者关闭时被调用；suspend()函数使设备处于低功耗状态；resume()函数使设备从低功耗恢复到正常状态。

13.2.4 平台设备驱动的注册和注销

内核关于平台设备最主要的两个函数是注册和注销函数，本节将对这两个函数进行说明。

1. 注册函数 platform_driver_register()

需要将平台设备驱动注册到系统中才能使用，内核提供了 platform_driver_register()函数实现这个功能。该函数如下：

```
int platform_driver_register(struct platform_driver *drv)
{
```

```
drv->driver.bus = &platform_bus_type;              /*平台总线类型*/
/*如果定义了 probe 函数,该函数将覆盖 driver 中定义的函数*/
if (drv->probe)
    drv->driver.probe = platform_drv_probe;         /*默认的探测函数*/
if (drv->remove)
    drv->driver.remove = platform_drv_remove;       /*默认的移除函数*/
if (drv->shutdown)
    drv->driver.shutdown = platform_drv_shutdown;   /*默认的关闭函数*/
if (drv->suspend)
    drv->driver.suspend = platform_drv_suspend;     /*默认的挂起函数*/
if (drv->resume)
    drv->driver.resume = platform_drv_resume;       /*默认的恢复函数*/
return driver_register(&drv->driver);               /*将驱动注册到系统中*/
}
```

在平台驱动 platform_driver 和其父结构 driver 中相同的方法。如果平台设备驱动中定义 probe()方法，那么内核将会调用平台驱动中的方法；如果平台设备驱动中没有定义 probe() 方法，那么将调用 driver 中的对应方法。platform_driver_register()函数用来完成这种功能，并注册设备驱动到内核中。platform_driver 注册到内核后，内核调用驱动的关系如图 13.3 所示。

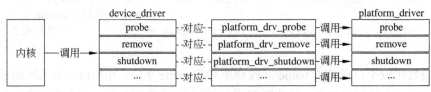

图 13.3　内核调用驱动程序

2．注销函数 platform_driver_unregister()

当模块卸载时需要调用函数 platform_driver_unregister()注销平台设备驱动，该函数的原型如下：

```
void platform_driver_unregister(struct platform_driver *drv)
```

13.2.5　混杂设备

混杂设备并没有一个明确的定义。由于设备号比较紧张，所以一些不相关的设备可以使用同一个主设备，不同的次设备号。主设备号通常是 10。由于这个原因，一些设备也可以叫做混杂设备。混杂设备用结构体 miscdevice 来表示，代码如下：

```
struct miscdevice
{
    int minor;                              /*次设备号*/
    const char *name;                       /*混杂设备的名字*/
    const struct file_operations *fops;     /*设备的操作函数,与字符设备相同*/
    struct list_head list;                  /*连向下一个混杂设备的链表*/
    struct device *parent;                  /*指向父设备*/
    struct device *this_device;             /*指向当前设备结构体*/
};
```

混杂设备中的一个重要成员是 fops，其是一个 file_operations 的指针。这里的 file_operations 结构与 cdev 中的结构一样。那么为什么有了 cdev 还需要 miscdevice 呢？这只是从另一种更灵活的方式来写设备驱动而已。开发者完全可以用 cdev 代替 miscdevice 实现看门狗驱动程序。看门狗的混杂设备定义如下：

```
static struct miscdevice s3c2410wdt_miscdev =
{
    .minor      = WATCHDOG_MINOR,      /*次设备号,定义为130*/
    .name       = "watchdog",          /*混杂设备的名字*/
    .fops       = &s3c2410wdt_fops,    /*混杂设备的操作指针*/
};
```

13.2.6 混杂设备的注册和注销

驱动程序中需要对混杂设备进行注册和注销，内核提供了 misc_register () 和 misc_deregister() 两个函数。

1. 注册函数 misc_register ()

混杂设备的注册非常简单，只需要调用 misc_register() 函数，并传递一个混杂设备的指针就可以了。其原型如下：

```
int misc_register(struct miscdevice * misc)
```

该函数内部检查次设备号是否合法，如果次设备号被占用，则返回设备忙状态。如果 miscdevice 的成员 minor 为 255，则尝试动态申请一个次设备号。当次设备号可用时，函数会将混杂设备注册到内核的设备模型中。

2. 注销函数 misc_deregister()

与 misc_registe() 函数对应的是 misc_deregister() 函数，其原型如下：

```
int misc_deregister(struct miscdevice *misc);
```

13.3 看门狗设备驱动程序分析

Linux 2.6 内核中已经实现了 s3c2440 处理器的看门狗驱动。由于 s3c2440 与 s3c2410 的看门狗硬件没有变化，所以内核沿用了 s3c2410 的看门狗驱动。本节将对这个驱动进行详细的分析，通过学习，希望读者能举一反三，写出其他更好的驱动程序。

13.3.1 看门狗驱动程序的一些变量定义

Linux 内核中的 linux-2.6.34.14\drivers\watchdog\s3c2410_wdt.c 文件实现了看门狗驱动程序。此文件中也定义了看门狗驱动的一些变量，理解这些变量的意义是理解看门狗驱动的前提，这些变量的定义如下：

```
static int nowayout      = WATCHDOG_NOWAYOUT;
static int tmr_margin     = CONFIG_S3C2410_WATCHDOG_DEFAULT_TIME;
static int tmr_atboot     = CONFIG_S3C2410_WATCHDOG_ATBOOT;
static int soft_noboot;
static int debug;
```

- ❑ nowayout 表示决不允许看门狗关闭，为 1 表示不允许关闭，为 0 表示运行关闭。当不允许关闭时调用 close()函数是没有用的。WATCHDOG_NOWAYOUT 的取值由配置选项 CONFIG_WATCHDOG_NOWAYOUT 决定，其宏定义如下：

```
#ifdef CONFIG_WATCHDOG_NOWAYOUT
#define WATCHDOG_NOWAYOUT   1                /*如果配置了不运行关闭，定义为1*/
#else
#define WATCHDOG_NOWAYOUT   0                /*没有配置,定义为0*/
#endif
```

- ❑ tmr_margin 表示默认的看门狗喂狗时间为 15 秒。
- ❑ tmr_atboot 表示系统启动时就使能看门狗。为 1 表示使能，为 0 表示关闭。
- ❑ soft_noboot 表示看门狗工作的方式，看门狗可以作为定时器使用也可以作为复位硬件使用。soft_noboot 为 1 表示看门狗作为定时器使用，不发送复位信号。
- ❑ debug 表示是否使用调试模式来调试代码。该模式中，会打印调试信息。

另外一个重要的枚举值 close_state 用来标识看门狗是否允许关闭，其定义如下：

```
typedef enum close_state {
    CLOSE_STATE_NOT,
    CLOSE_STATE_ALLOW = 0x4021
} close_state_t;
```

CLOSE_STATE_NOT 表示不允许关闭看门狗，CLOSE_STATE_ALLOW 表示运行关闭看门狗。

13.3.2　看门狗模块的加载和卸载函数

看门狗模块的加载函数 watchdog_init()中调用 platform_driver_register()函数注册平台设备驱动，其代码如下：

```
static char banner[] __initdata =
    KERN_INFO "S3C2410 Watchdog Timer, (c) 2004 Simtec Electronics\n";
static int __init watchdog_init(void)
{
    printk(banner);                          /*打印看门狗信息*/
    return platform_driver_register(&s3c2410wdt_driver);
}
```

卸载函数 watchdog_exit ()中调用 platform_driver_unregister ()函数注销平台设备驱动，回收驱动所占用的系统资源，代码如下：

```
static void __exit watchdog_exit(void)
{
    platform_driver_unregister(&s3c2410wdt_driver);
}
```

13.3.3 看门狗驱动程序探测函数

当调用 platform_driver_register()函数注册驱动后，会触发平台设备和驱动的匹配函数 platform_match()。匹配成功，则会调用平台设备驱动中的 probe()函数，看门狗驱动中对应的函数就是 s3c2410wdt_probe()，其代码定义如下：

```
static int s3c2410wdt_probe(struct platform_device *pdev)
{
    struct resource *res;                    /*资源指针*/
    struct device *dev;                      /*设备结构指针*/
    unsigned int wtcon;                      /*用于暂时存放 WTCON 寄存器的数据*/
    int started = 0;
    int ret;
    int size;
    DBG("%s: probe=%p\n", __func__, pdev);
    dev = &pdev->dev;                        /*平台设备的设备结构体 device*/
    wdt_dev = &pdev->dev;
    res = platform_get_resource(pdev, IORESOURCE_MEM, 0);
                                             /*获得看门狗的内存资源*/
    if (res == NULL) {                       /*资源获取失败则退出*/
        dev_err(dev, "no memory resource specified\n");
        return -ENOENT;
    }
    size = (res->end - res->start) + 1;      /*内存资源所占的字节数*/
    /*申请一块 I/O 内存，对应看门狗的 3 个寄存器*/
    wdt_mem = request_mem_region(res->start, size, pdev->name);
    if (wdt_mem == NULL) {                    /*I/O 内存获取失败则退出*/
        dev_err(dev, "failed to get memory region\n");
        ret = -ENOENT;
        goto err_req;
    }
/*将设备内存映射到虚拟地址空间，这样可以使用函数访问*/
    wdt_base = ioremap(res->start, size);
    if (wdt_base == NULL) {                   /*映射内存失败则退出*/
        dev_err(dev, "failed to ioremap() region\n");
        ret = -EINVAL;
        goto err_req;
    }
    DBG("probe: mapped wdt_base=%p\n", wdt_base);
                                             /*输出映射基地址，调试时用*/
    wdt_irq = platform_get_resource(pdev, IORESOURCE_IRQ, 0);
                                             /*获得看门狗可以申请的中断号*/
    if (wdt_irq == NULL) {                    /*获取中断号失败则退出*/
        dev_err(dev, "no irq resource specified\n");
        ret = -ENOENT;
        goto err_map;
    }
    /*申请中断，并注册中断处理函数 s3c2410wdt_irq()*/
    ret = request_irq(wdt_irq->start, s3c2410wdt_irq, 0, pdev->name, pdev);
    if (ret != 0) {                           /*中断申请失败则退出*/
        dev_err(dev, "failed to install irq (%d)\n", ret);
        goto err_map;
    }
    wdt_clock = clk_get(&pdev->dev, "watchdog");   /*得到看门狗时钟源*/
```

```
    if (IS_ERR(wdt_clock)) {
        dev_err(dev, "failed to find watchdog clock source\n");
        ret = PTR_ERR(wdt_clock);
        goto err_irq;
    }
    clk_enable(wdt_clock);                          /*使能看门狗时钟*/
    /*设置看门狗复位时间为 tmr_margin，如果时间值不合法，则返回非 0，重新设置默认的复
    位时间*/
    if (s3c2410wdt_set_heartbeat(tmr_margin)) {
        started = s3c2410wdt_set_heartbeat(
                CONFIG_S3C2410_WATCHDOG_DEFAULT_TIME);
        if (started == 0)
            dev_info(dev,
                "tmr_margin value out of range, default %d used\n",
                    CONFIG_S3C2410_WATCHDOG_DEFAULT_TIME);
        else
            dev_info(dev, "default timer value is out of range, cannot
            start\n");
    }
    ret = misc_register(&s3c2410wdt_miscdev);       /*注册混杂设备*/
    if (ret) {                                      /*注册混杂设备失败处理*/
        dev_err(dev, "cannot register miscdev on minor=%d (%d)\n",
            WATCHDOG_MINOR, ret);
        goto err_clk;
    }
    if (tmr_atboot && started == 0) {        /*开机时就立即启动看门狗定时器*/
        dev_info(dev, "starting watchdog timer\n");
        s3c2410wdt_start();                         /*启动看门狗*/
    } else if (!tmr_atboot) {
        s3c2410wdt_stop();                          /*停止看门狗*/
    }
    wtcon = readl(wdt_base + S3C2410_WTCON);    /*读出控制寄存器的值*/
    dev_info(dev, "watchdog %sactive, reset %sabled, irq %sabled\n",
        (wtcon & S3C2410_WTCON_ENABLE) ? "" : "in"      /*看门狗是否启动*/
        (wtcon & S3C2410_WTCON_RSTEN) ? "" : "dis",
                                                /*看门狗是否允许发出复位信号*/
        (wtcon & S3C2410_WTCON_INTEN) ? "" : "en");
                                                /*看门狗是否允许发出中断信号*/
    return 0;                                        /*成功返回 0*/
err_clk:                                            /*注册混杂设备失败*/
    clk_disable(wdt_clock);
    clk_put(wdt_clock);
err_irq:                                            /*得到时钟失败*/
    free_irq(wdt_irq->start, pdev);
err_map:                                            /*获取中断失败*/
    iounmap(wdt_base);
err_req:                                            /*申请 I/O 内存失败*/
    release_resource(wdt_mem);
    kfree(wdt_mem);
    return ret;
}
```

13.3.4　设置看门狗复位时间函数 s3c2410wdt_set_heartbeat()

在探测函数 s3c2410wdt_probe()中的大部分函数，前面的章节中都有说明。这里重点

讲解一下 s3c2410wdt_set_heartbeat()函数，该函数的参数接收看门狗复位时间，默认是 15 秒。该函数先后完成如下几个功能：

（1）使用 clk_get_rate()函数获得看门狗的时钟频率 PCLK。

（2）判断复位时间 timeout 是否超过计数寄存器 WTCNT 能表示的最大值，该寄存器的最大值为 65536。

（3）设置第一个分频器的分频系数。

（4）设置数据寄存器 WTDAT。

s3c2410wdt_set_heartbeat()函数的代码如下：

```
static int s3c2410wdt_set_heartbeat(int timeout)
{
    unsigned int freq=clk_get_rate(wdt_clock);  /*得到看门狗的时钟频率 PCLK*/
    unsigned int count;                         /*将填入 WTCNT 的计数值*/
    unsigned int divisor = 1;                   /*要填入 WTCON[15:8]的预分频系数*/
    unsigned long wtcon;                        /*暂时存储 WTCON 的值*/
    if (timeout < 1)                            /*看门狗的复位时间不能小于 1 秒*/
        return -EINVAL;
    freq /= 128;                                /*看门狗默认使用 128 的四相分频*/
    count = timeout * freq;                     /*秒数乘以每秒的时钟嘀嗒等于计数值*/
    /*打印相关的信息用于调试*/
    DBG("%s: count=%d, timeout=%d, freq=%d\n",__func__, count, timeout,
freq);
    /*最终填入的计数值不能大于 WTCNT 的范围，WTCNT 是一个 16 位寄存器，其最大值为
      0x10000*/
    if (count >= 0x10000) {
        for (divisor = 1; divisor <= 0x100; divisor++) {
                                    /*从 1~256，寻找一个合适的预分频系数 */
            if ((count / divisor) < 0x10000)
                break;              /*找到则退出*/
        }
        /*经过预分配和 4 相分配的计数值仍大于 0x10000，则复位时间太长，看门狗不支持*/
        if ((count / divisor) >= 0x10000) {
            dev_err(wdt_dev, "timeout %d too big\n", timeout);
            return -EINVAL;
        }
    }
    tmr_margin = timeout;                       /*合法的复位时间*/
    /*打印相关的信息用于调试*/
    DBG("%s: timeout=%d, divisor=%d, count=%d (%08x)\n", __func__, timeout,
divisor, count, count/divisor);
    count /= divisor;                           /*分频后最终的计数值*/
    wdt_count = count;
    wtcon = readl(wdt_base + S3C2410_WTCON);            /*读 WTCNT 的值*/
    wtcon &= ~S3C2410_WTCON_PRESCALE_MASK;              /*将 WTCNT 的高 8 位清零*/
    wtcon |= S3C2410_WTCON_PRESCALE(divisor-1);         /*填入预分频系数*/
    writel(count, wdt_base + S3C2410_WTDAT);
                                    /*将计数值写到数据寄存器 WTDAT 中*/
    writel(wtcon, wdt_base + S3C2410_WTCON);            /*设置控制寄存器 WTCON*/
    return 0;                                           /*成功返回 0*/
}
```

13.3.5　看门狗的开始函数 s3c2410wdt_start()和停止函数 s3c2410wdt_stop()

为了控制看门狗的开始和停止，驱动中提供了开始和停止函数。

1．开始函数 s3c2410wdt_start()

在探测函数 s3c2410wdt_probe()中，当所有工作都准备完成后，并且允许看门狗随机启动（tmr_atboot=1），则会调用 s3c2410wdt_start()函数使看门狗开始工作。该函数的代码如下：

```
static void s3c2410wdt_start(void)
{
    unsigned long wtcon;                              /*暂时存储 WTCNT 的值*/
    spin_lock(&wdt_lock);                             /*避免不同线程同时访问临界资源*/
    __s3c2410wdt_stop();                             /*先停止看门狗便于设置*/
    wtcon = readl(wdt_base + S3C2410_WTCON);         /*读出 WTCON 的值*/
    /*通过设置 WTCON 的第 5 位允许看门狗工作，并将第 3, 4 位设为 11，使用四相分频*/
    wtcon |= S3C2410_WTCON_ENABLE | S3C2410_WTCON_DIV128;
    if (soft_noboot) {                               /*看门狗作为定时器使用*/
        wtcon |= S3C2410_WTCON_INTEN;                /*使能中断*/
        wtcon &= ~S3C2410_WTCON_RSTEN;               /*不允许发出复位信号*/
    } else {                                         /*看门狗作为复位器使用*/
        wtcon &= ~S3C2410_WTCON_INTEN;               /*禁止发出中断*/
        wtcon |= S3C2410_WTCON_RSTEN;                /*允许发出复位信号*/
    }
    /*打印相关的信息用于调试*/
    DBG("%s: wdt_count=0x%08x, wtcon=%08lx\n",__func__, wdt_count, wtcon);
    writel(wdt_count, wdt_base + S3C2410_WTDAT);     /*重新写数据寄存器的值*/
    writel(wdt_count, wdt_base + S3C2410_WTCNT);     /*重新写计数寄存器的值*/
    writel(wtcon, wdt_base + S3C2410_WTCON);         /*写控制寄存器的值*/
    spin_unlock(&wdt_lock);                          /*自旋锁解锁*/
}
```

2．停止函数 s3c2410wdt_stop()

在探测函数 s3c2410wdt_probe()中，当所有工作都准备完成后，如果不允许看门狗立即启动（tmr_atboot=0），则会调用 s3c2410wdt_stop()函数使看门狗停止工作。该函数的代码如下：

```
static void s3c2410wdt_stop(void)
{
    spin_lock(&wdt_lock);                            /*加自旋锁*/
    __s3c2410wdt_stop();
    spin_unlock(&wdt_lock);                          /*解除自旋锁*/
}
```

在 s3c2410wdt_stop()中使用了 spin_lock()函数对 wdt_lock 进行加锁，并调用 __s3c2410wdt_stop()函数完成实际的看门狗停止工作，其代码如下：

```
static void __s3c2410wdt_stop(void)
{
    unsigned long wtcon;                          /*暂时存储 WTCNT 的值*/
    wtcon = readl(wdt_base + S3C2410_WTCON);     /*读出 WTCON 的值*/
    /*设置 WTCON,使看门狗不工作,并且不发出复位信号*/
    wtcon &= ~(S3C2410_WTCON_ENABLE | S3C2410_WTCON_RSTEN);
    writel(wtcon, wdt_base + S3C2410_WTCON);     /*写控制寄存器的值*/
}
```

13.3.6　看门狗驱动程序移除函数 s3c2410wdt_remove()

s3c2440 看门狗驱动程序的移除函数完成与探测函数相反的功能,其包括释放 I/O 内存资源、释放 IRQ 资源、禁止看门狗时钟源和注销混杂设备,其代码如下:

```
static int s3c2410wdt_remove(struct platform_device *dev)
{
    release_resource(wdt_mem);                    /*释放资源 resource*/
    kfree(wdt_mem);                               /*释放 I/O 内存*/
    wdt_mem = NULL;
    free_irq(wdt_irq->start, dev);                /*释放中断号*/
    wdt_irq = NULL;
    clk_disable(wdt_clock);                       /*禁止时钟*/
    clk_put(wdt_clock);                           /*减少时钟引用计数*/
    wdt_clock = NULL;
    iounmap(wdt_base);                            /*关闭内存映射*/
    misc_deregister(&s3c2410wdt_miscdev);         /*注销混杂设备*/
    return 0;
}
```

13.3.7　平台设备驱动 s3c2410wdt_driver 中的其他重要函数

平台设备驱动 s3c2410wdt_driver 中的 s3c2410wdt_probe () 和 s3c2410wdt_remove() 函数都已经说明,剩下另外几个重要的函数需要说明。

1. 关闭函数 s3c2410wdt_shutdown()

当看门狗被关闭时,内核会自动调用 s3c2410wdt_shutdown() 函数先停止看门狗设备,其函数代码如下:

```
static void s3c2410wdt_shutdown(struct platform_device *dev)
{
    s3c2410wdt_stop();                            /*停止看门狗*/
}
```

2. 挂起函数 s3c2410wdt_suspend()

当需要暂停看门狗时,可以调用 s3c2410wdt_suspend() 函数,该函数保存看门狗的寄存器,并设置看门狗为停止状态。该函数一般由电源管理子模块调用,用来节省电源,其函数代码如下:

```
static int s3c2410wdt_suspend(struct platform_device *dev, pm_message_t
```

```
state)
{
    /*保存看门狗的当前状态，就是 WTDAT 寄存和 WTCON 寄存器，不需要保存 WTCNT 寄存器*/
    wtcon save = readl(wdt base + S3C2410 WTCON);
    wtdat save = readl(wdt base + S3C2410 WTDAT);
    s3c2410wdt stop();                                    /*停止看门狗*/
    return 0;
}
```

3. 恢复函数 s3c2410wdt_resume()

与挂起 s3c2410wdt_suspend()函数相反的恢复函数是 s3c2410wdt_resume()，该函数恢复看门狗寄存器的值。如果挂起之前为停止状态，则恢复后看门狗为停止状态；如果挂起之前为启动状态，则恢复后看门狗也为启动。该函数的代码如下：

```
static int s3c2410wdt_resume(struct platform_device *dev)
{
    /*恢复看门狗寄存器的值，并重置 WTCNT 为 WTDAT */
    writel(wtdat save, wdt base + S3C2410 WTDAT);
    writel(wtdat save, wdt base + S3C2410 WTCNT); /* Reset count */
    writel(wtcon save, wdt base + S3C2410 WTCON);
    /*打印一些调试信息*/
    printk(KERN INFO PFX "watchdog %sabled\n",
           (wtcon save & S3C2410 WTCON ENABLE) ? "en" : "dis");

    return 0;
}
```

13.3.8　混杂设备的 file_operations 中的函数

混杂设备是一种特殊的字符设备，所以混杂设备的操作方法和字符设备的操作方法基本一样。看门狗的驱动中，混杂设备的定义如下：

```
static struct miscdevice s3c2410wdt_miscdev = {
    .minor      = WATCHDOG MINOR,
    .name       = "watchdog",
    .fops       = &s3c2410wdt fops,
};
```

其中的 s3c2410wdt_fops 结构定义了相关的处理函数，定义如下：

```
static const struct file_operations s3c2410wdt_fops =
{
    .owner          = THIS MODULE,
    .llseek         = no llseek,
    .write          = s3c2410wdt write,
    .unlocked ioctl = s3c2410wdt ioctl,
    .open           = s3c2410wdt open,
    .release        = s3c2410wdt release,
};
```

下面对这些函数进行说明。

1. 打开函数 s3c2410wdt_open()

当用户程序调用 open()函数时，内核会最终调用 s3c2410wdt_open()函数，该函数完成以下功能：

（1）调用 test_and_set_bit()函数测试 open_lock 的第 0 位。如果 open_lock 的第 0 位为 0，则表示 test_and_set_bit()函数返回 0，表示设备没有被另外的程序打开。如果 open_lock 的第 0 位为 1，则表示设备已经被打开，返回忙 EBUSY 状态。

（2）nowayout 不为 0，表示看门狗设备绝不允许关闭，则增加看门狗模块的引用计数。

（3）将是否运行关闭变量 allow_close 设为 CLOSE_STATE_NOT，表示不允许关闭设备。

（4）使用 s3c2410wdt_start()函数打开设备。

（5）使用 nonseekable_open()函数设置设备文件 file 不允许 seek 操作，即是不允许对设备文件进行定位。

```
static int s3c2410wdt_open(struct inode *inode, struct file *file)
{
    if (test_and_set_bit(0, &open_lock))          /*只允许打开一次*/
        return -EBUSY;
    if (nowayout)                                 /*不允许关闭设备*/
        __module_get(THIS_MODULE);                /*增加模块引用计数*/
    allow_close = CLOSE_STATE_NOT;                /*设为不允许关闭*/
    s3c2410wdt_start();                           /*开始运行看门狗设备*/
    return nonseekable_open(inode, file);         /*不允许调用 seek()*/
}
```

2．释放函数 s3c2410wdt_release()

为了使看门狗设备在调用 close()函数关闭后，能够使用 open()方法重新打开，驱动需要定义 s3c2410wdt_release()函数。应该在 s3c2410wdt_release()函数中清除 open_lock 的第 0 位，使设备能够被 open()函数打开。如果看门狗允许关闭，则应该调用 s3c2410wdt_stop()函数关闭看门狗。如果不允许关闭设备，则调用 s3c2410wdt_keepalive()函数，使看门狗为活动状态。s3c2410wdt_release()函数的代码如下：

```
static int s3c2410wdt_release(struct inode *inode, struct file *file)
{
    if (allow_close == CLOSE_STATE_ALLOW)    /*看门狗为允许状态*/
        s3c2410wdt_stop();                       /*关闭看门狗*/
    else {
        dev_err(wdt_dev, "Unexpected close, not stopping watchdog\n");
        s3c2410wdt_keepalive();/**/
    }
    allow_close = CLOSE_STATE_NOT;              /*设为不允许关闭*/
    clear_bit(0, &open_lock);          /*将 open_lock 的第 0 位设为 0，是原子操作*/
    return 0;
}
```

在 s3c2410wdt_release 中调用了 s3c2410wdt_keepalive()函数，该函数重新装载了 WTCNT 寄存器，相当于一个喂狗的功能，其代码如下：

```
static void s3c2410wdt_keepalive(void)
{
    spin_lock(&wdt_lock);                              /*获得自旋锁*/
```

```
        writel(wdt_count, wdt_base + S3C2410_WTCNT);        /*重写计数寄存器 WTCNT*/
        spin_unlock(&wdt_lock) ;                            /*释放自旋锁*/
}
```

3. 写函数 s3c2410wdt_write()

混杂设备 3c2410wdt_miscdev 的 file_operations 中没有实现 read()函数，因为很少需要从看门狗的寄存器中获得数据，但是实现了写函数 s3c2410wdt_write()，该函数主要用来设置 allow_close 变量为允许关闭状态。如果向看门狗设备中写入 V，那么就允许关闭设备。

```
static ssize_t s3c2410wdt_write(struct file *file, const char __user *data,
            size_t len, loff_t *ppos)
{
    if (len) {                                          /*有数据写入 len 不为 0*/
        if (!nowayout) {                                /*允许关闭*/
            size_t i;
            allow_close = CLOSE_STATE_NOT;              /*允许关闭状态*/
            for (i = 0; i != len; i++) {
                char c;
                if (get_user(c, data + i))
                    return -EFAULT;
                if (c == 'V')
                    allow_close = CLOSE_STATE_ALLOW;
            }
        }
        s3c2410wdt_keepalive();                         /*允许关闭*/
    }
    return len;
}
```

4. I/O 控制函数 s3c2410wdt_ioctl()

s3c2410wdt_ioctl()函数接受一些系统命令，用来设置看门狗的内部状态。该函数的代码如下：

```
static long s3c2410wdt_ioctl(struct file *file,        unsigned int cmd,
                    unsigned long arg)
{
    void __user *argp = (void __user *)arg;
    int __user *p = argp;
    int new_margin;

    switch (cmd) {
    case WDIOC_GETSUPPORT:                              /*获得看门狗设备的信息*/
        return copy_to_user(argp, &s3c2410_wdt_ident,
            sizeof(s3c2410_wdt_ident)) ? -EFAULT : 0;
    case WDIOC_GETSTATUS:                               /*获得看门狗状态*/
    case WDIOC_GETBOOTSTATUS:
        return put_user(0, p);
    case WDIOC_KEEPALIVE:                               /*对看门狗进行喂狗操作*/
        s3c2410wdt_keepalive();
        return 0;
    case WDIOC_SETTIMEOUT:                              /*设置新的超时时间*/
```

```
        if (get_user(new_margin, p))
            return -EFAULT;
        if (s3c2410wdt_set_heartbeat(new_margin))
            return -EINVAL;
        s3c2410wdt_keepalive();              /*喂狗操作*/
        return put_user(tmr_margin, p);
    case WDIOC_GETTIMEOUT:                  /*获得看门狗设备的当前超时时间*/
        return put_user(tmr_margin, p);
    default:
        return -ENOTTY;
    }
}
```

- ❑ WDIOC_GETSUPPORT 命令用来获得看门狗设备的信息，这些信息包含在一个 watchdog_info 结构体中。
- ❑ WDIOC_GETSTATUS 和 WDIOC_GETBOOTSTATUS 命令都用来获得看门狗的状态，一般将 0 返回给用户。
- ❑ WDIOC_KEEPALIVE 命令用来对看门狗进行喂狗操作，喂狗函数是 s3c2410wdt_eepalive()。
- ❑ WDIOC_SETTIMEOUT 命令用来设置看门狗的新超时时间，并返回旧超时时间。使用 get_user()函数从用户空间获得超时时间，并使用 s3c2410wdt_set_heartbeat() 函数设置新的超时时间。通过 put_user()函数返回旧的超时时间。
- ❑ WDIOC_GETTIMEOUT 命令用来获得当前的超时时间。

5. 文件指针寻址函数 no_llseek()

看门狗的内部存储单元为一组寄存器，这些寄存器是 WTCON（看门狗控制寄存器）、WTDAT（看门狗数据寄存器）和 WTCNT（看门狗计数寄存器）。这些寄存器不需要像文件一样对位置进行寻址，所以不需要对 llseek()函数进行具体实现，只需要写一个返回 -ESPIPE 的函数就可以了。ESPIPE 表示该设备不允许寻址。no_llseek()函数的代码如下：

```
loff_t no_llseek(struct file *file, loff_t offset, int origin)
{
    return -ESPIPE;                         /*表示非法寻址*/
}
```

13.3.9　看门狗中断处理函数 s3c2410wdt_irq()

当看门狗设备作为定时器使用时，发出中断信号而不发出复位信号。该中断在探测函数 s3c2410wdt_probe()中通过调用 request_irq()函数向系统做了申请。中断处理函数的主要功能是喂狗操作，使看门狗重新开始计数，该函数的代码如下：

```
static irqreturn_t s3c2410wdt_irq(int irqno, void *param)
{
    dev_info(wdt_dev, "watchdog timer expired (irq)\n");   /*调试信息*/
    s3c2410wdt_keepalive();                                /*看门狗喂狗操作*/
    return IRQ_HANDLED;
}
```

13.4　小　　结

本章详细地讲解了看门狗驱动程序的编写。首先介绍了看门狗的硬件原理，然后详细地介绍了看门狗的平台设备模型，最后对看门狗驱动程序进行了详细的分析。看门狗驱动程序中的函数主要用来控制看门狗硬件设备的相关寄存器，从而控制看门狗设备的功能，这是设备驱动程序的一种常见写法，需要引起读者的注意。

第14章 IIC设备驱动程序

IIC设备是一种通过IIC总线直接连接的设备，由于其简单性，被广泛引用于电子系统中。在现代电子系统中，有很多的IIC设备需要进行相互之间的通信。为了提高硬件的效率和简化电路的设计，PHILIPS公司开发了IIC总线。IIC总线可以用于设备间的数据通信。本章将对IIC设备及其驱动进行详细的讲解。

14.1 IIC设备的总线及其协议

IIC总线是由PHILIPS公司开发的两线式串行总线，用于连接微处理器和外部IIC设备。IIC设备产生于20世纪80年代，最初专用于音频和视频设备，现在在各种电子设备中都有广泛的应用。

14.1.1 IIC总线的特点

IIC总线有两条总线线路，一条是串行数据线（SDA），一条是串行时钟线（SCL）。SDA负责数据传输，SCL负责数据传输的时钟同步。IIC设备通过这两条总线连接到处理器的IIC总线控制器上。一种典型的设备连接如图14.1所示。

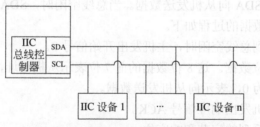

图14.1　设备与IIC总线控制器的连接

与其他总线相比，IIC总线有许多重要的特点。在选择一种设备来完成特定功能时，这些特点是选择IIC设备的重要依据。下面对IIC设备的主要特点进行简要的总结。

- ❑ 每一个连接到总线的设备都可以通过唯一的设备地址单独访问。
- ❑ 串行的8位双向数据传输，位速率在标志模式下可以达到100kb/s；快速模式下可以达到400kb/s；高速模式下可以达到3.4Mb/s。
- ❑ 总线长度最长7.6米左右。
- ❑ 片上滤波器可以增加抗干扰能力，保证数据的完成传输。
- ❑ 连接到一条IIC总线上的设备数量只受到最大电容400pF的限制。
- ❑ 它是一个多主机系统，在一条总线上可以同时有多个主机存在，通过冲突检测方式和延时等待防止数据不被破坏。同一时间只能有一个主机占用总线。

14.1.2　IIC 总线的信号类型

IIC 总线在传输数据的过程中有 3 种类型的信号，即开始信号、结束信号和应答信号。这些信号由 SDA 线和 SCL 线的电平高低变化来表示。

❑ 开始信号（S）：当 SCL 为高电平时，SDA 由高电平向低电平跳变，表示将要开始传输数据。

❑ 结束信号（P）：当 SCL 为高电平时，SDA 由低电平向高电平跳变，表示结束传输数据。

❑ 响应信号（ACK）：从机主接收到到 8 位数据后，在第 9 个时钟周期，拉低 SDA 电平，表示已经收到数据。这个信号称为应答信号。

开始信号和结束信号的波形如图 14.2 所示。

图 14.2　开始信号和结束信号

14.1.3　IIC 总线的数据传输

在分析 IIC 总线的数据传输前需要知道主机和从机的概念。

1．主机和从机

IIC 总线中发送命令的设备称为主机，对于 ARM 处理器来说，主机就是 IIC 控制器。接受命令并响应命令的设备称为从机。

2．主机向从机发送数据

主机通过数据线 SDA 向从机发送数据。当总线空闲时，SDA 和 SCL 信号都处于高电平。主机向从机发送数据的过程如下。

（1）当主机检测到总线空闲时，主机发出开始信号 S。

（2）主机发出 8 位数据。这 8 位数据的前 7 位表示从机地址，第 8 位表示数据的传输方向。这时，第 8 位为 0，表示向从机发送数据。

（3）被选中的从机发出响应信号 ACK。

（4）从机传输一系列的字节和响应位。

（5）主机接受这些数据，并发出结束信号 P，完成本次数据传输。

14.2　IIC 设备的硬件原理

在写设备驱动程序之前，应该先了解一下 IIC 设备的硬件原理。s3c2440 处理器中集成了一个 IIC 控制器，本节将对这个控制器的硬件结果进行详细的讲解。s3c2440 中集成了一个 IIC 控制器，用来管理 IIC 设备，实现设备的数据接收和发送功能。IIC 控制器的内部结构如图 14.3 所示。

由图 14.3 可知，s3c2440 的 IIC 控制器主要是由 4 个寄存器来完成所有 IIC 操作的。这 4 个寄存器是 IICCON、IICSTAT、IICADD、IICCDS。下面对这 4 个寄存器的功能进行

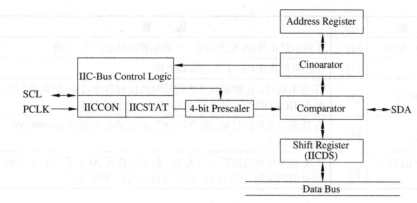

图 14.3 IIC 控制器原理图

分别介绍。

1. IICCON 寄存器（MULTI-MASTER IIC-BUS CONTROL）

IICCON 寄存器用于控制是否发出 ACK 信号、是否开启 IIC 中断等，其各位的含义如表 14.1 所示。

表 14.1 IICCON 寄存器

功　能	位	说　　明	初始值
ACK 信号使能	[7]	0 表示禁止；1 表示使能 在发送模式中，此位无意义 在接收模式中，SDA 线在响应周期类将被拉低，即发出 ACK 信号	0
发送模式的时钟源选择	[6]	0 表示 IICCLK 为 PCLK/16；1 表示 IICCLK 为 PCLK/512	0
发送/接收中断使能	[5]	0 表示 IIC 总线的接收或者发送一个字节的数据后，不会产生中断；1 表示 IIC 总线的接收或者发送一个字节的数据后，会产生一个中断	0
中断标志位	[4]	此位用来表示 IIC 是否有中断发生。0 表示没有中断发生；1 表示有中断发生。当此位为 1 时，SCL 线被拉低，此时所有 IIC 传输停止；如果要继续传输数据，需要将此位写 0	0
发送模式的时钟分频系数	[3:0]	发送器时钟=IICCLK/(IICCON[3:0]+1)	未定义

2. IICSATA 寄存器（MULTI-MASTER IIC-BUS CONTROL/STATUS）

IICSTAT 寄存器的各位如表 14.2 所示。

表 14.2 IICSATA 寄存器

功　能	位	说　　明	初始值
工作模式	[7:6]	0b00 表示从机接收器；0b01 表示从机发送器；0b10 表示主机接收器；0b11 表示主机发送器	00
忙状态位/S 信号，P 信号	[5]	读此位为 0 表示总线空闲；1 表示总线忙。写此位 0 表示发送 P 信号；写 1 表示发送 S 信号。当发出 S 信号后，IICDS 寄存器中的数据自动发出	0

续表

功　　能	位	说　　明	初始值
串行输出使能位	[4]	0 表示禁止接收/发送功能；1 表示使能接收/发送功能	0
冲裁状态	[3]	0 表示仲裁成功；1 表示仲裁失败	0
从机地址状态	[2]	作为主机时，在检测到 S/P 信号时此位被自动清 0；接收到的地址与 IICADD 寄存器中的值相等时，此位被置 1	0
0 地址状态	[1]	在检测到 S/P 信号后，此位自动清 0；接收的地址位 0b0000000，此位被置 1	0
最后一位的状态标志	[0]	0 表示接收到的最后一位为 0，表示接收到 ACK 信号；1 表示接收到的最后一位为 1，表示没有接收到 ACK 信号	0

3. IICADD 寄存器（MULTI-MASTER IIC-BUS ADDRESS）

IICADD 寄存器用来表示挂接到总线上的从机地址，该寄存器用到位[7:1]表示从机地址。IICADD 寄存器在串行输出使能位 IICSTAT[4]为 0 时，才可以写入；在任何时间都可以读出。

4. IICDS 寄存器（MULTI-MASTER IIC-BUS TRANSMIT/RECEIVE DATA SHIFT）

IIC 控制器将要发送或者接收到的数据保存在 IICDS 寄存器的位[7:0]中。IICDS 寄存器在串行输出使能位 IICSTAT[4]为 1 时，才可以写入；在任何时间都可以读出。

14.3　IIC 设备驱动程序的层次结构

因为 IIC 设备种类丰富，如果为每一个 IIC 设备写一个驱动程序，那么 Linux 内核中关于 IIC 设备的驱动将非常庞大。这种设计方式不符合软件工程中的代码复用规则，所以需要对 IIC 设备驱动中的代码进行层次化组织。

14.3.1　IIC 设备驱动的概述

这里简单地将 IIC 设备驱动的层次分为设备层、总线层。理解这两个层次的重点是理解 4 个数据结构，这 4 个数据结构是 i2c_driver、i2c_client、i2c_algorithm 和 i2c_adapter。i2c_driver 和 2c_client 属于设备层；i2c_algorithm 和 i2c_adapter 属于总线层，如图 14.4 所

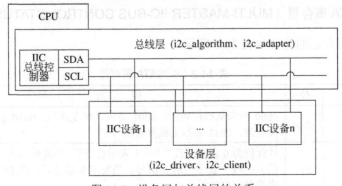

图 14.4　设备层与总线层的关系

示。设备层关系到实际的 IIC 设备，如芯片 AT24C08 就是一个 IIC 设备。总线层包括 CPU 中的 IIC 总线控制器和控制总线通信的方法。值得注意的是，一个系统中可能有多个总线层，也就包含多个总线控制器；也可能有多个设备层，包含不同的 IIC 设备。

14.3.2　IIC 设备层

IIC 设备层由 IIC 设备和对应的设备驱动程序组成，分别用数据结构 i2c_client 和 i2c_driver 表示。

1. IIC 设备（i2c_client）

由 IIC 总线规范可知，IIC 总线由两条物理线路组成，这两条物理线路是 SDA 和 SCL。只要连接到 SDA 和 SCL 总线上的设备都可以叫做 IIC 设备。一个 IIC 设备由 i2c_client 数据结构进行描述。

```
struct i2c_client {
    unsigned short flags;
    unsigned short addr;
    char name[I2C_NAME_SIZE];
    struct i2c_adapter *adapter;
    struct i2c_driver *driver;
    struct device dev;
    int irq;
    struct list_head list;
    struct list_head detected;
    struct completion released;
};
```

各成员变量的含义如表 14.3 所示。

表 14.3　i2c_client 结构体

重要	数 据 类 型	变量名	说　　明
*	unsigned short	flags	标志位
*	unsigned short	addr	设备的地址，低 7 位为芯片地址
*	char	name	设备的名称，最大为 20 个字节
*	struct i2c_adapter *	adapter	依附的适配器 i2c_adapter，适配器指明所属的总线
	struct i2c_driver *	driver	指向设备对应的驱动程序
*	struct device	dev	设备结构体
*	int	irq	设备申请的中断号
*	struct list_head	list	连接到总线上的所有设备
	struct list_head	detected	已经被发现的设备链表
	struct completion	released	是否已经释放的完成量

2. IIC 设备地址

设备结构体 i2c_client 中的 addr 的低 8 位表示设备地址。设备地址由读写位、器件类型和自定义地址组成，如图 14.5 所示。

R/W(1位)	器件类型(4位)	自定义地址(3位)

图 14.5 设备地址格式

第 7 位是 R/W 位，"0"表示写，"1"表示读（通常读写信号中写上面有一横线，表示低电平），所以 I2C 设备通常有两个地址，即读地址和写地址。

类型器件由中间 4 位组成，这是由半导公司生产时就已固化的了，也就是说这 4 位已是固定的。

自定义地址码由低 3 位组成。这是由用户自己设置的，通常的作法如 EEPROM 这些器件是由外部 I 芯片的 3 个引脚所组合电平决定的（用常用的名字如 A0、A1、A2）。A0、A1 和 A2 就是自定义地址码。自定义地址码只能表示 8 个地址，所以同一 IIC 总线上同一型号的芯片最多只能挂接 8 个。AT24C08 的自定义地址码如图 14.6 所示，A0、A1 和 A2 接低电平，所以自定义地址码为 0。

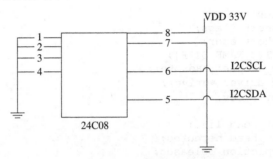

图 14.6 AT24C08 的自定义地址码

如果在两条不同的 IIC 总线上挂接了两块类型和地址相同的芯片，那么这两块芯片的地址相同。这显然是地址冲突的，解决的办法是为总线适配器指定一个 ID 号，那么新的芯片地址就由总线适配器的 ID 和设备地址组成。

3．IIC 设备（i2c_client）的其他注意事项

除了地址之外，IIC 设备还有一些重要的注意事项，这些事项是：

❑ i2c_client 数据结构是描述 IIC 设备的"模板"，驱动程序的设备结构体中应该包含该结构。

❑ adapter 指向设备连接的总线适配器，系统中可能有多个总线适配器。内核中静态指针数组 adapters 记录所有已经注册的总线适配器设备。

❑ driver 是指向设备对应的驱动，这个驱动程序是在系统检测到设备存在时赋值的。

4．IIC 设备驱动（i2c_driver）

每一个 IIC 设备都应该对应一个驱动，也就是每一个 i2c_client 结构都应该对应一个 i2c_driver 结构，它们之间通过指针相互连接。i2c_driver 结构体的代码如下：

```
01  struct i2c_driver {
02      int id;                                      /*驱动标识 ID*/
03      unsigned int class;                          /*驱动的类型*/
04      int (*attach_adapter)(struct i2c_adapter *);
```

```
                                            /*当检测到适配器时调用的函数*/
05        int (*detach_adapter)(struct i2c_adapter *);
                                            /*卸载适配器时调用的函数*/
06        int (*detach_client)(struct i2c_client *) __deprecated;
                                            /*卸载设备时被调用的函数*/
07        /*以下是一种新类型驱动需要的函数*/
08        int (*probe)(struct i2c_client *, const struct i2c_device_id *);
                                            /*新类型设备的探测函数*/
09        int (*remove)(struct i2c_client *);/*新类型设备的移除函数*/
10        void (*shutdown)(struct i2c_client *);        /*关闭 IIC 设备*/
11        int (*suspend)(struct i2c_client *, pm_message_t mesg);
                                            /*挂起 IIC 设备*/
12        int (*resume)(struct i2c_client *);       /*恢复 IIC 设备*/
13        /*使用命令使设备完成特殊的功能,似 ioctl()函数*/
14        int (*command)(struct i2c_client *client, unsigned int cmd, void
          *arg);
15        struct device_driver driver;                   /*设备驱动结构体*/
16        const struct i2c_device_id *id_table;          /*设备 ID 表*/
17        int (*detect)(struct i2c_client *, int kind, struct i2c_board_info
          *);                               /*自动探测设备的回调函数*/
18        const struct i2c_client_address_data *address_data;
                                            /*设备所在的地址范围*/
19        struct list_head clients;             /*指向驱动支持的设备*/
20   };
```

下面对该结果体进行简要的介绍。

❑ 第 8~12 行定义了新类型的驱动程序函数,这些函数支持 IIC 设备的动态插入和拔出。如果 IIC 设备不可以动态插入和拔出,那么就应该实现第 4~6 行的驱动函数。注意要么只定义 4~6 行的传统函数,要么只定义 8~12 行的新类型设备的驱动函数。如果同时定义这些函数,将出现 "i2c-core: driver driver-name is confused" 的警告。

❑ 第 14 行,类似于字符设备的 ioctl()函数,用来控制设备的状态。

❑ 第 15 行,是 IIC 设备内嵌的设备驱动结果体。

❑ 第 16 行,是一个设备 ID 表,表示这个设备驱动程序支持哪些设备。

❑ 第 17 行,detect()是自动探测设备的回调函数,这个函数一般不会执行。

❑ 第 18 行,表示设备映射到虚拟内存的地址范围。

❑ 第 19 行,使用一个 list_head 类型的 clients 链表连接这个驱动支持的所有 IIC 设备。

14.3.3　i2c_driver 和 i2c_client 的关系

结构体 i2c_driver 和 i2c_client 的关系较为简单,其中 i2c_driver 表示一个 IIC 设备驱动程序,i2c_client 表示一个 IIC 设备。这两个结构体之间通过指针连接起来,其关系如图 14.7 所示。

14.3.4　IIC 总线层

IIC 总线层由总线适配器和适配器驱动程序组成,分别用数据结构 i2c_adapter 和 i2c_algorithm 表示。

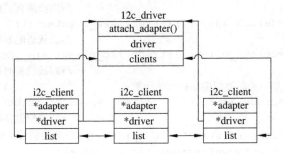

图 14.7　i2c_driver 和 i2c_client 之间的关系

1．IIC 总线适配器（i2c_adapter）

IIC 总线适配器（adapter）就是一个 IIC 总线的控制器，在物理上连接若干个 IIC 设备。IIC 总线适配器本质上是一个物理设备，其主要功能是完成 IIC 总线控制器相关的数据通信。i2c_adapter 的代码如下：

```
01  struct i2c_adapter {
02      struct module *owner;                    /*模块计数*/
03      unsigned int id;              /*alogorithm 的类型,定义于 i2c_id.h 中*/
04      unsigned int class;                      /*允许探测的驱动类型*/
05      const struct i2c_algorithm *algo;    /*指向适配器的驱动程序*/
06      void *algo_data;     /*指向适配器的私有数据,根据不同情况使用方法不同*/
07      int (*client_register)(struct i2c_client *);
                                             /*设备 client 注册时调用*/
08      int (*client_unregister)(struct i2c_client *);
                                             /*设备 client 注销时调用*/
09      u8 level;
10      struct mutex bus_lock;                   /*对总线进行操作时,将获得总线锁*/
11      struct mutex clist_lock;                 /*链表操作的互斥锁*/
12      int timeout;                             /*超时*/
13      int retries;                             /*重试次数*/
14      struct device dev;                       /*指向适配器设备结构体*/
15      int nr;
16      struct list_head clients;                /*连接总线上的设备的链表*/
17      char name[48];                           /*适配器名称*/
18      struct completion dev_released;          /*用于同步的完成量*/
19  };
```

下面对该结构体的主要成员进行简要的介绍。

❑ 第 5 行，定义了一个 i2c_algorithm 结构体。一个 IIC 适配器上的 IIC 总线通信方法由其驱动程序 i2c_algorithm 结构体描述，该结构体由 algo 指针指向。对于不同的适配器有不同的 i2c_algorithm 结构体。

❑ 第 12 和 13 行，timeout 和 retries 用于超时重传，总线传输数据并不是每次都成功，所以需要超时重传机制。

❑ 第 16 行的 clients 连接该适配器上的所有 IIC 设备（i2c_client）。clist_lock 互斥锁用于实现对 IIC 总线的互斥访问：在访问 IIC 总线上的任一设备期间，当前进程必须首先获得该信号量。

❏ 第 18 行定义了一个完成量，用于表示适配器是否在被其他进程使用。

2．IIC 总线驱动程序（i2c_algorithm）

每一个适配器对应一个驱动程序，该驱动程序描述了适配器与设备之间的通信方法。i2c_algorithm 结构体的代码如下：

```
01  struct i2c_algorithm {
02      /*传输函数指针*/
03      int (*master_xfer)(struct i2c_adapter *adap, struct i2c_msg
        *msgs,int num);
04      /*smbus 方式传输函数指针*/
05      int (*smbus_xfer) (struct i2c_adapter *adap, u16 addr,
06              unsigned short flags, char read_write,
07              u8 command, int size, union i2c_smbus_data *data);
08      u32 (*functionality) (struct i2c_adapter *);/*返回适配器支持的功能*/
09  };
```

下面对该结构体进行简要的介绍。

❏ 第 3 行，定义了一个 master_xfer()函数，其指向实现 IIC 总线通信协议的函数。

❏ 第 5 行，定义了一个 smbus_xfer()函数，其指向实现 SMBus 总线通信协议的函数。SMBus 协议基于 IIC 协议的原理，也是由 2 条总线组成（1 个时钟线，1 个数据线）。SMBus 和 IIC 之间可以通过软件方式兼容，所以这里提供了一个函数，如果要使驱动程序兼容 SMBus 传入方式，就要自己实现 smbus_xfer()函数，该函数主要工作是实现两种传输方式的兼容。如果不需要支持 SMBus 传输，直接将该指针赋值为 NULL 即可。

❏ 第 8 行，定义了一个 functionality ()函数，主要用来确定适配器支持哪些传输类型。

14.3.5　IIC 设备层和总线层的关系

IIC 设备驱动程序大致可以分为设备层和总线层。设备层包括一个重要的数据结构 i2c_client。总线层包括两个重要的数据结构，分别是 i2c_adapter 和 i2c_algorithm。一个 i2c_client 结构表示一个物理的 IIC 设备；一个 i2c_adapter 结构对应一个物理上的适配器；一个 i2c_algorithm 结构表示适配器对应的传输数据的方法。这 3 个数据结构的关系如图 14.8 所示。

图 14.8　设备层和总线层之间的关系

14.3.6　写 IIC 设备驱动的步骤

IIC 设备层次结构较为简单，但是写 IIC 设备驱动程序却相当复杂。当工程师拿到一个新的电路板时，面对复杂的 Linux IIC 子系统，应该如何下手编程呢？首先需要思考的是哪些工作需要自己完成，哪些工作内核已经提供了，这个问题的答案如图 14.9 所示。

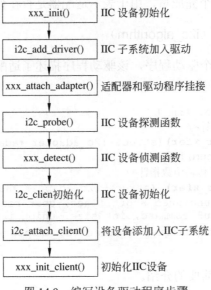

图 14.9　编写设备驱动程序步骤

14.4　IIC 子系统的初始化

在启动系统时，需要对 IIC 子系统进行初始化。这些初始化函数包含在 i2c-core.c 文件中。该文件中包含 IIC 子系统中的公用代码，驱动开发人员只需要用它，而不需要修改它。下面对这些公用代码的主要部分进行介绍。

14.4.1　IIC 子系统初始化函数 i2c_init()

IIC 子系统是作为模块加载到系统中的。在系统启动中的模块加载阶段，会调用 i2c_init() 函数初始化 IIC 子系统。该函数的代码如下：

```
01  static int __init i2c_init(void)
02  {
03      int retval;                    /*返回值,成功返回 0,错误返回负值*/
04      retval = bus_register(&i2c_bus_type);  /*注册一条 IIC 的 BUS 总线*/
05      if (retval)
06          return retval;
07      retval = class_register(&i2c_adapter_class);
                                /*注册适配器类,用于实现 sys 文件系统的部分功能*/
08      if (retval)
09          goto bus_err;
10      retval = i2c_add_driver(&dummy_driver);
                                /*将一个空驱动注册到 IIC 总线中*/
11      if (retval)
12          goto class_err;
13      return 0;
14  class_err:
15      class_unregister(&i2c_adapter_class);          /*类注销*/
16  bus_err:
17      bus_unregister(&i2c_bus_type);                /*总线注销*/
```

```
18      return retval;
19  }
```

- 第 4 行，调用设备模型中的 bus_register() 函数在系统中注册一条新的总线，该总线的名称是 i2c。适配器设备、IIC 设备和 IIC 设备驱动程序都会连接到这条总线上。
- 第 7 行，注册一个适配器类，用于 sys 文件系统中。驱动程序开发人员不需要关心这个函数。
- 第 10 行，调用 i2c_add_driver() 函数向 i2c 总线注册一个空的 IIC 设备驱动程序，用于特殊用途。驱动开发人员不用关心该空驱动程序。
- 第 14～17 行，用来错误处理。

14.4.2　IIC 子系统退出函数 i2c_exit ()

与 i2c_init() 函数对应的退出函数是 i2c_exit()，该函数完成 i2c_init() 函数相反的功能。函数代码如下：

```
01  static void __exit i2c_exit(void)
02  {
03      i2c_del_driver(&dummy_driver);
04      class_unregister(&i2c_adapter_class);
05      bus_unregister(&i2c_bus_type);
06  }
```

- 第 3 行，调用 i2c_del_driver() 函数注销 IIC 设备驱动程序。该函数较为复杂，但主要的功能是去掉总线中的 IIC 设备驱动程序。
- 第 4 行，调用 class_unregister() 函数注销适配器类。
- 第 5 行，调用 bus_unregister() 函数注销 i2c 总线。

14.5　适配器驱动程序

适配器驱动程序是 IIC 设备驱动程序需要实现的主要驱动程序，这个驱动程序需要根据具体的适配器硬件来编写，本节将对适配器驱动程序进行详细的讲解。

14.5.1　s3c2440 对应的适配器结构体

i2c_adapter 结构体为描述各种 IIC 适配器提供了通用"模板"，它定义了注册总线上所有设备的 clients 链表、指向具体 IIC 适配器的总线通信方法 i2c_algorithm 的 algo 指针、实现 i2c 总线操作原子性的 lock 信号量。但 i2c_adapter 结构体只是所有适配器的共有属性，并不能代表所有类型的适配器。

1. s3c24xx_i2c 适配器

特定类型的适配器需要在 i2c_adapter 结构体的基础上进行扩充，s3c2440 对应的适配器结构体代码如下：

```
01  struct s3c24xx_i2c {
```

```
02         spinlock_t         lock;
03         wait_queue_head_t    wait;
04         unsigned int         suspended:1;    /*表示设备是否挂起，只用一位确定*/
05         struct i2c_msg       *msg;
06         unsigned int         msg_num;
07         unsigned int         msg_idx;
08         unsigned int         msg_ptr;
09         unsigned int         tx_setup;
10         unsigned int         irq;            /*适配器申请的中断号*/
11         enum s3c24xx_i2c_state state;
12         unsigned long        clkrate;
13         void __iomem         *regs;
14         struct clk      *clk;               /*对应的时钟*/
15         struct device        *dev;           /*适配器对应的设备结构体*/
16         struct resource      *ioarea;        /*适配器的资源*/
17         struct i2c_adapter adap;            /*适配器主体结构体*/
18  };
```

下面对该结构体进行简要的分析。

❑ 第 2 行是 lock 自旋锁。

❑ 第 3 行的 wait 表示等待队列头。由于 IIC 设备是低速设备，所以可以采用"阻塞—中断"的驱动模型，即读写 i2c 设备的用户进程在 IIC 设备操作期间进入阻塞状态，待 IIC 操作完成后总线适配器将引发中断，再相应地在中断处理程序中唤醒受阻的用户进程。所以在 s3c24xx_i2c 结构体中设计了等待队列首部 wait 成员，用来将阻塞的进程放入等待队列中。

❑ 第 5 行的 i2c_msg 表示从适配器到设备一次传输的单位，用这个结构体将数据包装起来便于操作，在后面的内容中将详细说明。

❑ 第 6 行的 msg_num 表示消息的个数。

❑ 第 7 行的 msg_idx 表示第几个消息。当完成一个消息后，该值增加。

❑ 第 8 行的 msg-ptr 总是指向当前交互中要传送、接收的下一个字节，在 i2c_msg.buf 中的偏移位置。

❑ 第 9 行，表示写 IIC 设备寄存器的一个时间，这里被设置成 50 毫秒。

❑ 第 10 行，代表 IIC 设备申请的中断号。

❑ 第 11 行，表示 IIC 设备目前的状态。这个状态结构体 s3c24xx_i2c_state 将在下文详细讲述。

❑ 第 12 行，表示时钟速率。

❑ 第 13 行，表示 IIC 设备的寄存器地址。

❑ 第 14 行，表示 IIC 设备对应的时钟。

❑ 第 16 行，ioarea 指针指向了适配器申请的资源。

❑ 第 17 行，adap 表示内嵌的适配器结构体。

2. IIC 消息（i2c_msg）

s3c24xx_i2c 适配器结构体中有一个 i2c_msg 的消息指针。该结构体是从适配器到 IIC 设备传输数据的基本单位，代码如下：

```
struct i2c_msg {
```

```
      __u16 addr;                        /*IIC 设备的地址*/
      __u16 flags;                       /*消息类型标志*/
#define I2C_M_TEN          0x0010        /*这是有 10 位地址芯片*/
#define I2C_M_RD           0x0001        /*表示从从机到主机读数据*/
#define I2C_M_NOSTART      0x4000
                                 /*FUNC_PROTOCOL_MANGLING 协议的相关标志*/
#define I2C_M_REV_DIR_ADDR 0x2000
                                 /*FUNC_PROTOCOL_MANGLING 协议的相关标志*/
#define I2C_M_IGNORE_NAK   0x1000
                                 /*FUNC_PROTOCOL_MANGLING 协议的相关标志*/
#define I2C_M_NO_RD_ACK    0x0800
                                 /*FUNC_PROTOCOL_MANGLING 协议的相关标志*/
#define I2C_M_RECV_LEN 0x0400  /*第一次接收的字节长度*/
      __u16 len;                         /*消息字节长度*/
      __u8 *buf;                         /*指向消息数据的缓冲区*/
};
```

其中 addr 为 IIC 设备的地址。这个字段说明一个适配器在获得总线控制权后，可以与多个 IIC 设备进行交互。buf 指向与 IIC 设备交互的数据缓冲区，其长度为 len。flags 中的标志位描述该消息的属性，这些属性由一系列 I2C_M_*宏表示。

14.5.2　IIC 适配器加载函数 i2c_add_adapter()

当驱动开发人员拿到一块新的电路板，并研究了响应的 IIC 适配器之后，就应该使用内核提供的框架函数向 IIC 子系统中添加一个新的适配器。这个过程如下。

（1）分配一个 IIC 适配器，并初始化相应的变量。

（2）使用 i2c_add_adapter()函数向 IIC 子系统添加适配器结构体 i2c_adapter，这个结构体已经在第一步初始化了。i2c_add_adapter()函数的代码如下：

```
01   int i2c_add_adapter(struct i2c_adapter *adapter)
02   {
03       int id, res = 0
04   retry:
05       if (idr_pre_get(&i2c_adapter_idr, GFP_KERNEL) == 0)
06          return -ENOMEM;                    /*内存分配失败*/
07       mutex_lock(&core_lock);               /*锁定内核锁*/
08       res = idr_get_new_above(&i2c_adapter_idr, adapter,
09              __i2c_first_dynamic_bus_num, &id);
10       mutex_unlock(&core_lock);             /*释放内核锁*/
11       if (res < 0) {
12          if (res == -EAGAIN)
13             goto retry;                     /*分配没有成功,重试*/
14          return res;
15       }
16       adapter->nr = id;
17       return i2c_register_adapter(adapter);   /*注册适配器设备*/
18   }
```

该代码的第 17 行是向内核注册一个适配器设备。第 3～16 行涉及一个陌生的 IDR 机制，由于 IDR 机制较为复杂，下面单独列一节内容加以说明。当了解了 IDR 机制后，将对 i2c_add_adapte()函数进行进一步解释。

14.5.3　IDR 机制

IDR 机制在 Linux 内核中指的就是整数 ID 管理机制。从实质上来讲，这就是一种将一个整数 ID 号和一个指针关联在一起的机制。这个机制最早是在 2003 年 2 月加入内核的，当时是作为 POSIX 定时器的一个补丁。现在，在内核的很多地方都可以找到 IDR 的身影。

1．IDR 机制原理

IDR 机制适用在那些需要把某个整数和特定指针关联在一起的地方。例如，在 IIC 总线中，每个设备都有自己的地址，要想在总线上找到特定的设备，就必须要先发送该设备的地址。当适配器要访问总线上的 IIC 设备时，首先要知道它们的 ID 号，同时要在内核中建立一个用于描述该设备的结构体和驱动程序。

此时问题来了，怎么才能将该设备的 ID 号和它的设备结构体联系起来呢？最简单的方法当然是通过数组进行索引，但如果 ID 号的范围很大（比如 32 位的 ID 号），则用数组索引会占据大量的内存空间，这显然不可能；第二种方法是用链表，但如果总线中实际存在的设备较多，则链表的查询效率会很低。这种情况下，就可以采用 IDR 机制，该机制内部采用红黑树（radix，类似于二分数）实现，可以很方便地将整数和指针关联起来，并且具有很高的搜索效率。

IDR 机制的主要代码在/include/linux/idr.h 实现，下面对其主要函数进行说明。

2．定义 IDR 结构

IDR 结构体的定义如下：

```
struct idr {
    struct idr_layer *top;
    struct idr_layer *id_free;
    int layers;
    int id_free_cnt;
    spinlock_t lock;
};
```

由于我们只需要使用该结构，对其成员代表的意义可以不用关心，所以这里不加以解释。

定义一个 IDR 结构,使用 DEFINE_IDR 宏,该宏定义并且初始化一个名为 name 的 IDR 结构。

```
#define DEFINE_IDR(name)    struct idr name = IDR_INIT(name)
```

例如，在 s3c2440 的 IIC 设备驱动中，定义了一个 i2c_adapter_idr 适配器 IDR 结构体。其功能是在 IIC 设备 ID 和适配器结构地址间建立对应关系。i2c_adapter_idr 的定义在 i2c-core.c 文件中，如下所示。

```
static DEFINE_IDR(i2c_adapter_idr);
```

3．初始化 IDR 结构

也可以使用 idr_init()函数对 IDR 结构体进行初始化，该函数将 IDR 结构初始化为 0，

代码如下:

```
void idr_init(struct idr *idp)
{
    memset(idp, 0, sizeof(struct idr));      /*初始化为 0*/
    spin_lock_init(&idp->lock) ;             /*初始化自旋锁*/
}
```

4．分配存放 ID 号的内存

每次通过 IDR 获得 ID 号之前，需要为 ID 号先分配内存。分配内存的函数是 idr_pre_get()。该函数成功分配内存时，返回 1；错误时返回 0。idr_pre_get()函数的原型如下:

int idr_pre_get(struct idr *idp, gfp_t gfp_mask);

该函数的第一个参数是指向 IDR 结构体的指针；第二个参数是内存分配标志，与 kmalloc()函数的标志相同。

5．分配 ID 号并将 ID 号和指针关联

使用 idr_get_new()函数和 idr_get_new_above()函数，可以使一个 ID 号和一个指针关联，其函数原型如下:

int idr_get_new(struct idr *idp, void *ptr, int *id);
int idr_get_new_above(struct idr *idp, void *ptr, int start_id, int *id);

参数 idp 是之前通过 idr_init 初始化的 idr 指针，或者 DEFINE_IDR 宏定义的 IDR 的指针。参数 ptr 是和 ID 号相关联的指针。参数 id 由内核自动分配的 ID 号。参数 start_id 是起始 ID 号。内核在分配 ID 号时，会从 start_id 开始。函数调用成功时返回 0，如果没有 ID 可以分配，则返回负数。

6．通过 ID 号查询对应的指针

如果知道了 ID 号，需要查询对应的指针，可以使用 idr_find()函数。该函数的原型如下:

void *idr_find(struct idr *idp, int id);

参数 idp 是之前通过 idr_init 初始化的 IDR 指针，或者 DEFINE_IDR 宏定义 IDR 的指针。参数 id 是要查询的 ID 号。如果成功返回，则赋值 ID 相关联的指针，如果没有，则返回 NULL。

7．删除 ID

当要删除 ID 号和对应的指针时，可以使用 idr_remove()函数，该函数的原型如下:

void idr_remove(struct idr *idp, int id);

8．通过 ID 号获得适配器指针

使用 i2c_get_adapter()函数可以通过 ID 号获得适配器指针，该函数的代码如下:

```
01  struct i2c_adapter* i2c_get_adapter(int id)
02  {
03      struct i2c_adapter *adapter;                    /*适配器指针*/
04      mutex_lock(&core_lock);                         /*锁定内核锁*/
05      adapter = (struct i2c_adapter *)idr_find(&i2c_adapter_idr, id);
                                                /*通过 ID 号，查询适配器指针*/
06      if (adapter && !try_module_get(adapter->owner))
                                                /*适配器模块引用计数加 1*/
07          adapter = NULL;
08      mutex_unlock(&core_lock);                       /*释放内核锁*/
09      return adapter;
10  }
```

第 5 行代码中的 i2c_adapter_idr 是在 i2c-core.c 中定义的 IDR 结构体，该定义如下：

```
static DEFINE_IDR(i2c_adapter_idr);
```

9. 适配器加载函数 i2c_add_adapter()

在实际应用中，IDR 机制一般像下面的代码方式使用。

```
retry:
    if (idr_pre_get(&i2c_adapter_idr, GFP_KERNEL) == 0)/*分配 ID 号的内存*/
        return -ENOMEM;                             /*内存分配失败*/
    mutex_lock(&core_lock);                          /*锁定内核锁*/
    /*为适配器 adapter 指针分配一个 id 号，并返回。__i2c_first_dynamic_bus_num 是
        动态分配 ID 的最小值*/
    res  =  idr_get_new_above(&i2c_adapter_idr,  adapter,__i2c_first_
    dynamic_bus_num, &id);
    mutex_unlock(&core_lock);                        /*释放内核锁*/
    if (res < 0) {
        if (res == -EAGAIN)
            goto retry;                             /*分配没有成功，重试*/
        return res;
    }
    adapter->nr = id;                               /*将 ID 交给适配器存储起来*/
```

14.5.4　适配器卸载函数 i2c_del_adapter()

与适配器加载函数 i2c_add_adapter()对应的卸载函数是 i2c_del_adapter()。该函数完成
与加载函数相反的功能。i2c_del_adapter()函数用于注销适配器的数据结构，删除其总线上
所有设备的 i2c_client 数据结构和对应的 i2c_driver 驱动程序，并减少其代表总线上所有设
备的相应驱动程序数据结构的引用计数（如果到达 0，则卸载设备驱动程序）。该函数的原
型如下：

```
int i2c_del_adapter(struct i2c_adapter *adap);
```

14.5.5　IIC 总线通信方法 s3c24xx_i2c_algorithm 结构体

s3c24xx_i2c 适配器的成员变量 adap 中的 algo 成员，指向了该适配器的通信方法
s3c24xx_i2c_algorithm 结构体。适配器与通信方法的关系如图 14.10 所示。

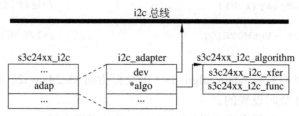

图 14.10　适配器与通信方法和总线的关系

如图 14.10 所示，s3c24xx_i2c 是 s3c2440 相关的适配器数据结构，其中包含一个 i2c_adapter 的适配器模板。i2c_adapter 通过 device 结构连接到 i2c 总线上。i2c_adapter 的 aglo 指针指向具体的总线通信方法 s3c24xx_i2c_algorithm 结构体。s3c24xx_i2c_algorithm 结构体只实现了 IIC 总线通信协议，代码如下：

```
static const struct i2c_algorithm s3c24xx_i2c_algorithm = {
    .master_xfer        = s3c24xx_i2c_xfer,
    .functionality      = s3c24xx_i2c_func,
};
```

通信方法因不同的适配器有所不同，所以需要驱动开发人员根据硬件设备自己实现，主要实现的函数如下。

1. 协议支持函数 s3c24xx_i2c_func()

s3c24xx_i2c_func()函数非常简单，用于返回总线支持的协议，如 I2C_FUNC_I2C、I2C_FUNC_SMBUS_EMUL 和 I2C_FUNC_PROTOCOL_MANGLING 协议。该函数的代码如下：

```
static u32 s3c24xx_i2c_func(struct i2c_adapter *adap)
{
    return  I2C_FUNC_I2C  |  I2C_FUNC_SMBUS_EMUL  |  I2C_FUNC_PROTOCOL_
    MANGLING;
}
```

2. 传输函数 s3c24xx_i2c_xfer()

s3c24xx_i2c_xfer()函数用于实现 IIC 通信协议，将 i2c_msg 消息传给 IIC 设备。

```
01   static int s3c24xx_i2c_xfer(struct i2c_adapter *adap,
02            struct i2c_msg *msgs, int num)
03   {
04       /*从适配器的私有数据获得适配器 s3c24xx_i2c 结构体*/
05       struct s3c24xx_i2c *i2c = (struct s3c24xx_i2c *)adap->algo_data;
06       int retry;                           /*传输错误的重发次数*/
07       int ret;                             /*返回值*/
08       for (retry = 0; retry < adap->retries; retry++) {
09           ret = s3c24xx_i2c_doxfer(i2c, msgs, num);
                                             /*传输到 IIC 设备的具体函数*/
10           if (ret != -EAGAIN)
11               return ret;
12           dev_dbg(i2c->dev, "Retrying transmission (%d)\n", retry);
                                             /*重试信息*/
```

```
13        udelay(100);                        /*延时 100 微秒*/
14     }
15     return -EREMOTEIO;                      /*I/O 错误*/
16  }
```

❑ 第 5 行从私有数据 adap->algo_data 中获得指向 s3c24xx_i2c 的指针，该私有数据是
  在适配器加载时设置的。

❑ 第 8～14 行，如果发送失败则延时 100 微秒后再重试。

❑ 第 9 行的 s3c24xx_i2c_doxfer()函数用来将数据从适配器传到 IIC 设备。该函数较
  为复杂，将在 14.5.6 节详细介绍。

❑ 第 15 行，表示没有成功传输数据，出现 I/O 错误。

14.5.6　适配器的传输函数 s3c24xx_i2c_doxfer()

14.5.5 节的函数 s3c24xx_i2c_xfer()的第 9 行调用了自定义的传输函数 s3c24xx_i2c_
doxfer()。该函数操作适配器来完成具体的数据传输任务，其代码如下：

```
01  static int s3c24xx_i2c_doxfer(struct s3c24xx_i2c *i2c,struct i2c_msg
    *msgs, int num)
02  {
03      unsigned long timeout;          /*传输超时*/
04      int ret;                        /*返回值传输的消息个数*/
05      if (i2c->suspended)             /*如果适配器处于挂起省电状态，则返回*/
06          return -EIO;
07      ret = s3c24xx_i2c_set_master(i2c);
08      if (ret != 0) {                 /*总线繁忙，则传输失败*/
09          dev_err(i2c->dev, "cannot get bus (error %d)\n", ret);
10          ret = -EAGAIN;
11          goto out;
12      }
13      /*操作适配器的自旋锁锁定，每次只允许一个进程传输数据，其他进程无法获得总线*/
14      spin_lock_irq(&i2c->lock);
15      i2c->msg     = msgs;            /*传输的消息指针*/
16      i2c->msg_num = num;             /*传输的消息个数*/
17      i2c->msg_ptr = 0;              /*当前要传输的字节在消息中的偏移*/
18      i2c->msg_idx = 0;              /*消息数组的索引*/
19      i2c->state   = STATE_START;
20      s3c24xx_i2c_enable_irq(i2c);
21      s3c24xx_i2c_message_start(i2c, msgs);
22      spin_unlock_irq(&i2c->lock);    /*解除自旋锁*/
23      timeout = wait_event_timeout(i2c->wait, i2c->msg_num == 0, HZ * 5);
24      ret = i2c->msg_idx;
25      if (timeout == 0)               /*在规定的时间没有成功写入数据*/
26          dev_dbg(i2c->dev, "timeout\n");
27      else if (ret != num)            /*未写完规定的消息个数，则失败*/
28          dev_dbg(i2c->dev, "incomplete xfer (%d)\n", ret);
29      msleep(1);                      /*睡眠 1 毫秒，使总线停止*/
30  out:
31      return ret;
32  }
```

下面对该函数进行简要的介绍。

- □ 第 3 行，定义了一个传输超时的时间。
- □ 第 5 行，suspended 变量表示适配器处于挂起状态，则立刻返回。
- □ 第 7 行，调用 s3c24xx_i2c_set_master()函数将适配器设为主机发送状态。
- □ 第 8～12 行，表示总线繁忙，不能获得总线控制权利。
- □ 第 14 行，初始化一个自旋锁。
- □ 第 15～18 行，填充 msg 结构体，用于传输数据。
- □ 第 20 行，启动适配器的中断信号，允许适配器发出中断。
- □ 第 19 行的 i2c 的 state 成员表示总线的状态，由枚举结构 s3c24xx_i2c_state 表示，此处被赋值为 STATE_START 状态。s3c24xx_i2c_state 结构的代码如下：

```
enum s3c24xx_i2c_state {
    STATE_IDLE,                    /*总线空闲状态*/
    STATE_START,                   /*总线开始状态*/
    STATE_READ,                    /*总线写数据状态*/
    STATE_WRITE,                   /*总线读数据状态*/
    STATE_STOP                     /*总线停止状态*/
};
```

- □ 第 21 行调用 s3c24xx_i2c_message_start()函数启动数据发送后，当前进程会进入睡眠状态，等待中断的到来。所以通过 wait_event_timeou()函数将自己挂起到 s3c24xx_i2c.wait 等待队列上，直到等待的条件"i2c->msg_num==0"为真，或者 5 秒钟超时后才被唤醒。注意一次 i2c 操作可能要涉及多个字节，只有第一个字节的发送是在当前进程的文件系统操作执行流中进行的，该字节操作的完成及后继字节的写入，都由中断处理程序来完成。在此期间，当前进程挂起在 s3c24xx_i2c.wait 等待队列上。

1. 判断总线忙闲状态 s3c24xx_i2c_set_master()

在适配器发送数据以前，需要判断总线的忙闲状态。使用 s3c24xx_i2c_set_master()函数读取 IICSTAT 寄存器的[5]位，可以判断总线的忙闲状态。当为 0 时，总线空闲；当为 1 时总线繁忙。该函数的代码如下：

```
static int s3c24xx_i2c_set_master(struct s3c24xx_i2c *i2c)
{
    unsigned long iicstat;                   /*用于存储 IICSTAT 的状态*/
    int timeout = 400;                       /*用于存储 IICSTAT 的状态*/
    while (timeout-- > 0) {                   /*进行 400 次尝试，获得总线*/
        iicstat = readl(i2c->regs + S3C2410_IICSTAT);
                                             /*读取状态寄存器 IICSTAT 的值*/
        if (!(iicstat & S3C2410_IICSTAT_BUSBUSY))   /*检查第 5 位是否为 0*/
            return 0;                        /*返回 0 表示空闲*/
        msleep(1);                           /*等待 1 毫秒*/
    }
    return -ETIMEDOUT;
}
```

如果总线忙，s3c24xx_i2c_set_master()函数会每隔 1 毫秒检查一次总线是否空闲。如果在 400 次检查中，有一次发现设备空闲函数就返回 0。如果在 400 次检测中总线都为忙，则函数返回一个负的错误码。

2. 适配器中断使能函数 s3c24xx_i2c_enable_irq()

IIC 设备是一种慢速设备，所以在读写数据的过程中，内核进程需要睡眠等待。当数据发送完后，会从总线发送一个中断信号，唤醒睡眠中的进程，所以适配器应该使能中断。中断使能由 IICCON 寄存器的[5]位设置，该位为 0 表示 Tx/Rx 中断禁止；该位为 1 表示 Tx/Rx 中断使能。s3c24xx_i2c_enable_irq()函数用来使中断使能，所以向 IICCON 寄存器的[5]位写 1，其代码如下：

```
static inline void s3c24xx_i2c_enable_irq(struct s3c24xx_i2c *i2c)
{
    unsigned long tmp;                              /*寄存器缓存变量*/
    tmp = readl(i2c->regs + S3C2410_IICCON);        /*读 IICCON 寄存器*/
    writel(tmp | S3C2410_IICCON_IRQEN, i2c->regs + S3C2410_IICCON);
                                                    /*将 IICCON 的第 5 位置 1*/
}
```

3. 启动适配器消息传输函数 s3c24xx_i2c_message_start()

s3c24xx_i2c_message_start()函数写 s3c2440 适配器对应的寄存器，向 IIC 设备传递开始位和 IIC 设备地址。其主要完成两个功能：

❑ 写 s3c2440 的适配器对应的 IICON 和 IICSTAT 寄存器。

❑ 写从设备地址，并发出开始信号 S。

该函数的代码如下：

```
01  static void s3c24xx_i2c_message_start(struct s3c24xx_i2c *i2c,struct
    i2c_msg *msg)
02  {
03      unsigned int addr = (msg->addr & 0x7f) << 1;
                                    /*取从设备的低 7 位地址，并向前移动一位*/
04      unsigned long stat;             /*缓存 IICSTAT 寄存器的值*/
05      unsigned long iiccon;           /*缓存 IICCON 寄存器的值*/
06      stat = 0;                       /*状态初始化为 0*/
07      stat |= S3C2410_IICSTAT_TXRXEN;
                                    /*使能接收和发送功能，使适配器能发送数据*/
08      if (msg->flags & I2C_M_RD) {/*如果消息类型是从 IIC 设备到适配器读数据 */
09          stat |= S3C2410_IICSTAT_MASTER_RX;  /*将适配器设置为主机接收器*/
10          addr |= 1;                  /*将地址的最低位置 1 表示读操作*/
11      } else
12          stat |= S3C2410_IICSTAT_MASTER_TX;  /*将适配器设置为主机发送器*/
13      if (msg->flags & I2C_M_REV_DIR_ADDR)
                                        /*一种新的扩展协议，没有设置该标志*/
14          addr ^= 1;
15      s3c24xx_i2c_enable_ack(i2c);/*使能 ACK 响应信号*/
16      iiccon = readl(i2c->regs + S3C2410_IICCON);
                                        /*读出 IICCON 寄存器的值*/
17      /*设置 IICSTAT 的值，使其为主机发送器，接收使能*/
18      writel(stat, i2c->regs + S3C2410_IICSTAT);
19      dev_dbg(i2c->dev, "START: %08lx to IICSTAT, %02x to DS\n", stat,
    addr);                              /*打印调试信息*/
```

```
20      writeb(addr, i2c->regs + S3C2410_IICDS);    /*写地址寄存器的值*/
21      ndelay(i2c->tx_setup);                       /*延时, 以使数据写入寄存器中*/
22      writel(iiccon, i2c->regs + S3C2410_IICCON);/*写 IICCON 寄存器的值*/
23      stat |= S3C2410_IICSTAT_START;               /*设置为启动状态*/
24      writel(stat, i2c->regs + S3C2410_IICSTAT);  /*发出 S 开始信号*/
25  }
```

下面对该函数进行简要的分析。

❑ 第 3 行设置 IIC 设备的地址 addr。前 7 位表示设备的地址, 最后 1 位表示读写, 为 0 时表示写操作; 为 1 时表示读操作。

❑ 第 7 行使适配器可以接收/发送数据, 这由 IICSTAT 寄存器的 [4]位表示。该位为 0 表示禁止接收和发送数据; 该位为 1 表示使能接收和发送数据。

❑ 第 8~10 行的 msg 消息的类型是一个从 IIC 设备到适配器读数据的类型。所以将 IICSTAT 的[7:6]位设置为 0b10, 表示适配器是一个主机接收器, 用来接收数据和控制总线。第 10 行将 addr 的最低位设为 1, 表示一个读操作。

❑ 第 12 行将 IICSTAT 的[7:6]位设置为 0b11, 表示适配器是一个主机发送器, 用来发送数据和控制总线。

❑ 第 13 和第 14 行是一种扩展的读协议, 驱动程序开发者不用关心。

❑ 第 15 行是使能 ACK 信号, 使适配器可以发送响应信号。

❑ 第 20 行, 将 IIC 设备的地址写入 IICADD 地址寄存器中。IICADD 寄存器的位[7:1], 表示 IIC 设备地址。IICADD 寄存器必须在输出使能位 IICSTAT[4]为 0 时, 才可以写入, 所以第 18 行代码才先调用 writel()函数设置输出使能位 IICSTAT[4]。

❑ 第 22 和 23 行, 设置开始信号位 IICSTAT[5]。适配器会发出 S 信号, 当 S 信号发出后, IICDS 寄存器中的数据将自动发出到总线上。

14.5.7　适配器的中断处理函数 s3c24xx_i2c_irq()

顺着通信函数 s3c24xx_i2c_xfer()的执行流分析, 函数最终会返回但并没有传输数据。传输数据的过程被交到了中断处理函数中, 这是因为 IIC 设备的读写是非常慢的, 需要使用中断的方法提高处理器的效率, 这在操作系统的过程中很常见。下面, 首先复习一个数据通信方法的调用关系。

1. 数据通信方法的调用关系

回顾 s3c24xx_i2c_algorithm 通信方法中函数的调用关系。如图 14.11 所示, 数据的通信过程如下。

（1）传输数据时, 调用 s3c24xx_i2c_algorithm 结构体中的数据传输函数 s3c24xx_i2c_xfer()。

（2）s3c24xx_i2c_xfer()中会调用 s3c24xx_i2c_doxfer()进行数据的传输。

（3）s3c24xx_i2c_doxfer()中向总线发送 IIC 设备地址和开始信号 S 后, 便会调用 wait_event_timeout()函数进入等待状态。

（4）将数据准备好发送时, 将产生中断, 并调用事先注册的中断处理函数 s3c24xx_i2c_irq()。

（5）s3c24xx_i2c_irq()调用下一个字节传输函数 i2s_s3c_irq_nextbyte()来传输数据。

（6）当数据传输完成后，会调用 s3c24xx_i2c_stop()函数。

（7）最后调用 wake_up()函数唤醒等待队列，完成数据的传输过程。

当 s3c2440 的 IIC 适配器处于主机模式时，IIC 操作的第一步总是向 IIC 总线写入设备的地址及开始信号，这步由上面介绍的函数 s3c24xx_i2c_set_master()和 s3c24xx_i2c_message_start()完成。而收发数据的后继操作都是在 IIC 中断处理函数 s3c24xx_i2c_irq()中完成的。

图 14.11　通信方法与中断的关系

2．中断处理函数 s3c24xx_i2c_irq()

IIC 中断的产生有 3 种情况，第 1 种是当总线仲裁失败时产生中断；第 2 种是当发送/接收完一个字节的数据（包括响应位）时产生中断；第 3 种是当发出地址信息或接收到一个 IIC 设备地址并且吻合时产生中断。在这 3 种情况下都将触发 s3c24xx_i2c_irq()中断处理函数。由于当发送/接收完一个字节后会产生中断，所以可以在中断处理函数中处理数据的传输，该函数的代码如下：

```
01  static irqreturn_t s3c24xx_i2c_irq(int irqno, void *dev_id)
02  {
03      struct s3c24xx_i2c *i2c = dev_id;
04      unsigned long status;                          /*IICSTAT 状态缓存*/
05      unsigned long tmp;                             /*寄存器的缓存*/
06      status = readl(i2c->regs + S3C2410_IICSTAT);/*读 IICSTAT 的值*/
07      if (status & S3C2410_IICSTAT_ARBITR) {      /*因仲裁失败引发的中断*/
08          dev_err(i2c->dev, "deal with arbitration loss\n");
09      }
10      /*当总线为空闲状态时，由于非读写引起的中断，将执行下面的分支清除中断信号，继
        续传输数据*/
11      if (i2c->state == STATE_IDLE) {
12          dev_dbg(i2c->dev, "IRQ: error i2c->state == IDLE\n");
13          tmp = readl(i2c->regs + S3C2410_IICCON);    /*读 IICCON 寄存器*/
14          tmp &= ~S3C2410_IICCON_IRQPEND;
                                        /*将 IICCON 的位[4]清 0，表示清除中断*/
15          writel(tmp, i2c->regs + S3C2410_IICCON);  /*写 IICCON 寄存器*/
16          goto out;                      /*跳到退出直接返回*/
17      }
18      i2s_s3c_irq_nextbyte(i2c, status);          /*传输或者接收下一个字节*/
19  out:
```

```
20      return IRQ_HANDLED;
21  }
```

- 第 6 行读取 IICSTAT 寄存器的值。
- 第 7 行判断是否总线仲裁失败。IICSTAT 的位[3]为 0 时，表示仲裁成功；为 1 时，表示仲裁失败。
- 第 11~17 行处理适配器空闲状态下引发的中断。这种中断一般由总线仲裁引起，不会涉及数据的发送，所以清除中断位标志后，第 16 行就直接跳出返回。IICCON 寄存器位[4]为 1，表示发生中断，总线上的数据传输停止。要使继续传输数据，需要写入 0 清除中断。
- 第 18 行是接收/发送数据的正在处理函数，该函数比较复杂，将在 14.5.8 节讲解。

14.5.8　字节传输函数 i2s_s3c_irq_nextbyte()

i2s_s3c_irq_nextbyte()函数用来传送下一个字节，其代码如下：

```
01  static int i2s_s3c_irq_nextbyte(struct s3c24xx_i2c *i2c, unsigned long
    iicstat)
02  {
03      unsigned long tmp;                    /*寄存器缓存*/
04      unsigned char byte;                   /*寄存器缓存*/
05      int ret = 0;
06      switch (i2c->state) {
07      case STATE_IDLE:                      /*总线上没有数据传输，则立即返回 0*/
08          dev_err(i2c->dev, "%s: called in STATE_IDLE\n", __func__);
09          goto out;
10          break;
11      case STATE_STOP:                      /*发出停止信号 P*/
12          dev_err(i2c->dev, "%s: called in STATE_STOP\n", __func__);
13          s3c24xx_i2c_disable_irq(i2c);
                                              /*接收或者发送数据时，将不会产生中断*/
14          goto out_ack;
15      case STATE_START:                     /*发出开始信号 S*/
16          /*当没有接收到 IIC 设备的应答 ACK 信号，说明对应地址的 IIC 设备不存在，
            停止总线工作*/
17          if (iicstat & S3C2410_IICSTAT_LASTBIT &&
18              !(i2c->msg->flags & I2C_M_IGNORE_NAK)) {
19              dev_dbg(i2c->dev, "ack was not received\n");
20              s3c24xx_i2c_stop(i2c, -ENXIO); /*停止总线工作，发出 P 信号*/
21              goto out_ack;
22          }
23          if (i2c->msg->flags & I2C_M_RD)
24              i2c->state = STATE_READ;       /*一个读消息*/
25          else
26              i2c->state = STATE_WRITE;      /*一个写消息*/
27          /*is_lastmsg()判断是否只有一条消息，如果这条消息为 0 字节，那么发送
28          停止信号 P。0 长度的消息用于设备探测 probe()时检测设备*/
29          if (is_lastmsg(i2c) && i2c->msg->len == 0) {
30              s3c24xx_i2c_stop(i2c, 0);
31              goto out_ack;
32          }
33          if (i2c->state == STATE_READ)
34              goto prepare_read;             /*直接跳到读命令去*/
```

```
35      case STATE_WRITE:
36          /*没有接收到 IIC 设备的 ACK 信号，则表示出错，停止总线传输*/
37          if (!(i2c->msg->flags & I2C_M_IGNORE_NAK)) {
38              if (iicstat & S3C2410_IICSTAT_LASTBIT) {
39                  dev_dbg(i2c->dev, "WRITE: No Ack\n");
40                  s3c24xx_i2c_stop(i2c, -ECONNREFUSED);
41                  goto out_ack;
42              }
43          }
44  retry_write:
45  /*判断一个消息是否结束,如果没有,则执行下面的分支*/
46          if (!is_msgend(i2c)) {
47              byte = i2c->msg->buf[i2c->msg_ptr++];
                                        /*读出缓存区中的数据，并增加偏移*/
48              writeb(byte, i2c->regs + S3C2410_IICDS);
                                        /*将一个字节的数据写到 IICDS 中*/
49              ndelay(i2c->tx_setup);  /*等待数据发送到总线上*/
50          } else if (!is_lastmsg(i2c)) {
                                        /*如果不是最后一个消息，则移向下一个消息*/
51              dev_dbg(i2c->dev, "WRITE: Next Message\n");
52              i2c->msg_ptr = 0;
53              i2c->msg_idx++;
54              i2c->msg++;
55              /*不处理这种新类型的消息，直接停止*/
56              if (i2c->msg->flags & I2C_M_NOSTART) {
57                  if (i2c->msg->flags & I2C_M_RD) {
58                      s3c24xx_i2c_stop(i2c, -EINVAL);
59                  }
60                  goto retry_write;
61              } else {
62                  /*开始传输消息，将 IICDS 的数据发到总线上*/
63                  s3c24xx_i2c_message_start(i2c, i2c->msg);
64                  i2c->state - STATE_START;    /*置开始状态*/
65              }
66          } else {
67              s3c24xx_i2c_stop(i2c, 0);        /*所有消息传输结束，停止总线*/
68          }
69          break;
70      case STATE_READ:                          /*读数据*/
71          byte = readb(i2c->regs + S3C2410_IICDS);/*从数据寄存器读出数据*/
72          i2c->msg->buf[i2c->msg_ptr++] = byte;   /*放到缓存区中*/
73  prepare_read:
74          if (is_msglast(i2c)) {                   /*一个消息的最后一个字节*/
75              if (is_lastmsg(i2c))                 /*最后一个消息*/
76                  s3c24xx_i2c_disable_ack(i2c);    /*禁止 ACK 信号*/
77          } else if (is_msgend(i2c)) {             /*读完一个消息*/
78              if (is_lastmsg(i2c)) {               /*最后一个消息*/
79                  dev_dbg(i2c->dev, "READ: Send Stop\n");
80                  s3c24xx_i2c_stop(i2c, 0);    /*发出停止信号 P，并唤醒队列*/
81              } else {
82                  /*传输下一个消息*/
83                  dev_dbg(i2c->dev, "READ: Next Transfer\n");
84                  i2c->msg_ptr = 0;
85                  i2c->msg_idx++;                  /*移动到下一个消息索引值*/
86                  i2c->msg++;                      /*移动到下一个消息*/
87              }
```

```
88          }
89          break;
90      }
91  out_ack:
92      /*清除中断，不然将重复执行该中断处理函数*/
93      tmp = readl(i2c->regs + S3C2410_IICCON);
94      tmp &= ~S3C2410_IICCON_IRQPEND;
95      writel(tmp, i2c->regs + S3C2410_IICCON);
96  out:
97      return ret;
98  }
```

下面对该函数进行简要的分析。

❑ 第 3～5 行，定义了一些局部变量供函数使用。

❑ 第 6 行，switch 语言判断 IIC 设备目前的状态，并根据不同的状态进行不同的处理。

❑ 第 7～10 行，如果 IIC 设备处于空闲状态，则直接退出。

❑ 第 11～14 行，如果 IIC 设备处于停止状态，则发送一个停止信号给 IIC 适配器。这时即使有数据产生，也不会产生中断信号。

❑ 第 15～34 行，如果 IIC 设备处于开始状态，则发送一个开始信号。然后判断发送的消息是读消息还是写消息，根据不同的消息类型进行不同的读写操作。

❑ 第 35～69 行，如果 IIC 设备处于写状态，则向总线发出信号，开始写数据。

❑ 第 71～88 行，如果 IIC 设备处于读状态，则从总线上读取信号，开始读数据。

14.5.9　适配器传输停止函数 s3c24xx_i2c_stop()

s3c24xx_i2c_stop()函数主要完成以下功能。

（1）向总线发出结束 P 信号。

（2）唤醒等待在队列 s3c24xx_i2c->wait 中的进程，一次传输完毕。

（3）禁止中断，适配器中不产生中断信号。s3c24xx_i2c_stop()函数的代码如下：

```
01  static inline void s3c24xx_i2c_stop(struct s3c24xx_i2c *i2c, int ret)
02  {
03      unsigned long iicstat = readl(i2c->regs + S3C2410_IICSTAT);
                                                    /*读 IICSTAT 寄存器*/
04      dev_dbg(i2c->dev, "STOP\n");
05      iicstat &= ~S3C2410_IICSTAT_START;
                            /*写 IICSTAT 的位[5]为 0,则发出 P 信号*/
06      writel(iicstat, i2c->regs + S3C2410_IICSTAT);
07      i2c->state = STATE_STOP;                /*设置适配器为停止状态*/
08      s3c24xx_i2c_master_complete(i2c, ret); /*唤醒传输等待队列中的进程*/
09      s3c24xx_i2c_disable_irq(i2c);          /*禁止中断*/
10  }
```

上述代码的第 8 行调用了 s3c24xx_i2c_master_complete()函数用来唤醒队列，这个函数非常重要，代码如下：

```
01  static inline void s3c24xx_i2c_master_complete(struct s3c24xx_i2c *i2c,
    int ret)
02  {
03      dev_dbg(i2c->dev, "master_complete %d\n", ret);
04      i2c->msg_ptr = 0;
05      i2c->msg = NULL;
```

```
06        i2c->msg_idx++;
07        i2c->msg_num = 0;                  /*表示适配器中已经没有待传输的消息*/
08        if (ret)
09            i2c->msg_idx = ret;
10        wake_up(&i2c->wait);               /*唤醒等待队列中的进程*/
11  }
```

该函数的第 10 行使用 wake_up()函数，唤醒在 s3c24xx_i2c_doxfer()函数中调用 wait_event_timeout()函数睡眠的进程。wake_up()函数的功能如图 14.11 中箭头所指的功能。一旦唤醒等待队列，则表示一次输入输出操作结束。

14.5.10　中断处理函数的一些辅助函数

i2s_s3c_irq_nextbyte()函数中使用了一些辅助函数，集中在这里介绍。

1．is_lastmsg()函数

is_lastmsg()函数用来判断当前处理的消息是否为最后一个消息，如是则返回 1，否则返回 0。代码如下：

```
static inline int is_lastmsg(struct s3c24xx_i2c *i2c)
{
    return i2c->msg_idx >= (i2c->msg_num - 1);
}
```

2．is_msgend()函数

is_msgend()函数用来判断当前消息是否已经传输完所有字节，代码如下：

```
static inline int is_msgend(struct s3c24xx_i2c *i2c)
{
    return i2c->msg_ptr >= i2c->msg->len;
}
```

3．禁止应答信号函数 s3c24xx_i2c_disable_ack()

s3c24xx_i2c_disable_ack()函数禁止适配器发出应答 ACK 信号，该函数的代码如下：

```
static inline void s3c24xx_i2c_disable_ack(struct s3c24xx_i2c *i2c)
{
    unsigned long tmp;
    tmp = readl(i2c->regs + S3C2410_IICCON);
                                /*IICCON 的位[7]为 0,表示不发出 ACK 信号*/
    writel(tmp & ~S3C2410_IICCON_ACKEN, i2c->regs + S3C2410_IICCON);
}
```

14.6　IIC 设备层驱动程序

本节将详细地讲解 IIC 设备层程序。这个驱动程序中包括模块加载和卸载函数、探测函数、初始化函数等，具体的实现将在本节详细的分析。

14.6.1　IIC 设备驱动模块加载和卸载

　　IIC 设备驱动被作为一个单独的模块加入进内核，在模块的加载和卸载函数中需要注册和注销一个平台驱动结构体 platform_driver。平台驱动的概念在 13 章已经详细讲解，不熟悉的读者可以查阅前面的章节。

1. 平台驱动的加载和卸载

　　IIC 设备驱动模块的加载函数代码如下：

```
01  static int __init i2c_adap_s3c_init(void)
02  {
03      int ret;                                    /*返回值*/
04      ret = platform_driver_register(&s3c2410_i2c_driver);
                                                    /*注册驱动程序*/
05      if (ret == 0) {
06          ret = platform_driver_register(&s3c2440_i2c_driver);
                                                    /*再次注册*/
07          if (ret)
08              platform_driver_unregister(&s3c2410_i2c_driver);
                                                    /*注销驱动程序*/
09      }
10      return ret;
11  }
```

　　第 4～9 行调用内核提供的函数 platform_driver_register()注册平台驱动 s3c2410_i2c_driver。该函数将平台驱动添加到虚拟的总线上，以便与设备进行关联。platform_driver_register()函数中会调用 s3c2410_i2c_driver 中定义的 s3c24xx_i2c_probe()函数进行设备探测，从而将驱动和设备都加入总线中。

　　奇怪的是，第 4 行和第 6 行为什么会调用两次 platform_driver_register()函数呢？这是因为 platform_driver_register()函数返回 0，表示驱动注册成功，但并不表示探测函数 s3c24xx_i2c_probe()探测 IIC 设备成功。有可能在第 4 行，因为硬件资源被占用而探测失败，所以为了保证探测的成功率，在第 6 行又重新注册并探测了一次设备。因为进行了两次注册平台驱动，所以在模块卸载函数中也要进行两次注销平台驱动。

　　第 8 行表示如果两次探测都失败，则注销平台设备驱动。一个没有设备的驱动是不起效果的，反而占用系统资源，所以这里要将其注销掉。与加载函数相对应的卸载函数功能简单，其代码如下：

```
static void __exit i2c_adap_s3c_exit(void)
{
    platform_driver_unregister(&s3c2410_i2c_driver);   /*注销平台驱动*/
    platform_driver_unregister(&s3c2440_i2c_driver);
}
```

2. 平台驱动 s3c2410_i2c_driver

　　平台驱动是真正对硬件进行访问的函数集合，该结构体中包含了对硬件进行探测、移除、挂起等的函数。平台驱动的定义代码如下：

```
static struct platform_driver s3c2410_i2c_driver = {
    .probe          = s3c24xx_i2c_probe,
    .remove         = s3c24xx_i2c_remove,
    .suspend_late   = s3c24xx_i2c_suspend_late,
    .resume         = s3c24xx_i2c_resume,
    .driver         = {
        .owner      = THIS_MODULE,
        .name       = "s3c2410-i2c",
    },
};
```

14.6.2　探测函数 s3c24xx_i2c_probe()

平台设备注册函数 platform_driver_register()中会调用探测函数 3c24xx_i2c_probe()。在该函数中将初始化适配器、IIC 等硬件设备，其主要完成如下几个功能：

（1）申请一个适配器结构体 i2c，并对其赋初值。

（2）获得 i2c 时钟资源。

（3）将适配器的寄存器资源映射到虚拟内存中。

（4）申请中断处理函数。

（5）初始化 IIC 控制器。

（6）添加适配器 i2c 到内核中。

完成这些功能的代码如下：

```
01  static int s3c24xx_i2c_probe(struct platform_device *pdev)
02  {
03      struct s3c24xx_i2c *i2c;                    /*适配器指针*/
04      struct s3c2410_platform_i2c *pdata;  /*IIC 平台设备相关的数据*/
05      struct resource *res;                       /*指向资源*/
06      int ret;                                    /*返回值*/
07      pdata = pdev->dev.platform_data;            /*获得平台设备数据结构指针*/
08      if (!pdata) {                               /*如果没有数据，则出错返回*/
09          dev_err(&pdev->dev, "no platform data\n");
10          return -EINVAL;
11      }
12      /*以下代码动态分配一个适配器数据结构，并对其动态赋值*/
13      i2c = kzalloc(sizeof(struct s3c24xx_i2c), GFP_KERNEL);
14      if (!i2c) {                                 /*内存不足，失败*/
15          dev_err(&pdev->dev, "no memory for state\n");
16          return -ENOMEM;
17      }
18      strlcpy(i2c->adap.name, "s3c2410-i2c", sizeof(i2c->adap.name));
    /*给适配器赋名为 s3c2410-i2c */
19      i2c->adap.owner  = THIS_MODULE;             /*模块指针*/
20      i2c->adap.algo   = &s3c24xx_i2c_algorithm; /*给适配器一个通信方法*/
21      i2c->adap.retries = 2;                      /*2 次总线仲裁尝试*/
22      i2c->adap.class  = I2C_CLASS_HWMON | I2C_CLASS_SPD;
                                                    /*定义适配器类*/
23      /*数据从适配器传输到总线的时间为 50 纳秒*/
24      i2c->tx_setup    = 50;
25      spin_lock_init(&i2c->lock);                 /*初始化自旋锁*/
26      init_waitqueue_head(&i2c->wait);            /*初始化等待队列头部*/
```

```
27      /*以下代码找到 i2c 的时钟，并且调用 clk_enable()函数启动它*/
28      i2c->dev = &pdev->dev;
29      i2c->clk = clk_get(&pdev->dev, "i2c");
30      if (IS_ERR(i2c->clk)) {
31          dev_err(&pdev->dev, "cannot get clock\n");
32          ret = -ENOENT;
33          goto err_noclk;
34      }
35      dev_dbg(&pdev->dev, "clock source %p\n", i2c->clk);
36      clk_enable(i2c->clk);                           /*启动时钟*/
37      res = platform_get_resource(pdev, IORESOURCE_MEM, 0);
                                        /*获得适配器的寄存器资源*/
38      if (res == NULL) {                  /*资源获取失败则退出*/
39          dev_err(&pdev->dev, "cannot find IO resource\n");
40          ret = -ENOENT;
41          goto err_clk;
42      }
43      /*申请一块 I/O 内存，对应适配器的几个寄存器*/
44      i2c->ioarea = request_mem_region(res->start, (res->end-res->
        start)+1,
45                      pdev->name);
46      if (i2c->ioarea == NULL) {          /*I/O 内存获取失败则退出*/
47          dev_err(&pdev->dev, "cannot request IO\n");
48          ret = -ENXIO;
49          goto err_clk;
50      }
51      /*将设备内存映射到虚拟地址空间，这样可以使用函数访问*/
52      i2c->regs = ioremap(res->start, (res->end-res->start)+1);
53      if (i2c->regs == NULL) {            /*映射内存失败则退出*/
54          dev_err(&pdev->dev, "cannot map IO\n");
55          ret = -ENXIO;
56          goto err_ioarea;
57      }
58      dev_dbg(&pdev->dev, "registers %p (%p, %p)\n",
59          i2c->regs, i2c->ioarea, res);   /*输出映射基地址，调试时用*/
60      i2c->adap.algo_data = i2c;          /*将私有数据指向适配器结构体*/
61      i2c->adap.dev.parent = &pdev->dev;  /*组织设备模型*/
62      ret = s3c24xx_i2c_init(i2c);        /*初始化 IIC 控制器*/
63      if (ret != 0)                       /*初始化失败*/
64          goto err_iomap;
65      i2c->irq = ret = platform_get_irq(pdev, 0);
                                        /*获得平台设备的第一个中断号*/
66      if (ret <= 0) {
67          dev_err(&pdev->dev, "cannot find IRQ\n");
68          goto err_iomap;
69      }
70      /*申请一个中断处理函数，前面已经介绍过该中断函数*/
71      ret = request_irq(i2c->irq, s3c24xx_i2c_irq, IRQF_DISABLED,
72                  dev_name(&pdev->dev), i2c);
73      if (ret != 0) {
74          dev_err(&pdev->dev, "cannot claim IRQ %d\n", i2c->irq);
75          goto err_iomap;
76      }
77      /*在内核中注册一个适配器使用的时钟*/
78      ret = s3c24xx_i2c_register_cpufreq(i2c);
79          dev_err(&pdev->dev, "failed to register cpufreq notifier\n");
80          goto err_irq;
81      }
```

```
82        i2c->adap.nr = pdata->bus_num;              /*适配器的总线编号*/
83        /*指定一个最好总线编号，向内核添加该适配器*/
84        ret = i2c_add_numbered_adapter(&i2c->adap);
85        if (ret < 0) {
86            dev_err(&pdev->dev, "failed to add bus to i2c core\n");
87            goto err_cpufreq;
88        }
89        /*摄制平台设备的私有数据为 i2c 适配器*/
90        platform_set_drvdata(pdev, i2c);
91        dev_info(&pdev->dev, "%s: S3C I2C adapter\n", dev_name(&i2c->adap.
          dev));
92        return 0; 成功返回 0
93    err_cpufreq:                                     /*频率注册失败*/
94        s3c24xx_i2c_deregister_cpufreq(i2c);
95    err_irq:                                         /*中断申请失败*/
96        free_irq(i2c->irq, i2c);
97    err_iomap:                                       /*内存映射失败*/
98        iounmap(i2c->regs);
99    err_ioarea:
100       release_resource(i2c->ioarea);               /*清除资源*/
101       kfree(i2c->ioarea);
102   err_clk:
103       clk_disable(i2c->clk);
104       clk_put(i2c->clk);
105   err_noclk:
106       kfree(i2c);                                  /*释放 i2c 适配器结构体资源*/
107       return ret;
108   }
```

下面对该函数进行简要的介绍。

❑ 第 3～11 行，声明了一些局部变量供函数使用。

❑ 第 13 行，分配了一个 s3c24xx_i2c 结构体。

❑ 第 14 行，如果分配失败，则返回错误。

❑ 第 18 行，给 IIC 适配器一个名字 s3c2410-i2c。

❑ 第 19～24 行，初始化 i2c 结构体的相关成员变量。其中第 20 行，为适配器指定一个驱动程序结构体。适配器的主要操作使用 s3c24xx_i2c_algorithm 结构体中的函数来完成。

❑ 第 29～36 行，获得 IIC 设备的时钟源。

❑ 第 37～57 行，获得 IIC 寄存器对应的内存资源。

❑ 第 62 行，调用 s3c24xx_i2c_init() 函数初始化 i2c 结构体。

❑ 第 65～76 行，申请 IIC 设备的中断。

❑ 第 82～88 行，将适配器加入到内核中，这样适配器就与总线相关联了。

❑ 第 93～108 行，进行一些必要的错误处理。

14.6.3　移除函数 s3c24xx_i2c_remove()

与 s3c24xx_i2c_probe() 函数完成相反功能的函数是 s3c24xx_i2c_remove() 函数，它在模块卸载函数调用 platform_driver_unregister() 函数时，通过 platform_driver 的 remove 指针被调用，其代码如下：

```
01  static int s3c24xx_i2c_remove(struct platform_device *pdev)
02  {
03      struct s3c24xx_i2c *i2c = platform_get_drvdata(pdev);
                                            /*得到适配器结构体指针*/
04      /*删除内核维护的与适配器时钟频率有关的数据结构*/
05      s3c24xx_i2c_deregister_cpufreq(i2c);
06      i2c_del_adapter(&i2c->adap);        /*将适配器从系统中删除*/
07      free_irq(i2c->irq, i2c);            /*关闭中断*/
08      clk_disable(i2c->clk);              /*关闭时钟*/
09      clk_put(i2c->clk);                  /*减少时钟引用计数*/
10      iounmap(i2c->regs);                 /*关闭内存映射 */
11      release_resource(i2c->ioarea);      /*释放 I/O 资源*/
12      kfree(i2c->ioarea);                 /*释放资源所占用的内存*/
13      kfree(i2c);                         /*释放适配器的内存*/
14      return 0;
15  }
```

下面对该函数进行简要的介绍。

- 第 3 行，从平台设备中获得 s3c24xx 适配器的结构指针。
- 第 5 行，设置一个提供给 IIC 设备的频率，以使 IIC 设备正常工作。
- 第 6 行，卸载适配器，将适配器从系统中删除。
- 第 7 行，释放 IIC 设备占用中断号。
- 第 8 行，关闭 IIC 设备的系统时钟。
- 第 10 行，取消内存映射。
- 第 12 行，释放 IIC 设备所占用的内存。

14.6.4　控制器初始化函数 s3c24xx_i2c_init()

在探测函数 s3c24xx_i2c_probe()中调用 s3c24xx_i2c_init()函数初始化适配器，其代码
如下：

```
01  static int s3c24xx_i2c_init(struct s3c24xx_i2c *i2c)
02  {
03      /*设置 IICCON 的位[5]为 1，表示发送和接收数据时，会引发中断。设置位[7]为 1，
          表示需要发出 ACK 信号*/
04      unsigned long iicon = S3C2410_IICCON_IRQEN | S3C2410_IICCON_ACKEN;
05      struct s3c2410_platform_i2c *pdata;         /*平台设备数据指针*/
06      unsigned int freq;                          /*控制器工作的频率*/
07      pdata = i2c->dev->platform_data;            /*得到平台设备的数据*/
08      if (pdata->cfg_gpio)                        /*初始化 gpio 引脚*/
09          pdata->cfg_gpio(to_platform_device(i2c->dev));
10      /*向 IICADD 写入 IIC 设备地址，IICADD 的位[7: 1]表示 IIC 设备地址*/
11      writeb(pdata->slave_addr, i2c->regs + S3C2410_IICADD);
12      dev_info(i2c->dev, "slave address 0x%02x\n", pdata->slave_addr);
                                                    /*打印地址信息*/
13      /*初始化 IICCON 寄存器，只允许 ACK 信号和中断使能，其他为 0*/
14      writel(iicon, i2c->regs + S3C2410_IICCON);
15      if (s3c24xx_i2c_clockrate(i2c, &freq) != 0) {
                                            /*设置时钟源和时钟频率*/
16          writel(0, i2c->regs + S3C2410_IICCON); /*失败，则设置为 0*/
17          dev_err(i2c->dev, "cannot meet bus frequency required\n");
```

```
18          return -EINVAL;
19      }
20      dev_info(i2c->dev, "bus frequency set to %d KHz\n", freq);
                                                    /*打印频率信息*/
21      dev_dbg(i2c->dev, "S3C2410_IICCON=0x%02lx\n", iicon);
                                                    /*打印 IICCON 寄存器*/
22      /*以下代码如果处理器是 s3c2440，则设置 IICLC 寄存器为 SDA 延时时间*/
23      if (s3c24xx_i2c_is2440(i2c)) {
24          dev_dbg(i2c->dev, "S3C2440_IICLC=%08x\n", pdata->sda_delay);
25          writel(pdata->sda_delay, i2c->regs + S3C2440_IICLC);
26      }
27      return 0;
28  }
```

下面对该函数进行简要的介绍。

- ❑ 第 5 行，设置 IICCON 的位[5]为 1，表示发送和接收数据时，会引发中断。设置位 [7]为 1，表示需要发出 ACK 信号。
- ❑ 第 9 行，如果设置处理器引脚的函数 cfg_gpio()不会空，则先调用这个函数初始化 处理器的引脚。
- ❑ 第 12 行，向 IICADD 写入 IIC 设备地址，IICADD 的位[7：1]表示 IIC 设备地址。
- ❑ 第 13 行，打印调试信息。
- ❑ 第 15 行，初始化 IICCON 寄存器，只允许 ACK 信号和中断使能，其他位设置为 0。
- ❑ 第 16～20 行，设置时钟源和时钟频率。
- ❑ 第 24～27 行，首先判断适配器是否是 s3c2440 处理器的适配器，如果是，则设置 IICLC 寄存器为 SDA 延时时间。

14.6.5　设置控制器数据发送频率函数 s3c24xx_i2c_clockrate()

在控制器初始化函数 s3c24xx_i2c_init()中，调用了 s3c24xx_i2c_clockrate()函数设置数据发送频率。此发送频率由 IICCON 寄存器控制。发送频率可以由一个公式得到，这个公式是：

发送频率=IICCLK/（IICCON[3:0]+1）

IICCLK=PCLK/16（当 IICCON[6]=0）或

IICCLK=PCLK/512（当 IICCON[6]=1）

其中，PCLK 是由 clk_get_rate()函数获得适配器的时钟频率。s3c24xx_i2c_clockrate() 函数的第 1 个参数是适配器指针，第 2 个参数是返回的发送频率，该函数的代码如下：

```
01  static int s3c24xx_i2c_clockrate(struct s3c24xx_i2c *i2c, unsigned int
    *got)
02  {
03      struct s3c2410_platform_i2c *pdata = i2c->dev->platform_data;
                                                    /*得到平台设备数据*/
04      unsigned long clkin = clk_get_rate(i2c->clk);
                                                    /*获得 PCLK 时钟频率*/
05      /*两个分频系数，divs 表示 IICCON 位[3:0];div1 表示位[6]*/
06      unsigned int divs, div1;
07      u32 iiccon;                             /*缓存 IICCON 的值*/
08      int freq;                               /*计算的频率*/
09      /*开始和结束频率，用于寻找一个合适的频率*/
```

```
10        int start, end;
11        i2c->clkrate = clkin;
12        clkin /= 1000;                              /*将单位转换为 KH*/
13        dev_dbg(i2c->dev, "pdata %p, freq %lu %lu..%lu\n",
14            pdata, pdata->bus_freq, pdata->min_freq, pdata->max_freq);
                                                       /*打印总线,最大, 最小频率*/
15        if (pdata->bus_freq != 0) {
16            freq = s3c24xx_i2c_calcdivisor(clkin, pdata->bus_freq/1000,
17                            &div1, &divs);
18            if (freq_acceptable(freq, pdata->bus_freq/1000))
19                goto found;
20        }
21        /* ok, we may have to search for something suitable... */
22        start = (pdata->max_freq == 0) ? pdata->bus_freq : pdata->max_freq;
23        end = pdata->min_freq;
24        start /= 1000;
25        end /= 1000;
26        for (; start > end; start--) {
27            freq = s3c24xx_i2c_calcdivisor(clkin, start, &div1, &divs);
28            if (freq_acceptable(freq, start)) /**/
29                goto found;
30        }
31        return -EINVAL;                        /*不能找到一个合适的分配方式,返回错误*/
32  found: /*找到一个合适的发送频率, 则写 IICCON 寄存器中与时钟相关的位*/
33        *got = freq;                                /*got 位从参数返回的频率值*/
34        iiccon = readl(i2c->regs + S3C2410_IICCON);/*读出 IICCON 寄存器*/
35        /*将 IICCON 的位[6]和位[3:0]都清 0, 以避免以前分频系数的影响*/
36        iiccon &= ~(S3C2410_IICCON_SCALEMASK | S3C2410_IICCON_TXDIV_512);
37        iiccon |= (divs-1); /*设置位[3:0]的分频系数, divs 的值<16*/
38        if (div1 == 512)    /*如果 IICCLK 为 PCLK/512,那么设置位[6]为 41*/
39            iiccon |= S3C2410_IICCON_TXDIV_512;
40        writel(iiccon, i2c->regs + S3C2410_IICCON);
                                                       /*重新写 IICCON 寄存器的值*/
41        return 0;
42  }
```

下面对该函数进行简要的介绍。

❑ 第 3 行, 从 i2c->dev->platform_data 中得到平台数据。

❑ 第 4 行, 调用 clk_get_rate()函数从 IIC 时钟中获得 PCLK 时钟频率。

❑ 第 6 行, 定义了两个分频系数, divs 表示 IICCON 位[3:0]; div1 表示位[6]。

❑ 第 7～10 行, 定义了一些局部变量, 供函数使用。

❑ 第 11 行, 得到 PCLK 时钟频率。

❑ 第 12 行, 将 PCLK 时钟频率转换为 KH 为单位的值。

❑ 第 15～20 行, 如果总线频率不为 0, 那么就计算分频系数。

❑ 第 21～30 行, 使用枚举的方式找到一个合适的分频系数。

❑ 第 32～39 行, 将分频系数写入相应寄存器的相关位中。

s3c24xx_i2c_calcdivisor()函数用来计算分频系数, 该函数的源代码如下:

```
01  static int s3c24xx_i2c_calcdivisor(unsigned long clkin, unsigned int
    wanted,
02                      unsigned int *div1, unsigned int *divs)
03  {
04      unsigned int calc_divs = clkin / wanted;
```

```
05      unsigned int calc_div1;
06      if (calc_divs > (16*16))
07          calc_div1 = 512;
08      else
09          calc_div1 = 16;
10      calc_divs += calc_div1-1;
11      calc_divs /= calc_div1;
12      if (calc_divs == 0)
13          calc_divs = 1;
14      if (calc_divs > 17)
15          calc_divs = 17;
16      *divs = calc_divs;
17      *div1 = calc_div1;
18      return clkin / (calc_divs * calc_div1);
19  }
```

下面对该函数进行简要的介绍。

❑ 第 4 行，clkin 表示输入的频率，wanted 表示想要分频的系数。

❑ 第 6～9 行，表示如果分频数大于 256，那么就将其设置为 512，这是为了实现 2 的幂次方的要求。

❑ 第 10～11 行，这是按照前面的公式来计算分频系数。

❑ 第 12～15 行，如果分频系数不是合法的，这里将其设置为合法。

❑ 第 16、17 行，分别计算出两个分频数。

❑ 第 18 行，得到最终的分频系数，这个系数将写入寄存器中。

14.7　小　　结

IIC 设备是嵌入式系统中一种常见的设备。由于生产厂商很多，所以 IIC 设备的种类也很多。主机与 IIC 设备之间的通信需要遵守 IIC 通信协议，本章在 14.1 节详细介绍了 IIC 总线通信协议，然后重点介绍了 IIC 子系统中几个关键的数据结构和它们之间的关系，最后以一个驱动程序为例，贯穿了整个章节。通过本章的学习，希望读者能够触类旁通，学会 IIC 设备驱动程序的编写方法。

第 15 章　LCD 设备驱动程序

LCD 是 Liquid Crystal Display 的简称，也就是经常所说的液晶显示器。在日常应用的推动下，LCD 的应用越来越广泛。从手机、掌上电脑、MP3 到大型工业设备，都可以看到 LCD 的身影。LCD 能够支持彩色图像的显示和视频的播放，是一种非常重要的输出设备，本章将对 LCD 设备及其驱动程序进行详细的介绍。

15.1　FrameBuffer 概述

Framebuffer 是 Linux 系统为显示设备提供的一个接口，它是显示缓冲区抽象，用来表示显示缓冲区的数据结构，屏蔽图像硬件的底层差异，允许上层应用程序在图形模式下直接对显示缓冲区进行操作。本章将对 FrameBuffer 进行简要的概述。

15.1.1　FrameBuffer 的概念

FrameBuffer 又叫帧缓冲，是 Linux 为操作显示设备提供的一个用户接口。用户应用程序可以通过 FrameBuffer 透明地访问不同类型的显示设备。从这个方面来说，FrameBuffer 是硬件设备的显示缓存区的抽象。Linux 抽象出 FrameBuffer 这个帧缓冲区，可以供用户应用程序直接读写，通过更改 FrameBuffer 中的内容，就可以立刻显示在 LCD 显示屏上。

1．FrameBuffer 是显卡硬件的抽象

FrameBuffer 机制模仿显卡的功能，将显卡硬件结构抽象为一系列的数据结构，可以通过 FrameBuffer 的读写直接对显存进行操作。用户可以将 FrameBuffer 看成是显示内存的一个映射，将其映射到进程地址空间之后，就可以直接进行读写操作，而写操作可以立即反应在屏幕上。这种操作是抽象的、统一的。用户不必关心物理显存的位置、换页机制等具体细节。这些都是由 FrameBuffer 设备驱动来完成的。

对于 FrameBuffer 而言，只要在帧缓冲区中与显示点对应的区域写入颜色值，对应的颜色会自动在 LCD 屏幕上显示出来，这对于应用程序的编写是非常方便的。

2．FrameBuffer 是标准的字符设备

FrameBuffer 是一个标准的字符设备，主设备号是 29，次设备号根据缓存区的数目而定。FrameBuffer 对应/dev/fb%d 设备文件。根据显卡的多少，设备文件可能是/dev/fb0、/dev/fb1 等。缓冲区设备也是一种普通的内存设备，可以直接对其进行读写。例如，对屏幕进行抓屏，可以使用下面的命令：

```
cp /dev/fb0 myfile.png
```

一个系统上，可以有多个显示设备。例如一个系统上，又有一个独立的显卡，那么就有两个缓冲区设备文件/dev/fb1 和/dev/fb2。应用程序利用/dev/fb0 或者/dev/fb1 来工作，向其中写入数据，就能够在屏幕上立刻看到显示的变化。

15.1.2　FrameBuffer 与应用程序的交互

在 Linux 中，FrameBuffer 是一种能够提取图形的硬件设备，是用户进入图形界面的很好接口。FrameBuffer 是显存抽象后的一种设备，它允许上层应用程序在图形模式下直接对显示缓冲区进行读写操作。这种操作是抽象的、统一的。用户不必关心物理显存的位置、换页机制等具体细节，这些都是由 FrameBuffer 设备驱动来完成的。有了 FrameBuffer，用户的应用程序不需要对底层的驱动深入了解就能够做出很好的图形。

对于用户应用程序而言，它和/dev 下面的其他设备没有什么区别，用户可以把FrameBuffer 看成一块内存，既可以向这块内存中写入数据，也可以从这块内存中读取数据。显示器将根据相应指定内存块的数据显示对应的图形界面，而这一切都由 LCD 控制器和相应的驱动程序来完成。

FrameBuffer 的显示缓冲区位于 Linux 的内核态地址空间中。而在 Linux 中，每个应用程序都有自己的虚拟地址空间，在应用程序中是不能直接访问物理缓冲区地址的。为此，Linux 在文件操作file_operations 结构中提供了 mmap()函数，可将文件的内容映射到用户空间。对于帧缓冲设备，则可通过映射操作，将屏幕缓冲区（FrameBuffer）的物理地址映射到用户空间的一段虚拟地址中，之后用户就可以通过读写这段虚拟地址访问屏幕缓冲区，在屏幕上绘图。FrameBuffer 与应用程序的交互如图 15.1 所示。

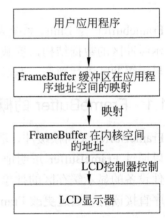

图 15.1　应用程序与 FrameBuffer 的交互

15.1.3　FrameBuffer 显示原理

通过 FrameBuffer，应用程序用 mmap()把显存映射到应用程序虚拟地址空间。应用程序只需将要显示的数据写入这个内存空间，然后 LDC 控制器会自动地将这个内存空间（显存）中的数据显示在 LCD 显示屏上。

在 Linux 中，由于外设的种类繁多，操作方式也各不相同。对于 LCD 的驱动，Linux 采用帧缓冲设备（FrameBuffer）。帧缓冲设备对应的设备文件为/dev/fb*，如果系统有多个显示卡，Linux 还支持多个帧缓冲设备，分别为/dev/fbO 到/dev/fb31，而/dev/fb 则为当前默认的帧缓冲设备，通常指向/dev/fb0。当然在嵌入式系统中支持一个显示设备就够了。前面已经说过，帧缓冲设备为标准字符设备，主设备号为 29，次设备号则从 0～31，分别对应设备文件/dev/fb0-/dev/fb31。

15.1.4　LCD 显示原理

简单地讲，FrameBuffer 驱动的功能就是分配一块内存做显存，然后对 LCD 控制器的寄存器做一些设置。LCD 显示器会不断地从显存中获得数据，并将其显示在 LCD 显示器上。LCD 显示器可以显示显存中的一个区域或者整个区域。framebuffer 驱动程序提供了操作显存的功能，例如复制显存、向显存中写入数据（画圆、画方型等）。

具体来说，实现这些操作的方法是：填充一个 fbinfo 结构，用 reigster_framebuffer(fbinfo*) 将 fbinfo 结构注册到内核，对于 fbinfo 结构，最主要的是它的 fs_ops 成员，需要针对具体设备实现 fs_ops 中的接口。

15.2　FrameBuffer 的结构分析

FrameBuffer 是 LCD 驱动中重要的一部分。通过 FrameBuffer 使 Linux 内核可以使用大多数显示设备的功能。本节将对 FrameBuffer 进行详细的分析。

15.2.1　FrameBuffer 架构和其关系

在 Linux 内核中，FrameBuffer 设备驱动的源码主要位于 linux/inlcude/fb.h 和 linux/drivers/video/fbmem.c 这两个文件中，它们处于 FrameBuffer 驱动体系结构的中间层，它为上层的用户程序提供系统调用，也为底层特定硬件驱动提供了接口。

首先，linux/inlcude/fb.h 文件中定义了一些主要的数据结构，FrameBuffer 设备在很大程度上依靠了下面的 3 个数据结构。这 3 个结构是 Struct fb_var_screeninfo、Struct fb_fix_screeninfo 和 Struct fb_info。

第 1 个结构用来描述图形卡的特性，通常是被用户设置的；第 2 个结构定义了图形卡的硬件特性，是不能改变的，用户选定了 LCD 控制器和显示器后，那么它的硬件特性也就定下来了；第 3 个结构定义了当前图形卡 FrameBuffer 设备的独立状态，一个图形卡可能有两个 FrameBuffer，在这种情况下，就需要两个 fb_info 结构。fb_info 结构是唯一内核空间可见的。

下面对这 3 个结构和其他一些重要的数据结构体进行介绍。

- ❑ struct fb_cmap 结构体：用来定义帧缓冲区设备的颜色表（colormap）信息，可以通过 ioctl() 函数的 FBIOGETCMAP 和 FBIOPUTCMAP 命令设置 colormap。
- ❑ struct fb_info 结构体：包含当前显示卡的状态信息，struct fb_info 结构体只对内核可见。
- ❑ struct fb_ops 结构体：应用程序使用这些函数操作底层的 LCD 硬件，fb_ops 结构中定义的方法用于支持这些操作。这些操作需要驱动开发人员来实现。
- ❑ struct fb_fix_screeninfo 结构体：定义了显卡信息，如 framebuffer 内存的起始地址，地址长度等。
- ❑ struct fb_var_screeninfo 结构体：描述了一种显卡显示模式的所有信息，如宽、高、颜色深度等，不同的显示模式对应不同的信息。

在 FrameBuffer 设备驱动程序中，这些结构体是互相关联、互相配合使用的。只有每一个结构体起到自己的作用，才能使整个 FrameBuffer 设备驱动程序正常工作。这几个结构体之间的关系如图 15.2 所示。

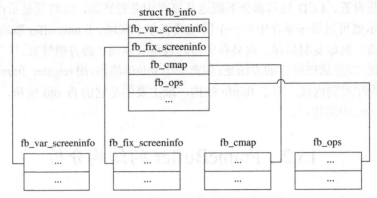

图 15.2　几个数据结构之间的关系

其中，struct fb_info 结构体包含了其他 4 个结构体的指针。

15.2.2　FrameBuffer 驱动程序的实现

从应用程序和操作系统方面来看，FrameBuffer 应该提供一些通用的功能配合应用程序和操作系统的绘制。一般来说，应用程序通过内核对 FrameBuffer 的控制，主要有下面 3 种方式：

（1）读/写/dev/fb 相当于读/写屏幕缓冲区。

（2）通过映射操作，可将屏幕缓冲区的物理地址映射到用户空间的一段虚拟地址中，之后用户就可以通过读写这段虚拟地址访问屏幕缓冲区，在屏幕上绘图。

（3）I/O 控制对于帧缓冲设备，设备文件的 ioctl()函数可读取/设置显示设备及屏幕的参数，如分辨率、显示颜色数、屏幕大小等。ioctl()函数是由底层的驱动程序完成的。

因此，FrameBuffer 驱动要完成的工作已经很少了，只需分配显存的大小、初始化 LCD 控制寄存器、设置修改硬件设备相应的 struct fb_fix_screeninfo 信息和 struct fb_var_screeninfo 信息。这些信息是与具体的显示设备相关的。

帧缓冲设备属于字符设备，采用"文件层—驱动层"的接口方式。在文件层次上，Linux 为其定义了 fb_fops 结构体，其代码如下：

```
static const struct file_operations fb_fops = {
    .owner =      THIS_MODULE,
    .read =       fb_read,                  /*读操作*/
    .write =      fb_write,                 /*写操作*/
    .unlocked_ioctl = fb_ioctl,            /*控制操作*/
    .mmap =       fb_mmap,                  /*映射操作*/
    .open =       fb_open,                  /*打开操作*/
    .release =    fb_release,               /*关闭操作*/
};
```

在 Linux 中，由于帧缓冲设备是字符设备，应用程序需按文件的方式打开一个帧缓冲设备。如果打开成功，则可对帧缓冲设备进行读、写等操作。在上文中已经介绍了帧缓冲设备的地址空间问题，对于操作系统来说，读、写帧缓冲设备就是对物理地址空间进行数据读写。当然，对于应用程序来说，物理地址空间是透明的。由此可见，读、写帧缓冲设备最主要的任务就是获取帧缓冲设备在内存中的物理地址空间及相应 LCD 的一些特性。应用程序如何通过写帧缓冲设备来显示图形的全过程如图 15.3 所示。

　　在了解了上面所述的概念后，编写帧缓冲驱动的实际工作并不复杂，需要做如下工作。

　　（1）编写初始化函数：初始化函数首先初始化 LCD 控制器，通过写寄存器设置显示模式和显示颜色数，然后分配 LCD 显示缓冲区。在 Linux 中可通过 kmalloc()函数分配一片连续的空间。例如采用的 LCD 显示方式为 320×240，256 位灰度。需要分配的显示缓冲区为 240×320=75k 字节，缓冲区通常分配在大容量的片外 SDRAM 中，起始地址保存在 LCD 控制器寄存器中。最后是初始化一个 fb_info 结构，填充其中的成员变量，并调用 register_framebuffer (&fb_info)，将 fb_info 登记入内核。

　　（2）编写结构 struct fb_info 中函数指针 fb_ops 对应的成员函数对于嵌入式系统的简单实现，只需要实现少量的函数。这个结构体在上面已经详细解释过。

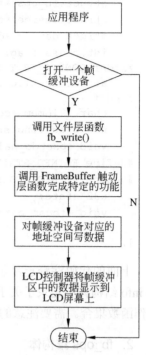

图 15.3　通过写帧缓冲设备显示
图形的过程

15.2.3　FrameBuffer 架构及其关系

　　FrameBuffer 驱动程序由几个重要的数据结构组成，分别是 fb_info、fb_ops、fb_cmap、fb_var_screeninfo 和 fb_fix_screeninfo，下面对这些数据结构进行详细的介绍。

1. fb_info 结构体

　　fb_info 是帧缓冲 FrameBuffer 设备驱动中一个非常重要的结构体，它包含了驱动实现的底层函数和记录设备状态的数据。一个帧缓冲区对应一个 fb_info 结构体，这个结构体的定义如下：

```
struct fb_info {
    int node;
    int flags;
    struct mutex lock;              /*为 open/release/ioctl 等函数准备的互斥锁*/
    struct fb_var_screeninfo var;  /*当前缓冲区的可变参数，也就是当前的视频信息*/
    struct fb_fix_screeninfo fix;  /*当前缓冲区的固定参数*/
    struct fb_monspecs monspecs;   /*当前显示器的标志*/
    struct work_struct queue;      /*帧缓冲的事件队列*/
    struct fb_pixmap pixmap;       /*图像硬件 mapper*/
    struct fb_pixmap sprite;       /*光标硬件 mapper*/
    struct fb_cmap cmap;           /*当前的颜色板，也叫调色板*/
    struct list_head modelist;     /*模块列表 t*/
    struct fb_videomode *mode;     /*当前的视频模式*/
#ifdef CONFIG_FB_BACKLIGHT         /*如果配置了 LCD 支持背光灯*/
    /*对应的背光灯设备，设置 bl_dev 这个变量，应该在注册 FrameBuffer 之前*/
    struct backlight_device *bl_dev;

    struct mutex bl_curve_mutex;   /*背光灯层次*/
```

```
    u8 bl_curve[FB_BACKLIGHT_LEVELS];  /*调整背光等*/
#endif
    struct fb_ops *fbops;              /*帧缓冲操作函数集合*/
    struct device *device;            /*指向父设备结构体*/
    struct device *dev;               /*内嵌的 FrameBuffer 设备自身*/
    int class_flag;                   /*私有的 sysfs 标志*/
#ifdef CONFIG_FB_TILEBLITTING
    struct fb_tile_ops *tileops;      /*图块 Blitting*/
#endif
    char __iomem *screen_base;        /*虚拟基地址*/
    unsigned long screen_size;        /*ioremap 的虚拟内存大小*/
    void *pseudo_palette;             /* 伪 16 位调色板*/
#define FBINFO_STATE_RUNNING    0     /*运行状态*/
#define FBINFO_STATE_SUSPENDED  1     /*挂起状态*/
    u32 state;                        /*硬件的状态，例如挂起状态*/
    void *fbcon_par;                  /*fbcon 使用的私有数据*/
    void *par;
};
```

上面的代码注释已经解释的非常清楚了，读者应该仔细地查看每一个成员的意思。fb_info 结构体中记录了关于帧缓存的全部信息，这些信息包括帧缓冲的设置参数、状态及操作函数集合。需要注意的是，每一个帧设备都有一个 fb_info 结构体。

2. fb_ops 结构体

fb_ops 结构体用来实现对帧缓冲设备的操作。用户可以使用 ioctl()函数来操作设备，这个帧缓存设备是支持 ioctl()函数操作的。fb_ops 结构体的定义如下：

```
01  struct fb_ops {
02      /*模块计数指针/
03      struct module *owner;
04      /*打开和释放设备指针*/
05      int (*fb_open)(struct fb_info *info, int user);
06      int (*fb_release)(struct fb_info *info, int user);
07      /*下面两个函数对于非线性布局的常规内存无法工作的帧缓冲区设备有效*/
08      ssize_t (*fb_read)(struct fb_info *info, char __user *buf,
09              size_t count, loff_t *ppos);
10      ssize_t (*fb_write)(struct fb_info *info, const char __user *buf,
11              size_t count, loff_t *ppos);
12      /*检测可变参数，并调整到支持的值*/
13      int (*fb_check_var)(struct fb_var_screeninfo *var, struct fb_info
*info);
14      /*设置视频模式*/
15      int (*fb_set_par)(struct fb_info *info);
16      /*设置 color 寄存器的值*/
17      int (*fb_setcolreg)(unsigned regno, unsigned red, unsigned green,
18              unsigned blue, unsigned transp, struct fb_info *info);
19      /*批量的设置颜色寄存器的值，即设置颜色表*/
20      int (*fb_setcmap)(struct fb_cmap *cmap, struct fb_info *info);
21      /*显示空白*/
22      int (*fb_blank)(int blank, struct fb_info *info);
23      /*显示 pan*/
24      int (*fb_pan_display)(struct fb_var_screeninfo *var, struct fb_info
```

```
         *info);
25       /*填充一个矩形*/
26       void (*fb_fillrect) (struct fb_info *info, const struct fb_fillrect
         *rect);
27       /*复制数据从一个区域到另一个区域*/
28       void (*fb_copyarea) (struct fb_info *info, const struct fb_copyarea
         *region);
29       /*画一个图像到屏幕上*/
30       void (*fb_imageblit) (struct fb_info *info, const struct fb_image
         *image);
31       /*绘制光标*/
32       int (*fb_cursor) (struct fb_info *info, struct fb_cursor *cursor);
33       /*旋转屏幕并且显示出来*/
34       void (*fb_rotate)(struct fb_info *info, int angle);
35       /*等待 blit 空闲*/
36       int (*fb_sync) (struct fb_info *info);
37       /*实现 fb 特定的 ioctl 操作*/
38       int (*fb_ioctl)(struct fb_info *info, unsigned int cmd,
39             unsigned long arg);
40       /*处理 32 位的兼容 ioctl 操作*/
41       int (*fb_compat_ioctl)(struct fb_info *info, unsigned cmd,
42             unsigned long arg);
43       /*实现 fb 特定的 mmap 操作*/
44       int (*fb_mmap)(struct fb_info *info, struct vm_area_struct *vma);
45       /*保存当前的硬件状态*/
46       void (*fb_save_state)(struct fb_info *info);
47       /*恢复被保存的硬件状态*/
48       void (*fb_restore_state)(struct fb_info *info);
49       /*通过 fb_info 获得 FrameBuffer 的能力*/
50       void (*fb_get_caps)(struct fb_info *info, struct fb_blit_caps
         *caps,
51                 struct fb_var_screeninfo *var);
52   };
```

下面对该结构体的主要成员进行简要的介绍。

❑ 第 3 行，定义了驱动程序属于的那个模块指针，这个成员与 file_operator 结构体的 owner 成员相同。

❑ 第 5 行，定义了帧缓冲设备的打开函数 fb_open()，该函数完成的功能就像文件操作函数的 open()方法。

❑ 第 6 行，定义了帧缓冲设备的关闭函数 fb_release()，该函数完成的功能就像文件操作函数的 release()方法。

❑ 第 8 行，定义了帧缓存设备的读函数 fb_read()，该函数完成的功能就像文件操作函数的 read()方法。

❑ 第 10 行，定义了帧缓存设备的读函数 fb_write()，该函数完成的功能就像文件操作函数的 write()方法。

❑ 第 13 行，fb_check_var()函数用来检查和改变帧缓存设备的可变参数，当帧缓冲设备中的参数不满足驱动程序要求时，会调用这个函数。

❑ 第 15 行，fb_set_par()函数会根据 info->var 变量设置视频模式。

❑ 第 17 行，fb_setcolreg()函数设置缓冲区设备的颜色相关寄存器的值。

- ❑ 第 20 行，fb_setcmap()函数设置缓冲区中颜色表的值。
- ❑ 第 22 行，fb_blank()函数用于缓冲区设备的开关操作。
- ❑ 第 24 行，fb_pan_display()函数用于设置帧缓冲设备的全屏显示。
- ❑ 第 26 行，fb_fillrect()函数用于在帧缓冲区中画一个矩形区域。
- ❑ 第 28 行，fb_copyarea()函数用来复制一个区域的显示数据到另一个区域中。
- ❑ 第 30 行，fb_imageblit()函数用来画一个图像到屏幕上。
- ❑ 第 32 行，fb_cursor()函数用来画一个光标。
- ❑ 第 34 行，fb_rotate()函数用于旋转显示缓冲区。
- ❑ 第 36 行，fb_sync()函数用于数据传送。
- ❑ 第 38 行，fb_ioctl()函数用于执行 ioctl()操作，类似于字符设备的 ioctl()函数。
- ❑ 第 41 行，fb_compat_ioct()函数处理 32 位可兼容的 ioctl()操作。
- ❑ 第 44 行，fb_mmap()函数执行帧缓冲设备具体的内存映射。
- ❑ 第 46 行，fb_save_state()函数用来保存当前硬件的寄存器的值。
- ❑ 第 48 行，fb_restore_state()函数与 fb_save_state()函数的功能相反，用来恢复硬件的状态。
- ❑ 第 50 行，fb_get_caps()函数用来获得 FrameBuffer 设备的能力。外部应用程序可以通过这个函数快速地得到设备的信息。

3. fb_cmap 结构体

fb_cmap 结构体记录了一个颜色板信息，也可以叫调色板信息。用户空间程序可以使用 ioctl()函数的 FBIOGETCMAP 和 FBIOPUTCMAP 命令读取和设置颜色表的值。struct fb_cmap 结构体的定义如下：

```
01  struct fb_cmap {
02      __u32 start;
03      __u32 len;
04      __u16 *red;
05      __u16 *green;
06      __u16 *blue;
07      __u16 *transp;
08  };
```

下面对这个结构体的各个成员进行简要的解释。
- ❑ 第 2 行，表示颜色板的第一个元素入口位置。
- ❑ 第 3 行，len 表示元素的个数。
- ❑ 第 4 行，表示红色分量的值。
- ❑ 第 5 行，表示绿色分量的值。
- ❑ 第 6 行，表示蓝色分量的值。
- ❑ 第 7 行，表示透明度分量的值。

fb_cmap 结构体对应的存储结构体如图 15.4 所示。

4. fb_var_screeninfo 结构体

fb_var_screeninfo 结构体中存储了用户可以修改的显示控制器参数，例如屏幕分辨率、每个像素的比特数和透明度等。fb_var_screeninfo 结构体的定义如下：

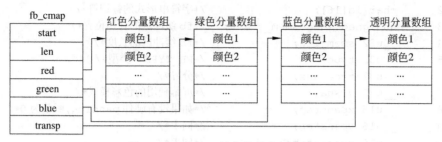

图 15.4　fb_cmap 结构体的存储结构

```
struct fb_var_screeninfo {
    __u32 xres;                          /*xres 和 yres 表示可见解析度,即分辨率*/
    __u32 yres;
    __u32 xres_virtual;                  /*这两行表示虚拟解析度*/
    __u32 yres_virtual;
    __u32 xoffset;                       /*不可见部分与可见部分的偏移地址*/
    __u32 yoffset;
    __u32 bits_per_pixel;                /*每一个像素所在的位数*/
    __u32 grayscale;                     /*非 0 时的灰度值*/
    /*以下是 fb 缓存的 R、G、B 位域*/
    struct fb_bitfield red;
    struct fb_bitfield green;
    struct fb_bitfield blue;
    struct fb_bitfield transp;           /*透明度*/
    __u32 nonstd;                        /*非标准像素格式*/
    __u32 activate;
    __u32 height;                        /*屏幕的高度*/
    __u32 width;                         /*屏幕的宽度*/
    __u32 accel_flags;                   /*fb_info 的标志*/
    __u32 pixclock;                      /*像素时钟*/
    __u32 left_margin;                   /*行切换的时间,从同步到绘图之间的延迟*/
    __u32 right_margin;                  /*行切换的时间,从同步到绘图之间的延迟*/
    __u32 upper_margin;                  /*帧切换,从同步到绘图之间的延迟*/
    __u32 lower_margin;                  /*帧切换,从同步到绘图之间的延迟*/
    __u32 hsync_len;                     /*水平同步的长度*/
    __u32 vsync_len;                     /*垂直同步的长度*/
    __u32 sync;
    __u32 vmode;
    __u32 rotate;                        /*顺时针旋转的角度*/
    __u32 reserved[5];                   /*保留为以后所用*/
};
```

该结构体中有几个重要成员需要注意。xres 表示屏幕一行有多少个像素点。yres 表示屏幕一列有多少个像素点。bits_per_pixel 表示每个像素点占用多少个字节。

5. fb_fix_screeninfo 结构体

fb_fix_screeninfo 结构体中,记录了用户不能修改的固定显示控制器参数。这些固定参数如缓冲区的物理地址、缓冲区的长度、显示色彩模式、内存映射的开始位置等。这个结构体的成员都需要在驱动程序初始化时设置,该结构体的定义代码如下:

```
01  struct fb_fix_screeninfo {
```

```
02      char id[16];                    /*字符串形式的标识符*/
03      unsigned long smem_start;       /*fb 缓冲区的开始位置*/
04      __u32 smem_len;                 /*fb 缓冲区的长度*/
05      __u32 type;                     /*FB_TYPE_*类型*/
06      __u32 type_aux;                 /*分界*/
07      __u32 visual;                   /*屏幕使用的色彩模式*/
08      __u16 xpanstep;                 /*如果没有硬件 panning,赋值为 0*/
09      __u16 ypanstep;                 /*同上*/
10      __u16 ywrapstep;                /*同上*/
11      __u32 line_length;              /*1 行的字节数*/
12      unsigned long mmio_start;       /*内存映射 I/O 的开始位置*/
13      __u32 mmio_len;                 /*内存映射 I/O 的开始位置*/
14      __u32 accel;                    /*特定的芯片*/
15      __u16 reserved[3];              /*保留为将来扩充*/
16   };
```

需要注意的是，第 7 行的 visual 表示屏幕使用的色彩模式，在 Linux 下，支持多种色彩模式。第 11 行，表示显存中一行占用的内存字节数，具体占用多少字节由显示模式来决定。第 15 行，保留了 6 个字节为以后扩充使用。

15.3　LCD 驱动程序分析

LCD 驱动程序以平台设备的方式实现，其中涉及关于 LCD 控制器的一些重要概念。下面对 LCD 驱动程序的主要函数进行详细的分析。

15.3.1　LCD 模块的加载和卸载函数

LCD 设备驱动可以作为一个单独的模块加入内核，在模块的加载和卸载函数中需要注册和注销一个平台驱动结构体 platform_driver。平台驱动的概念在 13 章已经详细讲解，不熟悉的读者可以查阅前面的章节。本节以 LCD 控制器的驱动程序为例，讲解 LCD 控制器的驱动程序。

1．平台驱动的加载和卸载

LCD 控制器驱动程序的加载函数由 s3c2410fb_init()函数实现，在该函数中调用 platform_driver_register()函数注册了一个平台驱动 s3c2410fb_driver。加载函数的代码如下：

```
01  int __init s3c2410fb_init(void)
02  {
03      int ret = platform_driver_register(&s3c2410fb_driver);
04      if (ret == 0)
05          ret = platform_driver_register(&s3c2412fb_driver);;
06      return ret;
07  }
```

❏ 第 3～5 行调用内核提供的函数 platform_driver_register()，注册平台驱动 s3c2410fb_driver。该函数将平台驱动添加到虚拟的总线上，以便与设备进行关联。

platform_driver_register()函数会调用 s3c2410fb_driver 中定义的 s3c2412fb_probe() 函数进行设备探测，从而将驱动和设备都加入总线中。

- □ 第 5 行，又一次调用 platform_driver_register()函数。这是因为 platform_driver_register()函数返回 0，表示驱动注册成功，但并不表示探测函数 s3c2412fb_probe() 探测 LCD 控制器设备成功。有可能在第 3 行，因为硬件资源被占用而探测失败，所以为了保证探测的成功率，在第 5 行又重新注册并探测了一次设备。因为进行了两次注册平台驱动，所以在模块卸载函数中也要进行两次注销平台驱动。

LCD 控制器驱动程序的卸载函数由 s3c2410fb_cleanup()函数实现，在该函数中调用 platform_driver_unregiste()函数注销了一个平台驱动 s3c2410fb_driver。因为进行了两次注册平台驱动，所以在模块卸载函数中也要进行两次注销平台驱动。卸载函数的代码如下：

```
01   static void __exit s3c2410fb_cleanup(void)
02   {
03       platform_driver_unregister(&s3c2410fb_driver);
04       platform_driver_unregister(&s3c2412fb_driver);
05   }
```

2. 平台驱动 s3c2410_i2c_driver

平台驱动是真正对硬件进行访问的函数集合。该结构体中包含了对硬件进行探测、移除、挂起等的函数。平台驱动的定义代码如下：

```
01   static struct platform_driver s3c2412fb_driver = {
02       .probe      = s3c2412fb_probe,        /*探测函数*/
03       .remove     = s3c2410fb_remove,       /*移除函数*/
04       .suspend    = s3c2410fb_suspend,      /*挂起函数*/
05       .resume     = s3c2410fb_resume,       /*恢复函数*/
06       .driver     = {
07           .name   = "s3c2412-lcd",          /*驱动名字*/
08           .owner  = THIS_MODULE,
09       },
10   };
```

下面对该结构体进行简要的说明。

- □ 第 2 行定义了一个设备探测函数。
- □ 第 3 行定义了一个设备移除函数。
- □ 第 4 行定义了一个挂起函数，如果内核和设备都支持电源管理，那么可以使用这个函数使设备进入省电状态。
- □ 第 5 行定义了一个从省电状态中恢复过来的函数。
- □ 第 6~9 行是内嵌的驱动 device_driver 结构体，其中指定了该平台驱动的名字是 s3c2412-lcd。

15.3.2　LCD 驱动程序的平台数据

为了方便管理，Linux 内核将 LCD 驱动程序归入平台设备的范畴。这样就可以使用操作平台设备的方法操作 LCD 设备。LCD 驱动程序的平台设备定义为 s3c_device_lcd 结构体，该结构体的定义如下：

```
01  struct platform_device s3c_device_lcd = {
02      .name          = "s3c2410-lcd",         /*平台设备的名字*/
03      .id         = -1,                        /*一般设为-1*/
04      .num_resources   = ARRAY_SIZE(s3c_lcd_resource),  /*资源数量*/
05      .resource     = s3c_lcd_resource,    /*资源的指针*/
06      .dev        = {
07          .dma_mask        = &s3c_device_lcd_dmamask,
08          .coherent_dma_mask = 0xffffffffUL
09      }
10  };
```

第 3 行，id 表示 LCD 设备的编号，id=-1 表示只有这样一个设备。第 4 行和第 5 行，指定了平台设备所使用的资源为 resource s3c_lcd_resource，S3C2410 处理器的 LCD 平台设备使用了一块 I/O 内存资源和一个 IRQ 资源。将资源定义在平台设备中，是为了统一管理平台设备的资源。这些资源都是与特定处理器相关的，需要驱动开发者查阅相关的处理器数据手册来编写。S3C2410 处理器的 LCD 设备资源代码如下：

```
static struct resource s3c_lcd_resource[] = {
    [0] = {
        /*LCD 的 I/O 内存开始位置，地址被定义为 0x4D000000*/
        .start = S3C24XX_PA_LCD,
        .end  = S3C24XX_PA_LCD + S3C24XX_SZ_LCD - 1,   /*1M 的地址空间*/
        .flags = IORESOURCE_MEM,                        /*I/O 内存资源*/
    },
    [1] = {
        .start = IRQ_LCD,                               /*LCD 的开始中断号*/
        .end  = IRQ_LCD,                                /*LCD 的结束中断号*/
        .flags = IORESOURCE_IRQ,                        /*中断的 IRQ 资源*/
    }
};
```

除此之外，LCD 驱动程序还定义了一个 s3c2410fb_mach_info 结构体，该结构体表示 LCD 显示器的平台信息，代码如下：

```
struct s3c2410fb_mach_info {
    struct s3c2410fb_display *displays;          /*存储相似信息*/
    unsigned num_displays;                       /*显示缓冲的数量*/
    unsigned default_display;
    /*GPIO 引脚*/
    unsigned long    gpcup;
    unsigned long    gpcup_mask;
    unsigned long    gpccon;
    unsigned long    gpccon_mask;
    unsigned long    gpdup;
    unsigned long    gpdup_mask;
    unsigned long    gpdcon;
    unsigned long    gpdcon_mask;
    /*lpc3600 控制寄存器*/
    unsigned long    lpcsel;
};
```

结构体 s3c2410fb_display 用来表示 LCD 设备的机器信息，例如 LCD 显示器的宽度、高度和每个像素占多少位等信息，该结构体的定义如下：

```
01    /* LCD 描述符，描述了 LCD 设备的机器信息*/
02    struct s3c2410fb_display {
03        unsigned type;                   /*LCD 显示屏的类型*/
04        unsigned short width;            /*屏幕的大小，这里是宽度*/
05        unsigned short height;           /*屏幕的大小，这里是高度*/
06        unsigned short xres;             /*以下 3 行存储的是屏幕信息*/
07        unsigned short yres;
08        unsigned short bpp;
09        ...
10        unsigned long   lcdcon5;         /*LCD 配置寄存器*/
11    };
```

s3c2410fb_hw 结构体对应 LCD 设备的寄存器，通过该结构体可以映射到 LCD 的 5 个配置寄存器，该结构体的定义如下：

```
struct s3c2410fb_hw {                      /*5 个 LCD 配置寄存器*/
    unsigned long   lcdcon1;
    unsigned long   lcdcon2;
    unsigned long   lcdcon3;
    unsigned long   lcdcon4;
    unsigned long   lcdcon5;
};
```

15.3.3　LCD 模块的探测函数

s3c2412fb_probe()函数中调用了 s3c24xxfb_probe()函数，该函数的第 2 个参数是处理器的类型。s3c2412fb_probe()函数的代码如下：

```
static int __init s3c2412fb_probe(struct platform_device *pdev)
{
    return s3c24xxfb_probe(pdev, DRV_S3C2410);
}
```

s3c24xxfb_probe()函数实现了真正的探测函数的功能，该函数的代码如下：

```
01    static int __init s3c24xxfb_probe(struct platform_device *pdev,
02                    enum s3c_drv_type drv_type)
03    {
04        struct s3c2410fb_info *info;
05        struct s3c2410fb_display *display;
06        struct fb_info *fbinfo;
07        struct s3c2410fb_mach_info *mach_info;
08        struct resource *res;
09        int ret;
10        int irq;
11        int i;
12        int size;
13        u32 lcdcon1;
14        mach_info = pdev->dev.platform_data;
15        if (mach_info == NULL) {
16            dev_err(&pdev->dev,
17                "no platform data for lcd, cannot attach\n");
18            return -EINVAL;
19        }
20        if (mach_info->default_display >= mach_info->num_displays) {
21            dev_err(&pdev->dev, "default is %d but only %d displays\n",
```

```
22              mach_info->default_display, mach_info->num_displays);
23         return -EINVAL;
24     }
25     display = mach_info->displays + mach_info->default_display;
26     irq = platform_get_irq(pdev, 0);
27     if (irq < 0) {
28         dev_err(&pdev->dev, "no irq for device\n");
29         return -ENOENT;
30     }
31     fbinfo = framebuffer_alloc(sizeof(struct s3c2410fb_info), &pdev->
       dev);
32     if (!fbinfo)
33         return -ENOMEM;
34     platform_set_drvdata(pdev, fbinfo);
35     info = fbinfo->par;
36     info->dev = &pdev->dev;
37     info->drv_type = drv_type;
38     res = platform_get_resource(pdev, IORESOURCE_MEM, 0);
39     if (res == NULL) {
40         dev_err(&pdev->dev, "failed to get memory registers\n");
41         ret = -ENXIO;
42         goto dealloc_fb;
43     }
44     size = (res->end - res->start) + 1;
45     info->mem = request_mem_region(res->start, size, pdev->name);
46     if (info->mem == NULL) {
47         dev_err(&pdev->dev, "failed to get memory region\n");
48         ret = -ENOENT;
49         goto dealloc_fb;
50     }
51     info->io = ioremap(res->start, size);
52     if (info->io == NULL) {
53         dev_err(&pdev->dev, "ioremap() of registers failed\n");
54         ret = -ENXIO;
55         goto release_mem;
56     }
57     info->irq_base = info->io + ((drv_type == DRV_S3C2412) ? S3C2412_
       LCDINTBASE :
58         S3C2410_LCDINTBASE);
59     dprintk("devinit\n");
60     strcpy(fbinfo->fix.id, driver_name);
61     lcdcon1 = readl(info->io + S3C2410_LCDCON1);
62     writel(lcdcon1 & ~S3C2410_LCDCON1_ENVID, info->io + S3C2410_
       LCDCON1);
63     fbinfo->fix.type          = FB_TYPE_PACKED_PIXELS;
64     fbinfo->fix.type_aux      = 0;
65     fbinfo->fix.xpanstep      = 0;
66     fbinfo->fix.ypanstep      = 0;
67     fbinfo->fix.ywrapstep     = 0;
68     fbinfo->fix.accel         = FB_ACCEL_NONE;
69     fbinfo->var.nonstd        = 0;
70     fbinfo->var.activate      = FB_ACTIVATE_NOW;
71     fbinfo->var.accel_flags   = 0;
72     fbinfo->var.vmode         = FB_VMODE_NONINTERLACED;
73     fbinfo->fbops             = &s3c2410fb_ops;
74     fbinfo->flags             = FBINFO_FLAG_DEFAULT;
75     fbinfo->pseudo_palette    = &info->pseudo_pal;
76     for (i = 0; i < 256; i++)
77         info->palette_buffer[i] = PALETTE_BUFF_CLEAR;
78     ret = request_irq(irq, s3c2410fb_irq, IRQF_DISABLED, pdev->name,
       info);
```

```
 79        if (ret) {
 80            dev_err(&pdev->dev, "cannot get irq %d - err %d\n", irq, ret);
 81            ret = -EBUSY;
 82            goto release_regs;
 83        }
 84        info->clk = clk_get(NULL, "lcd");
 85        if (!info->clk || IS_ERR(info->clk)) {
 86            printk(KERN_ERR "failed to get lcd clock source\n");
 87            ret = -ENOENT;
 88            goto release_irq;
 89        }
 90        clk_enable(info->clk);
 91        dprintk("got and enabled clock\n");
 92        msleep(1);
 93        /* 找到为显示需要的最大内存*/
 94        for (i = 0; i < mach_info->num_displays; i++) {
 95            unsigned long smem_len = mach_info->displays[i].xres;
 96            smem_len *= mach_info->displays[i].yres;
 97            smem_len *= mach_info->displays[i].bpp;
 98            smem_len >>= 3;
 99            if (fbinfo->fix.smem_len < smem_len)
100                fbinfo->fix.smem_len = smem_len;
101        }
102        ret = s3c2410fb_map_video_memory(fbinfo);
103        if (ret) {
104            printk(KERN_ERR "Failed to allocate video RAM: %d\n", ret);
105            ret = -ENOMEM;
106            goto release_clock;
107        }
108        dprintk("got video memory\n");
109        fbinfo->var.xres = display->xres;
110        fbinfo->var.yres = display->yres;
111        fbinfo->var.bits_per_pixel = display->bpp;
112        s3c2410fb_init_registers(fbinfo);
113        s3c2410fb_check_var(&fbinfo->var, fbinfo);
114        ret = register_framebuffer(fbinfo);
115        if (ret < 0) {
116            printk(KERN_ERR "Failed to register framebuffer device: %d\n",
117                ret);
118            goto free_video_memory;
119        }
120        ret = device_create_file(&pdev->dev, &dev_attr_debug);
121        if (ret) {
122            printk(KERN_ERR "failed to add debug attribute\n");
123        }
124        printk(KERN_INFO "fb%d: %s frame buffer device\n",
125            fbinfo->node, fbinfo->fix.id);
126        return 0;
127 free_video_memory:
128        s3c2410fb_unmap_video_memory(fbinfo);
129 release_clock:
130        clk_disable(info->clk);
131        clk_put(info->clk);
132 release_irq:
133        free_irq(irq, info);
134 release_regs:
135        iounmap(info->io);
136 release_mem:
137        release_resource(info->mem);
138        kfree(info->mem);
139 dealloc_fb:
```

```
140        platform_set_drvdata(pdev, NULL);
141        framebuffer_release(fbinfo);
142        return ret;
143 }
```

下面对该函数进行详细的分析。

❏ 第 4～13 行，定义了一些局部变量，供探测函数使用。

❏ 第 14 行，得到 s3c2410fb_mach_info 类型的结构体变量 mach_info.mach_info 中保存从内核中获取的平台设备数据。

❏ 第 15～19 行，如果 mach_info 为空值，表示没有相关的平台设备，LCD 驱动程序提前退出。

❏ 第 25 行，获得在内核中定义的 FrameBuffer 平台设备的 LCD 配置信息结构体数据。

❏ 第 26 行，在系统定义的 LCD 平台设备资源中获取 LCD 中断号，platform_get_irq() 函数定义在 platform_device.h 中。

❏ 第 27～30 行，如果 irq 的值小于 0，则说明该设备没有中断，返回相应的错误。

❏ 第 31～33 行，调用 framebuffer_alloc() 函数申请一个 struct s3c2410fb_info 结构体的空间。该结构体主要存储 FrameBuffer 设备相关的数据。如果申请空间失败，则返回相应的错误。

❏ 第 34～37 行，填充 info 结构体变量的相应信息。

❏ 第 38～43 行，获取 LCD 平台设备所使用的 I/O 端口资源，这个资源空间大小为 1M。注意这个 IORESOURCE_MEM 标志应和 LCD 平台设备定义中的一致。如果申请失败，则返回相应的错误码。

❏ 第 45 行，申请 LCD 设备的 I/O 端口所占用的 I/O 空间。

❏ 第 46～50 行，判断申请 I/O 空间是否成功，如果失败则返回。

❏ 第 51 行，将 LCD 的 I/O 端口占用的这段 I/O 空间映射到内存的虚拟地址，ioremap() 函数定义在 io.h 中注意：I/O 空间要映射后才能使用，以后对虚拟地址的操作就是对 I/O 空间的操作。

❏ 第 52～56 行，判断是否映射成功，否则退出。

❏ 第 84 行，从平台时钟队列中获取 LCD 的时钟，这里为什么要取得这个时钟，从 LCD 屏的时序图上看，各种控制信号的延迟都与 LCD 的时钟有关。系统的一些时钟定义在 arch/arm/plat-s3c24xx/s3c2410-clock.c 中。

❏ 第 90 行，时钟获取要使能后才可以使用，clk_enable 定义在 arch/arm/plat-s3c/clock.c 中。

❏ 第 102～107 行，调用 s3c2410fb_map_video_memory() 函数分配 DRAM 内存给 FrameBuffer，并且初始化这段内存。

❏ 第 112 行，调用 s3c2410fb_init_registers() 函数初始化 LCD 控制器的相关寄存器，这个函数对寄存器的初始化工作可以参考 S3C2410 处理器的芯片手册。

❏ 第 113 行，调用 s3c2410fb_check_var() 函数检查 FrameBuffershe 的相关参数，如果传递的参数不合法则进行修改。

❏ 第 114～119 行，调用 register_framebuffer() 函数注册这个帧缓冲设备 fb_info 到系统中，register_framebuffer() 函数定义在 fb.h 中在 fbmem.c 中实现。

- 第 120 行，对设备文件系统的支持，创建 frambuffer 设备文件，device_create_file() 函数的定义在 linux/device.h 中。
- 第 127 行开始是上面错误处理的跳转点，用来执行错误处理，包括释放时钟、取消内存映射、释放资源等。

15.3.4　移除函数

与 s3c2412fb_probe()函数完成相反功能的函数是 s3c2410fb_remove()，它在模块卸载函数调用 platform_driver_unregister()函数时，通过 platform_driver 的 remove 指针被调用，其代码如下：

```
01  static int s3c2410fb_remove(struct platform_device *pdev)
02  {
03      struct fb_info *fbinfo = platform_get_drvdata(pdev);
04      struct s3c2410fb_info *info = fbinfo->par;
05      int irq;
06      unregister_framebuffer(fbinfo);
07      s3c2410fb_lcd_enable(info, 0);
08      msleep(1);
09      s3c2410fb_unmap_video_memory(fbinfo);
10      if (info->clk) {
11          clk_disable(info->clk);
12          clk_put(info->clk);
13          info->clk = NULL;
14      }
15      irq = platform_get_irq(pdev, 0);
16      free_irq(irq, info);
17      iounmap(info->io);
18      release_resource(info->mem);
19      kfree(info->mem);
20      platform_set_drvdata(pdev, NULL);
21      framebuffer_release(fbinfo);
22      return 0;
23  }
```

下面对该函数进行简要的分析。

- 第 3 行，调用 platform_get_drvdata()函数从平台设备中获得 fbinfo 结构体指针。该结构体中包含了 FrmaeBuffer 的主要信息。
- 第 4 行，从 fbinfo->par 中获得 info 的指针。
- 第 6 行，调用 unregister_framebuffer()函数注销帧缓存设备。
- 第 7 行，调用 s3c2410fb_lcd_enable()函数关闭 LCD 控制器，第 2 个参数传递 0 表示关闭。
- 第 8 行，等待 1 毫秒时间，等待向 LCD 控制器的寄存器写入成功。因为寄存器的写入速度要比程序的执行速度慢得多。
- 第 9 行，调用 s3c2410fb_unmap_video_memory()函数释放显示缓冲区。
- 第 10～14 行，用来释放时钟源，关于时钟源的释放，在很多驱动程序中都有说明，这里不再详细解释。
- 第 15 行和 16 行，释放 IRQ 中断。
- 第 17 行，取消寄存器的内存映射。

- ❑ 第 18 行，释放内存区域占用的资源。
- ❑ 第 19 行，释放内存。
- ❑ 第 21 行，向内核注销 FrameBuffer 设备。

15.4　小　　结

本章实现了基于 FrameBuffer 的 LCD 驱动程序，首先简要地介绍了 LCD 设备的工作原理，然后讲述了 FrameBuffer 的显视技术，重点讲解了操作 FrameBuffer 的主要数据结构和函数，最后重点讲述了基于 FrameBuffer 机制的 LCD 设备驱动程序，以及 LCD 控制器设备的初始化、卸载函数等。同时，本章也讲述了通过 LCD 控制器驱动程序如何操作 FrameBufffer 的方法。通过本章的学习，读者可以学到基于 FrameBuffer 技术的 LCD 驱动程序的实现，同时对 Frame 的工作原理有一定的了解。

第 16 章　触摸屏设备驱动程序

由于触摸屏设备使用简单、价格相对低廉，它的应用随处可见。在消费电子产品、工业控制系统、甚至航空领域都所有应用。随着触摸屏设备技术的成熟和价格的日益下降，在我们的日常生活中也经常使用带触摸屏的设备。例如银行的 ATM 机、机场的查询登机系统、手机、MP3、掌上电脑等。正因为触摸屏设备应用如此广泛，所以掌握触摸屏设备驱动程序的编写对驱动开发者来说非常重要。本章将对触摸屏设备驱动程序进行详细的介绍。

16.1　触摸屏设备工作原理

本节对触摸屏设备的工作原理进行简要的介绍，并介绍触摸屏设备的主要类型。其中将重点介绍电阻式触摸屏设备，这些都是写触摸屏设备驱动程序的基础，下面将对这些主要内容分别进行介绍。

16.1.1　触摸屏设备概述

触摸屏作为一种最新的电脑输入设备，是目前最简单、方便、自然的一种人机交互方式。它具有坚固耐用、反应速度快、节省空间、易于交流等许多优点。利用这种技术，用户只要用手指轻轻地碰计算机显示屏上的图符或文字就能实现对主机操作，从而使人机交互更为直截了当，这种技术大大方便了那些不懂计算机操作的用户。事实上，触摸屏是一个使多媒体信息系统改头换面的设备，它赋予多媒体系统以崭新的面貌，是极富吸引力的全新多媒体交互设备。

16.1.2　触摸屏设备的类型

从技术原理来区别触摸屏，可将触摸屏分为 5 个种类，分别是矢量压力传感技术触摸屏、电阻技术触摸屏、电容技术触摸屏、红外线技术触摸屏和表面声波技术触摸屏。

其中，矢量压力传感技术触摸屏已退出历史舞台；红外线技术触摸屏价格低廉，但其外框易碎，容易产生光干扰，曲面情况下失真；电容技术触摸屏设计构思合理，但其图像失真问题很难得到根本解决；电阻技术触摸屏的定位准确，但其价格颇高，且怕刮易损；表面声波触摸屏解决了以往触摸屏的各种缺陷，清晰且不容易被损坏，适于各种场合，缺点是屏幕表面如果有水滴和尘土会使触摸屏变得迟钝。

每一类触摸屏都有其各自的优缺点，要了解哪种触摸屏适用于哪种场合，关键就在于要懂得每一类触摸屏技术的工作原理和特点。目前最为常用的触摸屏是使用电阻技术的触摸屏，本章将主要基于电阻式触摸来讲解触摸屏设备的驱动程序。

16.1.3　电阻式触摸屏

电阻触摸屏的屏体部分是一块与显示器表面相匹配的多层复合薄膜，由一层玻璃或有机玻璃作为基层，表面涂有一层透明的导电层，上面再盖有一层外表面硬化处理、光滑防刮的塑料层，它的内表面也涂有一层透明导电层，在两层导电层之间有许多细小（小于千分之一英寸）的透明隔离点把它们隔开绝缘。

电阻式触摸屏中最常用和普及的触摸屏是四项式触摸屏，其结构由 X 层和 Y 层组成，中间由微小的绝缘点隔开。当触摸屏没有压力时，X 层和 Y 层处于断开状态。当有压力时，触摸屏 X 层和 Y 层导通。通过 X 层的探针可以侦测出 Y 层接触点的电压，通过电压可以确定触摸点在 Y 层的位置。同样，通过 Y 层的探针可以侦测出 X 层接触点的电压，通过电压可以确定触摸点在 X 层的位置。这样，就可以得到触摸点在触摸屏上的位置（x, y）。X 层和 Y 层的关系如图 16.1 所示。

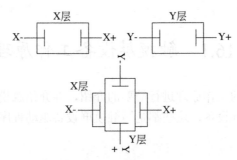

图 16.1　四线电路触摸屏工作原理

16.2　触摸屏设备硬件结构

要完全理解触摸屏设备驱动程序，必须对触摸屏接口有所了解。本节将针对 s3c2440 处理器的触摸屏接口，对触摸屏接口的硬件原理进行详细的讲述。

16.2.1　s3c2440 触摸屏接口概述

s3c2440 芯片支持触摸屏接口。这个触摸屏接口包括一个外部晶体管控制逻辑和一个模数转换器 ADC。s3c2440 芯片具有一个 8 通道的 10 位 CMOS 模数转换器（ADC），它将输入的模拟信号转换为 10 位的二进制数字数据。在 2.5MHz 的 A/D 转换器频率下，最大转化速率可达到 500KSPS。A/D 转换器支持片上采样和保持功能，并支持掉电模式。

触摸屏接口包含了引脚控制逻辑和一个 ADC 模数转换逻辑。通过中断，触摸屏接口可以控制这两个逻辑。s3c2440 的触摸屏接口具有如下特点。

- ❏ 分辨率：10 位。
- ❏ 微分线性度误差：±1.0LSB。
- ❏ 积分线性度误差：±2.0LSB。
- ❏ 最大转换速率：500KSPS。
- ❏ 低功耗。

- □ 供电电压：3.3V。
- □ 输入模拟电压范围：0～3.3V。
- □ 片上采样保持功能。
- □ 普通转换模式。
- □ 分离的 X/Y 轴坐标转换模式。
- □ 自动（连续）X/Y 轴坐标转换模式。
- □ 等待中断模式。

16.2.2　s3c2440 触摸屏接口的工作模式

s3c2440 触摸屏接口有 4 种工作模式。在不同的工作模式下，触摸屏设备完成不同的功能。在某些情况下，几种工作模式需要互相配合，才能够完成一定的功能。这 4 种工作模式分别如下。

1. 正常转换模式

在不使用触摸屏设备时，可以单独使用触摸屏接口中共用的模数转换器 ADC。在这种模式下，可以通过设置 ADCCON 寄存器启动普通的 A/D 转换，当转换结束时，结果被写到 ADCDAT0 寄存器中。

2. 等待中断模式

当设置触摸屏接口控制器的 ADCTSC 寄存器为 0xD3 时，触摸屏就处于等待中断模式，这时触摸屏等待触摸信号的到来。当触摸信号到来时，触摸屏接口控制器将通过 INT_TC 线产生中断信号，表示有触摸动作发生。当中断发生，触摸屏可以转换为其他两种状态来读取触摸点的位置（x, y）。这两种模式是独立的 X/Y 位置转换模式和自动 X/Y 位置转换模式。

3. 独立的 X/Y 位置转换模式

独立的 X/Y 位置转换模式由两个子模式组成，分别是 X 位置模式和 Y 位置模式。X 位置模式将转换后的 X 坐标写到 ADCDAT0 寄存器的 XPDATA 位。转换后，触摸屏接口控制器会通过 INT_ADC 中断线产生中断信号，由中断处理函数来处理。Y 位置模式将转换后的 Y 坐标写到 ADCDAT1 寄存器的 YPDATA 位。同样，转换后，触摸屏接口控制器会通过 INT_ADC 中断线产生中断信号，由中断处理函数来处理。

4. 自动 X/Y 位置转换模式

这种模式触摸屏接口控制器自动转换 X 位置和 Y 位置。当位置转换后，模式触摸屏接口控制器自动写转换后的 X 坐标写到 ADCDAT0 寄存器的 XPDATA 位；写转换后的 Y 坐标写到 ADCDAT1 寄存器的 YPDATA 位。当转换完后，触摸屏接口控制器会通过 INT_ADC 中断线产生中断信号。

16.2.3　s3c2440 触摸屏设备寄存器

寄存器是主机控制设备的最主要方式之一。下面对触摸屏设备的相关寄存器进行详细的介绍，这些寄存器包括 ADC 控制寄存器、ADC 触摸屏控制寄存器、ADC 延时寄存器、

ADC 转换数据寄存器。在具体的代码中，遇到对这些寄存器的操作时，读者应该对照本节的知识，以完整地领会程序的功能。

1. ADCCON 寄存器（ADC CONTROL REGISTER）

ADCCON 寄存器又叫模数转换控制寄存器，用于控制 AD 转换、是否使用分频、设置分频系数、读取 AD 转换器的状态等，其各位的含义如表 16.1 所示。

表 16.1　ADCCON 寄存器

ADCCON	位	描　述	初始状态
ECFLG	[15]	AD 转换结束标志（只读） 0 =A/D 转换操作中 1 =A/D 转换结束	0
PRSCEN	[14]	A/D 转换器预分频器使能 0 = 停止 1 = 使能	0
PRSCVL	[13:6]	A/D 转换器预分频器数值： 数据值范围：1～255 注意当预分频的值为 N，则除数实际上为（N+1） 注意：ADC 频率应该设置成小于 PLCK 的 5 倍 （例如，如果 PCLK = 10MHz, ADC 频率 < 2MHz）	0xFF
SEL_MUX	[5:3]	模拟输入通道选择 000 = AIN 0 001 = AIN 1 010 = AIN 2 011 = AIN 3 100 = AIN 4 101 = AIN 5 110 = AIN 6 111 = AIN 7 (XP)	0
STDBM	[2]	Standby 模式选择 0 = 普通模式 1 = Standby 模式	1
READ_START	[1]	通过读取来启动 A/D 转换 0 = 停止通过读取启动 1 = 使能通过读取启动	0
ENABLE_START	[0]	通过设置该位来启动 A/D 操作。如果 READ_START 是 使能的，这个值就无效 0 =无操作 1 = A/D 转换启动，启动后该位被清零	0

2. ADCDLY 寄存器（ADC START DELAY REGISTER）

ADCDLY 寄存器又叫 ADC 延时寄存器，用于正常模式下和等待中断模式下的延时操作，其各位的含义如表 16.2 所示。

3. ADCDAT0 寄存器（ADC CONVERSION DATAREGISTER）

ADCDAT0 寄存器又叫 ADC 转换数据寄存器 0，用于存储触摸屏的点击状态、工作模式、X 坐标等，其各位的含义如表 16.3 所示。

表 16.2　ADCDLY 寄存器

ADCDLY	位	描　述	初始状态
DELAY	[15:0]	1）正常转换模式： 分离 X/Y 轴坐标转换模式，和自动（连续）X/Y 轴坐标转换模式，X/Y 轴坐标转换延时值设置 2）等待中断模式： 在等待中断模式下触笔点击发生时，这个寄存器以几个 ms 的时间间隔为自动 X/Y 轴坐标转换产生中断信号（INT_TC） 注意：不能使用 0 值（0x0000）	00ff

表 16.3　ADCDAT0 寄存器

ADCDAT0	位	描　述	初始状态
UPDOWN	[15]	等待中断模式下触笔的点击或提起状态 0 = 触笔点击状态 1 = 触笔提起状态	-
AUTO_PST	[14]	自动连续 X/Y 轴坐标转换模式 0 = 普通 ADC 转换 1 = X/Y 轴坐标连续转换	-
XY_PST	[13:12]	手动 X/Y 轴坐标转换模式 00 = 无操作　01 = X-轴坐标转换 10 = Y-轴坐标转换　11 = 等待中断模式	-
保留	[11:10]	保留	
YPDATA	[9:0]	X-轴坐标转换数据值(或者是普通 ADC 转换数据值) 数据值范围 0～3FF	

4. ADCDAT1 寄存器（ADC CONVERSION DATAREGISTER）

ADCDAT1 寄存器又叫 ADC 转换数据寄存器 1，用于存储触摸屏的点击状态、工作模式、Y 坐标等，其各位的含义如表 16.4 所示。

表 16.4　ADCDAT1 寄存器

ADCDAT1	位	描　述	初始状态
UPDOWN	[15]	等待中断模式下触笔的点击或提起状态 0 = 触笔点击状态 1 = 触笔提起状态	-
AUTO_PST	[14]	自动连续 X/Y 轴坐标转换模式 0 = 普通 ADC 转换 1 = X/Y 轴坐标连续转换	-
XY_PST	[13:12]	手动 X/Y 轴坐标转换模式 00 = 无操作　01 = X-轴坐标转换 10 = Y-轴坐标转换　11 = 等待中断模式	-
保留	[11:10]	保留	
YPDATA	[9:0]	Y-轴坐标转换数据值 数据值范围: 0～3FF	

使用 ADCDAT0 和 ADCDAT1 寄存器时，需要注意以下问题：

❑ ADCDAT0 和 ADCDAT1 寄存器的第 15 位，表示 X 和 Y 方向上检测到的触摸屏是否被按下。只有当 ADCDAT0 和 ADCDAT1 寄存器的第 15 位，即两个寄存器的 UPDOWN 都等于 0 时，才表示触摸屏被按下，或者有触笔点击触摸屏。如果用 updown 变量表示触摸屏是否被按下，那么判断触摸屏被按下与否的代码如下：

```
int updown;                              /*表示触摸屏是否被按下*/
/*省略了一些代码,data0 中存储的是 ADCDAT0 寄存器的值;data1 中存储的是 ADCDAT1 寄存器的值。
S3C2410 ADCDAT0 UPDOWN 表示 ADCDAT0 寄存器的第 15 位掩码:S3C2410 ADCDAT1 UPDOWN
表示 ADCDAT1 寄存器的第 15 位掩码; */
updown = (!(data0 & S3C2410 ADCDAT0 UPDOWN)) &&
         (!(data1 & S3C2410 ADCDAT1 UPDOWN));
    if (updown)                          /*updown 等于 1,表示触摸屏按下*/
    {
        printk(KERN INFO "You touch the screen\n");
    }
    else                                 /*updown 等于 0,表示触摸屏没有按下*/
    {
        printk(KERN INFO "You do not touch the screen\n");
    }
```

5. ADCTSC 寄存器（DC TOUCH SCREEN CONTROL REGISTER）

ADCTSC 寄存器又叫 ADC 触摸屏控制寄存器，用于存储触摸屏的 YMON、nYPON、nXPON 和 XMON 等状态，其各位的含义如表 16.5 所示。

表 16.5　ADCTSC 寄存器

ADCTSC	位	描　述	初始状态
保留	[8]	该位应该为 0	0
YM_SEN	[7]	选择 YMON 的输出值 0 = YMON 输出是 0（YM = 高阻） 1 = YMON 输出是 1（YM = GND）	0
YP_SEN	[6]	选择 nYPON 的输出值 0 = nYPON 输出是 0（YP = 外部电压） 1 = nYPON 输出是 1（YP 连接 AIN[5]）	1
XM_SEN	[5]	选择 XMON 的输出值. 0 = XMON 输出是 0（XM = 高阻） 1 = XMON 输出是 1（XM = GND）	0
XP_SEN	[4]	选择 nXPON 的输出值 0 = nXPON 输出是 0（XP = 外部电压） 1 = nXPON 输出是 1（XP 连接 AIN[7]）	1
PULL_UP	[3]	上拉切换使能 0 = XP 上拉使能 1 = XP 上拉禁止	1
AUTO_PST	[2]	自动连续转换 X 轴坐标和 Y 轴坐标 0 = 普通 ADC 转换 1 = 自动（连续）X/Y 轴坐标转换模式	0
XY_PST	[1:0]	手动测量 X 轴坐标和 Y 轴坐标 00 = 无操作模式　01 = 对 X 轴坐标进行测量 10 = 对 Y 轴坐标进行测量　11 = 等待中断模式	0

16.3 触摸屏设备驱动程序分析

Linux 2.6 内核中已经实现了 s3c2440 处理器的触摸屏驱动程序。由于 s3c2440 与 s3c2410 的触摸屏硬件变化不大，所以稍微对 s3c2410 的触摸屏驱动进行改写，就能够得到 s3c2440 处理器的触摸屏驱动程序。本节将对这个驱动程序进行详细的分析，通过该驱动程序的学习，希望读者能举一反三，写出其他更好的驱动程序。

16.3.1 触摸屏设备驱动程序组成

触摸屏设备驱动程序的初始化函数、退出函数和中断处理函数的关系如图 16.2 所示。

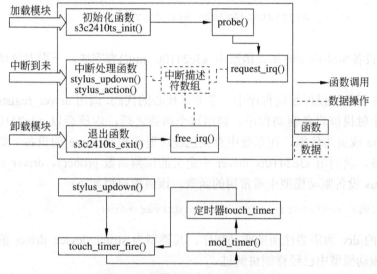

图 16.2 触摸屏设备驱动程序组成

- 当模块加载时，会调用初始化函数 s3c2410ts_init()。在该函数中会调用 probe()函数，该函数中会进一步调用 request_irq()函数注册两个中断。这两个中断的处理函数分别是 stylus_updown()和 stylus_action()。request_irq()函数会操作内核中的一个中断描述符数组结构 irq_desc。该数组结构比较复杂，主要的功能就是记录中断号对应的中断处理函数。
- 当中断到来时，会到中断描述符数组中询问中断号对应的中断处理函数，然后执行该函数。在本实例中，这两个中断的处理函数分别是 stylus_updown()和 stylus_action()。
- 卸载模块时，会调用退出函数 s3c2410ts_exit()。在该函数中，会调用 free_irq()函数释放设备所使用的中断号。free_irq()函数也会操作中断描述符数组结构 irq_desc，将该设备所对应的中断处理函数删除。
- 中断处理函数 stylus_updown()中会调用 touch_timer_fire()，该函数也被定时器触发，触发的条件是，缓冲区中的数据不为 0，也就是有触摸事件产生。

16.3.2　s3c2440 触摸屏驱动模块的加载和卸载函数

首先分析触摸屏设备驱动程序的初始化和退出，了解触摸屏设备驱动程序的加载和卸载函数的实现。

1．加载和卸载函数

触摸屏设备驱动程序的加载和卸载函数的代码如下：

```
01   int __init s3c2410ts_init(void)                        /*加载函数*/
02   {
03       return driver_register(&s3c2410ts_driver);
04   }
05   void __exit s3c2410ts_exit(void)                       /*卸载函数*/
06   {
07       driver_unregister(&s3c2410ts_driver);
08   }
```

触摸屏设备驱动程序的加载函数由 s3c2410ts_init()来完成，下面对该函数进行简要的分析。

- □ 第 3 行是触摸屏驱动程序中一条非常核心的代码，调用 driver_register()函数注册了一个触摸屏设备驱动程序。调用这个函数之后，内核会以 s3c2410ts_driver 中的 name 成员为依据，在系统中查找已经注册的相同 name 的设备。如果找到相应的设备，就调用 s3c2410ts_driver 中定义的探测函数 probe()。driver_register()函数是 Linux 设备驱动模型中最常用的函数，该函数原型如下：

```
int driver_register(struct device_driver *drv)
```

该函数的 drv 为需要注册的驱动程序，其类型为 struct device_driver 的指针，这点在 Linux 设备驱动模型中已经详细讲解过。

- □ 第 7 行，调用 driver_unregister()函数释放触摸屏设备驱动程序。这说明触摸屏设备驱动模块将要退出。此时，不能再使用触摸屏设备了。该函数原型如下：

```
void driver_unregister(struct device_driver *drv)
```

该函数的 drv 为需要卸载的驱动程序，其类型为 struct device_driver 的指针，这点在 Linux 设备驱动模型中已经详细讲解过。

2．触摸屏设备驱动驱动结构体

在调用 driver_register()函数注册触摸屏设备驱动程序时，传递了一个重要的 s3c2410ts_driver 结构体指针，该结构体的定义如下：

```
01   static struct device_driver s3c2410ts_driver = {
02       .name        = "s3c2410-ts",
03       .bus         = &platform_bus_type,
04       .probe       = s3c2410ts_probe,
05       .remove      = s3c2410ts_remove,
06   };
```

- □ 第 2 行，定义了触摸屏设备驱动程序的名字为 s3c2410-ts。

- ❑ 第 3 行，定义了触摸屏设备驱动程序挂接的总线类型。
- ❑ 第 4 行，定义了触摸屏设备驱动程序的探测函数 s3c2410ts_probe()，该函数将在模块加载函数完成且驱动和设备匹配成功后执行。
- ❑ 第 5 行，定义了触摸屏设备驱动程序的 remove 函数为 s3c2410ts_remove()，该函数实现了和 s3c2410ts_probe()函数相反的功能。

16.3.3　s3c2440 触摸屏驱动模块的探测函数

当调用 driver_register()函数注册成功之后，内核会以 s3c2410ts_driver 中的 name 成员为依据，在系统中查找已经注册的具有相同 name 的设备，如果找到相应的设备，就调用 s3c2410ts_driver 中定义的探测函数 probe()。

这里的 probe()函数就是 s3c2410ts_probe()。这个函数在触摸屏设备的初始化过程中，检查设备是否准备就绪、映射物理地址到虚拟地址、配置 GPIO 引脚、注册相应的中断等。s3c2410ts_probe()函数的代码如下：

```
01  static int __init s3c2410ts_probe(struct device *dev)
02  {
03      struct s3c2410_ts_mach_info *info;
04      info = ( struct s3c2410_ts_mach_info *)dev->platform_data;
05      if (!info)
06      {
07          printk(KERN_ERR "Hm... too bad : no platform data for ts\n");
08          return -EINVAL;
09      }
10  #ifdef CONFIG_TOUCHSCREEN_S3C2410_DEBUG
11      printk(DEBUG_LVL "Entering s3c2410ts_init\n");
12  #endif
13      adc_clock = clk_get(NULL, "adc");
14      if (!adc_clock) {
15          printk(KERN_ERR "failed to get adc clock source\n");
16          return -ENOENT;
17      }
18      clk_use(adc_clock);
19      clk_enable(adc_clock);
20  #ifdef CONFIG_TOUCHSCREEN_S3C2410_DEBUG
21      printk(DEBUG_LVL "got and enabled clock\n");
22  #endif
23      base_addr=ioremap(S3C2410_PA_ADC,0x20);
24      if (base_addr == NULL) {
25          printk(KERN_ERR "Failed to remap register block\n");
26          return -ENOMEM;
27      }
28      /*配置处理器的 GPIOs 引脚*/
29      s3c2410_ts_connect();
30      if ((info->presc&0xff) >                      /*设置预分频值*/
31          writel(S3C2410_ADCCON_PRSCEN | S3C2410_ADCCON_PRSCVL(info->presc&0xFF),\
32                  base_addr+S3C2410_ADCCON);
33      else
34          writel(0,base_addr+S3C2410_ADCCON);
35      /*初始化模数转换 ADC 寄存器*/
36      if ((info->delay&0xffff) > 0)
37          writel(info->delay & 0xffff, base_addr+S3C2410_ADCDLY);
38      writel(WAIT4INT(0), base_addr+S3C2410_ADCTSC);
```

```
39        memset(&ts, 0, sizeof(struct s3c2410ts));
40        init_input_dev(&ts.dev);
41        ts.dev.evbit[0] = ts.dev.evbit[0] = BIT(EV_SYN) | BIT(EV_KEY) |
          BIT(EV_ABS);
42        ts.dev.keybit[LONG(BTN_TOUCH)] = BIT(BTN_TOUCH);
43        input_set_abs_params(&ts.dev, ABS_X, 0, 0x3FF, 0, 0);
44        input_set_abs_params(&ts.dev, ABS_Y, 0, 0x3FF, 0, 0);
45        input_set_abs_params(&ts.dev, ABS_PRESSURE, 0, 1, 0, 0);
46        sprintf(ts.phys, "ts0");
47        ts.dev.private = &ts;
48        ts.dev.name = s3c2410ts_name;
49        ts.dev.phys = ts.phys;
50        ts.dev.id.bustype = BUS_RS232;
51        ts.dev.id.vendor = 0xDEAD;
52        ts.dev.id.product = 0xBEEF;
53        ts.dev.id.version = S3C2410TSVERSION;
54        ts.shift = info->oversampling_shift;
55        /*以下两个 if 语句用来设置触摸屏设备的中断*/
56        if (request_irq(IRQ_ADC, stylus_action, SA_SAMPLE_RANDOM,
57            "s3c2410_action", &ts.dev)) {
58            printk(KERN_ERR "s3c2410_ts.c: Could not allocate ts
            IRQ_ADC !\n");
59            iounmap(base_addr);
60            return -EIO;
61        }
62        if (request_irq(IRQ_TC, stylus_updown, SA_SAMPLE_RANDOM,
63            "s3c2410_action", &ts.dev)) {
64            printk(KERN_ERR "s3c2410_ts.c: Could not allocate ts IRQ_TC
            !\n");
65            iounmap(base_addr);
66            return -EIO;
67        }
68        printk(KERN_INFO "%s successfully loaded\n", s3c2410ts_name);
69        input_register_device(&ts.dev);        /* 注册输入设备 */
70        return 0;
71  }
```

下面对该函数进行详细的分析。

❑ 第 3 行，定义了 s3c2410 触摸屏接口相关硬件的配置信息结构体指针。这个指针的类型是 s3c2410_ts_mach_info，其定义代码如下：

```
struct s3c2410_ts_mach_info {
    int          delay;                    /*延时时间*/
    int          presc;                    /*预分频值*/
    int          oversampling_shift;       /*输入数据的缓冲区大小*/
};
```

❑ 第 4 行，从 device 的平台数据 dev->platform_data 中获得指向 struct s3c2410_ts_mach_info 结构体的指针。

❑ 第 5～9 行，如果 info 指针为空，则表示没有平台数据，程序退出。

❑ 第 10 行，如果在内核配置选项中设置了 CONFIG_TOUCHSCREEN_S3C2410_DEBUG 选项，那么打印调试信息"Entering s3c2410ts_init"，表示进入触摸屏设备初始化工作。

❑ 第 14 行，调用 clk_get()函数获得 ADC 的时钟源，并赋给 adc_clock 指针。

❑ 第 15～17 行，如果没有正确地获得 ADC 时钟源，则表示错误，立刻返回退出。

- ❏ 第 18 行，调用 clk_use()函数增加 ADC 时钟源的使用计数。
- ❏ 第 19 行，调用 clk_enable()函数启动 ADC 时钟源。
- ❏ 第 20～22 行，如果在内核配置选项中设置了 CONFIG_TOUCHSCREEN_S3C2410_DEBUG 选项，那么打印调试信息 "got and enabled clock"，表示启动 ADC 实时时钟。
- ❏ 第 23 行，调用 ioremap()函数把一个 ADC 控制寄存器的物理内存地址映射到一个虚拟地址。这段被映射的长度是 0x20。s3c2410_PA_ADC 被定义为：

```
#define S3C2410_PA_ADC        (0x58000000)
```

s3c2410_PA_ADC 被定义为 0x58000000，这是触摸屏设备的一组寄存器的首地址。

- ❏ 第 24～27 行，如果映射失败，则退出驱动程序。
- ❏ 第 29 行，调用 s3c2410_ts_connect()函数配置处理器的通用输入输出端口 GPIO。这个函数配置端口 G 的 12、13、14、15 引脚为 XMON、nXPON、YMON、nPON。后面将对这个函数进行详细介绍。
- ❏ 第 30～34 行，用来设置 AD 转换器的分频系数。如果 info->presc 的第 8 位的值大于 0，那么设置 ADCCON 的相应寄存器。关于 ADCCON 寄存器各位的意义，可以参考前面的介绍。这里，只需要知道 ADCCON 寄存器的第 14 位表示是否使用 AD 转换器的预分频功能，这里写入 S3C2410_ADCCON_PRSCEN 表示使能预分频功能。第 6～13 位共 8 位，表示 AD 转换的预分频器的数值。这里写入的是 info->presc 的值。
- ❏ 第 34 行，如果不使用预分频功能，将 ADCCON 寄存器的各位都设置为 0。
- ❏ 第 36、37 行，写延时时间到 ADCDLY 寄存器，有关 ADCDLY 寄存器的功能请参考前面的介绍。第 38 行，写 ADC 触摸屏设备的 ADCTSC 寄存器，使触摸屏设备处于等待中断模式。
- ❏ 第 39 行，调用 memset()函数将驱动程序的全局变量 ts 的各个成员初始化为 0。
- ❏ 第 40～45 行，申请并初始化一个输入设备。关于输入设备的概念将在其他章节详细解释。这里只需要知道通过输入设备，驱动程序才能与用户交互。
- ❏ 第 46～54 行，初始化触摸屏设备自定义的全局变量 ts 的各个成员。
- ❏ 第 56～67 行，调用 request_irq()函数分别申请了 ADC 中断和触摸屏中断。并为它们准备了 stylus_action()和 stylus_updown()函数，这两个函数将在中断到来时，被调用。
- ❏ 第 69 行，调用 input_register_device()函数将触摸屏设备注册到输入子系统中。

在大多数 Linux 设备驱动程序中，当执行完模块加载函数后，都会执行 probe()函数，读者应该对这个函数引起足够的重视。在触摸屏设备驱动程序的 probe()函数中，完成了物理地址到内核地址的映射、配置 GPIO 引脚、配置相应的寄存器和注册输入设备的工作。

16.3.4　触摸屏设备配置

触摸屏设备接口和处理器芯片的引脚连接如图 16.3 所示，从图中可以看出触摸屏接口和处理器之间的关系。明白这些关系，是驱动程序设计的基础，下面对这些关系进行详细的分析。

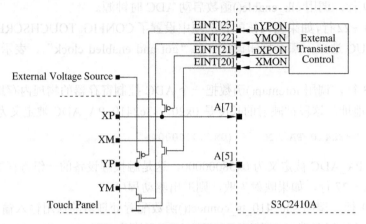

图 16.3　处理器与触摸屏的连接图

从图 16.3 中可以看出与处理器连接的寄存器端口，这些端口的各位如表 16.6 所示。

表 16.6　与触摸屏相关的 GPGCON 寄存器的位

GPGCON 寄存器	位	描　　述
GPG15	[31:30]	00=输入；01=输出；10=EINT23；11=nYPON
GPG14	[29:28]	00=输入；01=输出；10=EINT22；11=YMON
GPG13	[27:26]	00=输入；01=输出；10=EINT21；11=nXPON
GPG12	[25:24]	00=输入；01=输出；10=EINT20；11=XMON

s3c2410_ts_connect()函数用来将处理器 GPG 端口的第 12、13、14 和 15 引脚，设置为与触摸屏相关的状态。这里就是分别设置为 XMON、nXPON、YMON 和 nYPON 状态。

```
01  static inline void s3c2410_ts_connect(void)
02  {
03      s3c2410_gpio_cfgpin(S3C2410_GPG12, S3C2410_GPG12_XMON);
04      s3c2410_gpio_cfgpin(S3C2410_GPG13, S3C2410_GPG13_nXPON);
05      s3c2410_gpio_cfgpin(S3C2410_GPG14, S3C2410_GPG14_YMON);
06      s3c2410_gpio_cfgpin(S3C2410_GPG15, S3C2410_GPG15_nYPON);
07  }
```

下面对该函数进行简要的分析。

❑ 第 3 行，调用 s3c2410_gpio_cfgpin()函数，将处理器 GPG 端口的第 12 引脚设置为读写触摸屏设备 XM 引脚的值。这样就将 GPG 端口的 12 引脚，也是图 16.3 中的 EINT[20]连接到了触摸屏的 XM 引脚上。

❑ 第 4 行，调用 s3c2410_gpio_cfgpin()函数，将处理器 GPG 端口的第 13 引脚设置为读写触摸屏设备 nXPON 引脚的值。这样就将 GPG 端口的 13 引脚，也是图 16.3 中的 EINT[21]连接到了触摸屏的 nXPON 引脚上。

❑ 第 5 行，调用 s3c2410_gpio_cfgpin()函数，将处理器 GPG 端口的第 13 引脚设置为读写触摸屏设备 YMON 引脚的值。这样就将 GPG 端口的 13 引脚，也是图 16.3 中的 EINT[22]连接到了触摸屏的 YMON 引脚上。

❑ 第 6 行，调用 s3c2410_gpio_cfgpin()函数，将处理器 GPG 端口的第 14 引脚设置为读写触摸屏设备 nYPON 引脚的值。这样就将 GPG 端口的 14 引脚，也是图 16.3 中的 EINT[23]连接到了触摸屏的 nYPON 引脚上。

16.3.5 触摸屏设备中断处理函数

当触摸屏设备驱动的探测函数 s3c2410ts_probe()执行完成之后，驱动程序处于等待状态。在等待状态中，驱动程序可以接收两个中断信号，并触发中断处理函数。这两个中断是触摸屏中断（IRQ_TC）和 ADC 中断（IRQ_ADC）。在 s3c2410ts_probe()函数中，调用 request_irq()函数注册了两个中断，下面对这两个中断进行详细的讲解。

1．stylus_updown()函数

当触摸屏被按下时，会产生触摸中断信号 IRQ_TC，该信号会激发 stylus_updown()函数的调用，该函数的代码如下：

```
01  static irqreturn_t stylus_updown(int irq, void *dev_id, struct pt_regs *regs)
02  {
03      unsigned long data0;
04      unsigned long data1;
05      int updown;
06      printk(KERN_INFO "You touch the screen\n");
07      data0 = readl(base_addr+S3C2410_ADCDAT0);
08      data1 = readl(base_addr+S3C2410_ADCDAT1);
09      updown = (!(data0 & S3C2410_ADCDAT0_UPDOWN)) && (!(data1 &
10          S3C2410_ADCDAT1_UPDOWN));
11      if (updown)
12          touch_timer_fire(0);
13      return IRQ_HANDLED;
}
```

下面对该函数进行简要的分析。

❑ 第 3 行和第 4 行，分别定义了两个变量 data0 和 data1，用来存储 ADCDAT0 和 ADCDAT1 寄存器的值。这两个寄存器在 16.2.3 节已经详细讲述，不熟悉的读者可以复习一下前面的内容。

❑ 第 5 行，定义了一个整型的 updown 变量，用来表示触摸屏是否被按下。如果按下，这个值为 1，如果没有按下，这个值为 0。

❑ 第 6 行，打印调试信息，表示触摸屏被按下。

❑ 第 7 行，调用 readl()函数读取 ADCDAT0 寄存器的值，将其存入变量 data0 中。该寄存器的地址由宏 S3C2410_ADCDAT0 定义，其值是 0x580000C。

❑ 第 8 行，调用 readl()函数读取 ADCDAT1 寄存器的值，将其存入变量 data1 中。该寄存器的地址由宏 S3C2410_ADCDAT1 定义，其值是 0x58000010。

❑ 第 9 行和第 10 行，是判断触摸笔是否被按下的关键逻辑。如果 updown 等于 1，表示触摸屏被按下；如果 updown 等于 0，表示触摸屏没有被按下。这是由 ADCDAT0 和 ADCDAT1 寄存器的第 15 位来确定的。如果 X，Y 方向上都检测到触摸屏被按下，则 ADCDAT0 和 ADCDAT1 寄存器的第 15 位会设置成 0。

❑ 第 11 行，如果 updonw 变量等于 1，表示触摸屏被按下则会调用 touch_timer_fire() 函数来处理。关于 touch_timer_fire()函数将在下面介绍。

❑ 第 13 行，如果以上代码正确执行，则返回 IRQ_HANDLED，这是一个中断句柄，
实际上是一个整数。

2．touch_timer_fire()函数

stylus_updown()函数的第 11 行，如果 updonw 变量等于 1，就会调用 touch_timer_fire()
函数继续处理，传递 0 作为该函数的参数。touch_timer_fire()函数的代码如下：

```
01  static void touch_timer_fire(unsigned long data)
02  {
03      unsigned long data0;
04      unsigned long data1;
05      int updown;
06      data0 = readl(base_addr+S3C2410_ADCDAT0);
07      data1 = readl(base_addr+S3C2410_ADCDAT1);
08      updown = (!(data0 & S3C2410_ADCDAT0_UPDOWN)) && (!(data1 &
09              S3C2410_ADCDAT1_UPDOWN));
10      if (updown) {
11          if (ts.count != 0) {
12              ts.xp >>= ts.shift;
13              ts.yp >>= ts.shift;
14              input_report_abs(&ts.dev, ABS_X, ts.xp);
15              input_report_abs(&ts.dev, ABS_Y, ts.yp);
16              input_report_key(&ts.dev, BTN_TOUCH, 1);
17              input_report_abs(&ts.dev, ABS_PRESSURE, 1);
18              input_sync(&ts.dev);
19          }
20          ts.xp = 0;
21          ts.yp = 0;
22          ts.count = 0;
23          writel(S3C2410_ADCTSC_PULL_UP_DISABLE | AUTOPST, base_addr+
                S3C2410_ADCTSC);
24          writel(readl(base_addr+S3C2410_ADCCON) | S3C2410_ADCCON_
                ENABLE_START,
25                      base_addr+S3C2410_ADCCON);
26      } else {
27          ts.count = 0;
28          input_report_key(&ts.dev, BTN_TOUCH, 0);
29          input_report_abs(&ts.dev, ABS_PRESSURE, 0);
30          input_sync(&ts.dev);
31          writel(WAIT4INT(0), base_addr+S3C2410_ADCTSC);
32      }
33  }
```

下面对该函数进行简要的分析。

❑ 第 3～10 行，代码与 stylus_updown()函数的第 3～11 行一样，用来判断是否触摸
屏被按下。

❑ 第 11～19 行，用来向输入子系统报告当前触摸笔的位置。

❑ 第 20～22 行，表示缓冲区中没有数据，将 ts.xp 和 ts.yp 设置为 0。第 22 行，将
ts.count 也设置为 0，表示缓冲区中没有数据，也就是没有触摸屏按下的事件产生。

❑ 第 23 行，将 AD 转换模式设置为自动转换模式。其中 S3C2410_ADCTSC_PULL_
UP_DISABLE 定义为：

```
#define S3C2410_ADCTSC_PULL_UP_DISABLE (1<<3)
```

表示将 ADCTSC 寄存器的第 3 位设置为 1，表示禁止将 XP 上拉。另外 AUTOPST 定义为：

```
#define   AUTOPST   (S3C2410_ADCTSC_YM_SEN  |  S3C2410_ADCTSC_YP_SEN  |
S3C2410_ADCTSC_XP_SEN        |        S3C2410_ADCTSC_AUTO_PST        |
S3C2410_ADCTSC_XY_PST(0))
```

AUTOPST 宏主要任务是将 AD 转换器设置为自动 XY 坐标转换模式。S3C2410_ADCTSC_YM_SEN 表示将 YMON 输出 1；S3C2410_ADCTSC_YP_SEN 表示将 nYPON 输出 1；S3C2410_ADCTSC_XP_SEN 表示将 nXPON 输出 1；S3C2410_ADCTSC_AUTO_PST 表示将 ADCTSC 寄存器的第 2 位设置为 1，即将 AD 转换器设置为自动 XY 坐标转换模式。S3C2410_ADCTSC_XY_PST(0))为 0，表示 AD 转换器没有任何操作。

- □ 第 24 行，将 ADCDON 寄存器的第 0 位设置为 1，其中 S3C2410_ADCCON_ENABLE_START 宏表示第 0 位为 1。这句代码的功能是启动 AD 转换功能，当启动后，ADCDON 寄存器的第 0 位自动设置为 0。
- □ 第 27～30 行，表示触摸屏幕没有被按下时的操作。此时，调用 input_report_key() 函数向输入子系统报告触摸屏被弹起事件。input_report_key()函数的第 3 个参数传递 0，表示按键被释放。input_report_abs()函数发送触摸屏的一个绝对坐标。这两个函数与 Linux 输入子系统有关，它们最终将表现在文件系统中。应用程序可以访问 Linux 的文件系统，从而得到触摸屏触摸的信息。事实上，不使用这两个函数驱动程序仍然能够控制触摸屏设备，但是需要通过其他的方法访问触摸屏设备的状态。
- □ 第 30 行，调用 input_sync()函数，该函数通知事件发送者发送一个完整的报告。这里 BTN_TOUCH 和 ABS_PRESSURE 事件不能单独发送，必须同时发送。
- □ 第 31 行，将触摸屏重新设置为等待中断模式，等待触摸屏被按下。这些工作是通过设置触摸屏控制寄存器 ADCTSC 来完成的。WAIT4INT 是需要写入 ADCTSC 寄存器的值，WAIT4INT 的定义如下：

```
#define   WAIT4INT(x)   (((x)<<8)  |  S3C2410_ADCTSC_YM_SEN  |
S3C2410_ADCTSC_YP_SEN | S3C2410_ADCTSC_XP_SEN | S3C2410_ADCTSC_XY_PST(3))
```

WAIT4INT 宏的意思是 "wait for int"，即把触摸屏设备转换为等待中断模式。

3. stylus_action()函数

触摸屏设备产生的另一个中断是 ADC 中断（IRQ_ADC）。触摸屏在自动 X/Y 位置转换模式和独立的 X/Y 位置转换模式时，当坐标数据转换之后会产生 IRQ_ADC 中断。中断产生后会调用 stylus_action()函数，该函数的代码如下：

```
01  static irqreturn_t stylus_action(int irq, void *dev_id, struct pt_regs
    *regs)
02  {
03      unsigned long data0;
04      unsigned long data1;
05      data0 = readl(base_addr+S3C2410_ADCDAT0);
06      data1 = readl(base_addr+S3C2410_ADCDAT1);
07      ts.xp += data0 & S3C2410_ADCDAT0_XPDATA_MASK;
08      ts.yp += data1 & S3C2410_ADCDAT1_YPDATA_MASK;
```

```
09      ts.count++;
10      if (ts.count < (1<<ts.shift)) {
11          writel(S3C2410_ADCTSC_PULL_UP_DISABLE | AUTOPST, base_addr+
            S3C2410_ADCTSC);
12          writel(readl(base_addr+S3C2410_ADCCON) | S3C2410_ADCCON_
            ENABLE_START,
13                  base_addr+S3C2410_ADCCON);
14      } else {
15          mod_timer(&touch_timer, jiffies+1);
16          writel(WAIT4INT(1), base_addr+S3C2410_ADCTSC);
17      }
18      return IRQ_HANDLED;
19  }
```

下面对该函数进行简要的分析。

❑ 第 3 行和第 4 行，分别定义了两个变量 data0 和 data1，用来存储 ADCDAT0 和 ADCDAT1 寄存器的值。这两个寄存器在 16.2.3 节已经详细讲述，不熟悉的读者可以复习一下前面的内容。

❑ 第 5 行，调用 readl()函数读取 ADCDAT0 寄存器的值，将其存入变量 data0 中。这个寄存器的地址由宏 S3C2410_ADCDAT0 定义，其值是 0x580000C。

❑ 第 6 行，调用 readl()函数读取 ADCDAT1 寄存器的值，将其存入变量 data1 中。这个寄存器的地址由宏 S3C2410_ADCDAT1 定义，其值是 0x58000010。

❑ 第 7 行，获得触摸点的 X 坐标，把它加到 ts.xp 上。ADCDAT0 寄存器的第 0～9 位表示 X 的坐标。该坐标在 ADC 中断（IRQ_ADC）产生前，存入 ADCDAT0 寄存器中。

❑ 第 8 行，获得触摸点的 Y 坐标，把它加到 ts.yp 上。ADCDAT1 寄存器的第 0～9 位表示 Y 的坐标。这个坐标在 ADC 中断（IRQ_ADC）产生前，存入 ADCDAT1 寄存器中。

❑ 第 9 行，将 ts.count 计数器加 1。

❑ 第 11～13 行，如果缓冲区为满，再次激活 ADC 转换器。

❑ 第 15 行，修改 touch_timer 定时器，将其时间延后一个单位。在下一个定时器时刻将调用 touch_timer 定时器指定的函数。

❑ 第 16 行，将触摸屏设置为等待中断模式。

这里分析了两个触摸屏设备的中断处理函数。通过分析触摸屏中断处理函数，相信读者可以对触摸屏设备驱动程序有一个整体的了解。

4．touch_timer 定时器

touch_timer 定时器用来当缓冲区不为空时，不断地触发 touch_timer_fire()函数。touch_timer_fire()函数读取触摸屏的坐标信息，并传递给内核输入子系统。在触摸屏设备驱动程序中，touch_timer 定时器定义为一个全局变量，其定义和初始化代码如下：

```
static struct timer_list touch_timer =
    TIMER_INITIALIZER(touch_timer_fire, 0, 0);
```

TIMER_INITIALIZER 宏是 touch_timer 的初始化函数，其定义在 include\linux\timer.h 文件中，该宏的代码如下：

```
#define TIMER_INITIALIZER(_function, _expires, _data) {    \
        .entry = { .prev = TIMER_ENTRY_STATIC },    \
        .function = (_function),                 \
        .expires = (_expires),                   \
        .data = (_data),                         \
        .base = &boot_tvec_bases,                \
    }
```

触摸屏设备驱动程序将 touch_timer 定时器的处理函数设置为 touch_timer_fire()，过期时间为 0，数据为 0。即加载完触摸屏设备驱动程序后，就会执行一次定时函数 touch_timer_fire()。

在 stylus_action()函数的第 15 行，调用了如下的代码：

```
mod_timer(&touch_timer, jiffies+1);
```

将超时时间设置为下一个时钟嘀嗒，这样如果满足缓冲区不为空的条件，touch_timer_fire()函数又会被触发。

16.3.6　s3c2440 触摸屏驱动模块的 remove()函数

remove()函数是 Linux 设备驱动程序中一个非常重要的函数，这个函数实现了与 probe()函数相反的功能，体现了 Linux 内核中资源分配和释放的思想。资源应该在使用时分配，在不使用时释放。触摸屏设备驱动程序的 remove()函数由 s3c2410ts_remove()函数实现。这个函数中释放了申请的中断、时钟、内存等。该函数的代码如下：

```
01  static int s3c2410ts_remove(struct device *dev)
02  {
03      disable_irq(IRQ_ADC);
04      disable_irq(IRQ_TC);
05      free_irq(IRQ_TC,&ts.dev);
06      free_irq(IRQ_ADC,&ts.dev);
07      if (adc_clock) {
08          clk_disable(adc_clock);
09          clk_unuse(adc_clock);
10          clk_put(adc_clock);
11          adc_clock = NULL;
12      }
13      input_unregister_device(&ts.dev);
14      iounmap(base_addr);
15      return 0;
16  }
```

下面对该函数进行简要的分析。

❑ 第 3 行和第 4 行，调用 disable_irq()函数关闭 IRQ_ADC 和 IRQ_TC 中断。中断关闭后，就不能通过 CPU 的相应引脚产生中断信号了。IRQ_ADC 和 IRQ_TC 只是两个整型数而已，表示设备对应的中断号。其定义如下：

```
#define IRQ_ADC     S3C2410_IRQ(70)
#define IRQ_TC      (0x0)
```

❑ 第 5 行和第 6 行，分别调用 free_irq()函数释放 IRQ_ADC 和 IRQ_TC 中断。

❑ 第 7~12 行，用来关闭和释放 ADC 时钟源。第 8 行，调用 clk_disable()函数禁止时钟源。第 9 行，表示不再使用 ADC 时钟。第 10 行，减少 ADC 时钟的使用计数。

第 11 行，将 adc_clock 赋为 NULL。

- ❏ 第 13 行，调用 input_unregister_device()函数注销触摸屏输入设备。该函数是 Linux 输入子系统提供的函数，在后面的章节将详细介绍这个函数。
- ❏ 第 14 行，调用 iounmap()函数释放映射的虚拟内存地址。

经过以上的分析，触摸屏设备驱动程序的代码基本已经分析完毕。为了加强理解，读者可以对照完整的源代码再分析一次，更深入地领会触摸屏设备驱动程序的写法。

16.4　测试触摸屏驱动程序

测试触摸屏驱动程序是否工作正确，最简单的一种方法是在驱动程序中加入一些打印坐标的信息，从这些坐标中分析触摸屏设备驱动程序是否工作正常。touch_timer_fire()函数会不断地被调用去读输入缓冲区中的数据，在 touch_timer_fire()函数中加入第 14～21 行，就能够打印出调试信息。修改后的 touch_timer_fire()函数代码如下：

```
01  static void touch_timer_fire(unsigned long data)
02  {
03      unsigned long data0;
04      unsigned long data1;
05      int updown;
06      data0 = readl(base_addr+S3C2410_ADCDAT0);
07      data1 = readl(base_addr+S3C2410_ADCDAT1);
08      updown = (!(data0 & S3C2410_ADCDAT0_UPDOWN)) && (!(data1 &
09          S3C2410_ADCDAT1_UPDOWN));
10      if (updown) {
11          if (ts.count != 0) {
12              ts.xp >>= ts.shift;
13              ts.yp >>= ts.shift;
14  #ifdef CONFIG_TOUCHSCREEN_S3C2410_DEBUG
15              {
16                  struct timeval tv;
17                  do_gettimeofday(&tv);
18                  printk(DEBUG_LVL "T: %06d, X: %03ld, Y: %03ld\n",
                        (int)tv.tv_usec, ts.xp, ts.yp);
19                  printk(KERN_INFO "T: %06d, X: %03ld, Y: %03ld\n",
                        (int)tv.tv_usec, ts.xp, ts.yp);
20              }
21  #endif
22              input_report_abs(&ts.dev, ABS_X, ts.xp);
23              input_report_abs(&ts.dev, ABS_Y, ts.yp);
24              input_report_key(&ts.dev, BTN_TOUCH, 1);
25              input_report_abs(&ts.dev, ABS_PRESSURE, 1);
26              input_sync(&ts.dev);
27          }
28          ts.xp = 0;
29          ts.yp = 0;
30          ts.count = 0;
31          writel(S3C2410_ADCTSC_PULL_UP_DISABLE | AUTOPST, base_addr+
            S3C2410_ADCTSC);
32          writel(readl(base_addr+S3C2410_ADCCON) | S3C2410_ADCCON_
            ENABLE_START,
33              base_addr+S3C2410_ADCCON);
34      } else {
35          ts.count = 0;
36          input_report_key(&ts.dev, BTN_TOUCH, 0);
```

```
37              input_report_abs(&ts.dev, ABS_PRESSURE, 0);
38              input_sync(&ts.dev);
39              writel(WAIT4INT(0), base_addr+S3C2410_ADCTSC);
40         }
41     }
```

下面对该函数的修改部分进行简要的分析。

❑ 上述代码第 14 行，出现了一个宏 CONFIG_TOUCHSCREEN_S3C2410_DEBUG，
如果定义了这个宏，将执行第 15～20 行的代码，打印出触摸点的相关信息。

❑ 第 16 行，定义了一个时间结构体。

❑ 第 17 行，调用 do_gettimeofday()函数获得当前的时间。

❑ 第 18 行和第 19 行，打印出某个时间的 x 和 y 坐标。两个 printk()函数分别接收
DEBUG_LVL 和 KERN_INFO 宏，表示在不同的位置打印坐标信息。

要使 touch_timer_fire()函数能够打印出坐标信息，只需要定义 CONFIG_TOUCHSCREEN_
s3c2410_DEBUG 宏就可以了，该宏的定义如下：

```
#define CONFIG_TOUCHSCREEN_S3C2410_DEBUG 1
```

16.5　小　　结

本章讲解了触摸屏设备驱动程序的实例。首先对触摸屏设备的硬件原型进行了详细的
讲述，然后对触摸屏设备的接口电路和寄存器也进行了详细的讲述，接着详细讲述了触摸
屏设备驱动程序的加载和卸载函数、probe()、中断处理函数等。通过对本章的学习，读者
能够了解触摸屏设备驱动在 Linux 中的具体实现，并对触摸屏设备的工作原理有一定的
了解。

第 17 章 输入子系统设计

本章将介绍 Linux 输入子系统的驱动开发。Linux 的输入子系统不仅支持鼠标、键盘等常规输入设备，而且还支持蜂鸣器、触摸屏等设备。本章将对 Linux 输入子系统进行详细的分析。

17.1 input 子系统入门

输入子系统又叫 input 子系统，其构建非常灵活，只需要调用一些简单的函数，就可以将一个输入设备的功能呈现给应用程序。本节将从一个实例开始，介绍编写输入子系统驱动程序的方法。

17.1.1 简单的实例

本节将讲述一个简单的输入设备驱动实例。这个输入设备只有一个按键，按键被连接到一条中断线上，当按键被按下时，将产生一个中断，内核将检测到这个中断，并对其进行处理。该实例的代码如下：

```
01  #include <asm/irq.h>
02  #include <asm/io.h>
03  static struct input_dev *button_dev;        /*输入设备结构体*/
04  static irqreturn_t button_interrupt(int irq, void *dummy)
                                                 /*中断处理函数*/
05  {
06      input_report_key(button_dev, BTN_0, inb(BUTTON_PORT) & 1);
                                                 /*向输入子系统报告产生按键事件*/
07      input_sync(button_dev);                  /*通知接收者，一个报告发送完毕*/
08      return IRQ_HANDLED;
09  }
10  static int __init button_init(void)          /*加载函数*/
11  {
12      int error;
13      if (request_irq(BUTTON_IRQ, button_interrupt, 0, "button", NULL))
                                                 /*申请中断处理函数*/
14      {
15          /*申请失败，则打印出错信息*/
16          printk(KERN_ERR "button.c: Can't allocate irq %d\n", button_
            irq);
17          return -EBUSY;
18      }
19      button_dev = input_allocate_device();    /*分配一个设备结构体*/
20      if (!button_dev)                         /*判断分配是否成功*/
21      {
```

```
22          printk(KERN_ERR "button.c: Not enough memory\n");
23          error = -ENOMEM;
24          goto err_free_irq;
25      }
26      button_dev->evbit[0] = BIT_MASK(EV_KEY);      /*设置按键信息*/
27      button_dev->keybit[BIT_WORD(BTN_0)] = BIT_MASK(BTN_0);
28      error = input_register_device(button_dev); /*注册一个输入设备*/
29      if (error)
30      {
31          printk(KERN_ERR "button.c: Failed to register device\n");
32          goto err_free_dev;
33      }
34      return 0;
35      err_free_dev:                                /*以下是错误处理*/
36          input_free_device(button_dev);
37      err_free_irq:
38          free_irq(BUTTON_IRQ, button_interrupt);
39      return error;
40  }
41  static void __exit button_exit(void)             /*卸载函数*/
42  {
43      input_unregister_device(button_dev);         /*注销按键设备*/
44      free_irq(BUTTON_IRQ, button_interrupt);      /*释放按键占用的中断线*/
45  }
46  module_init(button_init);
47  module_exit(button_exit);
```

　　这个实例程序代码比较简单，在初始化函数 button_init()中注册了一个中断处理函数，然后调用 input_allocate_device()函数分配了一个 input_dev 结构体，并调用 input_register_device()函数对其进行注册。在中断处理函数 button_interrupt()中，实例将接收到的按键信息上报给 input 子系统。从而通过 input 子系统，向用户态程序提供按键输入信息。

　　本实例采用了中断方式，除了中断相关的代码外，实例中包含了一些 input 子系统提供的函数，现对其中一些重要的函数进行分析。

　　第 19 行的 input_allocate_device()函数在内存中为输入设备结构体分配一个空间，并对其主要的成员进行了初始化。驱动开发人员为了更深入的了解 input 子系统，应该对其代码有一些了解，该函数的代码如下：

```
struct input_dev *input_allocate_device(void)
{
    struct input_dev *dev;
    dev = kzalloc(sizeof(struct input_dev), GFP_KERNEL);
                                        /*分配一个 input_dev 结构体，并初始化为 0*/
    if (dev) {
        dev->dev.type = &input_dev_type;      /*初始化设备的类型*/
        dev->dev.class = &input_class;        /*设置为输入设备类*/
        device_initialize(&dev->dev);         /*初始化 device 结构*/
        mutex_init(&dev->mutex);              /*初始化互斥锁*/
        spin_lock_init(&dev->event_lock);     /*初始化事件自旋锁*/
        INIT_LIST_HEAD(&dev->h_list);         /*初始化链表*/
        INIT_LIST_HEAD(&dev->node);           /*初始化链表*/
        __module_get(THIS_MODULE);            /*模块引用技术加 1*/
    }
    return dev;
```

}

该函数返回一个指向 input_dev 类型的指针，该结构体是一个输入设备结构体，包含了输入设备的一些相关信息，如设备支持的按键码、设备的名称和设备支持的事件等。在本章用到这个结构体时，将对其进行详细介绍，此处将注意力集中在实例中的函数上。

17.1.2　注册函数 input_register_device()

button_init()函数中的第 28 行调用了 input_register_device()函数注册输入设备结构体。input_register_device()函数是输入子系统核心（input core）提供的函数。该函数将 input_dev 结构体注册到输入子系统核心中，input_dev 结构体必须由前面讲的 input_allocate_device() 函数来分配。input_register_device()函数如果注册失败，必须调用 input_free_device()函数释放分配的空间。如果该函数注册成功，在卸载函数中应该调用 input_unregister_device()函数来注销输入设备结构体。

1. input_register_device()函数

input_register_device()函数的代码如下：

```
01   int input_register_device(struct input_dev *dev)
02   {
03       static atomic_t input_no = ATOMIC_INIT(0);
04       struct input_handler *handler;
05       const char *path;
06       int error;
07       __set_bit(EV_SYN, dev->evbit);
08       init_timer(&dev->timer);
09       if (!dev->rep[REP_DELAY] && !dev->rep[REP_PERIOD]) {
10           dev->timer.data = (long) dev;
11           dev->timer.function = input_repeat_key;
12           dev->rep[REP_DELAY] = 250;
13           dev->rep[REP_PERIOD] = 33;
14       }
15       if (!dev->getkeycode)
16           dev->getkeycode = input_default_getkeycode;
17       if (!dev->setkeycode)
18           dev->setkeycode = input_default_setkeycode;
19       dev_set_name(&dev->dev, "input%ld",
20               (unsigned long) atomic_inc_return(&input_no) - 1);
21       error = device_add(&dev->dev);
22       if (error)
23           return error;
24       path = kobject_get_path(&dev->dev.kobj, GFP_KERNEL);
25       printk(KERN_INFO "input: %s as %s\n",
26           dev->name ? dev->name : "Unspecified device", path ? path :
           "N/A");
27       kfree(path);
28       error = mutex_lock_interruptible(&input_mutex);
29       if (error) {
30           device_del(&dev->dev);
31           return error;
32       }
33       list_add_tail(&dev->node, &input_dev_list);
34       list_for_each_entry(handler, &input_handler_list, node)
35           input_attach_handler(dev, handler);
36       input_wakeup_procfs_readers();
```

```
37        mutex_unlock(&input_mutex);
38        return 0;
39    }
```

下面对该函数的主要代码进行分析。

- ❑ 第 3～6 行，定义了一些函数中将要用到的局部变量。
- ❑ 第 7 行，调用__set_bit()函数设置 input_dev 所支持的事件类型。事件类型由 input_dev 的 evbit 成员来表示，在这里将其 EV_SYN 置位，表示设备支持所有的事件。注意，一个设备可以支持一种或者多种事件类型。常用的事件类型如下：

```
#define EV_SYN        0x00    /*表示设备支持所有的事件*/
#define EV_KEY        0x01    /*键盘或者按键，表示一个键码*/
#define EV_REL        0x02    /*鼠标设备，表示一个相对的光标位置结果*/
#define EV_ABS        0x03    /*手写板产生的值，其是一个绝对整数值*/
#define EV_MSC        0x04    /*其他类型*/
#define EV_LED        0x11    /*LED 灯设备*/
#define EV_SND        0x12    /*蜂鸣器，输入声音*/
#define EV_REP        0x14    /*允许重复按键类型*/
#define EV_PWR        0x16    /*电源管理事件*/
```

- ❑ 第 8 行，初始化一个 timer 定时器，这个定时器是为处理重复击键而定义的。
- ❑ 第 9～14 行，如果 dev->rep[REP_DELAY]和 dev->rep[REP_PERIOD]没有设值，则将其赋默认值，这主要是为自动处理重复按键定义的。
- ❑ 第 15～18 行，检查 getkeycode()函数和 setkeycode()函数是否被定义，如果没定义，则使用默认的处理函数，这两个函数为 input_default_getkeycode() 和 input_default_setkeycode()。input_default_getkeycode()函数用来得到指定位置的键值。input_default_setkeycode()函数用来设置键值。
- ❑ 第 19 行，设置 input_dev 中的 device 的名字，名字以 input0、input1、input2、input3 和 input4 等形式出现在 sysfs 文件系统中。
- ❑ 第 21 行，使用 device_add()函数将 input_dev 包含的 device 结构注册到 Linux 设备模型中，并可以在 sysfs 文件系统中表现出来。
- ❑ 第 24～27 行，打印设备的路径，输出调试信息。
- ❑ 第 33 行，调用 list_add_tail()函数将 input_dev 加入 input_dev_list 链表中，input_dev_list 链表中包含了系统中所有的 input_dev 设备。
- ❑ 第 34 和 35 行，调用了 input_attach_handler()函数，该函数将在下面单独解释。

2. input_attach_handler()函数

input_attach_handler()函数用来匹配 input_dev 和 handler，只有匹配成功，才能进行下一步的关联操作。input_attach_handler()函数的代码如下：

```
01  static  int  input_attach_handler(struct  input_dev  *dev,  struct
    input_handler *handler)
02  {
03      const struct input_device_id *id;        /*输入设备的指针*/
04      int error;
05      if (handler->blacklist && input_match_device(handler->blacklist,
        dev))
```

```
06          return -ENODEV;                          /*设备和处理函数之间的匹配*/
07      id = input_match_device(handler->id_table, dev);
08      if (!id)
09          return -ENODEV;
10      error = handler->connect(handler, dev, id);/*连接设备和处理函数*/
11      if (error && error != -ENODEV)
12          printk(KERN_ERR
13              "input: failed to attach handler %s to device %s, "
14              "error: %d\n",
15              handler->name, kobject_name(&dev->dev.kobj), error);
16      return error;
17  }
```

下面对该函数进行简要的分析。

❑ 第 3 行，定义了一个 input_device_id 的指针。该结构体表示设备的标识，标识中存储了设备的信息，其定义如下：

```
struct input_device_id {

    kernel_ulong_t flags;               /*标志信息*/
    __u16 bustype;                      /*总线类型*/
    __u16 vendor;                       /*制造商 ID*/
    __u16 product;                      /*产品 ID*/
    __u16 version;                      /*版本号*/
    ...
    kernel_ulong_t driver_info;         /*驱动额外的信息*/
};
```

❑ 第 5 行，首先判断 handle 的 blacklist 是否被赋值，如果被赋值，则匹配 blacklist 中的数据跟 dev->id 的数据是否匹配。blacklist 是一个 input_device_id*的类型，其指向 input_device_ids 的一个表，这个表中存放了驱动程序应该忽略的设备。即使在 id_table 中找到支持的项，也应该忽略这种设备。

❑ 第 7～9 行，调用 input_match_device()函数匹配 handle->>id_table 和 dev->id 中的数据。如果不成功则返回。handle->id_table 也是一个 input_device_id 类型的指针，其表示驱动支持的设备列表。

❑ 第 10 行，如果匹配成功，则调用 handler->connect()函数将 handler 与 input_dev 连接起来。

3. input_match_device ()函数

input_match_device ()函数用来与 input_dev 和 handler 进行匹配。handler 的 id_table 表中定义了其支持的 input_dev 设备。该函数的代码如下：

```
01  static const struct input_device_id *input_match_device(const struct
    input_device_id *id,
02                          struct input_dev *dev)
03  {
04      int i;
05      for (; id->flags || id->driver_info; id++) {
06          if (id->flags & INPUT_DEVICE_ID_MATCH_BUS)
07              if (id->bustype != dev->id.bustype)
08                  continue;
```

```
09          if (id->flags & INPUT_DEVICE_ID_MATCH_VENDOR)
10              if (id->vendor != dev->id.vendor)
11                  continue;
12          if (id->flags & INPUT_DEVICE_ID_MATCH_PRODUCT)
13              if (id->product != dev->id.product)
14                  continue;
15          if (id->flags & INPUT_DEVICE_ID_MATCH_VERSION)
16              if (id->version != dev->id.version)
17                  continue;
18          MATCH_BIT(evbit,  EV_MAX);
19          MATCH_BIT(keybit, KEY_MAX);
20          MATCH_BIT(relbit, REL_MAX);
21          MATCH_BIT(absbit, ABS_MAX);
22          MATCH_BIT(mscbit, MSC_MAX);
23          MATCH_BIT(ledbit, LED_MAX);
24          MATCH_BIT(sndbit, SND_MAX);
25          MATCH_BIT(ffbit,  FF_MAX);
26          MATCH_BIT(swbit,  SW_MAX);
27          return id;
28      }
29      return NULL;
30  }
```

下面对该函数进行简要的解释。

❑ 第 4 行声明一个局部变量 i，用于循环。

❑ 第 5 行，是一个 for 循环，用来匹配 id 和 dev->id 中的信息，只要有一项相同则返回。

❑ 第 6~8 行，用来匹配总线类型。id->flags 中定义了要匹配的项，其中 INPUT_
DEVICE_ID_MATCH_BUS 如果没有设置，则比较 input device 和 input handler 的
总线类型。

❑ 第 9~11 行，匹配设备厂商的信息。

❑ 第 12~14 行，分别匹配设备号的信息。

❑ 第 18~26 行，使用 MATCH_BIT 匹配项。如果 id->flags 定义的类型匹配成功，或
者 id->flags 没有定义，才会进入到 MATCH_BIT 的匹配项。MATCH_BIT 宏的定
义如下：

```
#define MATCH_BIT(bit, max) \
    for (i = 0; i < BITS_TO_LONGS(max); i++) \
        if ((id->bit[i] & dev->bit[i]) != id->bit[i]) \
            break; \
    if (i != BITS_TO_LONGS(max)) \
        continue;
```

从 MATCH_BIT 宏的定义可以看出。只有当 iput device 和 input handler 的 ID 成员在
evbit、keybit、… swbit 项相同才会匹配成功，而且匹配的顺序是从 evbit、keybit 到 swbit。
只要有一项不同，就会循环到 ID 中的下一项进行比较。

简而言之，注册 input device 的过程就是为 input device 设置默认值，并将其挂以
input_dev_list。与挂载在 input_handler_list 中的 handler 相匹配。如果匹配成功，就会调用
handler 的 connect 函数。

17.1.3　向子系统报告事件

在 17.1.1 节 button_interrupt()函数的第 6 行，调用了 input_report_key()函数向输入子系

统报告发生的事件，这里就是一个按键事件。在 button_interrupt()中断函数中，不需要考虑重复按键的重复点击情况，input_report_key()函数会自动检查这个问题，并报告一次事件给输入子系统。该函数的代码如下：

```
01  static inline void input_report_key(struct input_dev *dev, unsigned int
    code, int value)
02  {
03      input_event(dev, EV_KEY, code, !!value);
04  }
```

该函数的第 1 个参数是产生事件的输入设备，第 2 个参数是产生的事件，第 3 个参数是事件的值。需要注意的是，第 2 个参数可以取类似 BTN_0、BTN_1、BTN_LEFT、BTN_RIGHT 等值，这些键值被定义在 include/linux/input.h 文件中。当第 2 个参数为按键时，第 3 个参数表示按键的状态，value 值为 0 表示按键释放，非 0 表示按键按下。

1．input_report_key()函数

在 input_report_key()函数中正在起作用的函数是 input_event()函数，该函数用来向输入子系统报告输入设备产生的事件，这个函数非常重要，它的代码如下：

```
01  void input_event(struct input_dev *dev,
02          unsigned int type, unsigned int code, int value)
03  {
04      unsigned long flags;
05      if (is_event_supported(type, dev->evbit, EV_MAX)) {
06          spin_lock_irqsave(&dev->event_lock, flags);
07          add_input_randomness(type, code, value);
08          input_handle_event(dev, type, code, value);
09          spin_unlock_irqrestore(&dev->event_lock, flags);
10      }
11  }
```

该函数第 1 个参数是 input_device 设备，第 2 个参数是事件的类型，可以取 EV_KEY、EV_REL、EV_ABS 等值，在上面的按键时间报告函数 input_report_key()中传递的就是 EV_KEY 值，表示发生一个按键事件。第 3、4 个函数与 input_report_key()函数的参数相同，下面对这个函数进行简要的分析。

❑ 第 4 行，调用 is_event_supported()函数检查输入设备是否支持该事件，该函数的代码如下：

```
01  static inline int is_event_supported(unsigned int code,
02              unsigned long *bm, unsigned int max)
03  {
04      return code <= max && test_bit(code, bm);
05  }
```

该函数检查 input_dev.evbit 中的相应位是否设置，如果设置则返回 1，否则返回 0。每一种类型的事件都在 input_dev.evbit 中用一个位来表示，构成一个位图，如果某位为 1，表示该输入设备支持这类事件，如果为 0，表示输入设备不支持这类事件。如图 17.1 所示，表示各位支持的事件，其中省略了一些事件类型，目前 Linux 支持十多种事件类型，所以用一个 long 型变量就可以全部表示了。

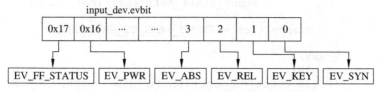

图 17.1 input_dev.evbit 支持的事件表示方法

需要注意的是，这里可以回顾一下 17.1.1 节 button_init()函数的第 26 行，如下所示。

```
26        button_dev->evbit[0] = BIT_MASK(EV_KEY);        /*设置按键信息*/
```

该行就是设置输入设备 button_dev 所支持的事件类型，BIT_MASK 是用来构造 input_dev.evbit 这个位图的宏，宏代码如下：

```
#define BIT_MASK(nr)        (1UL << ((nr) % BITS_PER_LONG))
```

- ❑ 回到 17.1.3 节 input_event()函数的第 6 行，调用 spin_lock_irqsave()函数对将事件锁锁定。
- ❑ 第 7 行，add_input_randomness()函数对事件发送没有一点用处，只是用来对随机数熵池增加一些贡献，因为按键输入是一种随机事件，所以对熵池是有贡献的。
- ❑ 第 8 行，调用 input_handle_event()函数继续输入子系统的相关模块发送数据。该函数较为复杂，下面单独进行分析。

2．input_handle_event()函数

input_handle_event()函数向输入子系统传送事件信息。第 1 个参数是输入设备 input_dev，第 2 个参数是事件的类型，第 3 个参数是键码，第 4 个参数是键值。该函数的代码如下：

```
01   static void input_handle_event(struct input_dev *dev,
02                  unsigned int type, unsigned int code, int value)
03   {
04       int disposition = INPUT_IGNORE_EVENT;
05       switch (type) {
06       case EV_SYN:
07           switch (code) {
08           case SYN_CONFIG:
09               disposition = INPUT_PASS_TO_ALL;
10               break;
11           case SYN_REPORT:
12               if (!dev->sync) {
13                   dev->sync = 1;
14                   disposition = INPUT_PASS_TO_HANDLERS;
15               }
16               break;
17           }
18           break;
19       case EV_KEY:
20           if (is_event_supported(code, dev->keybit, KEY_MAX) &&
21               !!test_bit(code, dev->key) != value) {
22               if (value != 2) {
23                   __change_bit(code, dev->key);
24                   if (value)
```

```
25                         input_start_autorepeat(dev, code);
26                     }
27                 disposition = INPUT_PASS_TO_HANDLERS;
28             }
29         break;
30     case EV_SW:
31         if (is_event_supported(code, dev->swbit, SW_MAX) &&
32             !!test_bit(code, dev->sw) != value) {
33             __change_bit(code, dev->sw);
34             disposition = INPUT_PASS_TO_HANDLERS;
35         }
36         break;
37     case EV_ABS:
38         if (is_event_supported(code, dev->absbit, ABS_MAX)) {
39             value = input_defuzz_abs_event(value,
40                     dev->abs[code], dev->absfuzz[code]);
41             if (dev->abs[code] != value) {
42                 dev->abs[code] = value;
43                 disposition = INPUT_PASS_TO_HANDLERS;
44             }
45         }
46         break;
47     case EV_REL:
48         if (is_event_supported(code, dev->relbit, REL_MAX) && value)
49             disposition = INPUT_PASS_TO_HANDLERS;
50         break;
51     case EV_MSC:
52         if (is_event_supported(code, dev->mscbit, MSC_MAX))
53             disposition = INPUT_PASS_TO_ALL;
54         break;
55     case EV_LED:
56         if (is_event_supported(code, dev->ledbit, LED_MAX) &&
57             !!test_bit(code, dev->led) != value) {
58             __change_bit(code, dev->led);
59             disposition = INPUT_PASS_TO_ALL;
60         }
61         break;
62     case EV_SND:
63         if (is_event_supported(code, dev->sndbit, SND_MAX)) {
64             if (!!test_bit(code, dev->snd) != !!value)
65                 __change_bit(code, dev->snd);
66             disposition = INPUT_PASS_TO_ALL;
67         }
68         break;
69     case EV_REP:
70         if (code <= REP_MAX && value >= 0 && dev->rep[code] != value)
{
71             dev->rep[code] = value;
72             disposition = INPUT_PASS_TO_ALL;
73         }
74         break;
75     case EV_FF:
76         if (value >= 0)
77             disposition = INPUT_PASS_TO_ALL;
78         break;
79     case EV_PWR:
80         disposition = INPUT_PASS_TO_ALL;
81         break;
82     }
83     if (disposition != INPUT_IGNORE_EVENT && type != EV_SYN)
84         dev->sync = 0;
```

```
85        if ((disposition & INPUT_PASS_TO_DEVICE) && dev->event)
86            dev->event(dev, type, code, value);
87        if (disposition & INPUT_PASS_TO_HANDLERS)
88            input_pass_event(dev, type, code, value);
89  }
```

浏览一下该函数的大部分代码，主要由一个 switch 结构组成。该结构用来对不同的事件类型，分别处理。其中 case 语句包含了 EV_SYN、EV_KEY、EV_SW、EV_SW、EV_SND 等事件类型。在这么多事件中，本例只需关注 EV_KEY 事件，因为本节的实例发送的是键盘事件。其实，只要对一个事件的处理过程了解后，对其他事件的处理过程也就清楚了。下面对 input_handle_event()函数进行简要的介绍。

❑ 第 4 行，定义了一个 disposition 变量，该变量表示使用什么样的方式处理事件。此处初始化为 INPUT_IGNORE_EVENT，表示如果后面没有对该变量重新赋值，则忽略这个事件。

❑ 第 5~82 行是一个重要的 switch 结构，该结构中对各种事件进行了一些必要的检查，并设置了相应的 disposition 变量的值。其中只需要关心第 19~29 行的代码即可。

❑ 第 19~29 行，对 EV_KEY 事件进行处理。第 20 行，调用 is_event_supported()函数判断是否支持该按键。第 21 行，调用 test_bit()函数来测试按键状态是否改变。第 23 行，调用 __change_bit()函数改变键的状态。第 25 行，处理重复按键的情况。第 27 行，将 disposition 变量设置为 INPUT_PASS_TO_HANDLERS，表示事件需要 handler 来处理。disposition 的取值有如下几种：

```
#define INPUT_IGNORE_EVENT 0
#define INPUT_PASS_TO_HANDLERS 1
#define INPUT_PASS_TO_DEVICE   2
#define INPUT_PASS_TO_ALL(INPUT_PASS_TO_HANDLERS | INPUT_PASS_TO_DEVICE)
```

INPUT_IGNORE_EVENT 表示忽略事件，不对其进行处理。INPUT_PASS_TO_HANDLERS 表示将事件交给 handler 处理。INPUT_PASS_TO_DEVICE 表示将事件交给 input_dev 处理。INPUT_PASS_TO_ALL 表示将事件交给 handler 和 input_dev 共同处理。

❑ 第 83 和 84 行，处理 EV_SYN 事件，这里并不对其进行关心。

❑ 第 85 和 86 行，首先判断 disposition 等于 INPUT_PASS_TO_DEVICE，然后判断 dev->event 是否对其指定了一个处理函数，如果这些条件都满足，则调用自定义的 dev->event()函数处理事件。有些事件是发送给设备，而不是发送给 handler 处理的。event()函数用来向输入子系统报告一个将要发送给设备的事件，例如让 LED 灯点亮事件、蜂鸣器鸣叫事件等。当事件报告给输入子系统后，就要求设备处理这个事件。

❑ 第 87 和 88 行，如果事件需要 handler 处理，则调用 input_pass_event()函数，该函数将在下面详细解释。

3. input_pass_event()函数

input_pass_event()函数将事件传递到合适的函数，然后对其进行处理，该函数的代码如下：

```
01  static void input_pass_event(struct input_dev *dev,
02              unsigned int type, unsigned int code, int value)
03  {
04      struct input_handle *handle;
05      rcu_read_lock();
06      handle = rcu_dereference(dev->grab);
07      if (handle)
08          handle->handler->event(handle, type, code, value);
09      else
10          list_for_each_entry_rcu(handle, &dev->h_list, d_node)
11              if (handle->open)
12                  handle->handler->event(handle,
13                              type, code, value);
14      rcu_read_unlock();
15  }
```

下面对该函数进行简要的分析。

❑ 第 4 行，分配一个 input_handle 结构的指针。

❑ 第 6 行，得到 dev->grab 的指针。grab 是强制为 input device 的 handler，这时要调用 handler 的 event()函数。

❑ 第 10～13 行，表示如果没有为 input device 强制指定 handler，即为 grab 赋值，就会遍历 input device->h_list 上的 handle 成员。如果该 handle 被打开，表示该设备已经被一个用户进程使用。就会调用与输入设备对应的 handler 的 event()函数。注意，只有在 handle 被打开的情况下才会接收到事件，这就是说，只有设备被用户程序使用时，才有必要向用户空间导出信息。事件的处理过程如图 17.2 所示。

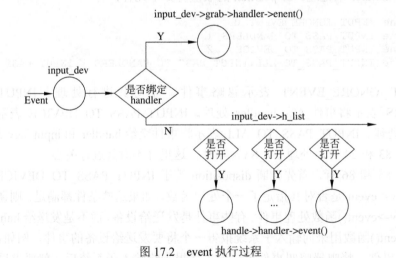

图 17.2　event 执行过程

17.2　handler 注册分析

input_handler 是输入子系统的主要数据结构，一般将其称为 handler 处理器，表示对输入事件的具体处理。input_handler 为输入设备的功能实现了一个接口，输入事件最终传递到 handler 处理器，handler 处理器根据一定的规则，然后对事件进行处理，具体的规则将在下面详细介绍。在此之前，需要了解一下输入子系统的组成。

17.2.1　输入子系统的组成

前面主要讲解了 input_dev 相关的函数，本节将总结前面的知识，并引出新的知识。为了使读者对输入子系统有整体的了解，本节将对输入子系统的组成进行简要的介绍。后面的章节将围绕输入子系统的各个组成部分来学习。如图 17.3 所示，为输入子系统的组成。

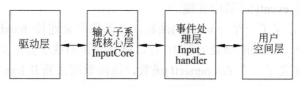

图 17.3　输入子系统的组成

输入子系统由驱动层、输入子系统核心层（Input Core）和事件处理层（Event Handler）3 部分组成。一个输入事件，如鼠标移动，键盘按键按下等通过驱动层->系统核心层->事件处理层->用户空间的顺序到达用户空间并传给应用程序使用。其中 Input Core 即输入子系统核心层由 driver/input/input.c 及相关头文件实现。其对下提供了设备驱动的接口，对上提供了事件处理层的编程接口。输入子系统主要设计 input_dev、input_handler、input_handle 等数据结构，它们的用途和功能如表 17.1 所示。

表 17.1　关键数据结构

数　据　结　构	位　　置	说　　明
struct input_dev	input.h	物理输入设备的基本数据结构，包含设备相关的一些信息
struct input_handler	input.h	事件处理结构体，定义怎么处理事件的逻辑
struct input_handle	input.h	用来创建 input_dev 和 input_handler 之间关系的结构体

17.2.2　input_handler 结构体

input_handler 是输入设备的事件处理接口，为处理事件提供一个统一的函数模板，程序员应该根据具体的需要实现其中的一些函数，并将其注册到输入子系统中。该结构体的定义如下：

```
01  struct input_handler {
02      void *private;
03      void (*event)(struct input_handle *handle, unsigned int type,
        unsigned int code, int value);
04      int (*connect)(struct input_handler *handler, struct input_dev *dev,
        const struct input_device_id *id);
05      void (*disconnect)(struct input_handle *handle);
06      void (*start)(struct input_handle *handle);
07      const struct file_operations *fops;
08      int minor;
09      const char *name;
10      const struct input_device_id *id_table;
11      const struct input_device_id *blacklist;
12      struct list_head    h_list;
13      struct list_head    node;
14  };
```

对该结构体简要分析如下。

- ❑ 第 2 行，定义了一个 private 指针，表示驱动特定的数据。这里的驱动指的就是 handler 处理器。
- ❑ 第 3 行，定义了一个 event()处理函数，这个函数将被输入子系统调用去处理发送给设备的事件。例如将发送一个事件命令 LED 灯点亮，实际控制硬件的点亮操作就可以放在 event()函数中实现。
- ❑ 第 4 行，定义了一个 connect()函数，该函数用来连接 handler 和 input_dev。在 input_attach_handler()函数的第 10 行，就是回调的这个自定义函数。
- ❑ 第 5 行，定义了一个 disconnect()函数，该函数用来断开 handler 和 input_dev 之间的联系。
- ❑ 第 7 行，表示 handler 实现的文件操作集，这里不是很重要。
- ❑ 第 8 行，表示设备的次设备号。
- ❑ 第 9 行，定义了一个 name，表示 handler 的名字，显示在/proc/bus/input/handlers 目录中。
- ❑ 第 10 行，定义了一个 id_table 表，表示驱动能够处理的表。
- ❑ 第 11 行，指向一个 input_device_id 表，这个表包含 handler 应该忽略的设备。
- ❑ 第 12 行，定义了一个链表 h_list，表示与这个 input_handler 相联系的下一个 handler。
- ❑ 第 13 行，定义了一个链表 node，将其连接到全局的 input_handler_list 链表中，所有的 input_handler 都连接在其上。

17.2.3　注册 input_handler

input_register_handler()函数注册一个新的 input handler 处理器。这个 handler 将为输入设备使用，一个 handler 可以添加到多个支持它的设备中，也就是一个 handler 可以处理多个输入设备的事件。函数的参数传入简要注册的 input_handler 指针，该函数的代码如下：

```
01  int input_register_handler(struct input_handler *handler)
02  {
03      struct input_dev *dev;
04      int retval;
05      retval = mutex_lock_interruptible(&input_mutex);
06      if (retval)
07          return retval;
08      INIT_LIST_HEAD(&handler->h_list);
09      if (handler->fops != NULL) {
10          if (input_table[handler->minor >> 5]) {
11              retval = -EBUSY;
12              goto out;
13          }
14          input_table[handler->minor >> 5] = handler;
15      }
16      list_add_tail(&handler->node, &input_handler_list);
17      list_for_each_entry(dev, &input_dev_list, node)
18          input_attach_handler(dev, handler);
19      input_wakeup_procfs_readers();
20  out:
21      mutex_unlock(&input_mutex);
22      return retval;
23  }
```

下面对这个函数进行简要的分析。

- ❑ 第 3 和第 4 行，定义了一些局部变量。
- ❑ 第 5~7 行，对 input_mutex 进行了加锁。当加锁失败后，则返回。
- ❑ 第 8 行，初始化 h_hlist 链表，该链表连接与这个 input_handler 相联系的下一个 handler。
- ❑ 第 9~14 行，其中的 handler->minor 表示对应 input 设备结点的次设备号。以 handler->minor 右移 5 位作为索引值插入到 input_table[ ]中，
- ❑ 第 16 行，调用 list_add_tail()函数，将 handler 加入全局的 input_handler_list 链表中，该链表包含了系统中所有的 input_handler。
- ❑ 第 17 和 18 行，主要调用了 input_attach_handler()函数。该函数在 17.1.2 节 input_register_device()函数的第 35 行曾详细的介绍过。input_attach_handler()函数的作用是匹配 input_dev_list 链表中的 input_dev 与 handler，如果成功，会将 input_dev 与 handler 联系起来。
- ❑ 第 19 行，与 procfs 文件系统有关，这里不需要关心。
- ❑ 第 20~22 行，解开互斥锁并退出。

17.2.4   input_handle 结构体

input_register_handle()函数用来注册一个新的 handle 到输入子系统中。input_handle 的主要功能是用来连接 input_dev 和 input_handler，其结构如下：

```
01   struct input_handle {
02       void *private;
03       int open;
04       const char *name;
05       struct input_dev *dev;
06       struct input_handler *handler;
07       struct list_head    d_node;
08       struct list_head    h_node;
09   };
```

下面对该结构体的成员进行简要的介绍。

- ❑ 第 2 行，定义了 private 表示 handler 特定的数据。
- ❑ 第 3 行，定义了一个 open 变量，表示 handle 是否正在被使用，当使用时，会将事件分发给设备处理。
- ❑ 第 4 行，定义了一个 name 变量，表示 handle 的名字。
- ❑ 第 5 行，定义了 dev 变量指针，表示该 handle 依附的 input_dev 设备。
- ❑ 第 6 行，定义了一个 handler 变量指针，指向 input_handler，该 handler 处理器就是与设备相关的处理器。
- ❑ 第 7 行，定义了一个 d_node 变量，使用这个变量将 handle 放到设备相关的链表中，也就是放到 input_dev->h_list 表示的链表中。
- ❑ 第 8 行，定义了一个 h_node 变量，使用这个变量将 handle 放到 input_handler 相关的链表中，也就是放到 handler->h_list 表示的链表中。

17.2.5　注册 input_handle

input_handle 是用来连接 input_dev 和 input_handler 的一个中间结构体。事件通过 input_handle 从 input_dev 发送到 input_handler，或者从 input_handler 发送到 input_dev 进行处理。在使用 input_handle 之前，需要对其进行注册，注册函数是 input_register_handle()。

1．注册函数 input_register_handle()

input_register_handle()函数用来注册一个新的 handle 到输入子系统中。该函数接收一个 input_handle 类型的指针，该变量要在注册前对其成员初始化。input_register_handle()函数的代码如下：

```
01  int input_register_handle(struct input_handle *handle)
02  {
03      struct input_handler *handler = handle->handler;
04      struct input_dev *dev = handle->dev;
05      int error;
06      error = mutex_lock_interruptible(&dev->mutex);
07      if (error)
08          return error;
09      list_add_tail_rcu(&handle->d_node, &dev->h_list);
10      mutex_unlock(&dev->mutex);
11      synchronize_rcu();
12      list_add_tail(&handle->h_node, &handler->h_list);
13      if (handler->start)
14          handler->start(handle);
15      return 0;
16  }
```

下面对该函数进行简要的解释。

❑ 第 3 行，从 handle 中取出一个指向 input_handler 的指针，为下面的操作使用。
❑ 第 4 行，从 handle 中取出一个指向 input_dev 的指针，为下面的操作使用。
❑ 第 6 行，给竞争区域加一个互斥锁。
❑ 第 9 行，调用 list_add_tail_rcu()函数将 handle 加入输入设备的 dev->h_list 链表中。
❑ 第 12 行，调用 list_add_tail()函数将 handle 加入 input_handler 的 handler->h_list 链表中。
❑ 第 13 和 14 行，如果定义了 start()函数，则调用它。

2．input_dev、input_handler 和 input_handle 之间的关系

从以上的代码分析可以看出，input_dev、input_handler 和 handle 三者之间是相互联系的，如图 17.4 所示。

结点 1、2、3 表示 input_dev 设备，其通过 input_dev->node 变量连接到全局输入设备链表 input_dev_list 中。结点 4、5、6 表示 input_handler 处理器，其通过 input_handler->node 连接到全局 handler 处理器链表 input_handler_list 中。结点 7 是一个 input_handle 的结构体，其用来连接 input_dev 和 input_handler。input_handle 的 dev 成员指向了对应的 input_dev 设备，input_handle 的 handler 成员指向了对应的 input_handler。另外，结点 7 的 input_handle 通过 d_node 连接到了结点 2 的 input_dev 上的 h_list 链表上。另一方面，结点 7 的 input_handle

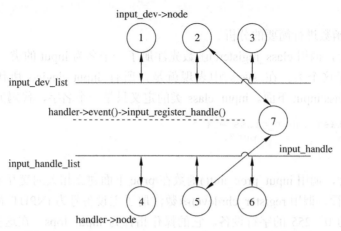

图 17.4 input_dev、input_handler 和 input_handle 的关系

通过 h_node 连接到了结点 5 的 input_handler 的 h_list 链表上。通过这种关系，将 input_dev 和 input_handler 联系了起来。

17.3 input 子系统

为了对输入子系统有一个清晰的认识，本节将分析输入系统的初始化过程。在 Linux 中，输入子系统作为一个模块存在。向上，为用户层提供接口函数，向下，为驱动层程序提供统一的接口函数。这样就能够使输入设备的事件通过输入子系统发送给用户层应用程序，用户层应用程序也可以通过输入子系统通知驱动程序完成某项功能。

17.3.1 子系统初始化函数 input_init()

输入子系统作为一个模块存在，必然有一个初始化函数。在/drivers/input/input.c 文件中定义了输入子系统的初始化函数 input_init()，该函数的代码如下：

```
01  static int __init input_init(void)
02  {
03      int err;
04      err = class_register(&input_class);
05      if (err) {
06          printk(KERN_ERR "input: unable to register input_dev class\n");
07          return err;
08      }
09      err = input_proc_init();
10      if (err)
11          goto fail1;
12      err = register_chrdev(INPUT_MAJOR, "input", &input_fops);
13      if (err) {
14          printk(KERN_ERR "input: unable to register char major %d",
            INPUT_MAJOR);
15          goto fail2;
16      }
17      return 0;
18  fail2: input_proc_exit();
19  fail1: class_unregister(&input_class);
20      return err;
```

```
21  }
```

下面对该函数进行简要的分析。

❑ 第 4 行，调用 class_register()函数先注册了一个名为 input 的类。所有 input device 都属于这个类。在 sysfs 中表现就是，所有 input device 所代表的目录都位于 /dev/class/input 下面。input_class 类的定义只是一个名字，代码如下：

```
struct class input_class = {
    .name       = "input",
};
```

❑ 第 9 行，调用 input_proc_init()函数在/proc 下面建立相关的交互文件。

❑ 第 12 行，调用 register_chrdev()函数注册了主设备号为 INPUT_MAJOR(13)。次设备号为 0~255 的字符设备。它的操作指针为 input_fops。在这里，可以看到所有主设备号 13 的字符设备的操作最终都会转入到 input_fops 中。例如 /dev/input/event0~/ dev/input/event4 的主设备号为 13，对其的操作会落在 input_fops 中。input_fops 只定义了一个 input_open_file()函数，input_fops 的定义代码如下：

```
static const struct file_operations input_fops = {
    .owner = THIS_MODULE,
    .open = input_open_file,
};
```

17.3.2　文件打开函数 input_open_file()

文件操作指针中定义了 input_open_file()函数，该函数将控制转到 input_handler 中定义的 fops 文件指针的 open()函数。该函数在 input_handler 中实现，这样就使不同的 handler 处理器对应了不同的文件打开方法，为完成不同功能提供了方便。input_open_file()函数的代码如下：

```
01  static int input_open_file(struct inode *inode, struct file *file)
02  {
03      struct input_handler *handler;
04      const struct file_operations *old_fops, *new_fops = NULL;
05      int err;
06      lock_kernel();
07      /* No load-on-demand here? */
08      handler = input_table[iminor(inode) >> 5];
09      if (!handler || !(new_fops = fops_get(handler->fops))) {
10          err = -ENODEV;
11          goto out;
12      }
13      if (!new_fops->open) {
14          fops_put(new_fops);
15          err = -ENODEV;
16          goto out;
17      }
18      old_fops = file->f_op;
19      file->f_op = new_fops;
20      err = new_fops->open(inode, file);
21      if (err) {
22          fops_put(file->f_op);
23          file->f_op = fops_get(old_fops);
```

```
24          }
25      fops_put(old_fops);
26  out:
27      unlock_kernel();
28      return err;
29  }
```

下面对该函数进行简要的分析。

❑ 第 3～5 行，声明一些局部变量，供下面的操作使用。

❑ 第 8 行，出现了熟悉的 input_table[]数组。iminor(inode)为打开文件所对应的次设备号。input_table 是一个 struct input_handler 全局数组，只有 8 个元素，其定义为：

```
static struct input_handler *input_table[8];
```

在这里，首先将设备结点的次设备号右移 5 位做为索引值，然后到 input_table 中取出对应项，从这里也可以看到，一个 handler 代表 32（1<<5）个设备结点，也就是一个 handler 最多可以处理 32 个设备结点。因为在 input_table 中取值是以次备号右移 5 位为索引的，即第 5 位相同的次备号对应的是同一个索引。回忆 input_register_handler()函数的第 14 行 input_table[handler->minor >> 5] = handler，其将 handler 赋给了 input_table 数组，所使用的规则也是右移 5 位。

❑ 第 9～12 行，在 input_table 中找到对应的 handler 之后，就会检验这个 handler 是否存在，如果没有，则返回一个设备不存在的错误。在存在的情况下，从 handler->fops 中获得新的文件操作指针 file_operation，并增加引用计数。此后，对设备的操作都通过新的文件操作指针 new_fops 来完成。

❑ 第 13～17 行，判断 new_fops->open()函数是否定义，如果没有定义，则表示设备不存在。

❑ 第 20 行，使用新的 open()函数，重新打开设备。

17.4　evdev 输入事件驱动分析

evdev 输入事件驱动，为输入子系统提供了一个默认的事件处理方法。其接收来自底层驱动的大多数事件，并使用相应的逻辑对其进行处理。evdev 输入事件驱动从底层接收事件信息，将其反映到 sys 文件系统中，用户程序通过对 sys 文件系统的操作，就能够达到处理事件的能力。下面先对 evdev 的初始化进行简要的分析。

17.4.1　evdev 的初始化

evdev 以模块的方式被组织在内核中，与其他模块一样，也具有初始化函数和卸载函数。evdev 的初始化主要完成一些注册工作，使内核认识 evdev 的存在。

1. evdev_init()初始化函数

evdev 模块定义在/drivers/input/evdev.c 文件中，该模块的初始化函数是 **evdev_init()**。在初始化函数中注册了一个 evdev_handler 结构体，用来对一些通用的抽象事件进行统一处理，该函数的代码如下：

```
01  static int __init evdev_init(void)
02  {
03      return input_register_handler(&evdev_handler);
04  }
```

第 3 行，调用 input_register_handler()函数注册了 evdev_handler 事件处理器，input_register_handler()函数在前面已经详细解释过，这里将对其参数 evdev_handler 进行分析，其定义如下：

```
01  static struct input_handler evdev_handler = {
02      .event      = evdev_event,
03      .connect    = evdev_connect,
04      .disconnect = evdev_disconnect,
05      .fops       = &evdev_fops,
06      .minor      = EVDEV_MINOR_BASE,
07      .name       = "evdev",
08      .id_table   = evdev_ids,
09  };
```

- 第 6 行，定义了 minor 为 EVDEV_MINOR_BASE（64）。因为一个 handler 可以处理 32 个设备，所以 evdev_handler 所能处理的设备文件范围为（13,64）~（13,64+32），其中 13 是所有输入设备的主设备号。
- 第 8 行，定义了 id_table 结构。回忆前面几节的内容，由 input_attach_handler()函数可知，input_dev 与 handler 匹配成功的关键，在于 handler 中的 blacklist 和 id_talbe。Evdev_handler 只定义了 id_table，其定义如下：

```
static const struct input_device_id evdev_ids[] = {
    { .driver_info = 1 },   /* Matches all devices */
    { },                    /* Terminating zero entry */
};
```

evdev_ids 没有定义 flags，也没有定义匹配属性值。这个 evdev_ids 的意思就是：evdev_handler 可以匹配所有 input_dev 设备，也就是所有的 input_dev 发出的事件，都可以由 evdev_handler 来处理。另外，从前面的分析可以知道，匹配成功之后会调用 handler->connect()函数，对该函数的介绍如下。

2．evdev_connect()函数

evdev_handler 的第 3 行定义了 evdev_connect()函数。evdev_connect()函数主要用来连接 input_dev 和 input_handler，这样事件的流通链才能建立。流通链建立后，事件才知道被谁处理，或者处理后将向谁返回结果。

```
01  static int evdev_connect(struct input_handler *handler, struct
    input_dev *dev,
02              const struct input_device_id *id)
03  {
04      struct evdev *evdev;
05      int minor;
06      int error;
07      for (minor = 0; minor < EVDEV_MINORS; minor++)
08          if (!evdev_table[minor])
09              break;
10      if (minor == EVDEV_MINORS) {
```

```
11          printk(KERN_ERR "evdev: no more free evdev devices\n");
12          return -ENFILE;
13      }
14      evdev = kzalloc(sizeof(struct evdev), GFP_KERNEL);
15      if (!evdev)
16          return -ENOMEM;
17      INIT_LIST_HEAD(&evdev->client_list);
18      spin_lock_init(&evdev->client_lock);
19      mutex_init(&evdev->mutex);
20      init_waitqueue_head(&evdev->wait);
21      snprintf(evdev->name, sizeof(evdev->name), "event%d", minor);
22      evdev->exist = 1;
23      evdev->minor = minor;
24      evdev->handle.dev = input_get_device(dev);
25      evdev->handle.name = evdev->name;
26      evdev->handle.handler = handler;
27      evdev->handle.private = evdev;
28      dev_set_name(&evdev->dev, evdev->name);
29      evdev->dev.devt = MKDEV(INPUT_MAJOR, EVDEV_MINOR_BASE + minor);
30      evdev->dev.class = &input_class;
31      evdev->dev.parent = &dev->dev;
32      evdev->dev.release = evdev_free;
33      device_initialize(&evdev->dev);
34      error = input_register_handle(&evdev->handle);
35      if (error)
36          goto err_free_evdev;
37      error = evdev_install_chrdev(evdev);
38      if (error)
39          goto err_unregister_handle;
40      error = device_add(&evdev->dev);
41      if (error)
42          goto err_cleanup_evdev;
43      return 0;
44  err_cleanup_evdev:
45      evdev_cleanup(evdev);
46  err_unregister_handle:
47      input_unregister_handle(&evdev->handle);
48  err_free_evdev:
49      put_device(&evdev->dev);
50      return error;
51  }
```

下面对该函数进行简要的分析。

❑ 第 4～6 行，声明了一些必要的局部变量。

❑ 第 7～13 行，for 循环中的 EVDEV_MINORS 定义为 32，表示 evdev_handler 所表示的 32 个设备文件。evdev_talbe 是一个 struct evdev 类型的数组，struct evdev 是模块使用的封装结构，与具体的输入设备有关。第 8 行，这一段代码在 evdev_talbe 找到为空的那一项，当找到为空的一项时，便结束 for 循环。这时，minor 就是数组中第一项为空的序号。第 10～13 行，如果没有空闲的表项，则退出。

❑ 第 14～16 行，分配一个 struct evdev 的空间，如果分配失败，则退出。

❑ 第 17～20 行，对分配的 evdev 结构进行初始化，主要对链表、互斥锁和等待队列做必要的初始化。在 evdev 中，封装了一个 handle 结构，这个结构与 handler 是不同的。可以把 handle 看成是 handler 和 input device 的信息集合体，这个结构用来联系匹配成功的 handler 和 input device。

- ❑ 第 21 行，对 evdev 命一个名字，这个设备的名字形如 eventx，例如 event1、event2 和 event3 等。最大有 32 个设备，这个设备将在/dev/input/目录下显示。
- ❑ 第 23～27 行，对 evdev 进行必要的初始化。其中，主要对 handle 进行初始化，这些初始化的目的是使 input_dev 和 input_handler 联系起来。
- ❑ 第 28～33 行，在设备驱动模型中注册一个 evdev->dev 的设备，并初始化一个 evdev->dev 的设备。这里，使 evdev->dev 所属的类指向 input_class。这样在/sysfs 中创建的设备目录就会在/sys/class/input/下显示。
- ❑ 第 34 行，调用 input_register_handle()函数注册一个 input_handle 结构体。
- ❑ 第 37 行，注册 handle，如果成功，那么调用 evdev_install_chrdev 将 evdev_table 的 minor 项指向 evdev.。
- ❑ 第 40 行，将 evdev->device 注册到 sysfs 文件系统中。
- ❑ 第 41～50 行，进行一些必要的错误处理。

17.4.2　evdev 设备的打开

用户程序通过输入子系统创建的设备结点函数 open()、read()和 write()等，打开和读写输入设备。创建的设备结点显示在/dev/input/目录下，由 eventx 表示。

1．evdev_open()函数

对主设备号为 INPUT_MAJOR 的设备结点进行操作，会将操作集转换成 handler 的操作集。在 evdev_handler 中定义了一个 fops 集合，被赋值为 evdev_fops 的指针。evdev_fops 就是设备结点的操作集，其定义代码如下：

```
01  static const struct file_operations evdev_fops = {
02      .owner          = THIS_MODULE,
03      .read           = evdev_read,
04      .write          = evdev_write,
05      .poll           = evdev_poll,
06      .open           = evdev_open,
07      .release        = evdev_release,
08      .unlocked_ioctl = evdev_ioctl,
09      .fasync         = evdev_fasync,
10      .flush          = evdev_flush
11  };
```

evdev_fops 结构体是一个 file_operations 的类型。当用户层调用类似代码 open("/dev/input/event1"，O_RDONLY)函数打开设备结点时，会调用 evdev_fops 中的 evdev_read()函数，该函数的代码如下：

```
01  static int evdev_open(struct inode *inode, struct file *file)
02  {
03      struct evdev *evdev;
04      struct evdev_client *client;
05      int i = iminor(inode) - EVDEV_MINOR_BASE;
06      int error;
07      if (i >= EVDEV_MINORS)
08          return -ENODEV;
09      error = mutex_lock_interruptible(&evdev_table_mutex);
10      if (error)
```

```
11            return error;
12       evdev = evdev_table[i];
13       if (evdev)
14            get_device(&evdev->dev);
15       mutex_unlock(&evdev_table_mutex);
16       if (!evdev)
17            return -ENODEV;
18       client = kzalloc(sizeof(struct evdev_client), GFP_KERNEL);
19       if (!client) {
20            error = -ENOMEM;
21            goto err_put_evdev;
22       }
23       spin_lock_init(&client->buffer_lock);
24       client->evdev = evdev;
25       evdev_attach_client(evdev, client);
26       error = evdev_open_device(evdev);
27       if (error)
28            goto err_free_client;
29       file->private_data = client;
30       return 0;
31   err_free_client:
32       evdev_detach_client(evdev, client);
33       kfree(client);
34   err_put_evdev:
35       put_device(&evdev->dev);
36       return error;
37   }
```

下面对该函数进行简要的分析。

❑ 第 3 和第 4 行，定义了一些局部变量。

❑ 第 5 行，iminor(inode) - EVDEV_MINOR_BASE 得到了在 evdev_table[]中的序号，赋给变量 i。

❑ 第 9～17 行，将数组 evdev_table[]中对应的 evdev 取出，并调用 get_device()增加引用计数。

❑ 第 18～30 行，分配并初始化一个 client 结构体，并将它和 evdev 关联起来。关联的内容是，将 client->evdev 指向它所表示的 evdev，调用 evdev_attach_client()将 client 挂到 evdev->client_list 上。第 29 行，将 client 赋给 file 的 private_data。在 evdev 中，这个操作集就是 evdev_fops，对应的 open()函数如下：

```
static int evder_oper(struct inode *inode, struct file *file)
```

❑ 第 26 行，调用 evdev_open_device()函数，打开输入设备。该函数的具体功能将在下面详细介绍。

❑ 第 31～37 行，进行一些错误处理。

2. evdev_open_device()函数

evdev_open_device()函数用来打开相应的输入设备，使设备准备好接收或者发送数据。evdev_open_device()函数先获得互斥锁，然后检查设备是否存在，并判断设备是否已经被打开。如果没有打开，则调用 input_open_device()函数打开设备。evdev_open_device()函数的代码如下：

```
01   static int evdev_open_device(struct evdev *evdev)
```

```
02  {
03      int retval;
04      retval = mutex_lock_interruptible(&evdev->mutex);
05      if (retval)
06          return retval;
07      if (!evdev->exist)
08          retval = -ENODEV;
09      else if (!evdev->open++) {
10          retval = input_open_device(&evdev->handle);
11          if (retval)
12              evdev->open--;
13      }
14      mutex_unlock(&evdev->mutex);
15      return retval;
16  }
```

下面对该函数进行简要的分析。

❑ 第 7 行，判断该设备是否存在，如果不存在则返回设备不存在。

❑ 第 9~12 行，如果 evdev 是第一次打开，就会调用 input_open_device()打开 evdev 对应的 handle；否则不做任何操作返回。

3．input_open_device()函数

在这个函数中，递增 handle 的打开计数。如果是第一次打开，则调用 input_dev 的 open() 函数。

```
01  int input_open_device(struct input_handle *handle)
02  {
03      struct input_dev *dev = handle->dev;
04      int retval;
05      handle->open++;
06      ...
07      if (!dev->users++ && dev->open)
08          retval = dev->open(dev);
09      ...
10      return retval;
11  }
```

17.5　小　　结

在本章中，分析了整个输入子系统的架构。Linux 设备驱动采用了分层的模式，从最下层的设备模型到设备、驱动、总线再到 input 子系统最后到 input device。这样的分层结构使得最上层的驱动不必关心下层是怎么实现的，而下层驱动又为多种型号同样功能的驱动提供了一个统一的接口。

第 18 章　块设备驱动程序

除了字符设备、网络设备外，Linux 系统中还有块设备。字符设备和块设备在内核中的结构有很大的不同，总体来说，块设备要比字符设备复杂很多。块设备主要包含磁盘设备、SD 卡等，这些设备是 Linux 系统中不可缺少的存储设备。计算机中都需要这样的设备来存储数据，所以学会块设备驱动程序的写法是非常重要的。

18.1　块设备简介

本节将对块设备的相关概念进行简要的分析。理解这些概念对写块设备驱动程序具有十分重要的意义。

18.1.1　块设备总体概述

在 Linux 内核中，I/O 设备大致分为两类，即块设备和字符设备。块设备将信息存储在固定大小的块中，每个块都有自己的地址。数据块的大小通常在 512 字节到 4K 字节之间。块设备的基本特征是每个块都能独立于其他块而读写。磁盘就是最常见的块设备。在 Linux 内核中，块设备与内核其他模块的关系如图 18.1 所示。

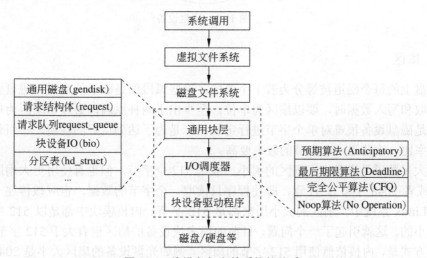

图 18.1　块设备与文件系统的关系

块设备的处理过程涉及内核中很多其他的模块。这里结合图 18.1，将这个过程简述如下。

（1）当一个用户程序要向磁盘写数据时，将发出一个 write() 系统调用给内核。

（2）内核将调用虚拟文件系统中一个适当的函数，将需要写入的文件描述符和文件内容指针传递给这个函数。

（3）内核需要确定写入磁盘的位置，通过映射层确定应该写到磁盘上的哪一个块。

（4）根据磁盘的文件格式调用不同文件格式的写入函数，将数据发送到通用块层。例如，Ext2 文件的写入函数与 Ext3 文件的写入函数是不一样的。这些函数已由内核开发者实现，驱动开发者不需要重写这些函数。

（5）数据到达通用块层，就对块设备发出写请求。内核利用通用块层启动 I/O 调度器，对数据进行排序。

（6）通用块层下面是"I/O 调度器"。调度器的作用是把物理上相邻的读写磁盘请求合并为一个请求，提高读写的效率。

（7）最后，块设备驱动程序向磁盘发送命令和数据，将数据写入磁盘。这样一次 write() 操作就完成了。

18.1.2　块设备的结构

在写块设备驱动程序之前，了解典型块设备的结构是非常重要的。如图 18.2 所示为磁盘的一个盘面，一些重要的概念将在下面讲述。

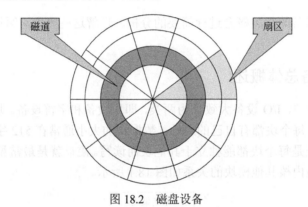

图 18.2　磁盘设备

1．扇区

磁盘上的每个磁道被等分为若干个弧段，这些弧段便是磁盘的扇区。磁盘驱动器在向磁盘读取和写入数据时，要以扇区为单位。至少出于两种原因，必须以扇区为单位进行读写：一是磁盘设备很难对单个字节进行定位；二是为了达到良好的性能，一组传送一组数据的效率比一次传送一个字节的效率要高。

在大多数磁盘设备中，扇区的大小一般是 512 个字节，但也有使用更大扇区的块设备（1024 或者 2048 字节）。注意，即使程序只读取一个字节的数据，也应该传递一个扇区的数据。Linux 系统中，扇区的大小历来都是 512 字节。内核模块中都是以 512 字节来定义扇区大小的。这就引起了一个问题，目前的很多块设备的扇区也有大于 512 字节的，Linux 的解决方式是，内核依然使用 512 字节的扇区。例如光盘设备的扇区大小是 2048 字节，光驱读取一次将返回 2048 个字节，内核将这 2048 个字节看成 4 个连续的扇区。在内核看来，好像读取了 4 次块设备一样。

2．块

扇区是硬件设备传送数据的基本单位，硬件一次传送一个扇区到内存中。与扇区不同，块是虚拟文件系统传送数据的基本单位。在 Linux 系统中，块的大小必须是 2 的幂，而且不能超过一个页的大小。此外，块还必须是扇区大小的整数倍，所以一个块可以包含若干个扇区。在 x86 平台上，页的大小是 4096 字节，所以块的大小可以是 512、1024、2048、4096 字节，下面的公式表示了块的取值范围：

扇区(12)块≤页(096)   块=n×扇区(n 为整数)

Linux 系统的块大小是可以配置的，默认情况下为 1024 字节。

3. 段

一个段就是一个内存页或者内存页的一部分。例如页的大小是 4096 个字节，块的大小为 2 个扇区，即 1024 个字节，那么段的大小可以是 1024、2048、3072 和 4096 字节。也就是段的大小只与块有关，而且是块的整数倍，并且不超过一个页。这是因为 Linux 内核一次读取磁盘的数据是一个块，而不是一个扇区。页中块的开始位置必须是块的整数倍偏移的位置，也就是 0、1024、2048、3072。一个大小为 1024 字节的段可以开始于页的如下位置，如图 18.3 所示。

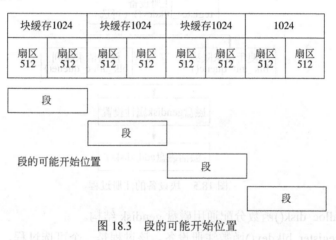

图 18.3 段的可能开始位置

4. 扇区、块和段的关系

理解扇区、块和段的概念对驱动开发非常重要。扇区是由物理磁盘的机械特性决定；块缓冲区由内核代码决定；段由块缓冲区决定，是块缓存大小的倍数，但不超过一页；这三者的关系如图 18.4 所示。

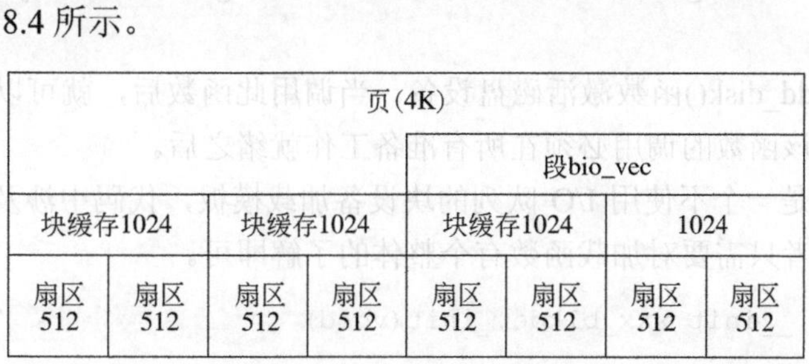

页(4K)			
		段bio_vec	
块缓存1024	块缓存1024	块缓存1024	1024
扇区512 / 扇区512	扇区512 / 扇区512	扇区512 / 扇区512	扇区512 / 扇区512

图 18.4 扇区、块和段的关系

18.2　块设备驱动程序的架构

相对于字符设备来说，块设备的驱动程序架构要稍微复杂一些，其中涉及很多重要的概念。对这些概念的理解是编写驱动程序的前提，本节将对块设备的整体架构进行详细讲解。

18.2.1　块设备加载过程

在块设备的模块加载函数中，需要完成一些重要工作，这些工作涉及的一些重要概念，将在后面的内容中进行讲解，本节的目的是为了给出一个整体的概念。块设备驱动加载模块中需要完成的工作如图 18.5 所示。

图 18.5　块设备的注册过程

（1）使用 alloc_disk()函数分配通用磁盘 gendisk 结构。

（2）通过 register_blkdev()函数注册设备，该过程是一个可选过程，也可以不用注册设备，驱动程序一样能够工作。

（3）根据是否需要 I/O 调度，将分为两种情况，一种是使用请求队列进行数据传送，一种是不使用请求队列进行数据传送。这些重要的概念将在后面的内容中具体讲解。

（4）设置通用磁盘 gendisk 结构的成员变量。如给 gendisk 的 major、fops 和 queue 等赋初值。

（5）使用 add_disk()函数激活磁盘设备。当调用此函数后，就可以立刻对磁盘设备进行操作了，所以该函数的调用必须在所有准备工作就绪之后。

下面的函数是一个不使用 I/O 队列的块设备加载模板，代码中涉及的重要概念将在后面讲解，这里读者只需要对加载函数有个整体的了解即可。

```
static int __init xxx_blkdev_init(void)
{
    int ret;
    static struct gendisk *xxx_disk;        /*通用磁盘结构*/
    static struct request_queue *xxx_queue; /*请求队列*/
```

```
    xxx_disk = alloc_disk(1);                          /*分配通用磁盘*/
    if (!xxx_disk) {                                   /*分配通用磁盘失败，退出模块*/
        ret = -ENOMEM;
        goto err_alloc_disk;
    }
    if(register_blkdev(xxx_MAJOR,"xxx")<0)             /*注册设备*/
    {
        ret=-EBUSY;                                    /*设备号忙，注册失败*/
        goto err_alloc_disk;
    }
    xxx_queue = blk_init_queue(xx_request, NULL);      /*请求队列初始化*/
    if (!xxx_queue) {                                  /*请求队列初始化失败*/
        ret = -ENOMEM;
        goto err_init_queue;
    }
    strcpy(xxx_disk->disk_name, XXX_DISKNAME);         /*设定设备名*/
    xxx_disk->major =xxx_MAJOR;                        /*设置主设备号*/
    xxx_disk->first_minor = 0;                         /*设置次设备号*/
    xxx_disk->fops = &xxx_fops;                        /*块设备操作函数*/
    xxx_disk->queue = xxx_queue;                       /*设置请求队列*/
    set_capacity(xxx_disk, xxx_BYTES>>9);              /*设置设备容量*/
    add_disk(xxx_disk);                                /*激活磁盘设备*/
    return 0;
    err_init_queue:                                    /*队列初始化失败*/
        unregister_blkdev(xxx_MAJOR,"xxx");
    err_alloc_disk:                                    /*分配磁盘失败*/
        put_disk(xxx_disk);
        return ret;
}
```

18.2.2 块设备卸载过程

在块设备驱动的卸载模块中完成与模块加载函数相反的工作，如图 18.6 所示。

（1）使用 del_gendisk()函数删除 gendisk 设备，并使用 put_disk()函数删除对 gendisk 设备的引用。

（2）使用 blk_cleanup_queue()函数清除请求队列，并释放请求队列所占用的资源。

（3）如果在模块加载函数中使用了 register_blkdev()注册设备，那么需要在模块卸载函数中使用 unregister_blkdev()函数注销块设备，并释放对块设备的引用。

块设备驱动程序卸载函数的模板如下。

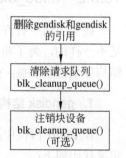

图 18.6 块设备卸载过程

```
static void __exit xxx_blkdev_exit(void)
{
    del_gendisk(xxx_disk);                      /*删除 gendisk 磁盘*/
    put_disk(xxx_disk);                         /*删除 gendisk 磁盘引用*/
    blk_cleanup_queue(xxx_queue);               /*删除请求队列*/
    unregister_blkdev(xxx_major,"xxx");         /*注销块设备*/
}
```

18.3　通 用 块 层

通用块层是块设备驱动的核心部分，这部分主要包含块设备驱动程序的通用代码部分。本节将介绍通用块层的主要函数和数据结构。

18.3.1　通用块层

通用块层是一个内核组件，它处理来自系统其他组件发出的块设备请求。换句话说，通用块层包含了块设备操作的一些通用函数和数据结构。如图 18.7 是块设备加载函数中用到的一些重要数据结构，如通用磁盘结构 gendisk、请求队列结构 request_queue、请求结构 request、块设备 I/O 操作结构 bio 和块设备操作结构 block_device_operations 等。这些结构将在下面详细介绍。

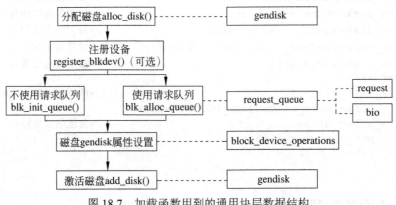

图 18.7　加载函数用到的通用块层数据结构

18.3.2　alloc_disk()函数对应的 gendisk 结构体

现实生活中有许多具体的物理块设备，例如磁盘、光盘等。不同的物理块设备其结构是不一样的，为了将这些块设备公用属性在内核中统一，内核开发者定义了一个 gendisk 结构体来描述磁盘。gendisk 是 general disk 的简称，一般称为通用磁盘。

1. gendisk 结构体

在 Linux 内核中，gendisk 体可以表示一个磁盘，也可以表示一个分区。这个结构体的定义代码如下：

```
struct gendisk {
    int major;              /*设备的主设备号*/
    int first_minor;        /*第一次设备号*/
    int minors;             /*磁盘可以进行分区的最大数目，如果为 1，则磁盘不能分区*/
    char disk_name[DISK_NAME_LEN];/* 设备名称 */
    struct disk_part_tbl *part_tbl;
    struct hd_struct part0;
    struct block_device_operations *fops;
    struct request_queue *queue;
```

```
    void *private_data;
    int flags;
    struct device *driverfs_dev;
    struct kobject *slave_dir;
    … …
};
```

gendisk 结构体的主要参数说明如表 18.1 所示。

表 18.1   gendisk 结构体

重要	数 据 类 型	变 量 名	说 明
*	int	major	磁盘的主设备号，在/proc/devices 中可以显示
*	int	first_minor	该磁盘的第一个次设备号
*	int	minors	该磁盘的次设备号数量，也就是分区数量
*	char[32]	disk_name	磁盘的名称，例如 had、hdb、sda、sdb
	disk_part_tbl *	part_tbl;	磁盘分区的数组
*	hd_struct	part0	磁盘分区描述符
*	block_device_operations*	fops	块设备的操作函数指针
*	request_queue*	queue	连接到磁盘的请求队列指针
*	void *	private_data	私有数据指针，可以指向其他的关联数据
*	int	flags	描述磁盘类型的标志。如果磁盘是一个可以移动的，例如软盘和光盘，那么需要设置 GENHD_FL_REMO-VABLE 标志；如果磁盘被初始化为可以使用状态，那么应该加上 GENHD_FL_UP 标志
	device*	driverfs_dev	指向该设备的设备对象指针
	kobject*	slave_dir	内嵌的 kobject 结构，用户内核对设备模型的分层管理

Linux 内核中提供了一组函数来操作 gendisk 结构体，这些函数如下。

2. 分配 gendisk

gendisk 结构体是一个动态的结构，其成员是随系统状态不断变化的，所以不能静态地分配该结构，并对其成员赋值。对该结构的分配，应该使用内核提供的专用函数 alloc_disk()，其函数原型如下：

```
struct gendisk *alloc_disk(int minors);
```

minors 参数是这个磁盘使用的次设备数量，其实就是磁盘的分区数量，磁盘的分区一旦由 alloc_disk()函数设定，就不能修改。alloc_disk()的例子如下：

```
struct gendisk *xxx_disk = alloc_disk(16);        /*分配一个 gendisk 设备*/
if(xxx_disk ==NULL)                               /*分配失败*/
    goto error_alloc_disk;
```

该代码分配了一个通用磁盘 xxx_disk，用参数 16 表示，这个磁盘可以有 15 个分区，其中 0 用来表示整个块设备。

3. 设置 gendisk 的属性

使用 alloc_disk()函数分配了一个 disk 后，需要对该结构的一些成员进行设置，设置的代码如下：

```
01   strcpy(xxx_disk->disk_name, XXX_DISKNAME);  /*设定设备名*/
02   xxx_disk->major =xxx_MAJOR;                  /*设置主设备号*/
03   xxx_disk->first_minor = 0;                   /*设置次设备号*/
04   xxx_disk->fops = &xxx_fops;                  /*块设备操作函数*/
05   xxx_disk->queue = xxx_queue;                 /*设置请求队列*/
06   set_capacity(xxx_disk, xxx_BYTES>>9);
                          /*设置设备容量，为了加快速度使用了位移 9 位的方法*/
```

需要注意的是第 6 行的 set_capacity()函数，该函数用来设置磁盘的容量，但不是以字节为单位，而是以扇区为单位。为了将 set_capacity()函数解释清楚，这里将扇区分为两种，一是物理设备的真实扇区，二是内核中的扇区。物理设备的真实扇区大小有 512、1024 和 2048 字节等，但不管真实扇区的大小是多少，内核中的扇区大小都被定义为 512 字节。set_capacity()函数是以 512 字节为单位的，所以第 6 行 set_capacity()函数的第 2 个参数是 xxx_BYTES>>9，表示设备的字节容量除以 512 后得到的内核扇区数。

4．激活 gendisk

当使用 alloc_disk()函数分配了 gendisk 通用磁盘，并设置了其相关属性后，就可以调用 add_disk()函数向系统激活这个磁盘设备了。add_disk()函数的原型如下：

void add_disk(struct gendisk *disk);

需要特别注意的是，一旦调用 add_disk()函数，那么磁盘设备就开始工作了，所以关于 gendisk 的初始化必须在 add_disk()函数之前。

5．删除 gendisk

当不再需要磁盘时，应该删除 gendisk 结构，可使用 del_gendisk()函数完成这个功能，它和 alloc_disk()函数是对应的。del_gendisk()函数的原型如下：

void del_gendisk(struct gendisk *disk);

6．删除 gendisk 的引用计数

在调用 del_gendisk()函数后，需要使用 put_disk()函数减少 gendisk 的引用计数，因为在 add_disk()函数中增加了 gendisk 的引用技术。put_disk()函数的原型如下：

void put_disk(struct gendisk *disk);

18.3.3　块设备的注册和注销

为了使内核知道块设备的存在，需要使用块设备注册函数。在不使用块设备时，也需要注销块设备。块设备的注册和注销如下所述。

1．注册块设备函数 register_blkdev()

与字符设备的 register_chrdev()函数对应的是 register_blkdev()函数。对于大多数块设备

驱动程序来说，第一个工作就是向内核注册自己。但值得注意的是，在 Linux 2.6 内核中，对 register_blkdev()函数的调用完全是可选的，内核中的 register_blkdev()函数的功能已经逐渐减少。在新内核中，一般只完成两件事情：

- □　根据参数分配一个块设备号。
- □　在/proc/devices 中新增一行数据，表示块设备的设备号信息。

块设备的注册函数 register_blkdev()的原型是：

```
int register_blkdev(unsigned int major, const char *name);
```

register_blkdev()函数的第 1 个参数是设备需要申请的主设备号，如果传入的主设备号是 0，那么内核将动态的分配一个主设备号给块设备。第 2 个参数是块设备的名字，该名字将在/proc/devices 文件中显示。register_blkdev()函数成功时，返回申请的设备号；函数失败时，将返回一个负的错误码。在未来的内核中，register_blkdev()函数可能会被去掉，但是目前大多数驱动程序仍然在使用它，使用 register_blkdev()函数的一个例子如下所示。

```
if((xxx_major=register_blkdev(xxx_MAJOR,"xxx"))<0)       /*注册设备*/
{
    ret=-EBUSY;                                          /*注册设备*/
    goto err_alloc_disk;
}
```

2. 注销块设备函数 unregister_blkdev()

与 register_blkdev()函数对应的是注销函数 unregister_blkdev()，其函数原型如下：

```
int unregister_blkdev(unsigned int major, const char *name);
```

unregister_blkdev()函数的第 1 个参数是设备需要释放的主设备号，这个主设备号是由 register_blkdev()函数申请的。第 2 个参数是设备的设备名。当函数成功时返回 0，失败时返回-EINVAL。

使用 unregister_blkdev()函数的一个例子如下：

```
unregister_blkdev(xxx_major, "VirtualDisk");
```

18.3.4　请求队列

简单地讲，一个块设备的请求队列就是包含块设备 I/O 请求的一个队列。这个队列使用链表线性的排列。请求队列中存储未完成的块设备 I/O 请求，并不是所有的 I/O 块请求都可以顺利地加入请求队列中。请求队列中定义了自己能处理的块设备请求限制。这些限制包括请求的最大尺寸、一个请求能够包含的独立段数、硬盘扇区大小等。

请求队列还提供了一些处理函数，使不同块设备可以使用不同的 I/O 调度器，甚至不使用 I/O 调度其。一个 I/O 调度器的作用是以最大的性能来优化请求的顺序。大多数 I/O 调度器控制着所有的请求，根据请求执行的顺序和位置对其进行排序，使块设备能够以最快的数据将数据写入和读出。

请求队列使用 request_queue 结构体来描述，在<include/linux/blkdev.h>中定义了该结构体和其相应的操作函数。对于请求队列的这些了解是远远不够的，在后面用到请求队列时，将对其进行详细解释。

18.3.5　设置 gendisk 属性中的 block_device_operations 结构体

在块设备中有一个和字符设备中 file_operations 对应的结构体 block_device_operations，其也是一个对块设备操作的函数集合，定义代码如下：

```
struct block_device_operations {
    int (*open) (struct block_device *, fmode_t);
    int (*release) (struct gendisk *, fmode_t);
    int (*locked_ioctl) (struct block_device *, fmode_t, unsigned, unsigned
    long);
    int (*ioctl) (struct block_device *, fmode_t, unsigned, unsigned long);
    int (*compat_ioctl) (struct block_device *, fmode_t, unsigned, unsigned
    long);
    int (*direct_access) (struct block_device *, sector_t,void **, unsigned
    long *);
    int (*media_changed) (struct gendisk *);
    int (*revalidate_disk) (struct gendisk *);
    int (*getgeo)(struct block_device *, struct hd_geometry *);
    struct module *owner;
};
```

下面对这个结构体的主要成员进行分析。

1. 打开和释放函数

```
int (*open) (struct block_device *, fmode_t);
int (*release) (struct gendisk *, fmode_t);
```

open()函数在设备被打开时被调用，release()函数在设备关闭时被调用。这两个函数完成的功能与字符设备的打开和关闭函数相似。

2. I/O 控制函数

```
int (*ioctl) (struct block_device *, fmode_t, unsigned, unsigned long);
```

ioctl()函数实现了 Linux 的 ioctl()系统调用，块设备的大多数标准请求已经有内核开发者实现了，驱动开发者需要实现的请求非常少，所以一般 ioctl()函数也比较简单。

3. 介质改变函数

```
int (*media_changed) (struct gendisk *);
```

该函数会被内核调用来检查块设备是否改变，如果改变，则返回一个非 0 值，否则返回 0 值。这个函数仅对能够移动的块设备有效，不可以移动的块设备不需要实现这个函数。假设设备 A 用一个端口 port1 的第 0 位表示设备是否可用，该位为 1 时，表示设备被移除；该位为 0 时，表示设备仍然连接在主机上。那么介质改变函数可以写成如下形式：

```
int A_media_changed(struct gendisk *gd)
{
    struct A_dev *dev = gd->private_data;
                          /*从 gendisk 的私有数据中得到 A 设备结构体*/
    if(dev->port1&0x01==1)    /*A 设备的端口 1 的第 0 位等于 1,表示设备已经移除*/
```

```
{
    return 1;                    /*1 表示设备已经移除*/
}
else
{
    return 0;                    /*0 表示设备可用*/
}
}
```

4．使介质有效函数

```
int (*revalidate_disk) (struct gendisk *);
```

当介质改变时，系统会调用 revalidate()函数。该函数对设备进行重新的设置，以使设备准备好。介质有效函数可以写成如下形式：

```
int xxx_revalidate(struct gendisk *gd)
{
    struct xxx_dev *dev = gd->private_data;
    ...                          /*设备重新设置*/
    return 0;
}
```

5．获得驱动器信息的函数

```
int (*getgeo)(struct block_device *, struct hd_geometry *);
```

该函数根据驱动器的硬件信息填充一个 hd_geometry 结构体，hd_geometry 结构体包含了磁盘的磁头、扇区、柱面等信息。

6．模块指针

```
struct module *owner;
```

几乎在所有的驱动程序中，该成员被初始化为 THIS_MODULE，表示这个结构属于目前运行的模块。

18.4　不使用请求队列的块设备驱动

这里，有两个原因需要向读者介绍不使用请求队列的块设备驱动程序。第一个原因是，希望尽快地向读者展现一个完整的块设备驱动程序；第二个原因是，不使用请求队列的块设备驱动程序相对来说，比较简单。

18.4.1　不使用请求队列的块设备驱动程序的组成

块设备函数驱动程序主要由一个加载函数、卸载函数和一个自定义的请求处理函数组成。本节将写一个虚拟的块设备驱动程序 Virtual_blkdev。这个驱动程序在内存中开辟了一个 8M 的内存空间来模拟实际的物理块设备。这个块设备驱动程序代码比较简单，但功能却非常强大。对实际物理设备的操作命令同样可以应用在 Virtual_blkdev 这个块设备上，例如 mkdir 和 mkesfs 等命令。Virtual_blkdev 块设备驱动程序的主要结构如图 18.8 所示。

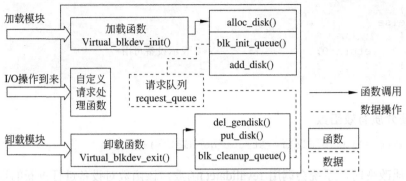

图 18.8　不使用请求队列的块设备驱动程序

从图 18.8 中可以看出，Virtual_blkdev 块设备驱动程序包含一个加载函数 Virtual_blkdev_init()、一个卸载函数 Virtual_blkdev_exit()和一个自定义请求处理函数。

18.4.2　宏定义和全局变量

Virtual_blkdev 块设备驱动中定义了一些重要的宏和全局指针，包括主设备号、设备名和设备的大小等，代码如下：

```
#define VIRTUAL_BLKDEV_DEVICEMAJOR COMPAQ_SMART2_MAJOR /*主设备号*/
#define VIRTUAL_BLKDEV_DISKNAME "Virtual_blkdev"       /*设备名*/
#define VIRTUAL_BLKDEV_BYTES (8*1024*1024)             /*设备的大小为8M*/
static struct request_queue *Virtual_blkdev_queue;     /*请求队列指针*/
static struct gendisk *Virtual_blkdev_disk;            /*通用磁盘*/
unsigned char Virtual_blkdev_data[VIRTUAL_BLKDEV_BYTES];
                                               /*8M的线性静态内存空间*/
```

代码中需要注意的地方如下所述。

1. 主设备号的选择技巧

每一个块设备都需要一个主设备号和次设备号。设备号的分配有动态和静态两种。在 linux-2.6.34.14\include\linux\major.h 头文件中定义了内核开发者为特定设备使用的设备号。其中有很多设备号在实际的系统中根本没有用到，所以使用这些设备号基本不会发生冲突。例如专为康柏公司的设备准备的设备号就很少使用，以下代码是为康柏的磁盘阵列设备保留的 8 个设备号。

```
#define COMPAQ_SMART2_MAJOR    72
#define COMPAQ_SMART2_MAJOR1   73
#define COMPAQ_SMART2_MAJOR2   74
#define COMPAQ_SMART2_MAJOR3   75
#define COMPAQ_SMART2_MAJOR4   76
#define COMPAQ_SMART2_MAJOR5   77
#define COMPAQ_SMART2_MAJOR6   78
#define COMPAQ_SMART2_MAJOR7   79
```

在 Virtual_blkdev 设备中，将主设备号定义为 COMPAQ_SMART2_MAJOR，其值为 72，宏如下所示。

```
#define VIRTUAL_BLKDEV_DEVICEMAJOR COMPAQ_SMART2_MAJOR /*主设备号*/
```

2. 请求队列指针

本程序并不使用请求队列，但是内核开发者为了保持内核代码的统一和重用，使用了一种特殊的方法。这种特殊方法允许驱动开发人员自定义一个数据请求处理函数，请求处理函数中可以使用请求队列也可以不使用请求队列。但是无论如何内核是需要一个请求队列来使其他函数工作的，尽管驱动开发人员的自定义的请求处理函数中不使用请求队列。请求队列的指针定义如下：

```
static struct request_queue *Virtual_blkdev_queue;      /*请求队列指针*/
```

3. Virtual_blkdev 设备的存储

Virtual_blkdev 设备是一个用内存来模拟存储空间的设备，最简单的方法就是使用一个数组，代码如下：

```
#define VIRTUAL_BLKDEV_BYTES (8*1024*1024)              /*设备的大小为 8M*/
unsigned char Virtual_blkdev_data[VIRTUAL_BLKDEV_BYTES];
                                                        /*8M 的线性静态内存空间*/
```

这两行代码在内核空间中分配了 8M 的空间存储数据。这并不是一种好的做法，因为这 8M 的空间生命周期与模块的生命周期相同，非常浪费内存空间。但是这里为了简单，并不要求程序完美无缺。

18.4.3　加载函数

Virtual_blkdev 设备的加载函数主要完成分配磁盘、初始化请求队列、设置磁盘属性和激活磁盘的工作，其代码如下：

```
01    static int __init Virtual_blkdev_init(void)
02    {
03        int ret;                          /*返回值*/
04        Virtual_blkdev_disk = alloc_disk(1);
                                            /*分配 1 个磁盘，该磁盘最多一个分区*/
05        if (!Virtual_blkdev_disk)         /*如果磁盘分配失败，则跳到错误处理*/
06        {
07            ret = -ENOMEM;
08            goto err_alloc_disk;
09        }
10        /*初始化请求队列，指定自定义请求处理函数 Virtual_blkdev_do_request ()*/
11        Virtual_blkdev_queue = blk_init_queue(Virtual_blkdev_do_request,
          NULL);
12        if (!Virtual_blkdev_queue)        /*如果请求队列分配失败，则跳到错误处理*/
13        {
14            ret = -ENOMEM;
15            goto err_init_queue;
16        }
17        strcpy(Virtual_blkdev_disk->disk_name, VIRTUAL_BLKDEV_DISKNAME);
                                            /*给设备赋名字 */
18        Virtual_blkdev_disk->major = VIRTUAL_BLKDEV_DEVICEMAJOR;
```

```
                                          /*给设备赋主设备号 */
19       Virtual_blkdev_disk->first_minor = 0;
                                          /*次设备号为 0,表示第一个设备*/
20       Virtual_blkdev_disk->fops = &Virtual_blkdev_fops;
                                          /*块设备操作函数*/
21       Virtual_blkdev_disk->queue = Virtual_blkdev_queue;
                                          /*请求队列*/
22       set_capacity(Virtual_blkdev_disk, VIRTUAL_BLKDEV_BYTES>>9);
                                          /*磁盘的扇区数*/
23       add_disk(Virtual_blkdev_disk);  /*将磁盘添加到内核中,激活磁盘*/
24       return 0;
25       err_init_queue:
26           put_disk(Virtual_blkdev_disk);  /*释放磁盘引用*/
27       err_alloc_disk:
28           return ret;
29   }
```

以上代码的多数函数是很好理解的。

1．初始化请求队列

代码 11 行调用 blk_init_queue()函数向内核申请一个请求队列。请求队列是用来对写入磁盘的数据进行排序和组织的数据结构。blk_init_queue()函数的原型如下：

```
struct request_queue *blk_init_queue(request_fn_proc *rfn, spinlock_t
*lock);
```

该函数的第 1 参数是一个请求处理函数的指针，第 2 个参数是控制请求队列访问的自旋锁。因为 blk_init_queue()函数会发生内存分配，可能会失败，所以第 12～16 行再检查这个函数的返回值。

2．清除请求队列

与 blk_init_queue()函数对应的函数是 blk_cleanup_queue()，该函数清除 blk_init_queue()函数中申请的系统资源。blk_cleanup_queue()函数的原型如下：

```
void blk_cleanup_queue(struct request_queue *q);
```

该函数一般在模块卸载函数中调用。

18.4.4　卸载函数

Virtual_blkdev 设备的卸载函数中主要完成与设备加载函数中相反的工作：

（1）使用 del_gendisk()函数删除 gendisk 设备。

（2）使用 put_disk()函数清除 gendisk 的引用计数。

（3）使用 blk_cleanup_queue()函数清除请求队列。

Virtual_blkdev 设备卸载函数的代码如下：

```
static void __exit Virtual_blkdev_exit(void)
{
    del_gendisk(Virtual_blkdev_disk);
    put_disk(Virtual_blkdev_disk);
    blk_cleanup_queue(Virtual_blkdev_queue);
```

```
}
```

18.4.5　自定义请求处理函数

内核将 I/O 读写请求放入请求结构 request 中，并连接到请求队列 request_queue 中。因为 Virtual_blkdev 设备是一个基于内存的设备，可以随机读取数据，并不需要复杂的 I/O 调度（I/O 调度的作用是对请求结构 request 进行排序，最大限度地提高读写速率）。所以当请求到来时，将直接使用 blk_init_queue()函数中注册的请求处理函数 Virtual_blkdev_do_request()，对请求进行实际的操作。这里的操作就是将数据赋值给 Virtual_blkdev 设备或者从 Virtual_blkdev 设备中读取数据。Virtual_blkdev_do_request()函数的代码如下：

```
01    static void Virtual_blkdev_do_request(struct request_queue *q)
02    {
03        struct request *req;              /*指向要处理请求的指针*/
04        while ((req = elv_next_request(q)) != NULL)
                                            /*在请求队列中寻找下一个请求*/
05          {
06              /*当前请求要写入的数据大于 Virtual_blkdev 设备的容量*/
07              if ((req->sector + req->current_nr_sectors) << 9> VIRTUAL_
                BLKDEV_BYTES)
08              {
09              /*打印错误信息*/
10              printk(KERN_ERR VIRTUAL_BLKDEV_DISKNAME": bad request:
                block=%llu,
11                  count=%u\n",
12                  (unsigned long long)req->sector,
13                  req->current_nr_sectors);
14              end_request(req, 0);         /*第 2 个参数为 0,表示请求处理失败*/
15              continue;
16              }/*endif*/
17              switch (rq_data_dir(req))    /*判断是一个读请求还是一个写请求*/
18              {
19                  case READ:              /*读请求,从设备读到内存中*/
20                      /*将数据读到 req->buffer 已经准备好的内存缓存区中*/
21                      memcpy(req->buffer,Virtual_blkdev_data + (req->
                        sector << 9),
22                          req->current_nr_sectors << 9);
23                      end_request(req, 1);
                                            /*第 2 个参数为 1,表示请求处理成功*/
24                      break;
25                  case WRITE:             /*写请求,从内存写到设备中*/
26                      /*将数据从内存复制到设备中*/
27                      memcpy(Virtual_blkdev_data + (req->sector << 9),
28                          req->buffer, req->current_nr_sectors << 9);
29                      end_request(req, 1);
                                            /*第 2 个参数为 1,表示请求处理成功*/
30                      break;
31                  default:
32                      /*未知的请求*/
33                      break;
34              }
35          }/*endwhile*/
36    }
```

上述代码的第 4 行使用 elv_next_request()函数返回第一个未完成的请求。第 14 行的 end_request()函数将一个已经处理的请求从请求队列中清除。end_request()函数的原型如下：

```
void end_request(struct request *req, int uptodate);
```

该函数的第 1 个参数 req 是要结束的请求，第 2 个参数 uptodate 表示请求是否处理成功。第 2 个参数为 0 表示处理请求失败，为 1 表示该请求的处理成功。这样 end_request()函数将从请求队列中删除这个请求，并向内核发送消息，表示扇区已经传送完毕，最后要唤醒等待这些数据传送完成的进程。

另外一个需要注意的函数是第 17 行的 rq_data_dir()宏，该宏返回请求的传输方向，传输方向由请求队列的 cmd_flags 字段的第一位表示。1 表示向磁盘写数据，2 表示从磁盘读出数据。宏定义代码如下：

```
#define rq_data_dir(rq)      ((rq)->cmd_flags & 1);
```

18.4.6　驱动的测试

为了了解 Virtual_blkdev 这个块设备的特性，需要对其进行各方面的测试，这些测试如下所述。

1．编译 Virtual_blkdev.c 文件

首先进入 Virtual_blkdev.c 文件所在的目录，执行 make 命令编译该文件，命令如下：

```
[root@tom driver-test]cd chapter18
[root@tom chapter18]# make
make -C /linux-2.6.34.14/linux-2.6.34.14 M=/driver-test/chapter18 modules
make[1]: Entering directory '/linux-2.6.34.14/linux-2.6.34.14'
  CC [M]  /driver-test/chapter18/Virtual_blkdev.o
  Building modules, stage 2.
  MODPOST 1 modules
  CC     /driver-test/chapter18/Virtual_blkdev.mod.o
  LD [M]  /driver-test/chapter18/Virtual_blkdev.ko
make[1]: Leaving directory '/linux-2.6.34.14/linux-2.6.34.14'
```

编译命令 make 执行后，会在当前目录下生成一个模块文件 Virtual_blkdev.ko。

2．加载模块文件

使用 ls 命令列出当前目录下的文件，其中有一个 Virtual_blkdev.ko 的文件。使用 insmod 命令将 Virtual_blkdev.ko 模块加入内核中。

```
[root@tom chapter18]# ls
Makefile       modules.order    Virtual_blkdev.c~    Virtual_blkdev.
mod.o
Makefile~      Module.symvers   Virtual_blkdev.ko    Virtual_blkdev.o
Module.markers Virtual_blkdev.c Virtual_blkdev.mod.c
[root@tom chapter18]# insmod Virtual_blkdev.ko
```

3．lsmod 查看模块

可以使用 lsmod 命令查看当前系统中的模块，以检验 Virtual_blkdev.ko 是否加载成功。

该命令如下：

```
[root@tom chapter18]# lsmod
Module                 Size  Used by
Virtual_blkdev       8390464  0
```

4．创建块设备文件

如果系统支持 udev 文件系统，那么系统将自动创建一个/dev/Virtual_blkdev 块设备文件。设备文件名称是 gendisk.disk_name 中设置的 Virtual_blkdev。如果系统不支持 udev 文件系统，则需要通过 mknod 命令自己创建 Virtual_blkdev 设备文件系统，命令如下：

```
[root@tom chapter18]# mknod /dev/Virtual_blkdev b 72 0
```

该命令创建一个主设备号为 72，次设备号为 0 的块设备文件。可以使用 ls 命令查看该设备文件是否存在，如果存在，还可以看到该块设备文件的详细信息。从 ls 命令中可以看出该设备可读可写，命令如下：

```
[root@tom chapter18]# ls -l /dev/Virtual_blkdev
brw-r----- 1 root disk 72, 0 2009-12-24 07:25 /dev/Virtual_blkdev
```

5．在该设备上创建 ext2 文件系统

Virtual_blkdev 相对于一个实际的物理块设备，在这个设备上可以创建不同的文件系统。这里以比较熟悉的 ext2 文件系统为例，使用 mkfs 命令在 Virtual_blkdev 设备上创建一个 ext2 文件系统。创建的命令如下：

```
[root@tom chapter18]# mkfs.ext2 /dev/Virtual_blkdev
mke2fs 1.40.8 (13-Mar-2008)
Filesystem label=
OS type: Linux
Block size=1024 (log=0)
Fragment size=1024 (log=0)
2048 inodes, 8192 blocks
409 blocks (4.99%) reserved for the super user
First data block=1
Maximum filesystem blocks=8388608
1 block group
8192 blocks per group, 8192 fragments per group
2048 inodes per group
Writing inode tables: done
Writing superblocks and filesystem accounting information: done
This filesystem will be automatically checked every 34 mounts or
180 days, whichever comes first.  Use tune2fs -c or -i to override.
```

6．挂载文件系统

在访问 Virtual_blkdev 设备之前，需要将该设备挂接到一个目录中，一般挂接到/mnt目录下。为了方便在/mnt 目录下创建一个 temp 目录，用来挂载 Virtual_blkdev。这个过程代码如下：

```
[root@tom chapter18]# cd /mnt
[root@tom mnt]# mkdir temp
```

```
[root@tom mnt]# ls -la temp
total 8
drwxr-xr-x 2 root root 4096 2009-12-24 07:41 .
drwxr-xr-x 4 root root 4096 2009-12-24 07:41 ..
[root@tom temp]# mount /dev/Virtual_blkdev /mnt/temp
```

挂载 Virtual_blkdev 设备后，Virtual_blkdev 的引用计数加 1，可以从 lsmod 命令看出，该命令如下：

```
[root@tom chapter18]# lsmod
Module                  Size  Used by
Virtual_blkdev        8390464  1
```

7．测试文件系统

当将 Virtual_blkdev 挂载到/mnt/temp 目录后，对/mnt/temp 目录的操作就等于对 Virtual_blkdev 设备的操作。测试的步骤如下。

（1）检测/mnt/temp 目录是否为空，并检查 Virtual_blkdev 设备的使用情况，命令如下：

```
[root@tom mnt]# ls temp
[root@tom temp]# df
Filesystem           1K-blocks      Used Available Use% Mounted on
/dev/mapper/VolGroup00-LogVol00
                     16771948  12413312   3506668  78% /
/dev/sda1              194442     29886    154517  17% /boot
tmpfs                 161996        48    161948   1% /dev/shm
df: `/root/.gvfs': Transport endpoint is not connected
/dev/Virtual_blkdev     7931        45      7477   1% /mnt/temp
```

可以看出 temp 目录为空，表示设备中没有数据。使用 df 命令查看设备使用情况，可知 Virtual_blkdev 已经使用 45 个块。

（2）向/mnt/temp 目录中复制数据，并检查 Virtual_blkdev 设备的使用情况，命令如下：

```
[root@tom temp]# cp /etc/mail/* /mnt/temp
[root@tom temp]# ls
access          helpfile        Makefile        submit.mc
access.db       local-host-names sendmail.cf    trusted-users
domaintable     mailertable     sendmail.mc     virtusertable
domaintable.db  mailertable.db  submit.cf       virtusertable.db
[root@tom temp]# df
Filesystem           1K-blocks      Used Available Use% Mounted on
/dev/mapper/VolGroup00-LogVol00
                     16771948  12413316   3506664  78% /
/dev/sda1              194442     29886    154517  17% /boot
tmpfs                 161996        48    161948   1% /dev/shm
df: `/root/.gvfs': Transport endpoint is not connected
/dev/Virtual_blkdev     7931       189      7333   3% /mnt/temp
```

使用 cp 命令将/etc/mail 目录中的数据复制到/mnt/temp 目录下。这时使用 ls 命令，发现/mnt/temp 目录中添加了/etc/mail 目录中的文件。最后使用 df 查看设备使用情况，发现 Virtual_blkdev 已经使用 189 个块，比之前多使用了 144 块容量。

（3）删除/mnt/temp 目录下的数据，并检查 Virtual_blkdev 设备的使用情况，命令如下：

```
[root@tom temp]# rm -rf /mnt/temp/*
[root@tom mnt]# ls temp
```

```
[root@tom temp]# df
Filesystem          1K-blocks     Used Available Use% Mounted on
/dev/mapper/VolGroup00-LogVol00
                    16771948 12413316   3506664  78% /
/dev/sda1             194442    29886    154517  17% /boot
tmpfs                 161996       48    161948   1% /dev/shm
df: `/root/.gvfs': Transport endpoint is not connected
/dev/Virtual_blkdev     7931       33      7489   1% /mnt/temp
```

8．卸载和移除设备模块

设备使用完后，需要卸载设备并移除设备模块，命令如下：

```
[root@tom temp]# umount /mnt/temp
[root@tom temp]# rmmod Virtual_blkdev
```

18.5　I/O 调度器

Linux 内核中，I/O 调度器涉及很多复杂的数据结构，而结构之间的关系又非常复杂。要精通这些知识，远非一章一节知识所能够达到的。但本节力图给读者一个清晰的概念，随着内核的升级，这些概念可能有细微的变化，但其主要的原理是基本不变的。在详细讲解 I/O 调度器之前，需要知道数据是怎样从内存到达磁盘的。

18.5.1　数据从内存到磁盘的过程

内存是一个线性的结构，Linux 系统将内存分为页。一页最大可以是 64KB，但是目前主流的系统页的大小都是 4KB。现在假设数据存储在内存的相邻几页中，希望将这些数据写到磁盘上。那么每一页的数据会被先封装为一个段，用 bio_vec 表示。多个页会被封装成多个段，这些段被组成以一个 bio_vec 为元素的数组，这个数组用 bio_io_vec 表示。

bio_io_vec 是 bio 中的一个指针。一个或者多个 bio 会组成一个 request 请求描述符。request 将被连接到请求队列 request_queue 中，或者被合并到已经有的请求队列 request_queue 已有的 request 中。合并的条件是两个相邻的 request 请求所表示的扇区位置相邻。最后这个请求队列将被处理，将数据写到磁盘中。理解这些关系请对照图 18.9 所示。

18.5.2　块 I/O 请求（bio）

数据从内存到磁盘或者从磁盘到内存的过程叫做 I/O 操作。内核使用一个核心数据结构 bio 来描述 I/O 操作。

1．bio 结构体

bio 结构体包含一个块设备完成一次 I/O 操作所需要的一切信息。无论是将数据从块设备读到内存，还是从内存写到块设备，bio 结构都可以胜任。bio 结构包含了一个段的数组（bio_io_vec），这个段的数组就是要操作的数据。bio 结构的主要成员变量如下：

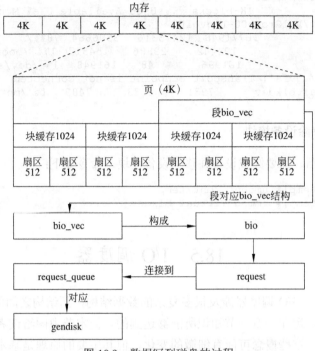

图 18.9　数据写到磁盘的过程

```
struct bio {
    sector_t         bi_sector;      /*块 I/O 操作的第一个磁盘扇区*/
    struct bio       *bi_next;       /*指向下一个 bio 结构*/
    struct block_device *bi_bdev;    /*表示与该 bio 结构体相关的块设备*/
    unsigned long    bi_flags;       /*描述是读请求还是写请求等的标志*/
    unsigned long    bi_rw;          /*最低位表示读写,其他位表示优先级*/
    unsigned short   bi_vcnt;        /*用于标识 bi_io_vec 数组中 bio_vec 的个数*/
    unsigned short   bi_idx;
                               /*指向 bi_io_vec 数组中当前操作的段,该域不断更新*/
    unsigned int     bi_size;        /*需要传输的字节数*/
    unsigned int     bi_max_vecs;    /*bio_io_vec 数组中允许的最大段数 */
    atomic_t         bi_cnt;         /*bio 的引用计数*/
    struct bio_vec   *bi_io_vec;     /*实际的 bi_io_vec 数组指针 */
    bio_end_io_t     *bi_end_io;
                     /*bio 中表述的数据写入或读出后需要调用的方法,可以为 NULL*/
    void             *bi_private;    /*私有数据指针*/
    ...
};
```

可以将 bio 理解为描述内存中连续几页的数据,每一页中的数据由一个段 bio_vec 表示,所以几页中的数据就组成了一个 bi_io_vec 的数组。bi_vcnt 则存储了 bi_io_vec 数组中元素的个数。如图 18.10 是一个 11K 的文件要写入磁盘中时,对应的 bio 结构的一些关键信息。

2. bio_vec 结构体

bio 中的段用 bio_vec 结构体来表示。本章中反复强调段的大小是块的整数倍且不大于 1 页。bio_vec 结构的组成如下:

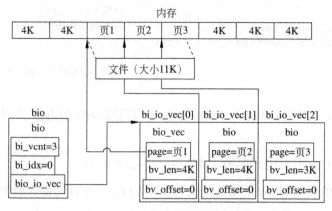

图 18.10　bio 与内存页的对应关系

```
struct bio_vec {
    struct page    *bv_page;     /*指向内存中的一页*/
    unsigned int   bv_len;       /*一个段的长度,的整数倍,大于1页*/
    unsigned int   bv_offset;    /*页中从块的整数倍偏移开始*/
};
```

段 bio_vec 结构体与内存的对应关系如图 18.11 所示。

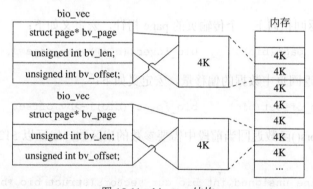

图 18.11　bio_vec 结构

3．bio 结构体的相关宏

为了程序的可移植性，在写驱动程序时，不应该直接操作 bio 结构和 bi_io_vec 数组，而应该使用内核开发者提供的一系列宏。由于在驱动中会使用这些宏，这里对其主要的宏进行介绍。bio_for_each_segment 宏用来遍历一个 bio 中的 bi_io_vec 数组，宏定义如下：

```
#define bio_for_each_segment(bvl, bio, i)                    \
    __bio_for_each_segment(bvl, bio, i, (bio)->bi_idx)
#define __bio_for_each_segment(bvl, bio, i, start_idx)              \
    for (bvl = bio_iovec_idx((bio), (start_idx)), i = (start_idx);    \
        i < (bio)->bi_vcnt;                  \
        bvl++, i++)
```

参数 bvl 是一个 bio_vec 结构的指针，参数 bio 是需要遍历的 bio 结构，参数 i 是一个不需要定义初值的 int 变量。例如将遍历一个 bio 中的所有段，那么可以使用如下的模板代码来实现。

```
int idx;                                        /*段号*/
struct bio_vec * vec                            /*指向正在操作的段*/
bio_for_each_segment(vec, bio, idx)
{
    ...                                         /*关于段的操作,如 vec->xxx*/
}
```

bio_data_dir 宏返回 I/O 操作的数据方向，读表示从磁盘到内存，写表示从内存到磁盘，宏定义如下：

```
#define bio_data_dir(bio)   ((bio)->bi_rw & 1)
```

bio 结构中的成员 **bi_rw** 的最低位表示读写方向，一个读写操作的例子代码如下：

```
if (bio_data_dir(bio) == READ)
{
    memcpy((void*)page_addr, (void*)source_addr,bvec->bv_len);
                                        /*从磁盘读一个段的数据*/
}
else
{
    memcpy((void*)source_addr, (void*)page_addr,bvec->bv_len);
                                        /*写一个段的数据到磁盘*/
}
```

bio_page 宏返回指向下一个传输页的 page 指针，宏定义如下：

```
#define bio_page(bio)           bio_iovec((bio))->bv_page
```

bio_offset 宏返回页中数据的偏移量，宏定义如下：

```
#define bio_offset(bio)         bio_iovec((bio))->bv_offset
```

bio_cur_sectors() 函数返回当前段中需要参数的扇区数，扇区以 512 字节为单位，函数定义如下：

```
static inline unsigned int bio_cur_sectors(struct bio *bio)
{
    if (bio->bi_vcnt)
        return bio_iovec(bio)->bv_len >> 9;
    else /* dataless requests such as discard */
        return bio->bi_size >> 9;
}
```

18.5.3　请求结构（request）

几个连续的页面会组成一个 bio 结构，几个相邻的 bio 结构就会组成一个请求结构 request。这样当磁盘在接收一个与 request 对应的命令时，就不需要大幅度地移动磁头，这样就节省了 I/O 操作的时间。

1．request 结构体定义

每个块设备的待处理请求都用一个请求结构 request 来表示。request 结构的主要成员变量如下：

```
struct request {
    struct list_head queuelist;        /*请求队列链表*/
    struct request_queue *q;           /*指向请求队列头*/
    sector_t sector;                   /*要传送的第一个扇区号*/
    sector_t hard_sector;              /*要传送的下一个扇区*/
    unsigned long nr_sectors;          /*整个请求中要完成的扇区数*/
    unsigned long hard_nr_sectors;     /*是 nr_sectors 的备份*/
    unsigned int current_nr_sectors;   /*当前 bio 中的一个段要传送的扇区数*/
    unsigned int hard_cur_sectors;     /*current_nr_sectors 的备份*/
    struct bio *bio;                   /*指向第一个未完成的 bio 结构*/
    struct bio *biotail;               /*请求链表中最后一个bio*/
    void *elevator_private;            /*指向 I/O 调度器的私有数据 1*/
    void *elevator_private2;           /*指向 I/O 调度器的私有数据 2*/
    struct gendisk *rq_disk;           /*指向请求所属于的磁盘*/
    unsigned long start_time;
                    /*请求的起始时间,当合并两个请求时,应该使用较早的时间*/
    unsigned short nr_phys_segments;   /*请求的物理段数*/
    unsigned short ioprio;             /*请求的优先级*/
    char *buffer;                      /*指向内存的数据缓冲区*/
    ...
};
```

每一个请求结构 request 中包含有一个或者多个 bio 结构。初始化 request 结构时，其包含一个 bio 结构。然后 I/O 调度器或者向 request 的第一个 bio 中新增加一个 bio_vec 段，或者将另一个 bio 结构连接到请求结构 request 中，从而扩展了该请求。可能存在新的 bio 与请求中已经存在的 bio 相邻的情况，那么 I/O 调度器将合并这两个 bio 结构。

2. 遍历 request 结构的 rq_for_each_segment 宏

请求结构 request 中的 bio 字段指向第一个 bio 结构，biotail 字段指向最后一个 bio 结构，属于该请求的所有 bio 结构组成了一个单向链表。rq_for_each_segment 宏是一个两层循环，第一层循环遍历请求结构 request 中的每一个 bio 结构，第二层循环遍历 bio 中的每一个段。宏定义代码如下：

```
#define for_each_bio(_bio)            \
    for (; _bio; _bio = _bio->bi_next)
#define __rq_for_each_bio(_bio, rq)    \
    if ((rq->bio))          \
        for (_bio = (rq)->bio; _bio; _bio = _bio->bi_next)
#define rq_for_each_segment(bvl, _rq, _iter)            \
    __rq_for_each_bio(_iter.bio, _rq)               \
        bio_for_each_segment(bvl, _iter.bio, _iter.i)
```

要遍历一个请求中的所有段，可以使用如下的模板代码：

```
struct bio_vec *bv;                  /*指向要处理的段的指针*/
struct req_iterator iter;            /*包含一个bio和整型i的结构,用于遍历*/
struct request req;                  /*请求队列*/
...                                  /*关于请求队列的其他操作*/
rq_for_each_segment(bv, &req, iter) {   /*遍历所有段结构*/
    ...                              /*bv 的相关处理代码*/
}
```

3．request 中成员变量的动态变化

请求结构 request 中的一些成员是随着 I/O 请求的执行动态变化的。例如，成员 bio 指向的块数据全部传送完成，那么成员 bio 将立即更新到链表中的下一个 bio 结构体。所以成员 bio 总是指向下一个要完成的 bio。在此期间，新的 bio 可能被加入到请求结构 request 的 bio 链表的尾部，所以 biotail 的值也会发生变化。

当磁盘数据块传送时，请求结构 request 的一些字段会被 I/O 调度器或者设备驱动程序修改。例如，nr_sectors 修改为整个请求结构还需传送的扇区数，current_nr_sectors 存放当前 bio 结构中还需要传送的扇区数。

18.5.4　请求队列（request_queue）

每个块设备驱动程序都维护着自己的请求队列 request_queue，其包含设备将要处理的请求链表。请求队列主要用来连接对同一个块设备的多个 request 请求结构。同时请求队列中的一些字段还保存了块设备所支持的请求类型信息、请求的个数、段的大小、硬件扇区数等与设备相关的信息。总之，内核负责对请求队列的正确配置，使请求队列不会给块设备发送一个不能处理的请求。请求队列 request_queue 结构的主要成员如下：

```
struct request_queue
{
    struct list_head queue_head;     /*连接到 request 结构，表示待处理的请求*/
    struct elevator_queue  /*elevator; /*需要使用的电梯调度算法指针*/
    struct request_list rq;            /*为分配请求描述符使用的数据结构*/
    /*实现驱动程序处理请求的函数，在 Virtual_blkdev 中将实现这个函数*/
    request_fn_proc    *request_fn;
    /*将一个新的 request 请求插入请求队列中的方法*/
    make_request_fn    *make_request_fn;
    void              *queuedata;        /*指向块设备驱动程序的私有数据的指针*/
    spinlock_t        __queue_lock;      /*保护请求队列结构体的自旋锁*/
    spinlock_t        *queue_lock;
    unsigned long      nr_requests;     /*请求队列中允许的最大请求数*/
    unsigned int       nr_congestion_on;
                       /*如果待处理的请求大于该阈值，则认为这个请求是拥挤的*/
    unsigned int       nr_congestion_off;
                       /*如果待处理的请求小于该阈值，则认为这个请求是不拥挤的*/
    unsigned int       max_sectors;     /*单个请求能够处理的最大扇区数*/
    /*硬件设定的单个请求所能处理的最大扇区数，max_sectors 是软件设置的,max_hw_
sectors 是硬件的极限,max_sectors<=max_hw_sectors*/
    unsigned int       max_hw_sectors;
    unsigned short     max_phys_segments; /*单个请求能够处理的最大物理段数*/
    ...                               /*其他成员*/
};
```

内核将请求队列 request_queue 设计为一个双向链表，它的每一个元素是一个请求结构 request。请求队列的 queue_head 字段存放链表的头，请求结构的 queuelist 字段将 request 结构连接成一个链表。请求队列中请求结构 request 的排序对于一个给定的块设备是特定的。其实，对 request 结构的排序方法，就是 I/O 调度的方法。

18.5.5　请求队列、请求结构、bio 等之间的关系

可能读者对请求队列 request_queue、请求结构 request、bio、bio_vec、gendisk 等结构的关系还并不清楚，除了建议读者查阅内核源码外，认真查看图 18.12 也是不错的方法。

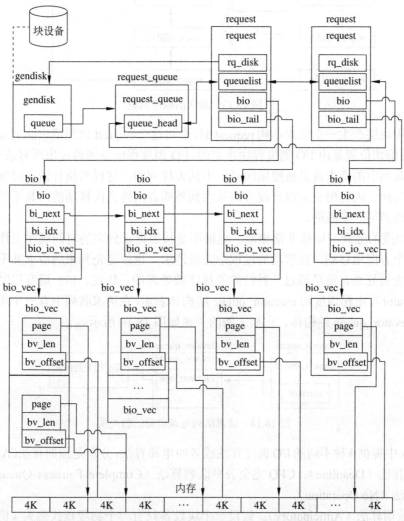

图 18.12　请求队列、请求结构、bio 等之间的关系

18.5.6　四种调度算法

对于像磁盘这样的块设备来说，是不能随机访问数据的。在访问实际的扇区数据以前，磁盘控制器必须花费很多时间来寻找扇区的位置，如果两个请求写操作在磁盘中的位置相离很远，那么写操作的大部分时间将花在寻找扇区上。所以内核需要提供一些调度方法，使物理位置相邻的请求尽可能先后执行，这样就可以减少寻找扇区的时间，这种调度就叫做 I/O 调度。

现在举一个例子，用户空间在很短的时间内，发起了读扇区 1、11、5、4 的请求 requst。为了加快读数据的效率，I/O 调度器会将 request 重新排序，然后放到请求队列 request_queue

中，如图 18.13 所示。

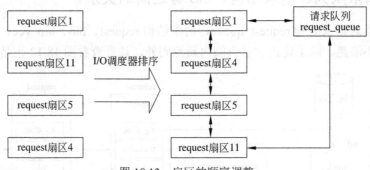

图 18.13　扇区的顺序调整

当通用块层产生一个请求结构 request 时，会将这个 request 放到请求队列 request_queue 中。放入的确切位置是由 I/O 调度程序决定的。I/O 调度程序试图通过扇区对请求进行排序。这样请求队列中的请求就是按照扇区号由小到大排列的，这样当执行请求时就可以减少磁头寻道的时间。因为磁头是以直线方向从内到外或者从外到内移动的，其不能随意的从一个磁道移动到另一个磁道。

I/O 调度的原理与电梯非常相似。电梯不是按照请求到来的时间顺序工作的，而是一个方向一个方向地移动，在移动的过程中完成请求。也就是先到来的请求并不一定比后到来的请求先被处理，而是通过一种特殊的排序被处理的。因此，I/O 调度程序也称为电梯调度（elevator）。电梯调度用 elevator_queue 结构体表示，在请求队列中有一个指针 elevator，其指向 elevator_queue 结构体。它们之间的关系如图 18.14 所示。

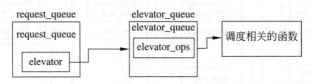

图 18.14　请求队列与调度算法的关系

Linux 中提供 4 种不同的 I/O 调度算法或者叫电梯算法，分别是预期算法（Anticipatory）、最后期限算法（Deadline）、CFQ 完全公平队列算法（Complete Fairness Queueing）、Noop 无操作算法（No Operation）。

- ❑ 预期算法（Anticipatory）：假设一个块设备只有一个物理查找磁头（例如一个单独的 SATA 硬盘），将多个随机的小数据写入流合并成一个大数据写入流，用写入延时换取最大的写入吞吐量。适用于大多数环境，特别是写入较多的环境（比如文件服务器）。
- ❑ 最后期限算法（Deadline）：使用轮询的调度器，简洁小巧，提供了最小的读取延迟和较好的吞吐量，特别适合于读取数据较多的环境（比如数据库）。
- ❑ CFQ 完全公平队列算法（Complete Fairness Queueing）：使用 QoS 策略为所有任务分配等量的带宽，避免进程被饿死并实现了较低的延迟，可以认为是上述两种调度器的折中。适用于有大量进程的多用户系统。
- ❑ Noop 无操作算法（No Operation）：表示不使用调度队列的情况。

了解这些调度算法的原理对于写驱动程序来说没有多大的帮助，所以不对这些算法的原理进行详细介绍。读者只需要知道预期算法（Anticipatory）是 Linux 2.6 内核默认的 I/O 调度算法即可。

<h1 style="text-align:center">18.6 自定义 I/O 调度器</h1>

本节接着 18.5 节简介 I/O 调度器，并且仍然使用 Virtual_blkdev 设备，只是对其进行一些简单的改进，使其效率更高。

18.6.1 Virtual_blkdev 块设备的缺陷

Virtual_blkdev 块设备的数据都是存储在内存中的，对内存的访问可以随机进行，不需要对数据进行 I/O 调度。18.4 节中的 Virtual_blkdev 块设备使用了默认的 I/O 调度器。实际上，对于 Virtual_blkdev 来说，一个好的 I/O 调度器丝毫不起一点作用，反而会浪费不少的 CPU 时间和内存。

出现这个问题的原因是 I/O 调度器的原理所致。I/O 调度器试图合并一系列的 I/O 请求，将相邻的请求合并，从而减少寻道时间。对于内存设备来说，这根本没有必要，因为内存设备根本不需要所谓的寻道时间，它读取各个位置的块的时间几乎相等。本节将通过自定义 I/O 调度器的方法，将其屏蔽。

18.6.2 指定 noop 调度器

Linux 内核中包含 4 个 I/O 调度器，分别是 Anticipatory、CFQ、Deadline 和 Noop。2.6.18 之前的 Linux 默认使用 anticipatory，而之后的默认使用 cfq。关于这 4 个调度器的原理已经在前面做过介绍，这里不重复讲述。这里主要用到的是 Noop 调度器。Noop 调度器是一个基本上不做任何事情的空调度器，它直接将 I/O 请求传递给通用块层，告诉通用块层已经对请求做了相应的调度处理。

Noop 调度器的存在是为了那些不需要调度的块设备准备的，这是一种技术上的进步。因为如果不需要调度来规划数据的读写顺序，那么将节省很长一段时间。Noop 调度器需要硬件设备的支持，这些硬件设备能够随机地读取数据，例如内存、固态硬盘、U 盘等。

每一个请求队列都有一个调度器，为请求队列指定调度器使用 elevator_init() 函数，该函数的原型代码如下：

```
int elevator_init(struct request_queue *q, char *name);
```

函数的第 1 个参数 q 是请求队列的指针，第 2 个参数是需要指定的 I/O 调度器的名称。名称可以是 noop、cfq、deadline 和 anticipatory。如果第 2 个参数传递为 NULL，那么内核会首先从启动参数 elevator 中寻找调度器。如果启动参数中没有指定调度器，那么就选择编译内核时指定的调度器。如果这些都不成功，则选择 noop 调度器，表示什么都不做。要更换 I/O 调度器，只需要以相应请求队列为参数调用 elevator_init() 函数就行了。更换 I/O 调度器的模板如下：

```
01  struct elevator_queue * old_elevator;
                                          /*存储旧的电梯调度算法*/
02  Virtual_blkdev_queue = blk_init_queue(Virtual_blkdev_do_request,
```

```
                NULL);                                             /*申请一个请求队列*/
03      ...
04      old_elevator =Virtual_blkdev_queue->elevator;    /*得到默认的调度算法*/
05      if(IS_ERR_VALUE(elevator_init(Virtual_blkdev_queue,"noop")))
                                                    /*给请求队列设定一个新的调度算法*/
06      {
07          printk(KERN_WARNING"elevator is error");       /*错误打印调试信息*/
08      }
09      else
10      {
11          elevator_exit(old_elevator);                   /*恢复旧的调度算法*/
12      }
```

18.6.3　Virtual_blkdev 的改进实例

18.4 节的 Virtual_blkdev 使用了默认的调度算法，但是并不符合内存设备的要求，这里对 Virtual_blkdev_init()函数进行了简单的修改，使用 noop 调度算法取代默认的调度算法。函数与原函数的区别用粗体表示，代码如下：

```
static int __init Virtual_blkdev_init(void)
{
    int ret;                                                 /*返回值*/
    struct elevator_queue * old_elevator;
    Virtual_blkdev_disk = alloc_disk(1);/*分配一个磁盘，该磁盘最多一个分区*/
    if (!Virtual_blkdev_disk)              /*如果磁盘分配失败，则跳到错误处理*/
    {
        ret = -ENOMEM;
        goto err_alloc_disk;
    }
    /*初始化请求队列，指定自定义请求处理函数 Virtual_blkdev_do_request ()*/
    Virtual_blkdev_queue = blk_init_queue(Virtual_blkdev_do_request,
    NULL);
    if (!Virtual_blkdev_queue)             /*如果请求队列分配失败，则跳到错误处理*/
    {
        ret = -ENOMEM;
        goto err_init_queue;
    }
    old_elevator =Virtual_blkdev_queue->elevator;   /*得到默认的调度算法*/
    /*给请求队列设定一个新的调度算法*/
    if(IS_ERR_VALUE(elevator_init(Virtual_blkdev_queue,"noop")))
    {
        printk(KERN_WARNING"elevator is error");      /*错误打印调试信息*/
    }
    else
    {
        elevator_exit(old_elevator);                      /*恢复旧的调度算法*/
    }
    strcpy(Virtual_blkdev_disk->disk_name, VIRTUAL_BLKDEV_DISKNAME);
                                                    /*给设备赋名字 */
    Virtual_blkdev_disk->major = VIRTUAL_BLKDEV_DEVICEMAJOR;
                                                    /*给设备赋主设备号 */
    Virtual_blkdev_disk->first_minor = 0;/*次设备号为 0，表示第一个 20 设备*/
    Virtual_blkdev_disk->fops = &Virtual_blkdev_fops;  /*块设备操作函数*/
    Virtual_blkdev_disk->queue = Virtual_blkdev_queue; /*请求队列*/
```

```
    set_capacity(Virtual_blkdev_disk, VIRTUAL_BLKDEV_BYTES>>9);
                                                /*磁盘的扇区数*/
    add_disk(Virtual_blkdev_disk)          /*将磁盘添加到内核中，激活 25 磁盘*/
    return 0;
    err_init_queue:
        put_disk(Virtual_blkdev_disk);                /*释放磁盘引用*/
    err_alloc_disk:
        return ret;
}
```

除了更改 Virtual_blkdev_init()函数以外，Virtual_blkdev 的其他函数都不需要更改。

18.6.4　编译和测试

本节对 Virtual_blkdev 的修改非常少，但是已经使 Virtual_blkdev 的效率提高了不少。使用和 18.4 节一样的编译方法编译新的 Virtual_blkdev 模块，make 命令如下：

```
[root@tom chapter18]# make
make -C /linux-2.6.34.14/linux-2.6.34.14 M=/driver-test/chapter18 modules
make[1]: Entering directory `/linux-2.6.34.14/linux-2.6.34.14'
  CC [M]  /driver-test/chapter18/Virtual_blkdev.o
  Building modules, stage 2.
  MODPOST 1 modules
  CC      /driver-test/chapter18/Virtual_blkdev.mod.o
  LD [M]  /driver-test/chapter18/Virtual_blkdev.ko
make[1]: Leaving directory `/linux-2.6.34.14/linux-2.6.34.14'
```

使用 insmod 命令将 Virtual_blkdev.ko 模块加入内核中，并用 mknod 命令添加设备文件，这些操作与前面讲的是一致的。新的 Virtual_blkdev 设备的读写与以前的 Virtual_blkdev 设备也一样，只是效率上有所提高。从 sys 文件系统中可以看到 Virtual_blkdev 设备使用的 I/O 调度器，命令如下：

```
[root@tom queue]# cat /sys/block/Virtual_blkdev/queue/scheduler
[noop] anticipatory deadline cfq
```

可以看出，新的 Virtual_blkdev 块设备使用的调度器是 noop。以前使用的调度器是 cfq，可以从下面的命令中看出。

```
[root@tom queue]# cat /sys/block/Virtual_blkdev/queue/scheduler
noop anticipatory deadline [cfq]
```

18.7　脱离 I/O 调度器

为了使读者详细地了解内核是怎么对数据进行读写的，下面对通用块层的函数调用关系进行仔细分析。本节试图摆脱繁琐的 I/O 调度器，对数据读写的本质进行分析，通过这种本质的学习读者将对数据读写的整个流程有深刻的理解。首先，将从请求队列中的 bio 处理函数开始。

18.7.1　请求队列中的 bio 处理函数

尽管 18.6 节的 noop 调度器已经相当简单。它除了告诉内核一个 bio 已经调度完成，正在等待处理之外，几乎什么都不做。许多程序员错误地以为 noop 调度器的效率很高，是的，它确实比其他三种调度器效率要高，但是有比 noop 调度器效率更高的方法，那就是不用 I/O 调度器。

1．请求队列与 I/O 调度器

noop 调度器效率并不高的原因是：内核为了使 noop 调度器适合于大多数不使用调度器的设备，进行了很多预处理，这些预处理要处理各种可能的情况相当占用时间。所以如果读者足够了解自己将要为其写驱动的块设备，那么建议不使用 I/O 调度器，而自行设计 bio 操作。

要脱离 I/O 调度器，就必须先复习一下请求队列 request_queue，因为 I/O 调度器和请求队列是捆绑在一起的。这一点从图 18.15 中可以看出，一个请求队列有一个指向 I/O 调度器（elevator_queue）的指针。

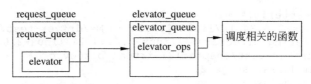

图 18.15　请求队列与 I/O 调度器的关系

2．请求队列的两个重要函数

请求队列中有两个重要的函数，这两个函数也与 I/O 调度器有重要的关系。下面给出请求队列的主要代码：

```
struct request_queue
{
    ...
    /*实现驱动程序处理请求的函数，在 Virtual_blkdev 中将实现这个函数*/
    request_fn_proc   *request_fn;
    /*将一个新的 request 请求插入请求队列中的方法*/
    make_request_fn   *make_request_fn;
    ...
}
```

不论是 request_fn_proc()函数和 make_request_fn()函数都有两重性。这里的两重性的意思是：第一，驱动开发人员可以自己实现这两个函数；第二，驱动开发人员可以使用内核默认的处理函数。使用哪种情况，需要根据实际情况分析，这两个函数的原型是：

```
typedef void (request_fn_proc) (struct request_queue *q);
typedef int (make_request_fn) (struct request_queue *q, struct bio *bio);
```

从严格意义上讲，make_request_fn()函数应该执行在 request_fn_proc()函数之前。make_request_fn()函数接收 2 个参数，第 1 个参数是请求队列，第 2 个参数是 1 个 bio 结构。它的作用是根据 bio 结构生成一个新的 request 结构，并将其添加到请求队列（request_queue）中。然后在适当的时候，调用 request_fn_proc()函数。

request_fn_proc()函数只接收一个请求队列参数。该请求队列中的每一个请求都是通过 I/O 调度器调度的，对于特定的设备它是优秀的。request_fn_proc()函数中完成对每个请求的响应,将数据读出或写入块设备中。

在不使用调度器的情况下,可以自定义 make_request_fn()函数,对每一个传入 make_request_fn()函数中的 bio 结构进行及时处理,不需要任何调度。在 make_request_fn()中就已经完成了数据的读写,这样就可以不使用 request_fn_proc()函数了。

18.7.2　通用块层函数调用关系

有了上面关于请求队列的基础知识后,下面分析一个块设备的读写过程。

1. 通用块层函数调用关系

当用户请求块设备上的一块数据时,会准备一个 bio 结构,之后这个 bio 结构会在通用块层传递,最终到达块设备中,这个过程可以从图 18.16 中看出。

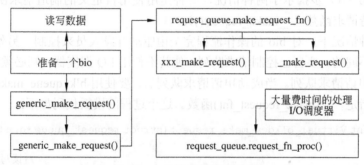

图 18.16　块设备的读写过程

步骤如下:

(1)当需要读写一个数据时,通用块层会准备一个 bio 结构体。

(2)准备好 bio 结构体后,会调用 generic_make_request()函数,该函数的原型代码如下。

```
void generic_make_request(struct bio *bio);
```

generic_make_request()函数接收第一步中准备好的 bio 结构作为参数,然后对其进行操作。

(3)在 generic_make_request()函数中通过一些处理后,会继续调用 __generic_make_request()函数,该函数的原型代码如下:

```
static inline void __generic_make_request(struct bio *bio);
```

__generic_make_request()函数也接收同一个 bio 结构体,并对其进行处理。

(4)这一步有两种情况,第一种是调用请求队列中自定义的 make_request_fn()函数。该函数由 blk_queue_make_request()函数指定。blk_queue_make_request()函数的原型代码如下:

```
void blk_queue_make_request(struct request_queue *q, make_request_fn *mfn)
```

blk_queue_make_request()函数的第 1 个参数是请求队列,第 2 个参数是指向 make_request_fn()函数的函数指针。该函数将 make_request_fn()的函数指针 mfn 赋给请求队列的相应指针 request_queue. make_request_fn。

第二种情况是使用请求队列默认的__make_request()函数，该函数的原型代码如下：

```
static int __make_request(struct request_queue *q, struct bio *bio);
```

该函数中处理大量费时的操作，并启动 I/O 调度器，对 bio 结构进行处理。当 I/O 调度器对 bio 结构进行处理后，bio 结构或者被合并到请求队列的一个请求结构 request 中，或者被放到新生成的请求结构 request 中，等待处理。

（5）当这些操作都完成后，会调用请求队列中的 request_fn_proc()方法，该方法由驱动开发人员自己定义，在前面的 Virtual_blkdev 块设备中已经使用过这种方法。

2．使用 I/O 调度器和不使用 I/O 调度器的分析

前面的第（4）步揭示了两种情况，一种是用使用自定义的制造请求函数，一种是使用默认的制造请求函数（__make_request()）。

在第一种情况下，对 bio 的操作流程完全由驱动开发人员来控制。另外，申请请求队列的函数是不同的。要自己控制请求队列，使其不使用 I/O 调度器，则必须使用 blk_alloc_queue()函数申请请求队列。当成功申请请求队列后，要使用 blk_queue_make_request()函数给请求队列指定一个 make_request_fn()函数。这个过程的模板代码如下：

```
static int Virtual_blkdev_make_request(struct request_queue *q, struct bio *bio)
{
    ...                                               /*读写设备的操作*/
}
Virtual_blkdev_queue = blk_alloc_queue(GFP_KERNEL);     /*分配请求队列*/
if (!Virtual_blkdev_queue)
{
    ret = -ENOMEM;
    goto err_alloc_queue;
}
/*为请求队列指定制造请求函数*/
blk_queue_make_request(Virtual_blkdev_queue,
Virtual_blkdev_make_request);
```

在第二种情况下，bio 会先后经过__make_request()函数、I/O 调度器和自定义的 request_fn_proc()函数。其中的每一步都比较耗时，I/O 调度器使用的时间则更多。这种情况下需要使用 blk_init_queue()函数申请请求队列，并传递请求函数 request_fn_proc()的指针。blk_init_queue()函数的原型代码如下：

```
struct request_queue *blk_init_queue(request_fn_proc *rfn, spinlock_t
*lock);
```

函数的第 1 个参数是赋给 request_queue 的 request_fn 成员的指针，第 2 个参数是保护这个操作的自旋锁。

3．使用 I/O 调度器和不使用 I/O 调度器的效率分析

这两种情况的最大不同就在于它们的效率。从图 18.17 中可以看出"自定义制造请求函数"的情况远比"默认制造请求函数"的情况高效，用的时间少。

值得注意的是，如果要使用 I/O 调度器，应该使用 blk_init_queue()函数申请请求队列。

如果不使用 I/O 调度器，则应该使用 blk_alloc_queue()函数申请请求队列，并使用 blk_queue_make_request()函数指定制造请求函数。

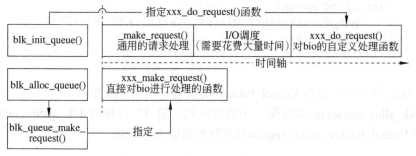

图 18.17　两种处理请求的效率对比

18.7.3　对 Virtual_blkdev 块设备的改进

对 Virtual_blkdev 块设备的改进，首先需要修改 Virtual_blkdev_init()函数，使其使用自定义的制造请求函数，修改后的代码如下：

1. Virtual_blkdev_init()函数的修改

Virtual_blkdev_init()函数中分配了磁盘和请求队列，并指定了请求队列的请求制造函数。Virtual_blkdev_init()函数的源代码如下：

```
01  static int __init Virtual_blkdev_init(void)
02  {
03      int ret;                            /*返回值*/
04      Virtual_blkdev_disk = alloc_disk(1);
                                      /*分配一个磁盘，该磁盘最多一个分区*/
05      if (!Virtual_blkdev_disk)         /*如果磁盘分配失败，则跳到错误处理*/
06      {
07          ret = -ENOMEM;
08          goto err_alloc_disk;
09      }
10      Virtual_blkdev_queue = blk_alloc_queue(GFP_KERNEL);/*分配请求队列*/
11      if (!Virtual_blkdev_queue)
12      {
13          ret = -ENOMEM;
14          goto err_alloc_queue;
15      }
16      /*为请求队列指定一个请求制造函数*/
17      blk_queue_make_request(Virtual_blkdev_queue, Virtual_blkdev_
        make_request);
18      strcpy(Virtual_blkdev_disk->disk_name, VIRTUAL_BLKDEV_DISKNAME);
                                      /*给设备赋名字 */
19      Virtual_blkdev_disk->major = VIRTUAL_BLKDEV_DEVICEMAJOR;
                                      /*给设备赋主设备号*/
20      Virtual_blkdev_disk->first_minor = 0;
                                      /*次设备号为 0，表示第一个 2021 设备*/
22      Virtual_blkdev_disk->fops = &Virtual_blkdev_fops;
                                      /*块设备操作函数*/
23      Virtual_blkdev_disk->queue = Virtual_blkdev_queue; /*请求队列*/
24      set_capacity(Virtual_blkdev_disk, VIRTUAL_BLKDEV_BYTES>>9);
```

```
                                                  /*磁盘的扇区数*/
25    add_disk(Virtual_blkdev_disk);  /*将磁盘添加到内核中，激活磁盘*/
26    return 0;
27    err_alloc_queue:
28        put_disk(Virtual_blkdev_disk);  /*释放磁盘引用*/
29    err_alloc_disk:
30    return ret;
31  }
```

由上述代码可知，新的 Virtual_blkdev 块设备，只需要改变第 10 行和第 17 行。第 10
行使用 blk_alloc_queue()函数分配一个请求队列，第 17 行使用 blk_queue_make_request()
函数指定 Virtual_blkdev_make_request()函数为制造请求函数。

2. 请求制造函数 Virtual_blkdev_make_request()

Virtual_blkdev_make_request()函数是在上述代码的第 17 行指定的，用来处理 bio 的读
写。这个函数是 I/O 操作的终结,直到此时,I/O 操作就结束了,Virtual_blkdev_make_request()
函数的代码如下：

```
01  static int Virtual_blkdev_make_request(struct request_queue *q, struct
    bio *bio)
02  {
03      struct bio_vec *bvec;
04      int i;
05      void *dsk_mem;                          /*物理块设备存储空间*/
06      if ((bio->bi_sector << 9) + bio->bi_size > VIRTUAL_BLKDEV_BYTES)
        {/*bio 块的位置超过块设备的容量*/
07          printk(KERN_ERR VIRTUAL_BLKDEV_DISKNAME
08          ": bad request: block=%llu, count=%u\n",
09          (unsigned long long)bio->bi_sector, bio->bi_size);
10          #if LINUX_VERSION_CODE < KERNEL_VERSION(2, 6, 24)
                                            /*判断内核是否小于 2.6.24 版本*/
11              bio_endio(bio, 0, -EIO);        /*通知通用块层处理 bio 处理结束*/
12          #else
13              bio_endio(bio, -EIO);           /*通知通用块层处理 bio 处理结束*/
14          #endif
15          return 0;
16      }
17      dsk_mem = Virtual_blkdev_data + (bio->bi_sector << 9);
                                            /*要读写的块设备位置*/
18      bio_for_each_segment(bvec, bio, i) {
                                    /*对 bio 中的每一个 bio_vec 进行操作*/
19          void *iovec_mem;                /*请求对应的内存*/
20          switch (bio_rw(bio)) {          /*判断是读还是写操作*/
21              case READ:                  /*读操作*
22              case READA:
23              iovec_mem = kmap(bvec->bv_page) + bvec->bv_offset;
24              memcpy(iovec_mem, dsk_mem, bvec->bv_len);
25              kunmap(bvec->bv_page);
26              break;
27              case WRITE:                 /*写操作*/
28              iovec_mem = kmap(bvec->bv_page) + bvec->bv_offset;
                                            /*映射内存*/
29              memcpy(dsk_mem, iovec_mem, bvec->bv_len);
```

```
                                              /*从设备到系统内存*/
30              kunmap(bvec->bv_page);        /*取消映射*/
31              break;
32              default:
33              printk(KERN_ERR VIRTUAL_BLKDEV_DISKNAME": unknown value of
                bio_rw: %lu\n",
34              bio_rw(bio));
35              #if LINUX_VERSION_CODE < KERNEL_VERSION(2, 6, 24)
                                              /*判断内核是否小于 2.6.24 版本*/
36                  bio_endio(bio, 0, -EIO);/*通知通用块层处理 bio 处理结束*/
37              #else
38                  bio_endio(bio, -EIO);     /*通知通用块层处理 bio 处理结束*/
39              #endif
40              return 0;
41          }
42      dsk_mem += bvec->bv_len;              /*增加设备的偏移*/
43      }
44      #if LINUX_VERSION_CODE < KERNEL_VERSION(2, 6, 24)
45          bio_endio(bio, bio->bi_size, 0);
46      #else
47          bio_endio(bio, 0);
48      #endif
49      return 0;
50  }
```

- 第 10 行中使用 LINUX_VERSION_CODE 和 KERNEL_VERSION 宏，判断内核版本，因为 bio_endio()函数在 Linux 2.6.24 中参数发生变化，为了使驱动程序可以适用于不同的内核，所以需要判断内核的版本。

- 第 11～15 行调用 bio_endio()函数通知 bio 处理结束。这里的情况是，如果 bio 代表的数据的位置超过了块设备的容量则出错，提前通知 bio 结束。在 Linux 2.6.24 以下的内核，bio_endio()函数的原型如下：

```
void bio_endio(struct bio *bio,unsigned int bytes, int error);
```

第 1 个参数 bio 是要处理的 bio 结构体；第 2 个参数 bytes 是已经传送的字节数，当 bytes 比 bio 所指定的字节数少时，表示只传输了一部分数据。第 3 个参数表示错误码，一般为 EIO，表示输入输出错误。

在 Linux 2.6.24 以上的 bio_endio()函数的原型如下：

```
void bio_endio(struct bio *bio, int error);
```

第 1 个参数 bio 表示要处理的 bio 结构体；第 2 个参数表示 bio 是否成功完成操作，成功时传递 0，错误时传递负数。

- 第 44～48 行表示执行成功后，返回 bio 的处理结果。bio_endio()函数传递参数 0 表示 bio 处理成功。

18.7.4　编译和测试

使用 make 命令对新的 Virtual_blkdev 块设备进行编译，命令如下：

```
[root@tom chapter18]# make
make -C /linux-2.6.34.14/linux-2.6.34.14 M=/driver-test/chapter18 modules
make[1]: Entering directory `/linux-2.6.34.14/linux-2.6.34.14'
```

```
CC [M]  /driver-test/chapter18/Virtual_blkdev.o
Building modules, stage 2.
MODPOST 1 modules
CC      /driver-test/chapter18/Virtual_blkdev.mod.o
LD [M]  /driver-test/chapter18/Virtual_blkdev.ko
make[1]: Leaving directory `/linux-2.6.34.14/linux-2.6.34.14'
```

然后加载该模块，使用 insmod 命令，如下所示。

```
[root@tom chapter18]# insmod Virtual_blkdev.ko
```

然后使用前面同样的方法查看 Virtual_blkdev 设备的信息，这些信息在 sysfs 文件系统中表示，查看这些的信息的命令如下：

```
[root@tom 18.7]# ls /sys/block/Virtual_blkdev/
bdi         dev        holders  range      ro    slaves  subsystem
capability  ext_range  power    removable  size  stat    uevent
```

从这些信息中可以看出，块设备在 Virtual_blkdev 目录下的 queue 子目录已经消失了，说明新的 Virtual_blkdev 块设备并没有用到 I/O 调度器。到目前为止，已经实现了 3 种 Virtual_blkdev 块设备，这 3 种块设备分别在 18.4 节、18.6 节和 18.7 节讲述了。为了分析这 3 种实现方法在性能上的区别，分别向这 3 个设备中复制同样大小的一个目录文件，比较它们使用的时间，实验结果如表 18.2 所示。

表 18.2　Virtual_blkdev 的性能比较

设备	18.4 节的 Virtual_blkdev	18.6 的 Virtual_blkdev	18.7 的 Virtual_blkdev
命令	cp /etc/mail/* /mnt/temp	cp /etc/mail/* /mnt/temp	cp /etc/mail/* /mnt/temp
时间	real　　0m0.903s user　　0m0.000s sys　　0m0.047s	real　　0m0.034s user　　0m0.000s sys　　0m0.020s	real 0m0.024s user 0m0.000s sys 0m0.013s

由表 18.2 可知，18.4 节复制文件使用了 0.903 秒；18.6 节复制文件使用了 0.034 秒；18.7 节复制文件使用了 0.024 秒。由此可见，本节改进的块设备效率最高。

18.8　块设备的物理结构

上几节介绍的块设备，其基本功能还不完善。本节将块设备的物理结构进行完善，首先介绍分区。

18.8.1　为 Virtual_blkdev 块设备添加分区

对于实际的物理磁盘，一般都有多个分区，本节将对 Virtual_blkdev 设备进行分区，下面先介绍分区的概念。

1. 分区

分区是物理磁盘的一部分，将物理磁盘分为几个单独的单元，每一个单元就是一个分区。每一个分区可以用来存放文件和数据。对于用户来说，分区的好处是可以按逻辑方式组织文件，并且当整个分区的文件过时时，可以通过格式化的方法删除文件，而不影响其他分区的文件。

在划分分区时，分区大小必须以磁道为参考。也就是说如果磁盘有两个磁道，则不能将磁盘分为 3 个分区，最多只能分为 2 个分区。因为一个分区不能只占用半个磁道，一个分区必须包含一个或多个整数磁道。

2．alloc_disk()函数增加分区

比起 I/O 调度来，对磁盘进行分区则非常容易，因为内核做了大部分的工作。这些工作多数由 fs/partitions 目录中的文件来完成。一个磁盘或者分区，在内核中用 gendisk 结构表示，申请 gendisk 结构的函数是 alloc_disk()，该函数在前面已经讲过，这里列出它的原型：

```
struct gendisk *alloc_disk(int minors);
```

minors 参数是这个磁盘使用的次设备数量，其实就是磁盘的分区数量，磁盘的分区一旦由 alloc_disk()函数设定，就不能修改。alloc_disk()的例子代码如下：

```
struct gendisk *xxx_disk = alloc_disk(5);          /*分配一个 gendisk 设备*/
if(xxx_disk ==NULL)                                /*分配失败*/
    goto error_alloc_disk;
```

该代码分配了一个通用磁盘 xxx_disk，参数 5 表示，这个磁盘最大可以有 4 个分区，其中第 1 个设备号已经用来表示整个块设备了。最大 4 个分区指的是分区数的上限，但并不是唯一的上限，因为这个数字可能受磁盘磁道数的影响。如果磁盘只有 2 个磁道，那么块设备就只能建立两个分区了。

为了使代码更加友好，便于修改，下面使用一个宏代替分区数，宏定义如下：

```
#define VIRTUAL_BLKDEV_MAXPARTITIONS (5)
```

然后将 alloc_disk(5)变为 alloc_disk(VIRTUAL_BLKDEV_MAXPARTITIONS)即可。

18.8.2 对新的 Virtual_blkdev 代码的分析

只要对 18.7 节中的代码做一点简单的修改，就能够使设备支持分区。首先在文件开始添加一个分区数目的宏，代码如下：

```
#define VIRTUAL_BLKDEV_MAXPARTITIONS (5)                /*最多有 4 个分区*/
```

在 Virtual_blkdev_init()中对 alloc_disk()函数做了一些修改，修改过的代码如下：

```
01   static int __init Virtual_blkdev_init(void)
02   {
03       int ret; /*返回值*/
         /*分配 14 个磁盘，多有 4 个分区*/
04       Virtual_blkdev_disk = alloc_disk(VIRTUAL_BLKDEV_MAXPARTITIONS);

05       if (!Virtual_blkdev_disk)              /*如果磁盘分配失败，则跳到错误处理*/
06       {
07           ret = -ENOMEM;
```

```
08          goto err_alloc_disk;
09      }
10      Virtual_blkdev_queue = blk_alloc_queue(GFP_KERNEL);/*分配请求队列*/
11      if (!Virtual_blkdev_queue)
12      {
13          ret = -ENOMEM;
14          goto err_alloc_queue;
15      }
16      /*为请求队列指定一个请求制造函数*/
17      blk_queue_make_request(Virtual_blkdev_queue, Virtual_blkdev_
        make_request);
18      strcpy(Virtual_blkdev_disk->disk_name, VIRTUAL_BLKDEV_DISKNAME);
                                                    /*给设备赋名字*/
19      Virtual_blkdev_disk->major = VIRTUAL_BLKDEV_DEVICEMAJOR;
                                                    /*给设备赋主设备号*/
20      Virtual_blkdev_disk->first_minor = 0;
                                      /*次设备号为 0，表示第一个设备*/
21      Virtual_blkdev_disk->fops = &Virtual_blkdev_fops;
                                                    /*块设备操作函数*/
22      Virtual_blkdev_disk->queue = Virtual_blkdev_queue; /*请求队列*/
23      set_capacity(Virtual_blkdev_disk, VIRTUAL_BLKDEV_BYTES>>9);
                                                    /*磁盘的扇区数*/
24      add_disk(Virtual_blkdev_disk);   /*将磁盘添加到内核中，活磁盘*/
25      return 0;
26      err_alloc_queue:
27          put_disk(Virtual_blkdev_disk);           /*释放磁盘引用*/
28      err_alloc_disk:
29      return ret;
30  }
```

18.8.3　编译和测试

在使用 Virtual_blkdev 设备前，需要先编译和调试代码，这些步骤如下。

1．编译代码

首先使用 make 命令对模块进行编译，命令如下：

```
[root@tom 18.8]# make
make -C /linux-2.6.34.14/linux-2.6.34.14 M=/driver-test/chapter18/18.8
modules
make[1]: Entering directory '/linux-2.6.34.14/linux-2.6.34.14'
  CC [M]  /driver-test/chapter18/18.8/Virtual_blkdev.o
  Building modules, stage 2.
  MODPOST 1 modules
  CC      /driver-test/chapter18/18.8/Virtual_blkdev.mod.o
  LD [M]  /driver-test/chapter18/18.8/Virtual_blkdev.ko
make[1]: Leaving directory '/linux-2.6.34.14/linux-2.6.34.14'
```

2．加载模块

使用 insmod 命令加载该模块，命令如下：

```
[root@tom 18.8]# insmod Virtual_blkdev.ko
```

3. 分区

与以往磁盘只有一个分区不同，这里先使用 fdisk 对磁盘进行分区。下面先对需要用到的 fdisk 命令进行详细介绍。

通过 fdisk 命令进入相应的设备操作，会得到命令提示符，输入 m 会得到帮助信息，命令如下：

```
[root@tom 18.8]# fdisk /dev/Virtual_blkdev
Device contains neither a valid DOS partition table, nor Sun, SGI or OSF
disklabel
Building a new DOS disklabel with disk identifier 0x8c975484.
Changes will remain in memory only, until you decide to write them.
After that, of course, the previous content won't be recoverable.

Warning: invalid flag 0x0000 of partition table 4 will be corrected by w(rite)
Command (m for help): m
Command action
   a   toggle a bootable flag
   b   edit bsd disklabel
   c   toggle the dos compatibility flag
   d   delete a partition                            /*删除一个分区*/
   l   list known partition types      /*列出分区类型，以供设置相应分区的类型；*/
   m   print this menu                               /*列出帮助信息*/
   n   add a new partition                           /*添加一个分区*/
   o   create a new empty DOS partition table        /*DOS 分区表*/
   p   print the partition table                     /*列出分区表*/
   q   quit without saving changes                   /*不保存退出*/
   s   create a new empty Sun disklabe l             /*创建 Sun 系统的磁盘*/
   t   change a partition's system id                /*改变分区类型*/
   u   change display/entry units
   v   verify the partition table                    /*检查分区表是否正确*/
   w   write table to disk and exit                  /*把分区表写入硬盘并退出*/
   x   extra functionality (experts only)            /*扩展应用，家功能*/
```

使用 n 命令添加第一个主分区，然后使用 p 添加一个主分区，命令如下：

```
Command (m for help): n
Command action
   e   extended
   p   primary partition (1-4)
P
```

然后可以选择需要分第几个区，这里选择 1，表示分第 1 个区。括号中的 1-4 表示最大可以分 4 个区，这和代码中的设置是一样的。然后是 First cylinder (1-1, default 1):行，括号中的 1-1 表示磁盘最小磁道是 1，最大磁道也是 1，所以这个磁盘只有一个磁道，则最多可以分一个区。执行的过程如下：

```
Partition number (1-4): 1
First cylinder (1-1, default 1): 1
```

当分区完后，这时可以使用 p 命令查看分区状态，命令如下：

```
Command (m for help): p
```

```
Disk /dev/Virtual_blkdev: 8 MB, 8388608 bytes
255 heads, 63 sectors/track, 1 cylinders
Units = cylinders of 16065 * 512 = 8225280 bytes
Disk identifier: 0x8c975484

           Device Boot      Start         End      Blocks   Id  System
/dev/Virtual_blkdev1              1           1        8001   83  Linux
```

从这些信息中可以看出，磁盘共有 8MB 存储空间。255 个磁头，63 个扇区，1 个磁道。第 1 个分区名叫做/dev/Virtual_blkdev1，开始磁道是 1，结束磁道也是 1，分区共有 8001个块。

尝试对磁盘分第 2 个区是失败的，提示没有扇区可用，命令如下：

```
Command (m for help): n
Command action
  e   extended
  p   primary partition (1-4)
p
Partition number (1-4): 2
No free sectors available
```

分区结束后，使用 w 命令保存分区表，命令如下：

```
Command (m for help): w
The partition table has been altered!

Calling ioctl() to re-read partition table.
Syncing disks.
```

4．测试分区数

经过上面的步骤后，磁盘被分为 1 个区。在/dev 目录下新生成了一个 Virtual_blkdev1块设备文件，代表分区 1，主设备号是 72，次设备号是 1。/dev 目录下的 Virtual_blkdev 块设备文件代表整个磁盘，主设备号是 72，次设备号是 0。由于第二个分区没有创建成功，试图访问第二个设备会出现错误提示。这些信息来自下面的命令：

```
[root@tom 18.8]# ls -l /dev/Virtual_blkdev1
brw-r----- 1 root disk 72, 1 03-11 17:47 /dev/Virtual_blkdev1
[root@tom 18.8]# ls -l /dev/Virtual_blkdev2
ls: 无法访问 /dev/Virtual_blkdev2: 没有那个文件或目录
[root@tom 18.8]# ls -l /dev/Virtual_blkdev
brw-r----- 1 root disk 72, 0 03-11 17:47 /dev/Virtual_blkdev
```

由上述信息可知，Virtual_blkdev 块设备只有一个分区。

18.8.4　分区数的计算

一个磁盘的最大分区数目由两方面决定，第一是 alloc_gendisk()函数中指定的最大分区数；第二是磁盘的物理磁道数。在上述的 Virtual_blkdev 块设备的代码中，并没有为磁盘指定磁道数，这种情况下，Linux 内核只能猜测磁盘的磁道数。

在传统的磁盘中，使用 8 个位来表示磁盘盘面数，6 个位表示每个磁道的扇区数，10个位表示磁道数。因此盘面数、扇区数、磁道数最大分别为 255、63 和 1023。这样可以计数出传统的磁盘可以表示的硬盘容量是 $255 \times 63 \times 1023 \times 512 \approx 8GB$，这就是传统磁盘容量的 8GB 的限制。现代磁盘已经没有这样的限制，高达 512GB 容量的磁盘也比比皆是。现在磁盘为了与传统磁盘相兼容，仍然保持盘面、扇区、磁道的概念。

当没有指定盘面、扇区数目时，一种常用的假设是：磁盘具有最大的盘面数目（255），最大的扇区数目（63），磁道数目由磁盘容量、盘面、扇区决定。

因此，对于一个 8M 的 Virtual_blkdev 块设备，根据假设，盘面数为 255，扇区数为 63，所以磁道数目为（$8 \times 1024 \times 1024$）/（$255 \times 63 \times 512$）$\approx 1.0198$。小数部分没完成的磁道被抛弃，所以一个 8M 的块设备，如果没有告诉内核它的物理结构，那么内核就猜测它有一个磁道。尽管 alloc_disk()函数允许 Virtual_blkdev 块设备可以最多有 4 个分区，但是由于其只有一个磁道，所以只能分一个区。下面将对块设备进行相应的设置，使其有多个磁道，支持多个分区。

18.8.5　设置 Virtual_blkdev 的结构

Virtual_blkdev 是一个内存设备，对于内存设备来说，其物理结构并不是很重要。驱动开发人员可以根据需要对其进行设置，这些设置包括磁盘盘面数、扇区数、磁道数等。如果对于实际的物理设备，就不能对其物理结构进行设置，因为这些物理结构在硬件出厂时，就已经固定了。

1. block_device_operations 结构体

对 Virtual_blkdev 块设备的结构设置，需要使用 block_device_operations 结构体中的 getgeo()函数，该函数用来设置磁盘结构信息。block_device_operations 结构体如下，信息的内容在前面的章节中已介绍过。

```
struct block_device_operations {
    int (*open) (struct block_device *, fmode_t);
    int (*release) (struct gendisk *, fmode_t);
    int (*locked_ioctl) (struct block_device *, fmode_t, unsigned, unsigned
    long);
    int (*ioctl) (struct block_device *, fmode_t, unsigned, unsigned long);
    int (*compat_ioctl) (struct block_device *, fmode_t, unsigned, unsigned
    long);
    int (*direct_access) (struct block_device *, sector_t,void **, unsigned
    long *);
    int (*media_changed) (struct gendisk *);
    int (*revalidate_disk) (struct gendisk *);
    int (*getgeo)(struct block_device *, struct hd_geometry *);
    struct module *owner;
};
```

结构体中用来操作设备结构的函数是 getgeo()，该函数的原型代码如下：

```
int (*getgeo)(struct block_device *, struct hd_geometry *);
```

该函数的第 1 个参数是块设备指针，第 2 个参数是指向 hd_geometry 结构的指针，该结构体定义如下：

```
struct hd_geometry {
```

```
    unsigned char heads;              /*磁头数，就是盘面数*/
    unsigned char sectors;            /*扇区数目*/
    unsigned short cylinders;         /*磁道数目*/
    unsigned long start;              /*从哪个磁道开始*/
};
```

该结构体中包含了磁盘的物理结构信息，例如盘面、扇区、磁道数目。heads 和 sectors 的类型 unsigned char 决定了其最大值为 255，cylinders 的 unsigned long 决定了磁道数有 2^{32} 个。

为了使 fdisk 在访问磁盘时，能够得到磁盘的信息，需要指定 getgeo()函数，该函数通过 block_device_operations 结构体来指定，代码如下：

```
struct block_device_operations Virtual_blkdev_fops =
{
    .owner = THIS_MODULE,
    .getgeo = Virtual_blkdev_getgeo,
};
```

2．getgeo()函数实现

getgeo()函数主要用来获得块设备的物理结构，该函数在代码中由 Virtual_blkdev_getgeo()函数实现。为了解决上面的代码只能有一个分区的问题，并且使函数支持多种普遍的磁盘种类，在 Virtual_blkdev_getgeo()函数中使用了多个 if 语句，对不同的情况进行了分别处理。该函数的代码如下：

```
static int Virtual_blkdev_getgeo(struct block_device *bdev,struct hd_geometry *geo)
{
    /*
    * capacity      heads    sectors cylinders
    * 0~8M        1       1        0~16384
    * 8M~512M     1       32       512~32768
    * 512M~16G   64       32       512~16384
    * 16G~...     255      63        >2080
    */
    if (VIRTUAL_BLKDEV_BYTES < 8 * 1024 * 1024) {    /*磁盘容量小于 8M*/
        geo->heads = 1;
        geo->sectors = 1;
    } else if (VIRTUAL_BLKDEV_BYTES < 512 * 1024 * 1024) {
                                                     /*磁盘容量在 8M~512M 之间*/
        geo->heads = 1;
        geo->sectors = 32;
    } else if (VIRTUAL_BLKDEV_BYTES < 16ULL * 1024 * 1024 * 1024) {
                                                     /*磁盘容量在 512M 到 16G 之间*/
        geo->heads = 64;
        geo->sectors = 32;
    } else {                                         /*磁盘容量大于 16G*/
        geo->heads = 255;
        geo->sectors = 63;
    }
    /*磁道数=磁盘容量/扇区大小/磁盘数/扇区数*/
    geo->cylinders = VIRTUAL_BLKDEV_BYTES >>9/geo->heads/geo->sectors;
    return 0;                                        /*成功返回 0*/
```

```
}
```

这里，磁盘有几个盘片、扇区、磁道完全由程序员指定。下面根据磁盘容量分别对磁盘结构进行设计，如表 18.3 所示。

当磁盘的容量小于等于 8M 时，设置磁盘的盘片数为 1，扇区数为 1，则可以算出磁道数在 0～16384 之间；当磁盘的容量大于 8M 且小于 512M 时，设置磁盘的盘片数为 1，扇区数为 32，则可以算出磁道数在 512～32768 之间；当磁盘的容量大于 512M 且小于 16G 时，设置磁盘的盘片数为 64，扇区数为 32，则可以算出磁道数在 512～16384 之间；当磁盘的容量大于 16G 时，设置磁盘的盘片数为 255，扇区数为 63，则磁道数应该大于 2080。计算磁道数的计算公式为：

磁道数=（磁盘容量）/（盘片数×磁道数×扇区数×每扇区字节数）

表 18.3　磁盘结构设计

容　　量	盘片数	扇区数	磁　道　数
0～8M	1	1	0～16384
8M～512M	1	32	512～32768
512M～16G	64	32	512～16384
16G 以上	255	63	>2080

18.8.6　编译和测试

在使用 Virtual_blkdev 设备前，需要先编译和调试代码，这些步骤如下。

1．编译代码

首先使用 make 命令对模块进行编译，命令如下：

```
[root@tom 2]# make
make -C /linux-2.6.34.14/linux-2.6.34.14 M=/driver-test/chapter18/18.8/2
modules
make[1]: Entering directory `/linux-2.6.34.14/linux-2.6.34.14'
  CC [M]  /driver-test/chapter18/18.8/2/Virtual_blkdev.o
  Building modules, stage 2.
  MODPOST 1 modules
  CC     /driver-test/chapter18/18.8/2/Virtual_blkdev.mod.o
  LD [M]  /driver-test/chapter18/18.8/2/Virtual_blkdev.ko
make[1]: Leaving directory `/linux-2.6.34.14/linux-2.6.34.14'
```

2．加载模块

使用 insmod 命令加载该模块，命令如下：

```
[root@tom 2]# insmod Virtual_blkdev.ko
```

3．分区

使用 fdisk 命令进入分区程序，并在提示符中输入 p，查看物理设备结构，命令如下：

```
[root@tom 2]# fdisk /dev/Virtual_blkdev
Device contains neither a valid DOS partition table, nor Sun, SGI or OSF
disklabel
Building a new DOS disklabel with disk identifier 0x434c3ce5.
Changes will remain in memory only, until you decide to write them.
After that, of course, the previous content won't be recoverable.


The number of cylinders for this disk is set to 16384.
There is nothing wrong with that, but this is larger than 1024,
and could in certain setups cause problems with:
1) software that runs at boot time (e.g., old versions of LILO)
2) booting and partitioning software from other OSs
   (e.g., DOS FDISK, OS/2 FDISK)
Warning: invalid flag 0x0000 of partition table 4 will be corrected by w(rite)

Command (m for help): p

Disk /dev/Virtual_blkdev: 8 MB, 8388608 bytes
1 heads, 1 sectors/track, 16384 cylinders, total 16384 sectors
Units = cylinders of 1 * 512 = 512 bytes
Disk identifier: 0x434c3ce5

            Device Boot      Start         End      Blocks   Id  System
```

从上述信息中可以看出，磁盘容量为 8M，有 1 个盘面，1 个扇区，16384 个磁道。接下来，将磁盘分为 3 个区，分别为 Virtual_blkdev1、Virtual_blkdev2、Virtual_blkdev3。这个分区过程需要指定分区序号、开始磁道和结束磁道，命令如下：

```
Command (m for help): n
Command action
  e   extended
  p   primary partition (1-4)
p
Partition number (1-4): 1
First cylinder (2-16384, default 2):
Using default value 2
Last cylinder or +size or +sizeM or +sizeK (2-16384, default 16384): 200

Command (m for help): n
Command action
  e   extended
  p   primary partition (1-4)
p
Partition number (1-4): 2
First cylinder (201-16384, default 201): 201
Last cylinder or +size or +sizeM or +sizeK (201-16384, default 16384): 10000

Command (m for help): n
Command action
  e   extended
  p   primary partition (1-4)
p
Partition number (1-4): 3
First cylinder (10001-16384, default 10001):
Using default value 10001
Last cylinder or +size or +sizeM or +sizeK (10001-16384, default 16384):
Using default value 16384
```

4. 查看分区

通过 p 命令可以查看分区信息,这些信息包括开始磁道、结束磁道和每个分区的块数等。然后通过 w 命令保存分区表,命令如下:

```
Command (m for help): p

Disk /dev/Virtual_blkdev: 8 MB, 8388608 bytes
1 heads, 1 sectors/track, 16384 cylinders, total 16384 sectors
Units = cylinders of 1 * 512 = 512 bytes
Disk identifier: 0x434c3ce5

           Device Boot      Start         End      Blocks   Id  System
/dev/Virtual_blkdev1            2         200          99+  83  Linux
/dev/Virtual_blkdev2          201       10000        4900   83  Linux
/dev/Virtual_blkdev3        10001       16384        3192   83  Linux

Command (m for help): w
The partition table has been altered!

Calling ioctl() to re-read partition table.
Syncing disks.
```

5. 创建文件系统

将磁盘分 3 个分区后,可以在磁盘上创建不同的文件系统,使用 mkfs 命令,执行过程如下:

```
[root@tom 2]# mkfs.ext2 /dev/Virtual_blkdev1
mke2fs 1.40.8 (13-Mar-2008)
Filesystem label=
OS type: Linux
Block size=1024 (log=0)
Fragment size=1024 (log=0)
16 inodes, 96 blocks
4 blocks (4.17%) reserved for the super user
First data block=1
1 block group
8192 blocks per group, 8192 fragments per group
16 inodes per group

Writing inode tables: done
Writing superblocks and filesystem accounting information: done

This filesystem will be automatically checked every 22 mounts or
180 days, whichever comes first.  Use tune2fs -c or -i to override.
[root@tom 2]# mkfs.ext3 /dev/Virtual_blkdev2
mke2fs 1.40.8 (13-Mar-2008)
Filesystem label=
OS type: Linux
Block size=1024 (log=0)
Fragment size=1024 (log=0)
1232 inodes, 4900 blocks
245 blocks (5.00%) reserved for the super user
First data block=1
Maximum filesystem blocks=5242880
1 block group
```

```
8192 blocks per group, 8192 fragments per group
1232 inodes per group

Writing inode tables: done
Creating journal (1024 blocks): done
Writing superblocks and filesystem accounting information: done

This filesystem will be automatically checked every 32 mounts or
180 days, whichever comes first.  Use tune2fs -c or -i to override.
[root@tom 2]# mkfs.ext3 /dev/Virtual_blkdev3
mke2fs 1.40.8 (13-Mar-2008)
Filesystem label=
OS type: Linux
Block size=1024 (log=0)
Fragment size=1024 (log=0)
400 inodes, 3192 blocks
159 blocks (4.98%) reserved for the super user
First data block=1
Maximum filesystem blocks=3407872
1 block group
8192 blocks per group, 8192 fragments per group
400 inodes per group

Writing inode tables: done
Creating journal (1024 blocks): done
Writing superblocks and filesystem accounting information: done

This filesystem will be automatically checked every 27 mounts or
180 days, whichever comes first.  Use tune2fs -c or -i to override.
```

6. 挂载文件系统

创建了文件系统后，就可以使用各个分区了。使用 mount 命令将各个分区挂载到相应的目录下，并查看各个分区的文件格式，命令如下：

```
[root@tom 2]# mount /dev/Virtual_blkdev1 /mnt/temp1
[root@tom 2]# mount /dev/Virtual_blkdev2 /mnt/temp2
[root@tom 2]# mount /dev/Virtual_blkdev3 /mnt/temp3
[root@tom 2]# mount
/dev/mapper/VolGroup00-LogVol00 on / type ext3 (rw)
proc on /proc type proc (rw)
sysfs on /sys type sysfs (rw)
devpts on /dev/pts type devpts (rw,gid=5,mode=620)
/dev/sda1 on /boot type ext3 (rw)
tmpfs on /dev/shm type tmpfs (rw)
none on /proc/sys/fs/binfmt_misc type binfmt_misc (rw)
sunrpc on /var/lib/nfs/rpc_pipefs type rpc_pipefs (rw)
fusectl on /sys/fs/fuse/connections type fusectl (rw)
gvfs-fuse-daemon      on      /root/.gvfs      type      fuse.gvfs-fuse-daemon
(rw,nosuid,nodev)
/dev/Virtual_blkdev1 on /mnt/temp1 type ext2 (rw)
/dev/Virtual_blkdev2 on /mnt/temp2 type ext3 (rw)
/dev/Virtual_blkdev3 on /mnt/temp3 type ext3 (rw)
```

可以看出分区 1 是 ext2 格式，分区 2 和 3 是 ext3 格式。通过这些测试，说明基于内存的块设备已经能够模拟实际的物理块设备了，写物理块设备驱动与写内存的块设备驱动大同小异。

18.9　小　　结

　　块设备的操作与字符设备不同，在本章中介绍了大量的与块设备相关的数据结构，例如 request_queue、request 和 bio 等。在本章中反复讲到请求，请求是完成块设备读写操作的基本单位。

　　从块设备驱动整体代码构架来看，请求队列是必须的。根据块设备的不同物理结构，请求队列可以使用系统提供的"制造请求"函数，也可以使用自定义的"请求制造"函数。自定义的"请求制造"函数有更高的效率，但缺少通用性，只能针对特定的块设备。

　　如果读者从本章开始一直读下来，那么会发现 Virtual_blkdev 块设备最开始有很多缺陷，随着讲述的深入，这种缺陷慢慢减少，越来越像实际的物理块设备了。在使用 fdisk 对块设备分区时，使用了 block_device_operatioans 结构体及相应的 getgeo()函数，使块设备支持更多的分区。

　　对于块设备，本章只讲述这些，更多的信息读者需要自己查找相关信息或者阅读源代码，通过学习，相信读者能够取得快速的进步。

第 19 章　USB 设备驱动程序

USB 设备是计算机中一种常见的设备。日常生活中，常见的 U 盘，就是其中之一。USB 设备只使用 4 条线进行连接，数据在线路中的传输规范已经从 1.0 升级到 3.0，OTG（On To Go）规范也在完善之中。从长远来看，USB 设备将成为计算机上主流的可插拔设备，越来越多的外设会使用 USB 规范来设计。从常见的外置光驱、移动硬盘、鼠标、键盘、手写笔，到外置网卡、蓝牙、手机数据接口、数码相机等，可见 USB 设备的使用会多么广泛，不久的将来，甚至可以想象两台计算机之间可以直接通过 USB 线进行数据传输，其速度可以达到 480Mbit/s。随着 USB 设备在日常生活的广泛应用，学习 USB 设备驱动的价值也越来越大，本章将对编写 USB 设备驱动进行详细的阐述。

19.1　USB 概述

USB 作为一种重要的通信规范，目前应用越来越广泛。USB 协议中，除了定义了通信物理层和电气层的标准外，还定义了一套比较完整的软件协议栈。这样就使大多数符合协议的 USB 设备能够很容易地工作在各种平台上。基本上，各个平台上的 USB 设备驱动的逻辑都很相似。由于 USB 协议是一套规范的协议，所以编写各种 USB 设备的驱动程序也非常相似，本节将对 USB 协议的相关内容做一个简要的介绍。

19.1.1　USB 概念

USB 是一个外部总线标准，用于规范电脑与外部设备的连接和通信。USB 接口支持设备的即插即用和热插拔功能。USB 接口可用于连接多达 127 种外设，如鼠标、调制解调器和键盘等。USB 是在 1994 年底由 Intel、康柏、IBM、微软等多家公司联合提出的，自 1996年推出后，已成功替代串口和并口，并成为当今个人电脑和大量智能设备必配的接口之一。从 1994 年 11 月 11 日发表了 USB V0.7 版本以后，USB 版本经历了多年的发展，到现在已经发展为 3.0 版本。现对 USB 主要版本进行简要的介绍。

1. USB 1.0 版本

USB 1.0 是在 1996 年出现的，速度只有 1.5Mb/s；1998 年升级为 USB 1.1，速度大大提升到 12Mb/s，在部分旧设备上还能看到这种标准的接口。USB 1.1 是较为普遍的 USB 规范，其高速方式的传输速率为 12Mbps，低速方式的传输速率为 1.5Mbps。

Mbps 中的 b 是 bit 的意思，1MB/s（兆字节/秒）=8MBPS（兆位/秒），12Mbps=1.5MB/s。大部分 MP3 为此类接口类型。

2．USB 2.0 版本

USB 2.0 规范是由 USB 1.1 规范演变而来的。它的传输速率达到了 480Mbps，折算 MB 为 60MB/s，足以满足大多数外设的速率要求。USB 2.0 中的"增强主机控制器接口"（EHCI）定义了一个与 USB 1.1 相兼容的架构。它可以用 USB 2.0 的驱动程序驱动 USB 1.1 设备。也就是说，所有支持 USB 1.1 的设备都可以直接在 USB 2.0 的接口上使用而不必担心兼容性问题，而且像 USB 线、插头等附件也都可以直接使用。

使用 USB 为打印机应用带来的变化则是速度的大幅度提升，USB 接口提供了 12Mbps 的连接速度，相比并口速度提高达到 10 倍以上，在这个速度下打印文件传输时间大大缩减。USB 2.0 标准进一步将接口速度提高到 480Mbps，是普通 USB 速度的 20 倍，更大幅度降低了打印文件的传输时间。

3．USB 3.0 版本

由 Intel、微软、惠普、德州仪器、NEC、ST-NXP 等业界巨头组成的 USB 3.0 Promoter Group 宣布，该组织负责制定的新一代 USB 3.0 标准已经于 2008 年 11 月正式完成并公开发布。新规范提供了 10 倍于 USB 2.0 的传输速度和更高的节能效率，可广泛用于 PC 外围设备和消费电子产品。

USB 3.0 在实际设备应用中将被称为 USB SuperSpeed，顺应此前的 USB 1.1 FullSpeed 和 USB 2.0 HighSpeed。USB 3.0 版本对 USB 2.0 版本做了很多优化，目前 USB 3.0 已经比较常见了。

19.1.2　USB 的特点

USB 设备应用非常广泛，例如 USB 键盘、USB 鼠标、USB 光驱和 U 盘等，并且许多手持设备上也提供了 USB 接口，方便与计算机或其他设备传递数据。USB 设备之所以会被大量应用，主要具有以下优点，这些优点在编程中是需要注意的。

（1）可以热插拔。这就让用户在使用外接设备时，不需要重复"关机将并口或串口电缆接上再开机"这样的动作，而是直接在计算机工作时，就可以将 USB 电缆插上使用。

（2）携带方便。USB 设备大多以"小、轻、薄"见长，对用户来说，同样 20G 的硬盘，USB 硬盘比 IDE 硬盘要轻一半的重量，在想要随身携带大量数据时，当然 USB 硬盘会是首要之选了。

（3）标准统一。大家常见的是 IDE 接口的硬盘，串口的鼠标键盘，并口的打印机扫描仪，可是有了 USB 之后，这些应用外设统统可以用同样的标准与个人计算机连接，这时就有了 USB 硬盘、USB 鼠标、USB 打印机等。

（4）可以连接多个设备。USB 在个人计算机上往往具有多个接口，可以同时连接几个设备，如果接上一个有 4 个端口的 USB HUB 时，就可以再连上 4 个 USB 设备，依次类推，尽可以连下去，将你家的设备都同时连在一台个人计算机上而不会有任何问题（注：最高可连接至 127 个设备）。USB 设备的这种特性可以用 USB 总线拓扑结构来解释，下面对 USB 总线拓扑结构进行阐述。

19.1.3　USB 总线拓扑结构

USB 设备的连接如图 19.1 所示，对于每个 PC 来说，都有一个或者多个称为主机（Host）控制器的设备，该主机控制器和一个根集线器（Hub）作为一个整体。这个根 Hub 下可以接多级的 Hub，每个子 Hub 又可以接子 Hub。每个 USB 设备作为一个结点接在不同级别的 Hub 上。

图 19.1　USB 设备物理拓扑结构

1．USB 主机控制器（Host Control）

USB Host 控制器：每个 PC 的主板上都会有多个 Host 控制器，每个 Host 控制器其实就是一个 PCI 设备，挂载在 PCI 总线上，嵌入式设备也如此。在 Linux 系统中，驱动开发人员应该给 Host 控制器提供驱动程序，用 usb_hcd 结构来表示。值得注意的是，目前 Host 控制器驱动主要有两种，一种是 1.0；另一种是 2.0，分别对应着 USB 协议 1.0 和 USB 协议 2.0。

2．USB 集线器（USB Hub）

USB Hub：每个 USB Host 控制器都会自带一个 USB Hub，被称为根（Root）Hub。这个根 Hub 可以接子（Sub）Hub，每个 Hub 上挂载 USB 设备。一般 PC 有 8 个 USB 口，通过外接 USB Hub，可以插更多的 USB 设备。当 USB 设备插入到 USB Hub 或从上面拔出时，都会发出电信号通知系统，这样可以枚举 USB 设备。

3．USB 设备

USB 设备：USB 设备就是插在 USB 总线上工作的设备，广义地讲 USB Hub 也算是 USB 设备。每个根 USB Hub 下可以直接或间接地连接 127 个设备，并且彼此不会干扰。对于用户来说，可以看成是 USB 设备和 USB 控制器直接相连，之间通信需要满足 USB 的通信协议。

19.1.4　USB 驱动总体架构

在 Linux 系统中，USB 驱动由 USB 主机控制器驱动和 USB 设备驱动组成。USB 主机控制器驱动，主要用来驱动芯片上的主机控制器硬件。USB 设备驱动是指具体的例如 USB 鼠标、USB 摄像头等设备驱动。如图 19.2 是 USB 驱动的总体架构。

1．USB 主机控制器

如图 19.2 所示，在 Linux 驱动中，USB 驱动处于最底层是 USB 主机控制器硬件。主机控制器硬件用来实现 USB 协议规定的相关操作，完成与 USB 设备之间的通信。在嵌入式系统中，USB 主机控制器硬件一般集成在 CPU 芯片中。事实上，在 USB 的世界里，要使 USB 设备正常工作，除了有 USB 设备本身外，在计算机系统中，还需要 USB 主机控制器才能使 USB 设备工作。

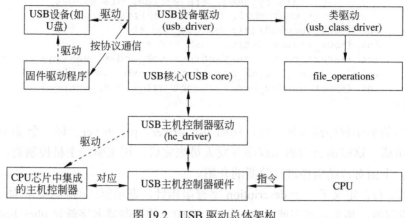

图 19.2　USB 驱动总体架构

顾名思义，主机控制器就是用来控制 USB 设备与 CPU 之间通信的。通常，计算机的 CPU 并不是直接和 USB 设备通信，而是和主机控制器通信。CPU 要对设备做什么操作，会先通知主机控制器，而不是直接发送指令给 USB 设备。主机控制器接收到 CPU 的命令后，会去指挥 USB 设备完成相应的任务。这样，CPU 把命令传给主机控制器后，就不用管余下的工作了，CPU 转向处理其他事情。

2．USB 主机控制器驱动

USB 主机控制器硬件必须由 USB 主机控制器驱动程序驱动才能运行。USB 主机控制器驱动用 hc_driver 表示，在计算机系统中的每一个主机控制器都有一个对应的 hc_driver 结构体，该结构体在/drivers/usb/core/hcd.h 文件中定义，代码如下：

```
01  struct hc_driver {
02      const char  *description;
03      const char  *product_desc;
04      size_t      hcd_priv_size;
05      irqreturn_t (*irq) (struct usb_hcd *hcd);
06      int flags;
07  #define HCD_MEMORY  0x0001
08  #define HCD_LOCAL_MEM   0x0002
09  #define HCD_USB11   0x0010
10  #define HCD_USB2    0x0020
11      int (*reset) (struct usb_hcd *hcd);
12      int (*start) (struct usb_hcd *hcd);
13      int (*pci_suspend) (struct usb_hcd *hcd, pm_message_t message);
14      int (*pci_resume) (struct usb_hcd *hcd);
15      void    (*stop) (struct usb_hcd *hcd);
16      void    (*shutdown) (struct usb_hcd *hcd);
17      int (*get_frame_number) (struct usb_hcd *hcd);
18      int (*urb_enqueue)(struct usb_hcd *hcd,struct urb *urb, gfp_t
        mem_flags);
19      int (*urb_dequeue)(struct usb_hcd *hcd,struct urb *urb, int
        status);
20      /* hw synch, freeing endpoint resources that urb_dequeue can't */
21      void    (*endpoint_disable)(struct usb_hcd *hcd,struct usb_host_
        endpoint *ep);
22      int (*hub_status_data) (struct usb_hcd *hcd, char *buf);
23      int (*hub_control) (struct usb_hcd *hcd,
```

```
24                    u16 typeReq, u16 wValue, u16 wIndex,
25                    char *buf, u16 wLength);
26      int (*bus_suspend)(struct usb_hcd *);
27      int (*bus_resume)(struct usb_hcd *);
28      int (*start_port_reset)(struct usb_hcd *, unsigned port_num);
29      void    (*relinquish_port)(struct usb_hcd *, int);
30      int (*port_handed_over)(struct usb_hcd *, int);
31  };
```

和大多数驱动程序结构体一样，例如 usb_driver、pci_driver。每一个 driver 都由一组函数指针组成。这些函数由驱动程序开发人员来完成，用来驱动主机控制器，使其完成一定的功能。下面对该结构体进行简要的介绍。

❑ 第 2 行，定义了一个 description 字符串指针，表示驱动的名字，例如如果是 EHCI 控制器，那么其名字就是 ehci_hcd。UHCI 的控制器名字就是 uhci_hcd。

❑ 第 3 行，定义了一个 product_desc 的字符串指针，表示产品的生产厂商等信息。

❑ 第 4 行，定义了一个 hcd_priv_size，指向控制器的私有数据的大小。每个主机控制器驱动都会有一个私有结构体，存储在 struct usb_hcd 结构体最后的那个变长数组里。对于不同的设备，其长度是不一样的。在创建 usb_hcd 时，需要使用 hcd_priv_size 的值，来确定申请多大的内存。

❑ 第 6 行，定义了一个 flags 标志，表示主机控制器的一些状态。其取值在第 7 行和第 8 行声明了两个宏。分别表示主机控制器使用的是控制器中的寄存器，还是使用的是主机上的内存。

❑ 第 11 行和 12 行，定义了初始化主机控制器和根集线器的函数。reset()函数表示重置，start()函数表示初始化。每一个主机控制器都应该有一个根集线器。即使在一些资源宝贵的嵌入式系统中，硬件上主机控制器没有根集线器，那么都会用软件虚拟一个根集线器来使用。根集线器虽然位于主机控制器中，但是和其他集线器在功能上并没有什么区别。在 USB 驱动架构中，应该将根集线器看成一个 USB 设备，一样需要 USB 设备驱动对其进行控制。USB 根集线器应该被注册到内核中，由内核来管理，具体的内容将在后面讲述。

❑ 第 13 行，定义了 pci_suspend()函数，当挂起集线器时被调用。

❑ 第 14 行，定义了 pci_resume()函数，当恢复集线器之前被调用。

❑ 第 15 行，定义了 stop()函数，该函数停止向内存写数据和向设备写数据。

❑ 第 16 行，定义了 shutdown()函数，该函数用来关闭主机控制器。

❑ 第 18 行和 19 行，定义了管理 urb 请求的函数，urb_enqueue()函数用来将 urb 放入请求队列，urb_dequeue()函数用来将 urb 取出队列。

❑ 第 21 行，定义了 endpoint_disable()函数，该函数的功能使端点不可用。

3．USB 核心（USB core）

再往上一层是 USB 核心，USB 核心负责对 USB 设备的整体控制，包括实现 USB 主机控制器到 USB 设备之间的数据通信。本质上，USB 核心是为设备驱动程序提供服务的程序，包含内存分配和一些设备驱动公用的函数，例如初始化 Hub、初始化主机控制器等。USB 核心的代码存放在 drivers/usb/core 目录下。

4．USB 设备驱动程序

最上一层是 USB 设备驱动程序，用来驱动相应的 USB 设备。USB 设备驱动用 usb_driver 表示，它主要用来将 USB 设备挂接到 USB 核心中，并启动 USB 设备，让其正常工作。对 USB 设备的具体读写操作由放在 usb_driver 设备中的 usb_class_drivers 成员来实现，该成员中定义了一个 file_operations 结构体，用来对设备进行读写操作。关于 usb_driver 结构体的详细说明将在下面介绍。

5．USB 设备与 USB 驱动之间的通信

要理解 USB 设备和 USB 驱动之间是怎样进行通信的，需要知道两个概念。一是 USB 设备固件；二是 USB 协议。这里的 USB 驱动包括 USB 主机控制器驱动和 USB 设备驱动。

固件（Firmware）就是写入 EROM 或 EPROM（可编程只读存储器）中的程序，通俗地理解就是"固化的软件"。更简单地说，固件就是 BIOS（基本输入输出软件）的软件，但又与普通软件完全不同，它是固化在集成电路内部的程序代码，负责控制和协调集成电路的功能。USB 固件中包含了 USB 设备的出厂信息，标识该设备的厂商 ID、产品 ID、主版本号和次版本号等。

另外固件中还包含一组程序，这组程序主要完成两个任务，即 USB 协议的处理和设备的读写操作。例如将数据从设备发送到总线上，或从总线中将数据读取到设备存储器中。对设备的读写需要固件程序来完成，所以固件程序应该了解对设备读写的方法。驱动程序只是将 USB 规范定义的请求发送给固件程序，固件程序负责将数据写入设备的存储器中。现在的一些 U 盘病毒，例如 exe 文件夹图标病毒，可以破坏 USB 固件中的程序，导致 U 盘损害，在使用 U 盘时，需要引起读者的注意。

USB 设备固件和 USB 驱动之间通信的规范是通过 USB 协议来完成的。通俗地讲，USB 协议规定了 USB 设备之间是如何通信的。如图 19.3 是 USB 设备固件和 USB 驱动通信的简易关系图。

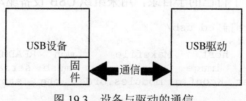

图 19.3　设备与驱动的通信

19.2　USB 设备驱动模型

USB 驱动程序中最为重要的是 USB 设备驱动模型。USB 设备驱动模型是 Linux 设备驱动模型的补充和扩展。USB 设备驱动模型紧密的融入内核中，为写 USB 设备驱动程序提供了标准的接口，本节将对 USB 设备驱动模型进行详细的讲解。

19.2.1　USB 驱动初探

Linux 操作系统提供了大量的默认驱动程序。一般来说，这些驱动程序适用于大多数

硬件，但也有许多特殊功能的硬件不能在操作系统中找到相应的驱动程序。这时，驱动开发人员一般在内核中找到一份相似的驱动代码，再根据实际的硬件情况进行修改。所以通过什么样的方法找到相似的驱动程序非常重要。

Linux 内核源码具有好的分类目录，drivers/usb/storage/目录便是常见的 USB 设备驱动程序目录。该目录中实现了一个重要的 usb-storage 模块，该模块支持常用的 USB 存储设备。本节将对这种设备驱动进行分析。找到了 USB 驱动目录后，哪些才是 USB 驱动相关的重要文件呢？请看下面的分析。

1. 寻找驱动程序的主要文件

大部分驱动程序相关的代码都在 drivers 目录下，在这个目录中使用 ls 命令可以看到很多子目录和文件，命令如下：

```
[root@tom linux-2.6.34.14]# cd drivers
[root@tom drivers]# ls
accessibility   cpufreq    ide        media          pcmcia      ssb
acpi            cpuidle    idle       memstick       platform    staging
add_sub_Kconfig crypto     ieee1394   message        pnp         tc
amba            dca        infiniband mfd            power       telephony
ata             dio        input      misc           ps3         thermal
atm             dma        isdn       mmc            rapidio     uio
auxdisplay      edac       Kconfig    modules.order  regulator   usb
base            eisa       mtd        rtc            uwb
block           firewire   leds       net            s390        video
bluetooth       firmware   lguest     nubus          sbus        virtio
built-in.o      gpio       macintosh  of             scsi        w1
cdrom           gpu        Makefile   oprofile       serial      watchdog
char            hid        Makefile~  parisc         sh          xen
clocksource     hwmon      mca        parport        sn          zorro
connector       i2c        md         pci            spi
```

drivers 目录下包含了大部分驱动程序的代码，其中 USB 目录包含了所有 USB 设备的驱动。USB 目录中包含了自己的子目录，用来组织 USB 设备驱动的层次关系，如下所示。

```
[root@tom drivers]# cd usb/
[root@tom usb]# ls
atm        class   host    Makefile        mon    README   usb-skeleton.c
built-in.o core    image   misc            musb   serial   wusbcore
c67x00     gadget  Kconfig modules.order   otg    storage
```

在 USB 目录下，有一个重要的 storage 目录，这里面的代码就是实际需要讲解的 USB 设备驱动的代码。我们日常生活中频繁使用的 U 盘的驱动，就被放在这个目录中。由于 USB 设备非常复杂，storage 目录中的代码也与其他目录中的代码有千丝万缕的联系，在以后的学习中将逐步讲解，希望引起读者的注意。storgae 目录中的主要文件可以用 ls 命令查看，如下所示。

```
[root@tom usb]# cd storage/
[root@tom storage]# ls
alauda.c          initializers.o option_ms.c     shuttle_usbat.h
alauda.h          isd200.c       option_ms.h     shuttle_usbat.o
alauda.o          isd200.h       option_ms.o     sierra_ms.c
built-in.o        isd200.o       protocol.c      sierra_ms.h
cypress_atacb.c   jumpshot.c     protocol.h      sierra_ms.o
cypress_atacb.h   jumpshot.h     protocol.o      transport.c
```

```
datafab.c          jumpshot.o      scsiglue.c        transport.h
datafab.h          karma.c         scsiglue.h        transport.o
datafab.o          karma.h         scsiglue.o        unusual_devs.h
debug.c            karma.o         sddr09.c          usb.c
debug.h            Kconfig         sddr09.h          usb.h
freecom.c          libusual.c      sddr09.o          usb.o
freecom.h          Makefile        sddr55.c          usb-storage.ko
freecom.o          modules.order   sddr55.h          usb-storage.mod.c
initializers.c     onetouch.c      sddr55.o          usb-storage.mod.o
initializers.h     onetouch.h      shuttle_usbat.c   usb-storage.o
```

为了使读者有整体认识，可以使用 wc 命令查看一下 storage 目录中有多少代码。经过统计该目录下约有 16899 行，命令如下所示。这里无法对这些代码的所有细节进行分析，只对其主要的部分进行说明。

```
[root@tom storage]# wc -l *
   ...
 16899 总计
```

2. 获取主要文件的方法

即使已经找到了 USB 设备的主要目录，但是确定哪些文件为主要的驱动文件仍然不是一件容易的事情。除了阅读相应的 readme 文件之外，就是分析 Makefile 文件和 Kconfig 文件了。基本上，Linux 内核源代码中，几乎每一个目录都有一个 Makefile 文件和 Kconfig 文件。Makefile 文件用来定义哪些文件需要编译，哪些文件不需要编译。Kconfig 文件用来组织需要编译入内核的模块和功能，其给用户提供一个选择配置内核的机会。

Makefile 文件和 Kconfig 文件组合起来就像一个公园的导航图，用来带领我们了解内核源代码这个复杂的结构。首先来看/drivers/usb/storage/目录下的 Makefile 文件，其内容如下：

```
01  EXTRA_CFLAGS    := -Idrivers/scsi
02  obj-$(CONFIG_USB_STORAGE)    += usb-storage.o
03  usb-storage-obj-$(CONFIG_USB_STORAGE_DEBUG)      += debug.o
04  usb-storage-obj-$(CONFIG_USB_STORAGE_USBAT)      += shuttle_usbat.o
05  usb-storage-obj-$(CONFIG_USB_STORAGE_SDDR09)     += sddr09.o
06  usb-storage-obj-$(CONFIG_USB_STORAGE_SDDR55)     += sddr55.o
07  usb-storage-obj-$(CONFIG_USB_STORAGE_FREECOM)    += freecom.o
08  usb-storage-obj-$(CONFIG_USB_STORAGE_ISD200)     += isd200.o
09  usb-storage-obj-$(CONFIG_USB_STORAGE_DATAFAB)    += datafab.o
10  usb-storage-obj-$(CONFIG_USB_STORAGE_JUMPSHOT)   += jumpshot.o
11  usb-storage-obj-$(CONFIG_USB_STORAGE_ALAUDA)     += alauda.o
12  usb-storage-obj-$(CONFIG_USB_STORAGE_ONETOUCH)   += onetouch.o
13  usb-storage-obj-$(CONFIG_USB_STORAGE_KARMA)      += karma.o
14  usb-storage-obj-$(CONFIG_USB_STORAGE_CYPRESS_ATACB) += cypress_
    atacb.o
15  usb-storage-objs := scsiglue.o protocol.o transport.o usb.o \
16          initializers.o sierra_ms.o option_ms.o $(usb-storage-
            obj-y)
```

❑ 第 1 行 EXTRA_CFLAGS 是一个编译标志，-I 选项表示需要编译的目录。当本 Makefile 文件被编译器读取时，会先判断 drivers/scsi 目录下的文件是否已经被编译，如果没被编译，则先编译该目录下的文件之后，再转到该 Makefile 文件中。

❑ 第 2~14 行是一些可选的编译选项，只有在 make menuconfig 阶段配置的选项，才会被编译。诸如 CONFIG_USB_XXX 之类的变量是在 Kconfig 文件中定义的。usb-storage.o 是编译后的中间文件，其源代码对应 usb-storage.c 和 usb-storage.h 文件。

❑ 第 15 和 16 行说明了 usb-storage 模块必须包含的文件，这些文件是 scsiglue.c、protocol.c、transport.c、usb.c、initializers.c、sierra_ms.c、option_ms.c 和其对应的头文件。这些文件是将分析的主要文件。

Kconfig 文件中有许多相关的选项，例如是否支持 USB 存储设备、是否支持开发时调试、是否支持 DATAFAB 公司生产的 U 盘、是否支持 SanDisk 智能卡等。在这些选项中，需要真正注意的是 CONFIG_USB_STORAGE 选项。在 Kconfig 文件中有关 CONFIG_USB_STORAGE 选项的内容如下：

```
config USB_STORAGE
    tristate "USB Mass Storage support"
    depends on USB && SCSI
    ---help---
    Say Y here if you want to connect USB mass storage devices to your
    computer's USB port. This is the driver you need for USB
    floppy drives, USB hard disks, USB tape drives, USB CD-ROMs,
    USB flash devices, and memory sticks, along with
    similar devices. This driver may also be used for some cameras
    and card readers.

    This option depends on 'SCSI' support being enabled, but you
    probably also need 'SCSI device support: SCSI disk support'
    (BLK_DEV_SD) for most USB storage devices.

    To compile this driver as a module, choose M here: the
    module will be called usb-storage.
```

config 关键字后的 USB_STORAGE 便是选项名，需要在前面加一个 CONFIG_ 构成一个完整的选项名。从这个选项的注释和帮助信息可以看出，这个选项依赖于 USB 选项和 SCSI 选项。USB Mass Storage 是一类 USB 的存储设备，这类设备由 USB 协议支持。该选项支持很多种 USB 设备，这些设备是 USB 磁盘、USB 硬盘、USB 磁带机、USB 光驱、U 盘、记忆棒、智能卡和一些 USB 摄像头等。

只有配置了这个选项，才能够编译 usb-storage.c 文件，USB 设备才有运行的可能。

19.2.2　USB 设备驱动模型

理解 USB 驱动程序，首先需要理解什么是 USB 设备驱动模型。Linux 的设备驱动模型在前面的章节中已经讲过，USB 设备驱动模型是 Linux 设备驱动模型的扩展，这里主要介绍 USB 设备驱动的模型。

1．总线、设备和驱动

Linux 设备驱动模型中有 3 个重要的概念，分别是总线（bus）、设备（device）和驱动（driver）。这 3 个数据结构在 Linux 内核源码中分别对应 struct bus_type、struct device 和 struct device_driver。

Linux 系统中总线的概念与实际的物理主机中总线的概念是不同的。物理主机中的总线是实际的物理线路，例如数据总线、地址总线。而在 Linux 系统中，总线是一种用来管理设备和驱动程序的数据结构，它与实际的物理总线相对应。在计算机系统中，总线有很多种。例如 USB 总线、SCSI 总线、PCI 总线等，在内核代码中，分别对应 usb_bus_type、scsi_bus_type 和 pci_bus_type 变量，这些变量的类型是 bus_type。

在此处需要关注 bus_type 结构体中的 bus_type_private 成员，bus_type 结构体和 bus_type_private 结构体的省略定义如下：

```
struct bus_type {
    ...
    struct bus_type_private *p;
}
struct bus_type_private {
    struct kset subsys;
    struct kset *drivers_kset;
    struct kset *devices_kset;
    struct klist klist_devices;
    struct klist klist_drivers;
    struct blocking_notifier_head bus_notifier;
    unsigned int drivers_autoprobe:1;
    struct bus_type *bus;
};
```

bus_type_private 结构体表示总线拥有的私有数据，其中 drivers_kset 和 devices_kset 这两个数据非常重要，其他成员在此处可以忽略。内核设计者将总线与两个链表联系起来，一个是 drivers_kset；另一个是 devices_kset。drivers_kset 链表表示连接到该总线上的所有驱动程序，devices_kset 链表表示连接到该总线上的所有设备。这种关系如图 19.4 所示。

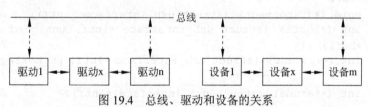

图 19.4　总线、驱动和设备的关系

在内核中总线、驱动、设备三者之间是通过指针互相联系的。知道其中任何一个结构都可以通过指针获得其他结构。

2．设备与驱动的绑定

设备需要驱动程序才能工作，所以当系统检测到设备时，应该将其与对应的驱动程序绑定。设备与驱动的绑定，只能在同一总线上的设备与驱动之间进行。

在设备模型中，当知道一条总线的数据结构时，就可以找到这条总线所连接的设备和驱动程序。要实现这个关系，就要求当每次总线上有新设备出现时，系统就要向总线汇报，告知有新设备添加到系统中。系统为设备分配一个 struct device 数据结构，并将其挂接到 devices_kset 链表中。特别是在开机时，系统会扫描连接了哪些设备，并为每一个设备分配一个 struct device 数据结构，同样将其挂接在总线的 devices_kset 链表中。

当驱动开发者申请了一条总线时，用 bus_type 来表示，这时总线并不知道连在总线上的设备有哪些，驱动程序有哪些。总线与设备和驱动的连接，需要相应总线的核心代码来实现。对 USB 总线，实现总线与驱动和设备的连接，是通过 USB 核心（USB core）来完成的。

USB core 会完成总线的初始化工作，然后再扫描 USB 总线，看 USB 总线上连接了哪些设备。当 USB core 发现设备时，会为其分配一个 struct device 结构体，并将其连到总线上。当发现所有设备后，USB 总线上的设备链表就建立好了。

相比设备的连接，将驱动连接到总线上就容易多了。每当驱动注册时，会将自己在总线上注册，并连接到总线的驱动链表中。这时，驱动会遍历总线的设备链表，寻找自己适合的设备，并将其通过内部指针连接起来。

19.2.3　USB 驱动结构 usb_driver

在 USB 设备驱动模型中，USB 设备驱动使用 usb_driver 结构体来表示。该结构体中包含了与具体设备相关的核心函数，对于不同的 USB 设备，驱动开发人员需要实现不同功能的函数，USB 核心通过在框架中调用这些自定义的函数完成相应的功能。下面对 usb_driver 结构体进行简要的介绍。

1．usb_driver 结构体

挂接在 usb 总线上的驱动程序，使用 usb_driver 结构体来表示。这个结构在系统驱动注册时，将加载到 USB 设备驱动子系统中。usb_driver 结构的具体定义代码如下：

```
01  struct usb_driver {
02      const char *name;                                    /*设备驱动名字*/
03      int (*probe) (struct usb_interface *intf,const struct usb_device_id
        *id);                                                /*探测函数*/
04      void (*disconnect) (struct usb_interface *intf);    /*断开函数*/
05      int (*ioctl) (struct usb_interface *intf, unsigned int code,void
        *buf);                                               /*I/O控制函数*/
06      int (*suspend) (struct usb_interface *intf, pm_message_t message);
                                                             /*挂起函数*/
07      int (*resume) (struct usb_interface *intf);         /*恢复函数*/
08      int (*reset_resume)(struct usb_interface *intf);    /*重置函数*/
09      int (*pre_reset)(struct usb_interface *intf);
                                                        /*完成恢复前的一些工作*/
10      int (*post_reset)(struct usb_interface *intf);/*完成恢复之后的工作*/
11      const struct usb_device_id *id_table;   /*USB驱动所支持的设备列表*/
12      struct usb_dynids dynids;
13      struct usbdrv_wrap drvwrap;
14      unsigned int no_dynamic_id:1;               /*是否允许动态加载该驱动*/
15      unsigned int supports_autosuspend:1;        /*是否支持自动挂起驱动*/
16      unsigned int soft_unbind:1;
17  };
```

❑ 第 2 行的 name 字段是指向驱动程序名字的指针。在 USB 总线上这个驱动的名字必须是唯一的，可以从/sys/bus/bus/drivers 目录中找到这个驱动的名字。

❑ 第 3 行的 probe()函数指向 USB 驱动程序的探测函数。当有 USB 设备插入时,USB 核心会调用该函数进行设备的初始化工作。

❑ 第 4 行的 disconnect()函数指向 USB 驱动的断开函数。当驱动程序从内核中卸载时，将调用该函数做一些卸载工作。该函数的调用时机由 USB 核心控制。

❑ 第 5 行的 ioctl()函数是用来对设备进行控制的函数，对于 USB 驱动来说，这个函

数可以没有。

- 第 6 行和第 7 行的函数分别对应于电源管理的挂起和恢复函数。当设备挂起时，能节省更多电能，suspend()函数中通过控制硬件的工作状态，达到节省电能的目的。在设备恢复正常工作时，USB 核心应该调用 resume()函数。
- 第 8～10 行表示设备重启时调用的函数。
- 第 11 行的 id_table 表包含了驱动支持的设备列表，驱动怎样通过这个表和设备关联，将在下文详细讲述。
- 第 13～17 行的字段驱动开发人员不用关心，所以不再介绍。

2．驱动支持的设备列表结构体 usb_device_id

前面已经说过，一个设备只能绑定到一个驱动程序，但是一个驱动程序却可以支持很多设备。例如，用户插入两块不同厂商的 U 盘，但是他们都符合 USB 2.0 协议，那么只需要一个支持 USB 2.0 协议的驱动程序即可。也就是说，不论插入多少个同类型 U 盘，系统都只使用一个驱动程序。这样就有效地减少了模块的引用，节省了系统的内存开销。

既然一个驱动可以支持多个设备，那么怎样知道驱动支持哪些设备呢？通过 usb_driver 结构中的 id_table 成员就可以完成这个功能。id_table 成员描述了一个 USB 设备所支持的所有 USB 设备列表，它指向一个 usb_device_id 数组。usb_device_id 结构体包含了 USB 设备的制造商 ID、产品 ID、产品版本、结构类等信息。

usb_device_id 结构体就像一张实名制火车票，票上有姓名、车次、车厢号、座位。旅客上车时，乘务员将检查这些信息，只有当这些信息都相同时，乘务员才允许旅客上车。USB 设备驱动也一样，在 USB 设备中有一个固件程序，固件程序中包含了这些信息。当 USB 设备中的信息和总线上驱动的 id_table 信息中的一项相同时，就将 USB 设备与驱动绑定。由于一个驱动可以适用与多个设备，所以 id_table 表项中可能有很多项。usb_device_id 结构体定义如下：

```
01   struct usb_device_id {
02       __u16      match_flags;         /*匹配标志，定义下面哪些项应该被匹配*/
03       __u16      idVendor;            /*制造商 ID*/
04       __u16      idProduct;           /*产品 ID*/
05       __u16      bcdDevice_lo;        /*产品的最小版本号*/
06       __u16      bcdDevice_hi;        /*产品的最大版本号*/
07       __u8       bDeviceClass;        /*设备的类型*/
08       __u8       bDeviceSubClass;     /*设备的子类型*/
09       __u8       bDeviceProtocol;     /*设备使用的协议*/
10       __u8       bInterfaceClass;     /*设备的接口类型*/
11       __u8       bInterfaceSubClass;  /*设备的接口子类型*/
12       __u8       bInterfaceProtocol;  /*设备的接口协议*/
13       kernel_ulong_t driver_info;     /*区分不同设备的信息*/
14   };
```

- 第 2 行的 match_flags 字段表示设备的固件信息与 usb_device_id 的哪些字段相匹配，才能认为驱动适合于该设备。这个标志可以取下列标志的组合。

```
/*这是用来创建 struct usb_device_id 的宏*/
#define USB_DEVICE_ID_MATCH_VENDOR        0x0001
```

```
#define USB_DEVICE_ID_MATCH_PRODUCT         0x0002
#define USB_DEVICE_ID_MATCH_DEV_LO          0x0004
#define USB_DEVICE_ID_MATCH_DEV_HI          0x0008
#define USB_DEVICE_ID_MATCH_DEV_CLASS       0x0010
#define USB_DEVICE_ID_MATCH_DEV_SUBCLASS    0x0020
#define USB_DEVICE_ID_MATCH_DEV_PROTOCOL    0x0040
#define USB_DEVICE_ID_MATCH_INT_CLASS       0x0080
#define USB_DEVICE_ID_MATCH_INT_SUBCLASS    0x0100
#define USB_DEVICE_ID_MATCH_INT_PROTOCOL    0x0200
```

例如一个驱动只需要比较厂商 ID（厂商 ID 是公司向相关机构申请的一个唯一数值）和产品 ID，那那么只需要对 match_flags 进行如下赋值就可以了：

```
.match_flags=(USB_DEVICE_ID_MATCH_VENDOR | USB_DEVICE_ID_MATCH_PRODUCT)
```

- 第 3 行的 idVendor 字段表示 USB 设备的制造商。该编号是由 USB 论坛指定给各个公司的，不能由其他组织或者个人指定。在/drivers/media/dvb/dvb- usb/dvb-usb-ids.h 文件中指定了这些公司的 ID 号。
- 第 4 行的 idProduct 字段表示某厂商生产的产品 ID，厂商可以根据自己的管理需要对产品 ID 随意赋值。
- 第 5 行和第 6 行的字段分别表示产品的最低版本号和最高版本号。在这两个版本号之间的设备都被支持。
- 第 7～9 行的字段分别定义了设备的类型、子类型和协议。这些编号由 USB 类型指定，定义在 USB 规范中。我们经常不需要使用这些字段。
- 第 10～12 行的字段分别定义接口的类型、子类型和协议。这些编号有 USB 类型指定，定义在 USB 规范中。
- 第 13 行的字段用来区分不同设备的信息。

3. 初始化 usb_device_id 结构的宏

驱动开发人员应该知道自己所写的驱动程序适用于哪些设备。当决定支持某一设备时，应该初始化一个 usb_device_id 结构，并将其放在 usb_driver 的 id_table 中。为了方便驱动开发人员，内核提供了一系列的宏初始化 usb_device_id 结构体，常用的宏如下：

```
#define USB_DEVICE(vend,prod) \
    .match_flags = USB_DEVICE_ID_MATCH_DEVICE, \
    .idVendor = (vend), \
    .idProduct = (prod)
```

该宏用来创建一个 struct usb_device_id 结构体，该结构体仅和指定的制造商和产品 ID 值匹配。该宏用来指定一个需要特定驱动程序的 USB 设备。

```
#define USB_DEVICE_VER(vend, prod, lo, hi) \
    .match_flags = USB_DEVICE_ID_MATCH_DEVICE_AND_VERSION, \
    .idVendor = (vend), \
    .idProduct = (prod), \
    .bcdDevice_lo = (lo), \
    .bcdDevice_hi = (hi)
```

该宏用来创建一个 struct usb_device_id 结构体，该结构体中存储了 4 个信息，分别是厂商 ID、产品 ID、版本范围的最小值和最大值。

```
#define USB_DEVICE_INFO(cl, sc, pr) \
    .match_flags = USB_DEVICE_ID_MATCH_DEV_INFO, \
    .bDeviceClass = (cl), \
    .bDeviceSubClass = (sc), \
    .bDeviceProtocol = (pr)
```

该宏用来创建一个 **struct usb_device_id** 结构体，该结构体存储了设备的类型和协议信息，这些类型和协议的分类在 USB 规范中定义，可以参考相应的规范资料。

除此之外还有其他的宏，这些宏是 USB_DEVICE_INTERFACE_PROTOCOL、USB_INTERFACE_INFO、USB_DEVICE_AND_INTERFACE_INFO。这里写一个只需要匹配厂商 ID 和产品 ID 的 usb_device_id 结构，代码如下：

```
static struct usb_device_id skel_table [] = {
    { USB_DEVICE(USB_SKEL_VENDOR_ID, USB_SKEL_PRODUCT_ID) },
    { }                        /* 空{}表示表项结束*/
};
MODULE_DEVICE_TABLE(usb, skel_table);
```

如上面代码所示，skel_table 表中有一个表项，指定了设备相应的公司 ID 和产品 ID。MODULE_DEVICE_TABLE 宏是用来向用户空间展现驱动支持的设备信息。

4．USB 驱动注册函数 usb_register()

编写好驱动模块之后，经常会使用 insmod、modprobe 和 rmmod 命令来加载、卸载驱动模块。当调用 insmod 或者 modprobe 命令后，控制流将从内核转移，内核会调用模块的初始化函数 module_init()。在初始化函数中，需要先注册一个 USB 驱动，注册 USB 驱动的函数是 usb_register()。需要注意的是，调用 usb_register()函数之前应该对 usb_driver 进行必要的初始化，并且使用 MODULE_DEVICE_TABLE(usb, …)宏来展示设备信息。该函数的代码如下：

```
01  static inline int usb_register(struct usb_driver *driver)
02  {
03      return usb_register_driver(driver, THIS_MODULE, KBUILD_MODNAME);
04  }
```

在 usb_register()函数的第 3 行，调用了 usb_register_driver()函数，该函数用来进行真正的注册。在程序设计中，将真正的函数包装起来，是为了方便程序员的调用，这是一个经常使用的技巧。在这里给 usb_register_driver()函数的第 2 和第 3 个参数传为固定值，是避免程序员忘记传入这两个参数。为了简单起见，内核开发者封装了 usb_register()函数，该函数是一个内联函数，在调用时不会增大系统的开销。usb_register()函数的代码如下：

```
01  int usb_register_driver(struct usb_driver *new_driver, struct module
    *owner,
02              const char *mod name)
03  {
04      int retval = 0;
05      if (usb disabled())
06          return -ENODEV;
07      new driver->drvwrap.for devices = 0;
08      new driver->drvwrap.driver.name = (char *) new driver->name;
09      new driver->drvwrap.driver.bus = &usb bus type;
10      new driver->drvwrap.driver.probe = usb_probe_interface;
```

```
11      new driver->drvwrap.driver.remove = usb unbind interface;
12      new driver->drvwrap.driver.owner = owner;
13      new driver->drvwrap.driver.mod name = mod name;
14      spin lock init(&new driver->dynids.lock);
15      INIT LIST HEAD(&new driver->dynids.list);
16      retval = driver register(&new driver->drvwrap.driver);
17      if (!retval) {
18          pr info("%s: registered new interface driver %s\n",
19              usbcore name, new driver->name);
20          usbfs update special();
21          usb create newid file(new driver);
22      } else {
23          printk(KERN ERR "%s: error %d registering interface "
24              "   driver %s\n",
25              usbcore name, retval, new driver->name);
26      }
27      return retval;
28  }
```

下面对该函数进行简要的分析。

❑ 第 1 行，函数的第 2 个参数 owner 是一个 struct module *类型的结构体指针。每一个 struct module 在内核中表示一个独立的模块，每一个 struct module 代表什么模块，只有初始化子模块的父模块才知道。会议加载模块的过程，首先使用 insmod 或者 modprobe 命令加载模块，会调用 kernel/module.c 里的一个系统调用函数 sys_init_module()，该函数会继续调用 load_module()函数，load_module()函数会根据需要加载的模块情况创建一个内核模块，并返回给内核一个 struct module 结构体。这样内核就知道这个结构体代表那个模块了。usb_register_driver()函数传入的 THIS_MODULE 就表示模块本身的 struct module 结构指针。

❑ 第 5 行和第 6 行，调用 usb_disabled()函数禁用 USB 设备，不允许访问。

❑ 第 7～15 行，对 new_driver->drvwrap.driver 完成一些必要的初始化。

❑ 第 16 行，调用 driver_register()函数，将 new_driver->drvwrap.driver 注册到设备驱动模型中。这样，驱动就被挂接到总线管理的驱动链表上。

❑ 第 17～22 行，表示注册成功。

❑ 第 23～26 行，表示注册失败。

19.3　USB 设备驱动程序

USB 驱动程序相对比较复杂，最为简单的是加载和卸载函数。在加载函数中完成了 USB 设备的大部分初始化工作，同时涉及很多重要的数据结构。下面对这些概念进行详细的解释。

19.3.1　USB 设备驱动加载和卸载函数

USB 设备驱动程序对应一个 usb_driver 结构体，这个结构体相当于 Linux 设备驱动模型中的 driver 结构体。下面对 usb_driver 结构进行详细的介绍。

1. usb_driver 结构

作为 USB 设备驱动的实现，首先需要定义一个 usb_driver 结构变量作为要注册到 USB

核心的设备驱动。这里定义了一个变量 usb_storage_driver 进行注册，变量 usb_storage_driver 是由 USB 设备模块的加载模块中的 usb_register()函数加入系统的，这个函数在 19.2.3 节已经详细讲述。usb_storage_driver 变量的定义如下：

```
01  static struct usb_driver usb_storage_driver = {
02      .name =      "usb-storage",
03      .probe =     storage_probe,
04      .disconnect =    storage_disconnect,
05  #ifdef CONFIG_PM
06      .suspend =   storage_suspend,
07      .resume =    storage_resume,
08      .reset_resume = storage_reset_resume,
09  #endif
10      .pre_reset =     storage_pre_reset,
11      .post_reset =    storage_post_reset,
12      .id_table = storage_usb_ids,
13      .soft_unbind =  1,
14  };
```

❑ 第 2 行，定义了设备驱动名字为 usb-storage。

❑ 第 3 行，定义了 USB 设备驱动的 probe()函数，该函数由 storage_probe()函数实现。

❑ 第 4 行，定义了 USB 设备驱动的 disconnect()函数，该函数由 storage_disconnect()函数实现，在设备驱动注销时，被调用。

❑ 第 12 行，定义了 USB 设备驱动的 id_table 为 storage_usb_ids，表示该驱动支持的 USB 设备。

❑ 其他行代码与电源管理有关，可以不用实现，在此不做介绍。

2. USB设备驱动加载函数usb_stor_init()

USB 设备驱动变量 usb_storage_drive 是在加载函数 usb_stor_init()中注册进内核的。其中调用了 usb_register()函数来注册驱动，该函数是 USB core 提供的。通过它，可以告诉总线一个设备驱动需要挂接到总线上。usb_stor_init()函数的代码如下：

```
01  static int __init usb_stor_init(void)
02  {
03      int retval;                              /*存储返回值*/
04      printk(KERN_INFO "Initializing USB Mass Storage driver...\n");
                                                 /*打印调试信息*/
05      retval = usb_register(&usb_storage_driver);    /*注册 USB 设备驱动*/
06      if (retval == 0) {                       /*注册成功*/
07          printk(KERN_INFO "USB Mass Storage support registered.\n");
08          usb_usual_set_present(USB_US_TYPE_STOR);
09      }
10      return retval;                           /*成功返回 0*/
11  }
```

❑ 第 5 行调用 usb_register()函数向 USB 核心注册 USB 设备驱动，usb_register()函数将 USB 驱动挂接到 USB 总线上，并遍历 USB 总线上的所有设备，如果设备的厂商 ID、产品 ID 等与 usb_storage_driver 的 storage_usb_ids 表项中的一项相同，那么 USB 核心会调用 usb_storage_driver 的 storage_probe()函数，完成设备的初始化工作，使设备能够运行。关于 storage_probe()函数将在后面详细介绍。

❏ 第 8 行代码用来设置模块的状态，对 USB 驱动并不重要。很多时候实现是一个空函数。

3. USB 设备驱动卸载函数 usb_stor_exit()

加载函数 usb_stor_init() 的"反函数"是 usb_stor_exit() 函数，该函数中调用 usb_deregister() 函数对设备驱动进行注销。usb_stor_exit() 函数代码如下：

```
01   static void __exit usb_stor_exit(void)
02   {
03       US_DEBUGP("usb_stor_exit() called\n");          /*驱动正在卸载信息*/
04       US_DEBUGP("-- calling usb_deregister()\n");     /*驱动正在卸载信息*/
05       usb_deregister(&usb_storage_driver) ;           /*卸载驱动程序*/
06       usb_usual_clear_present(USB_US_TYPE_STOR);
                                            /*清除模块状态，与 USB 设备驱动无关*/
07   }
```

❏ 第 3 行和第 4 行提示的信息表示 USB 设备驱动正在卸载中。
❏ 第 5 行调用 usb_deregister() 函数将驱动从总线中卸载掉，这个函数将触发 usb_driver 中的 storage_disconnect() 函数，该函数中解除与该驱动连接设备的绑定。
❏ 第 6 行与模块状态有关，对 USB 驱动并不重要。去掉这行代码，驱动仍然正常工作。

19.3.2　探测函数 probe() 的参数 usb_interface

前面已经讲了 USB 设备驱动加载函数 usb_stor_init()。从代码中可以看出，该函数的执行流程已经结束，此时，我们几乎不知道程序会从哪里开始执行。事实上，当 usb_stor_init() 函数执行完后，就没有代码会开始执行了，除非有事件触发使 USB 驱动开始工作。

触发事件是什么呢？当 USB 设备插入 USB 插槽时，会引起一个电信号的变化，主机控制器捕获这个电信号，并命令 USB 核心处理对设备的加载工作。USB 核心读取 USB 设备固件中关于设备的信息，并与挂接在 USB 总线上的驱动程序相比较，如果找到合适的驱动程序 usb_driver，就会调用驱动程序的 probe() 函数。本节讲解的代码中的 probe() 函数就是 storage_probe()。probe() 函数的原型是：

```
int (*probe) (struct usb_interface *intf,const struct usb_device_id *id);
```

该函数的第一个参数 usb_interface 是 USB 驱动中最重要的一个结构体了。它代表着设备中的一种功能，与一个 usb_driver 相对应。usb_interface 在 USB 驱动中只有一个，有 USB 核心负责维护，所以需要注意的是，以后提到的 usb_interface 指的都是同一个 usb_interface。要了解 usb_interface 就需要先了解一些 USB 协议中的内容了。这里先从 USB 协议中的设备开始。

19.3.3　USB 协议中的设备

USB 核心调用 probe() 函数并传递进 struct usb_interface 和 struct usb_device_id* 类型的参数，要理解 struct usb_interface 参数的意义，就必须了解什么是 USB 设备（usb_device）。要了解什么是 usb_device，就必须了解什么是 USB 协议。

1．USB 设备的逻辑结构

无论是硬件设计人员，还是软件设计人员，在设计 USB 硬件或者软件时，都会参考 USB 协议。没有人能够凭空想象出一种 USB 硬件，也没有人可以不参考 USB 协议就能编写驱动 USB 设备的软件。

USB 协议规定，USB 设备的逻辑结构包含设备、配置、接口和端点。所谓逻辑结构是指其每一项并不与实际的物理设备相对应，每一项只是一种软件编程上划分而已。这 4 个项目表示了 USB 设备的硬件特性。在 Linux 系统中，这 4 个项目分别用 usb_device、usb_host_config、usb_interface、usb_host_endpoint 表示。这 4 个项目的关系如图 19.5 所示。

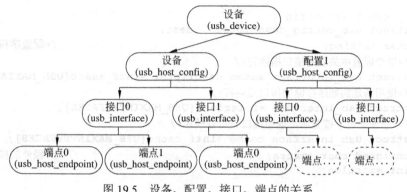

图 19.5　设备、配置、接口、端点的关系

2．设备（usb_device）

在 Linux 内核中，一个 USB 设备（包括复合设备）用 usb_device 结构体表示。复合设备是指多功能设备，例如一个多功能打印机，其有扫描、复印、打印功能。usb_device 结构体表示封装在一起的整个设备。这与设备驱动模型中的 device 结构体不同。

从设备驱动模型的观念来看，复合设备的每一个功能都可以用一个 device 结构体表示。所以从多功能打印机的例子来看，这个表示整体的 usb_device 包含 3 个表示局部功能的 device 结构体。但实际的 usb_device 结构体中只包含一个 device 结构体，代码如下：

```
struct usb_device {
    ...
    struct device dev;
    ...
}
```

为什么一个 usb_device 中只包含一个 device 结构体呢？按照上面的分析，对于有 3 种功能的复合设备来说，usb_device 应该包含 3 个 device 结构体才对。另一方面，对于一个有 3 种功能的复合设备，在加载时，需要将 3 个 device 结构体加入设备驱动模型中，这不免又相当麻烦并且影响效率。所以对于 USB 设备来说，驱动开发者引入了一个新的接口结构体（usb_interface）来代替 device 的一些功能。这样在本例中，这个复合设备（usb_device）就有 3 个 usb_interface 结构体。关于接口的详细内容将在后面说明。

3．配置（usb_host_config）

一个配置是一组不同功能的组合。一个 USB 设备（usb_device）可以有多个配置

（usb_host_config），配置之间可以切换以改变设备的状态。例如，对于上面介绍的多功能打印机有 3 种功能，可以将这 3 种功能分为 2 个配置。第 1 个配置包含扫描功能，第 2 个配置包含复印和打印功能。一般情况下，Linux 系统在同一时刻只能激活一个配置。

例如，对于一个允许下载固件升级的 MP3 来说，一般可以有 3 种配置。第 1 种是播放配置 0，第 2 种是充电配置 1，第 3 种是下载固件配置 2。当需要下载固件时，需要将 MP3 设置为配置 2 状态。

在 Linux 中，使用 usb_host_config 结构体表示配置。USB 设备驱动程序通常不需要操作 usb_host_config 结构体，该结构体中的成员由 USB core 维护，所以这里就不详细介绍了。

```
struct usb_host_config {
    struct usb_config_descriptor    desc;
    char *string;                                      /*配置字符串*/
    /*这个配置中关联的接口描述符*/
    struct usb_interface_assoc_descriptor *intf_assoc[USB_MAXIADS];
    /*使用特定的顺序存储的接口描述符*/
    struct usb_interface *interface[USB_MAXINTERFACES];
    /* 即使配置不被激活，这些接口也可以使用*/
    struct usb_interface_cache *intf_cache[USB_MAXINTERFACES];
    unsigned char *extra;                              /*额外的描述符*/
    int extralen;
};
```

4. 接口（usb_interface）

在 USB 协议中，接口（usb_interface）代表一个基本的功能。USB 接口只处理一种 USB 逻辑连接，例如鼠标、键盘或者音频流。上文的多功能打印机包含 3 个基本的功能，所以具有 3 个接口，一个扫描功能接口、一个复印功能接口和一个打印功能接口。因为一个 USB 接口代表一种基本的功能，而根据设备驱动模型的观念，每一个 USB 驱动程序（usb_driver）控制一个接口。因此，以多功能打印机为例，Linux 需要 3 个不同的驱动程序处理硬件设备。

内核使用 struct usb_interface 结构体来表述 USB 接口。USB 核心在设备插入时，会读取 USB 设备接口的信息，并创建一个 usb_interface 的结构体。接着 USB 核心在 USB 总线上找到合适的 USB 驱动程序，并调用驱动程序的 probe()函数，将 usb_interface 传递给驱动程序。probe()函数在前面已经反复讲过，它的原型是：

```
int (*probe) (struct usb_interface *intf,const struct usb_device_id *id);
```

该函数的第一个参数就是指向 USB 核心分配的 usb_interface 结构体的指针，驱动程序从这里得到这个接口结构体，并且负责控制该结构体。因为一个接口代表一种基本的功能，所以驱动程序也只负责该接口所代表的功能。probe()函数的第二个参数从设备读取 usb_device_id 信息，用来与驱动程序匹配。

USB 核心处理 usb_interface 中大量的成员，只有少数几个成员驱动程序会用到，usb_interface 中的重要成员是：

```
01  struct usb_interface {
```

```
02          struct usb_host_interface *altsetting;
03          struct usb_host_interface *cur_altsetting;
04          unsigned num_altsetting;
05          struct usb_interface_assoc_descriptor *intf_assoc;
06          int minor;
07          enum usb_interface_condition condition;
08          unsigned is_active:1;
09          unsigned sysfs_files_created:1;
10          unsigned ep_devs_created:1;
11          unsigned unregistering:1;
12          unsigned needs_remote_wakeup:1;
13          unsigned needs_altsetting0:1;
14          unsigned needs_binding:1;
15          unsigned reset_running:1;
16          struct device dev;
17          struct device *usb_dev;
18          int pm_usage_cnt;
19          struct work_struct reset_ws;
20      };
```

下面对该结构体进行简要的分析。

❑ Linux 设备模型中的 struct device 对应在 USB 子系统中，用两个结构体来表示，一个是 usb_device；另一个是这里的 usb_interface。一个 USB 设备为什么会对应两个设备结构体呢？这是因为一台多功能打印机如果包含 3 个基本的功能：扫描、复印、打印，则整个多功能打印机用一个 struct usb_device 来表示，代表这个设备。用 struct usb_interface 来表示不同的功能，对程序员来说，经常对功能进行编程，所以这里将功能独立出来，用接口表示。

❑ 第 2 行，定义了 altsetting，表示一组可选的设置，用这个指针指向一个可选设置数组。

❑ 第 3 行，定义了 cur_altsetting，表示当前正在使用的设置。

❑ 第 4 行，定义了 num_altsetting，表示可选设置 altsetting 的数量。

❑ 第 6 行，定义了一个 minor，表示分配给接口的次设备号。Linux 下的硬件设备都用设备文件来表示，一个设备文件有主设备和次设备号，在/dev/目录下显示。一般来说，主设备号表明了使用哪种设备，也表明了设备对应着哪个驱动程序，而次设备号则是因为一个驱动程序要支持多个同类设备，为了让驱动程序区分它们而设置的。也就是说，主设备号用来帮助找到对应的驱动程序，次设备号给你的驱动用来决定对哪个设备进行操作。

❑ 第 7 行，定义了一个 condition 变量，表示接口和驱动的绑定状态。在 Linux 设备驱动模型中，设备和驱动是彼此关联互相依靠的。每一个设备或者驱动都在 USB 总线中等待属于它的另一半，如果找到，则彼此绑定在一起。这里的 condition 变量被定义为 enum usb_interface_condition 的类型，表示这个接口（相当于设备）状态，其定义如下：

```
enum usb_interface_condition {
    USB_INTERFACE_UNBOUND = 0,                /*usb_interface 为绑定*/
    USB_INTERFACE_BINDING,                    /*正在绑定中*/
    USB_INTERFACE_BOUND,                      /*已经绑定*/
    USB_INTERFACE_UNBINDING,                  /*在取消绑定这个过程之中*/
};
```

❑ 第 8、12 和 18 行定义了一些关于电源管理的变量。第 8 行的 is_active 表示 usb_interface 是否处于挂起状态。在 USB 协议中规定，所有的 USB 设备都必须支持挂起状态，也就是说为了达到省电的目的，当设备在指定的时间内（如 3 毫秒），如果没有发生总线传输，USB 设备就要进入挂起状态。当它收到一个 non-idle 的信号时，就会被唤醒。

❑ 第 12 行定义了一个 needs_remote_wakeup 变量，表示是否支持远程唤醒功能。远程唤醒允许挂起的设备给主机发信号，通知主机它将从挂起状态恢复，注意如果此时主机处于挂起状态，就会唤醒主机，否则主机仍然处于挂起状态。协议中并没有要求 USB 设备一定要实现远程唤醒的功能，即使实现了，从主机这边也可以打开或关闭它。第 18 行的 pm_usage_cnt 是一个关于电源管理的引用技术，如果为 0，则自动进入挂起状态。

❑ 第 16 和 17 行定义了 struct device dev 和 struct device *usb_dev 变量。其中 struct device dev 就是设备驱动模型中 device 内嵌在 usb_interface 结构体中的设备。而 struct device *usb_dev 则不是内嵌的设备对象。当接口使用 USB_MAJOR 作为主设备号时，usb_dev 才会用到。在整个内核中，只有 usb_register_dev() 和 usb_deregister_dev() 两个函数里才用到 usb_dev 变量，usb_dev 指向的就是 usb_register_dev() 函数中创建的 usb class device。

5. 端点（usb_host_endpoint）

端点是 USB 通信的最基本形式。主机只能通过端点与 USB 设备进行通信，也就是只能通过端点传输数据。USB 只能向一个方向传输数据，或者从主机到设备，或者从设备到主机。从这个特性来看，端点就像一个单向的管道，只负责数据的单向传输。

从主机到设备传输数据的端点，叫作输出端点；相反，从设备到主机传输数据的端点，叫作输入端点。对于 U 盘这种可以存取数据的设备，至少需要一个输入端点，一个输出端点。另外还包含一个端点 0，叫作控制端点，用来控制初始化 U 盘的参数等工作。所以 U 盘应该有 3 个端点，其中对于任何设备来说端点 0 是不可缺少的。后面将对端点 0 进行详细的介绍。usb_host_endpoint 的定义如下：

```
01  struct usb_host_endpoint {
02      struct usb_endpoint_descriptor desc;
03      struct list_head        urb_list;
04      void                    *hcpriv;
05      struct ep_device        *ep_dev;
06      unsigned char *extra;
07      int extralen;
08      int enabled;
09  };
```

下面对该结构体进行简要的分析。

❑ 第 2 行定义了 desc，表示端点描述符。端点描述符是 USB 协议中不可缺少的一个描述符，也在 include/linux/usb/ch9.h 中定义，端点描述符将在后面详细介绍。

❑ 第 3 行的 usb_list，表示端点要处理的 urb 队列。urb（USB request block）是 USB 通信的主角，它包含了执行 urb 传输所需要的所有信息。如果要和 USB 设备通信，就需要创建一个 urb 结构体，并且为它赋好初始值，交给 usb core，它会找到合适的 host controller，从而进行具体的数据传输。设备中的每个端点都可以处理一个 urb 队列。

- □ 第 4 行的 hcpriv 是给主机控制器 HCD（host controller driver）使用的私有数据。
- □ 第 5 行的 ep_dev 是提供给 sysfs 文件系统使用。使用 ls 命令查看端点 ep_00 中的文件，就是由系统根据 ep_dev 结构生成的。

```
[root@tom sys]# ls /sys/bus/usb/devices/usb1/ep_00/
bEndpointAddress bmAtributes direction subsystem wMaxpacketSize
bInterval dev interval type
```

- □ 第 6 行的 extra 和第 7 行的 extralen，表示一些额外扩展的描述符，这些描述符是与端点相关的。如果请求从设备里获得描述符信息，那么它们会跟在标准的端点描述符后返回。

6. 端点描述符（usb_endpoint_descriptor）

端点是数据发送和接收的一个抽象。按照数据从端点进出的情况，可以将端点分为输入端点和输出端点。端点的定义如下：

```
01  struct usb_endpoint_descriptor {
02      __u8 bLength;
03      __u8 bDescriptorType;
04      __u8 bEndpointAddress;
05      __u8 bmAttributes;
06      __le16 wMaxPacketSize;
07      __u8 bInterval;
08      __u8 bRefresh;
09      __u8 bSynchAddress;
10  } __attribute__ ((packed));
```

这个描述符定义在 USB 规范的第 9 章。需要注意的是：0 号端点是特殊的控制端点，它没有自己的端点描述符。

- □ 第 2 行的 bLength，表示端点描述符的长度，以字节为单位。
- □ 第 3 行的 bDescriptorType，表示描述符的类型，这里对于端点就是 USB_DT_ENDPOINT，0x05。
- □ 第 4 行的 bEndpointAddress，这个成员表示了很多信息，例如这个端点是输入端点还是输出端点，这个端点的地址，以及这个端点的端点号等。该成员的 0～3 位表示的就是端点号，可以使用 0x0f 和它相与，得到端点号。该字段的最高位表示端点的方向，一个端点只有一个方向，要数据双向传输，至少需要两个端点。可以使用掩码 USB_ENDPOINT_DIR_MASK 来计算端点方向，其值为 0x80。内核定义了 USB_DIR_IN 和 USB_DIR_OUT 宏来判断端点的方向，这两个宏在驱动中经常用到。

```
#define USB_DIR_OUT        0          /*表示从主机到设备*/
#define USB_DIR_IN         0x80       /*表示从设备到主机*/
```

- □ 第 5 行的 bmAttributes 表示一种属性，总共有 8 位。其中位 1 和位 0 共同称为传输类型，有 4 种传输类型，00 表示控制，01 表示等时，10 表示批量，11 表示中断。

端点 4 的 4 种传输方式将在下文详细介绍。

❏ 第 6 行的 **wMaxPacketSize**，表示端点一次可以处理的最大字节数。如果发送的数据量大于端点的最大传输字节，则会分成多次，一次一次来传输。

❏ 第 7 行的 bInterval，　表示查询端点进行数据传输的时间间隔。这个间隔在设备中用帧或者微帧表示。不同的传输类型，其取值不一样。这些都是 USB 协议中有规定的。

❏ 第 8 行和第 9 行，是与视频传输相关的端点信息，不是规范中定义的，不需要了解。

7．设备、配置、接口、端点之间的关系

综合上面的内容，设备、配置、接口、端点之间的关系是：

❏ 设备通常有一个或者多个配置。

❏ 配置通常有一个或者多个接口。

❏ 接口通常有一个或者多个端点。

8．4 种设备描述符之间的关系

USB 设备主要包含 4 种描述符，分别是设备描述符（usb_device_descriptor）、配置描述符（usb_config_descriptor）、接口描述符（usb_interface_descriptor）和端点描述符（usb_endpoint_descriptor）。这几个描述符的关系如图 19.6 所示，一个设备描述符包含一个或多个配置描述符；一个配置描述符包含一个或多个接口描述符；一个接口描述符必须有一个控制端点描述符，另外根据实际需要，也应该有其他端点描述符。

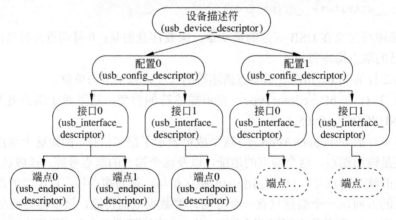

图 19.6　USB 设备、配置、接口、端点描述符之间的关系

19.3.4　端点的传输方式

前面已经对设备、接口、配置和端点进行了说明。但是对于 USB 驱动来说，端点的说明还不够。USB 通信最基本的形式就是通过端点来进行的。这里以 U 盘为例，其至少有一个控制端点和两个传输端点。那么端点到底是用来干什么的呢？简单地说，端点就是用来传输数据的。

USB 协议规定了 USB 设备的端点有 4 种通信方式，分别是控制传输、中断传输、批量传输和等时传输。USB 协议规定不同通信方式的目的，是为了提高通信的效率。因为不同的通信方式对通信量、通信数据和通信时间是不一样的。

实际中，不同的设备需要使用不同的通信方式，这里分别对这些通信方式进行介绍。

1．控制传输

控制传输可以访问一个设备的不同部分，其主要用于向设备发送配置信息、获取设备信息、发送命令到设备，或者获取设备的状态报告。控制传输是任何 USB 设备都应该支持的一种传输方式，它用来传输一些控制信息，例如想查询某个接口的信息，那么就应该使用控制传输方式来获得信息。

控制传输一般发送的数据量较小，不能用于大规模的数据传输。每一个 USB 设备都有一个名为"端点 0"的控制端点。当 USB 设备插入时，USB 核心使用端点 0 对设备进行配置。另外，USB 协议保证这些端点始终有足够的保留带宽以传输数据。有一个例外情况，与其他端点不一样，端点 0 是可以双向传输的。

2．中断传输

每当主机要求设备传输数据时，中断端点就以一个固定的速率来传输少量的数据。USB 键盘和鼠标就使用这种传输方式。

这里所说的中断，与硬件上下文中所说的中断是不一样的。它不是设备主动地发送一个中断请求，而是主机控制器在保证不大于某个时间间隔内安排一次传输。从这点来看，中断传输发生得非常频繁，所以这种传输通常用在通信量不大的情况下。但是中断传输对时间的要求比较严格，鼠标和键盘需要快速地向主机控制器发送数据，所以一般使用中断传输。

由于中断传输是以一个间隔时间不断地执行的，所以可以用中断传输来不断地检测某个设备，当条件满足后再使用批量传输传送大量的数据。

3．批量传输（bulk）

批量传输适用于大批量的数据传输。批量传输端点要比中断传输端点大得多。批量传输通常用在数据量大、对数据实时性要求不高的场合，例如 USB 打印机、扫描仪、大容量存储设备、U 盘等。这些设备还有一个特点是数据的传输是非周期性的，由用户随时驱动其传输数据。本章所讲的 USB 设备驱动基本都使用这种传输方式。

4．等时传输（isochronous）

等时传输同样可以传输大批量的数据，但是对数据是否到达没有保证。等时传输端点用于数据经常丢失的设备，这类设备更注重于保持一个恒定的数据流，也就是对实时性的要求很高。例如音频、视频等设备，这些设备对数据延迟很敏感，但是并不要求数据 100%准确地传输，少量的错误是可以接收的。

例如，在进行视频聊天的过程中，用户希望视频和声音都应该是连续的，而视频和音频的质量可以稍微差一点。首先，要实现视频和声音的连续性，传输就应该有一个比较稳定的数据流，而且单位时间传输的数据量应该比较稳定。第二，用户可以容忍视频和声音的质量差一点，这就是说传输的过程中可以发生一些小的错误。这些都是等时传输的特点。

19.3.5　设置

一部手机可能有多个配置，例如震动和铃声可以算两种配置。当配置确定后，还可以调节其大小，如铃声的大小，这可以算是一种设置。通常用大小关系来表示 USB 协议中的概念更好理解，设备大于配置，配置大于接口，接口大于设置。也就是说，一个设备可以有多个配置，一个配置可以有一个或者多个接口，一个接口也可以有一个或者多个设置。

1. 设置（usb_host_interface）

在前面 struct usb_interface 结构中介绍了成员 altsetting 和 cur_altsetting，它们都是 usb_host_interface 的结构体，这个结构体被定义在 include/linux/usb.h 文件中，其代码如下：

```
01  struct usb_host_interface {
02      struct usb_interface_descriptor    desc;
03      struct usb_host_endpoint *endpoint;
04      char *string;
05      unsigned char *extra;
06      int extralen;
07  };
```

下面对该结构体进行简要的介绍。

❏ 第 2 行，定义了一个结构描述符 desc。USB 的描述符是一个带有预定义格式的数据结构，里面保存了 USB 设备的各种属性还有相关信息。使用描述符可以简洁地保存各个配置（usb_host_interface）的属性。USB 描述符里存储了 USB 设备的名字、生产厂商和型号等。USB 描述符主要有 4 种，分别是设备描述符、配置描述符、接口描述符和端点描述符。USB 协议中规定一个 USB 设备是必须支持这 4 个描述符的，当然也有其他一些描述符让设备可以显得个性些，但这 4 个描述符是一个都不能少的。这些 USB 描述符作为 USB 固件的一部分，被存储在 USB 设备的 EEPROM 中，一般通过量产工具对这些设备描述符进行设置。下面将对 usb_interface_descriptor 结构体进行详细讲解。

❏ 第 3 行的 endpoint 是一个数组，表示这个设置所使用到端点。USB 协议中规定了端点的结构，在 Linux 中，使用 struct usb_host_endpoint 结构体来表示。

❏ 第 4 行的 string 字符串指针，用来保存从设备固件中取出来的字符串描述符信息，既然字符串描述符可有可无，那么这里的指针也有可能为空了。

❏ 第 5 行 extra 和第 6 行的 extralen，表示额外的描述符。除了设备、配置、接口、端点这 4 个不能缺少的描述符和字符串描述符号外，设备还可能有另外一些字符信息的描述符。这些信息有开发厂商自己指定需要的信息。

2. 接口描述符（usb_interface_descriptor）

接口描述符是描述接口本身的信息。因为一个接口可以有多个设置，使用不同的设置，描述接口的信息也会有所不同，所以接口描述符并没有放在 struct usb_interface 结构中，而是放在表示接口设置的 struct usb_host_interface 结构中。usb_host_interface 中的 desc 成员就是接口的某个配置的描述符，定义在 include/linux/usb/ch9.h 文件中，因为接口描述符定义在 USB 协议的第 9 章，所以定义在 ch9.h 文件中。该结构体的定义如下：

```
01   struct usb_interface_descriptor {
02       __u8  bLength;
03       __u8  bDescriptorType;
04       __u8  bInterfaceNumber;
05       __u8  bAlternateSetting;
06       __u8  bNumEndpoints;
07       __u8  bInterfaceClass;
08       __u8  bInterfaceSubClass;
09       __u8  bInterfaceProtocol;
10       __u8  iInterface;
11   } __attribute__ ((packed));
```

下面对该结构体进行简要的说明。

❑ 第 11 行的__attribute__ ((packed))是一个编译选项。其意思就是告诉编译器，这个结构的元素都是 1 字节对齐的，不要再添加填充位了。如果不指出这个编译选项，编译器就会依据你的平台类型在结构的每个元素之间添加一定的填充位。如果用这个添加了填充位的结构向设备请求描述符，则设备会不识别这个描述符，从而请求失败。

❑ 第 2 行的 bLength，表示接口描述符的字节长度。在 USB 协议里，每个描述符必须以表示描述符长度的一个字节开始。在 USB 协议的第 9 章中，定义的标准接口描述符是 9 个字节，所以这里 bLength 的值是 9。

❑ 第 3 行，定义了 bDescriptorType，表示接口描述符的类型。各种描述符的类型都在 ch9.h 文件中有定义。对于接口描述符来说，值为 USB_DT_INTERFACE，也就是 0x04。USB 规范中定义的描述符类型如表 19.1 所示。

表 19.1　描述符类型

描述符类型	取值	说　明
USB_DT_DEVICE	0x01	设备描述符
USB_DT_CONFIG	0x02	配置描述符
USB_DT_STRING	0x03	字符串描述符
USB_DT_INTERFACE	0x04	接口描述符
USB_DT_ENDPOINT	0x05	端点描述符
USB_DT_DEVICE_QUALIFIER	0x06	设备限定描述符
USB_DT_OTHER_SPEED_CONFIG	0x07	其他关于速度的描述符
USB_DT_INTERFACE_POWER	0x08	接口电源描述符

❑ 第 4 行的 bInterfaceNumber，表示接口号。每个配置可以包含多个接口，这个值就是它们的索引值。

❑ 第 5 行的 bAlternateSetting，表示接口使用的是哪个可选设置。协议中规定，接口默认使用的设置总为 0 号设置。

❑ 第 6 行的 bNumEndpoints，表示接口拥有的端点数量。这里并不包括端点 0，端点 0 是所有的设备都必须提供的，所以这里不必多此一举的包括它了。如果值为 0，则表示使用的默认端口 0。

❑ 第 7～9 行，分别定义了 bInterfaceClass、bInterfaceSubClass 和 bInterfaceProtocol。表示接口的类型、接口的子类型和接口的协议。实际中，有很多 USB 设备，USB 协议将各种设备分为不同的类，然后将每个类又分成一些子类。USB 协议规定，每个 Device 或 Interface 属于一个 Class，然后 Class 下面又分了 SubClass。在 USB 协议中，为每一种 Class、SubClass 和 Protocol 定义一个数值，例如 mass storage 的 Class 就是 0x08，hub 的 Class 就是 0x09。

❑ 第 10 行的 iInterface，表示接口对应的字符串描述符的索引值。字符串描述符主要就是提供一些设备接口相关的描述性信息，比如厂商的名字、产品序列号等。字符串描述符可以有多个，这里的索引值就是用来区分它们的。

19.3.6 探测函数 storage_probe()

对于本章简述的 usb-storage 模块，usb_stor_init()函数是它的开始，已经在前面讲过了。但是对于 U 盘驱动程序，真正驱动 U 盘正常工作的是 storage_probe()函数。storage_probe()函数是在 usb_storage_driver 中指定的。如果读者还不知道这个函数的由来，那么一定是跳过了前面的章节，而忽略了一些重要内容了。

USB 核心为设备寻找合适的驱动程序并不是一件简单的事情。当设备插入时，USB 核心会为每一个设备调用总线上所有驱动的 probe()函数。在 probe()函数中检查驱动是否真的和设备相适应。在 probe()函数中应该尽量去了解设备足够多的信息，这样才能知道驱动是否能够支持这种设备。

对于 U 盘驱动程序，由 storage_probe()函数开始，由 storge_disconnect()函数结束。其中 storage_probe()函数相当复杂，这里将对其进行详细的分析。storage_probe()函数的代码如下：

```
01  static int storage_probe(struct usb_interface *intf,
02              const struct usb_device_id *id)
03  {
04      struct Scsi_Host *host;
05      struct us_data *us;
06      int result;
07      struct task_struct *th;
08      if (usb_usual_check_type(id, USB_US_TYPE_STOR))
09          return -ENXIO;
10      US_DEBUGP("USB Mass Storage device detected\n");
11      host = scsi_host_alloc(&usb_stor_host_template, sizeof(*us));
12      if (!host) {
13          printk(KERN_WARNING USB_STORAGE
14              "Unable to allocate the scsi host\n");
15          return -ENOMEM;
16      }
17      host->max_cmd_len = 16;
18      us = host_to_us(host);
19      memset(us, 0, sizeof(struct us_data));
20      mutex_init(&(us->dev_mutex));
21      init_completion(&us->cmnd_ready);
22      init_completion(&(us->notify));
23      init_waitqueue_head(&us->delay_wait);
24      init_completion(&us->scanning_done);
25      result = associate_dev(us, intf);
26      if (result)
```

```
27              goto BadDevice;
28      result = get_device_info(us, id);
29      if (result)
30              goto BadDevice;
31      result = get_transport(us);
32      if (result)
33              goto BadDevice;
34      result = get_protocol(us);
35      if (result)
36              goto BadDevice;
37      result = get_pipes(us);
38      if (result)
39              goto BadDevice;
40      result = usb_stor_acquire_resources(us);
41      if (result)
42              goto BadDevice;
43      result = scsi_add_host(host, &intf->dev);
44      if (result) {
45          printk(KERN_WARNING USB_STORAGE
46              "Unable to add the scsi host\n");
47              goto BadDevice;
48      }
49      th = kthread_create(usb_stor_scan_thread, us, "usb-stor-scan");
50      if (IS_ERR(th)) {
51          printk(KERN_WARNING USB_STORAGE
52                  "Unable to start the device-scanning thread\n");
53          complete(&us->scanning_done);
54          quiesce_and_remove_host(us);
55          result = PTR_ERR(th);
56              goto BadDevice;
57      }
58      wake_up_process(th);
59      return 0;
60  BadDevice:
61      US_DEBUGP("storage_probe() failed\n");
62      release_everything(us);
63      return result;
64  }
```

由于这个函数比较复杂，所以会先对该函数做整体的分析，然后再对各个主要函数做详细的介绍。

❑ USB 核心试图通过 storage_probe()函数去了解 U 盘的详细信息，例如协议、设备信息、传输方式和传输管道等。这些信息在 storage_probe()函数主要通过调用第 28 行的 get_device_info()函数，第 31 行的 get_protocol()函数，第 34 行的 get_pipes() 函数，第 40 行的 usb_stor_acquire_resources()函数得到的，后面将详细介绍这几个函数。

❑ 第 4 行，定义了一个 Scsi_Host，表示与主机控制器相关的一些信息。第 11 行，调用 scsi_host_alloc()函数分配一个 Scsi_Host 结构体，并传入一个 us_data 结构的大小，为其分配空间。

❑ 第 5 行，定义了一个重要的数据结构 us_data。在整个 usb-storage 模块中都会用到这个 usb_data 结构体。us_data 表示与设备相关的信息，每一个设备中都会有这样一个结构体。

❑ 第 12~16 行，判断为 Scsi_Host 结果体申请的内存是否成功。在 Linux 内核中，申请内存空间的代码无处不在，在每一次申请内存的语句后面，都会跟着一段检查申请是否成功的代码。如果失败，则提前结束程序，如果成功，则继续执行。在申请内存的过程中，无论需要申请的内存大小是多少，都有可能失败。如果失败之后，程序继续运行，那么除了使内核崩溃之外，并没有什么好处。

❑ 第 18 行，调用 host_to_us()函数从 host 结构体中提取出 us_data 结构体。第 19 行，对其赋初值为 0。

❑ 第 20～24 行，初始化一些锁和等待量。这些变量用来控制驱动程序的一些状态。在后面用到时，会详细介绍。

❑ 第 25 行，调用 associate_dev()函数将 us_data 结构体与 USB 设备相关联。后面将具体介绍。

❑ 第 43 行，在 scsi_host_alloc 之后，必须执行 scsi_add_host()函数。这样，scsi 核心层才能够知道有这么一个 host 存在。scsi_add_host()函数执行成功则返回 0，否则返回出错代码。

❑ 第 49 行，调用 kernel_thread()函数，创建了一个内核守护进程。这个函数调用完成后，usb_stor_scan_thread()函数将作为一个线程单独运行。这个函数将在下面的小节详细介绍。

❑ 第 50～57 行，判断 usb_stor_scan_thread 线程是否创建成功，如果没有成功，则退出驱动程序。

❑ 第 58 行，调用 wake_up_process()函数唤醒 usb_stor_scan_thread 线程，因为线程在创建时，默认为睡眠状态。

❑ 第 60～63 行，错误处理。

19.4　获得 USB 设备信息

在主机与 USB 设备通信之前，需要获得 USB 设备的信息。这个过程中，涉及一次 USB 通信，理解一次 USB 通信，就能够理解整个 USB 通信。下面对这个过程进行详细的介绍。

19.4.1　设备关联函数 associate_dev()

在探测函数 storage_probe()的第 25 行有一个关联设备的函数 associate_dev()，该函数主要使用 usb_interface 结构体初始化 us 指针。该函数的代码如下：

```
01    static int associate_dev(struct us_data *us, struct usb_interface *intf)
02    {
03        US_DEBUGP("-- %s\n", __func__);
04        us->pusb_dev = interface_to_usbdev(intf);
05        us->pusb_intf = intf;
06        us->ifnum = intf->cur_altsetting->desc.bInterfaceNumber;
07        US_DEBUGP("Vendor: 0x%04x, Product: 0x%04x, Revision: 0x%04x\n",
08                le16_to_cpu(us->pusb_dev->descriptor.idVendor),
09                le16_to_cpu(us->pusb_dev->descriptor.idProduct),
10                le16_to_cpu(us->pusb_dev->descriptor.bcdDevice));
11        US_DEBUGP("Interface Subclass: 0x%02x, Protocol: 0x%02x\n",
12                intf->cur_altsetting->desc.bInterfaceSubClass,
```

```
13                intf->cur_altsetting->desc.bInterfaceProtocol);
14      usb_set_intfdata(intf, us);
15      us->cr = usb_buffer_alloc(us->pusb_dev, sizeof(*us->cr),
16              GFP_KERNEL, &us->cr_dma);
17      if (!us->cr) {
18          US_DEBUGP("usb_ctrlrequest allocation failed\n");
19          return -ENOMEM;
20      }
21      us->iobuf = usb_buffer_alloc(us->pusb_dev, US_IOBUF_SIZE,
22              GFP_KERNEL, &us->iobuf_dma);
23      if (!us->iobuf) {
24          US_DEBUGP("I/O buffer allocation failed\n");
25          return -ENOMEM;
26      }
27      return 0;
28  }
```

下面对该函数进行简要的分析。

☐ 第 1 行，associate_dev()函数包含两个参数，一个是 struct us_data *us；另一个是 struct usb_interface *intf。这两个参数在整个 USB 驱动中都是唯一的。us 是一个很重要的结构体，在后面的很多函数中，都会用到这个结构体。实际上，associate_dev()函数的目的就是为 us 赋初值。这样，在以后的整个 USB 驱动中，只要访问 us 中的信息就可以了。

☐ 第 4 行，us 的一个成员 pusb_dev，英文意思是 point of usb device，表示指向 USB 设备的指针。interface_to_usbdev 宏用来把一个 struct interface 结构体的指针转换成一个 struct usb_device 的结构体指针。

☐ 第 5 行，将把 intf 赋给 us 的 pusb_intf。其中 pusb_intf 也表示 point of usb_interface 的意思。

☐ 第 6 行，将接口个数赋给 us->ifnum。USB 设备有一个配置（configuration）的概念，也有一个设置的概念（setting）。这两个概念是不一样的。例如，一部手机可以有一个或者多个配置，当接收到电话时可能是振动或者铃声，这就是两种不同的配置（configuration）。如果确定了是铃声这种配置，那么铃声可以进行音量调节，音量调节就可以算是一种设置（setting）。这里的 cur_altsetting 表示当前的 setting，cur_altsetting 是一个 struct usb_host_interface 的指针。usb_host_interface 结构体表示设置，已经在前面详细讲述过。

☐ 第 7~13 行是两条调试语句，打印更多一些描述符信息，包括 device 描述符和 interface 描述符的信息。

☐ 第 14 行，将 us 赋给设备的私有数据。

☐ 第 15~26 行，分别调用 usb_buffer_alloc()函数分配了两块内存，用于 DMA 用，分别将其用于 us->cr 和 us->iobuf。使用 usb_buffer_alloc()函数分配的内存需要使用 usb_buffer_free()函数来回收。

19.4.2　获得设备信息函数 get_device_info()

在整个 usb-storage 模块的代码中，其中最为重要的函数是 usb_stor_control_thread()。它创建一个线程，并控制主机与 U 盘的信息交互。该函数在 usb_stor_acquire_resources()

函数中调用，其在 storage_probe()函数的第 40 行被调用。在调用该函数之前，有 4 个函数摆在我们面前，它们是 get_device_info()、get_transport()、get_protocol()和 get_pipes()。这 4 个函数是让驱动去认识设备，例如了解设备的一些信息，它的传输方式，传输管道等。这些函数只是做了一些准备工作，并没有完成主机控制器和设备的交互功能。这几个函数只是对后面的数据传输做好一些铺垫。下面首先介绍一下 get_device_info()函数。

```
01    static int get_device_info(struct us_data *us, const struct usb_device_
      id *id)
02    {
03        struct usb_device *dev = us->pusb_dev;
04        struct usb_interface_descriptor *idesc =
05            &us->pusb_intf->cur_altsetting->desc;
06        struct us_unusual_dev *unusual_dev = find_unusual(id);
07        us->unusual_dev = unusual_dev;
08        us->subclass = (unusual_dev->useProtocol == US_SC_DEVICE) ?
09                idesc->bInterfaceSubClass :
10                unusual_dev->useProtocol;
11        us->protocol = (unusual_dev->useTransport == US_PR_DEVICE) ?
12                idesc->bInterfaceProtocol :
13                unusual_dev->useTransport;
14        us->fflags = USB_US_ORIG_FLAGS(id->driver_info);
15        adjust_quirks(us);
16        if (us->fflags & US_FL_IGNORE_DEVICE) {
17            printk(KERN_INFO USB_STORAGE "device ignored\n");
18            return -ENODEV;
19        }
20        if (dev->speed != USB_SPEED_HIGH)
21            us->fflags &= ~US_FL_GO_SLOW;
22        if (id->idVendor || id->idProduct) {
23            static const char *msgs[3] = {
24                "an unneeded SubClass entry",
25                "an unneeded Protocol entry",
26                "unneeded SubClass and Protocol entries"};
27            struct usb_device_descriptor *ddesc = &dev->descriptor;
28            int msg = -1;
29            if (unusual_dev->useProtocol != US_SC_DEVICE &&
30                us->subclass == idesc->bInterfaceSubClass)
31                msg += 1;
32            if (unusual_dev->useTransport != US_PR_DEVICE &&
33                us->protocol == idesc->bInterfaceProtocol)
34                msg += 2;
35            if (msg >= 0 && !(us->fflags & US_FL_NEED_OVERRIDE))
36                printk(KERN_NOTICE USB_STORAGE "This device "
37                    "(%04x,%04x,%04x S %02x P %02x)"
38                    " has %s in unusual_devs.h (kernel"
39                    " %s)\n"
40                    "   Please send a copy of this message to "
41                    "<linux-usb@vger.kernel.org> and "
42                    "<usb-storage@lists.one-eyed-alien.net>\n",
43                    le16_to_cpu(ddesc->idVendor),
44                    le16_to_cpu(ddesc->idProduct),
45                    le16_to_cpu(ddesc->bcdDevice),
46                    idesc->bInterfaceSubClass,
47                    idesc->bInterfaceProtocol,
48                    msgs[msg],
49                    utsname()->release);
50        }
51        return 0;
```

52　}

下面对该函数进行详细的介绍。

- ❑ 第 3 行，从 us->pusb_dev 中得到 usb_device。us 的成员在上面的函数中已经初始化。
- ❑ 第 4、5 行，将 us->pusb_intf->cur_altsetting->desc 赋给 idesc。在 USB 模块中，而只有一个 interface 结构体，一个 interface 就对应一个 interface 描述符。interface 结构体已经在 associate_dev()函数中详细介绍过。
- ❑ 第 6 行，找到不常用的设备。
- ❑ 第 8~13 行，找到 USB 设备支持的协议和类。
- ❑ 第 16~21 行，USB 设备不能被系统识别，则退出。第 20 行，判断 USB 设备是否是高速设备，如果不是则设置慢速设备标志。
- ❑ 第 22~50 行，根据生产厂商和产品号来设置协议、传输类型等参数。

19.4.3　得到传输协议 get_transport()函数

在探测函数 storage_probe()的第 31 行有一个 get_transport()函数，这个函数主要获得 USB 设备支持的通信协议，并设置 USB 驱动的传输类型。该函数的代码如下：

```
01    static int get_transport(struct us_data *us)
02    {
03        switch (us->protocol) {
04        case US_PR_CB:
05            us->transport_name = "Control/Bulk";
06            us->transport = usb_stor_CB_transport;
07            us->transport_reset = usb_stor_CB_reset;
08            us->max_lun = 7;
09            break;
10        case US_PR_CBI:
11            us->transport_name = "Control/Bulk/Interrupt";
12            us->transport = usb_stor_CB_transport;
13            us->transport_reset = usb_stor_CB_reset;
14            us->max_lun = 7;
15            break;
16        case US_PR_BULK:
17            us->transport_name = "Bulk";
18            us->transport = usb_stor_Bulk_transport;
19            us->transport_reset = usb_stor_Bulk_reset;
20            break;
21        ...
22        default:
23            return -EIO;
24        }
25        US_DEBUGP("Transport: %s\n", us->transport_name);
26        if (us->fflags & US_FL_SINGLE_LUN)
27            us->max_lun = 0;
28        return 0;
29    }
```

下面对该函数进行简要的分析。

- ❑ 对于 U 盘来说，USB 协议中规定了，它就属于 Bulk-only 的传输方式，即它的 us->protocol 等于 US_PR_BULK。us->protocol 是在 get_device_info()函数中确定下

来的。于是，在整个 switch 语句中，所执行的就只有 16～20 行的代码。

❑ 第 18 和 19 行，将 us 的 transport_name 赋值为"Bulk"，transport 赋值为 usb_stor_Bulk_transport()函数，transport_reset 赋值为 usb_stor_Bulk_reset()函数。这两个函数将在以后数据传输时使用，后面会详细介绍。

❑ 第 26 行，判断 us->flags，有些设备设置了 US_FL_SINGLE_LUN 这么一个 flag 标志，就表明它是只有一个 LUN 的。LUN 指的是 logical unit number。可以将一个 LUN 理解为一个 device 中的一个 drive。例如有一个多功能读卡器，其同时支持 CF 卡和 SD 卡，那么这个设备就有两个逻辑单元，表示这个设备可能对应两种驱动。这里的 US_FL_SINGLE_LUN，表示只有一个 LUN，设备支持一个逻辑单元。us 中的成员 max_lun 成员表示一个设备所支持的最大的 LUN 号，如果一个设备支持 5 个 LUN，那么这 5 个 LUN 的编号就是 0，1，2，3，4，而 max_lun 就是 4。如果一个设备不用支持多个 LUN，那么它的 max_lun 就是 0。所以这里 max_lun 就设为了 0。对于 U 盘来说，只有一个 LUN。

19.4.4　获得协议信息函数 get_protocol()

get_protocol()函数用来设置协议传输函数，根据不同的协议，使用不同的传输函数。get_protocol()函数根据 us->subclass 来判断，应该给 us->protocol_name 和 us->proto_handler 赋什么值。对于 U 盘来说，USB 协议中规定 us->subclass 为 US_SC_SCSI，所以这里的 switch() 中的两条语句，一个是令 us 的 protocol_name 为 Transparent SCSI；另一个是给 us 的 proto_handler 赋值为 usb_stor_transparent_scsi_command()，这里暂不对这个函数进行说明，当用到时再详细阐述。get_protocol()函数的代码如下，该函数比较简单，这里不对其进行详细讲解。

```
01  static int get_protocol(struct us_data *us)
02  {
03      switch (us->subclass) {
04      case US_SC_RBC:
05          us->protocol_name = "Reduced Block Commands (RBC)";
06          us->proto_handler = usb_stor_transparent_scsi_command;
07          break;
08      case US_SC_QIC:
09          us->protocol_name = "QIC-157";
10          us->proto_handler = usb_stor_pad12_command;
11          us->max_lun = 0;
12          break;
13      case US_SC_SCSI:
14          us->protocol_name = "Transparent SCSI";
15          us->proto_handler = usb_stor_transparent_scsi_command;
16          break;
17      ...
18      default:
19          return -EIO;
20      }
21      US_DEBUGP("Protocol: %s\n", us->protocol_name);
22      return 0;
23  }
```

19.4.5　获得管道信息函数 get_pipes()

get_pipes() 函数用来获得传输管道，该函数的使用涉及接口、端点、管道等概念。简单地说，接口代表设备的一种功能。端点是 USB 通信的最基本形式。主机只能通过端点与 USB 设备进行通信，也就是只能通过端点传输数据。

```
01  static int get_pipes(struct us_data *us)
02  {
03      struct usb_host_interface *altsetting =
04          us->pusb_intf->cur_altsetting;
05      int i;
06      struct usb_endpoint_descriptor *ep;
07      struct usb_endpoint_descriptor *ep_in = NULL;
08      struct usb_endpoint_descriptor *ep_out = NULL;
09      struct usb_endpoint_descriptor *ep_int = NULL;
10      for (i = 0; i < altsetting->desc.bNumEndpoints; i++) {
11          ep = &altsetting->endpoint[i].desc;
12          if (usb_endpoint_xfer_bulk(ep)) {
13              if (usb_endpoint_dir_in(ep)) {
14                  if (!ep_in)
15                      ep_in = ep;
16              } else {
17                  if (!ep_out)
18                      ep_out = ep;
19              }
20          }
21          else if (usb_endpoint_is_int_in(ep)) {
22              if (!ep_int)
23                  ep_int = ep;
24          }
25      }
26      if (!ep_in || !ep_out || (us->protocol == US_PR_CBI && !ep_int)) {
27          US_DEBUGP("Endpoint sanity check failed! Rejecting dev.\n");
28          return -EIO;
29      }
30      us->send_ctrl_pipe = usb_sndctrlpipe(us->pusb_dev, 0);
31      us->recv_ctrl_pipe = usb_rcvctrlpipe(us->pusb_dev, 0);
32      us->send_bulk_pipe = usb_sndbulkpipe(us->pusb_dev,
33          ep_out->bEndpointAddress & USB_ENDPOINT_NUMBER_MASK);
34      us->recv_bulk_pipe = usb_rcvbulkpipe(us->pusb_dev,
35          ep_in->bEndpointAddress & USB_ENDPOINT_NUMBER_MASK);
36      if (ep_int) {
37          us->recv_intr_pipe = usb_rcvintpipe(us->pusb_dev,
38              ep_int->bEndpointAddress & USB_ENDPOINT_NUMBER_MASK);
39          us->ep_bInterval = ep_int->bInterval;
40      }
41      return 0;
42  }
```

下面对该函数进行简要的分析。

❑ 第 4 行，从 us->pusb_intf->cur_altsetting 中得到一个指针 altsetting。us->pusb_intf 已经在 associate_dev() 函数中赋过初始值。altsetting 将在这个函数中用到。

❑ 第 6~9 行，定义了几个 struct usb_endpoint_descriptor 的结构体指针，这是对应 endpoint 描述符的，其定义来自于 include/linux/usb_ch9.h 文件中，端点描述符已经在前面讲解过，如果对此还不熟悉，请翻阅前面的章节。其中 ep_in 表示输入端点，ep_out 表示输出端点，ep_int 表示中断端点，各种端点及其传输方式已经在前面的内容中详细讲解过。如果读者不熟悉，请翻阅前面的内容。

❑ 第 10～25 行，用一个 for 循环获得相应的端点描述符。altsetting->desc. bNumEndpoints 表示接口中端点的个数，其中不包括端点 0。端点 0 是任何一个 USB 设备都必须提供的，这个端点专门用于进行控制传输，即它是一个控制端点。因为端点 0 的存在，即使一个设备没有进行任何设置，USB 主机控制器也能够与设备进行一些通信。

❑ 谈到端点，U 盘至少有两个 bulk 端点，即所谓的批量传输端点。批量传输适用于大批量的数据传输，这对于 U 盘设备来说非常有用。因为在 U 盘读写文件时，主要是交换 U 盘中的数据，而不是为了读取 U 盘中的各种描述符。读写描述符的目的只是让驱动了解设备，让设备能够在驱动的控制下更好地工作。

❑ 第 11 行的 altsetting->endpoint[i].desc 变量，是一个 struct usb_host_endpoint 结构体，表示端点描述符。在第 6～9 行，定义了 4 个 struct usb_endpoint_descriptor 的指针，就是用来记录端点描述符的。ep_in 用于 bulk-in 端点；ep_out 用于 bulk-out 端点；如果有中断端点，ep_int 用于中断端点；ep 表示一个临时指针。

❑ 第 11 行，将端点描述符号 altsetting->endpoint[i].desc 赋给 ep 临时保存起来。

❑ 第 12 行，调用 usb_endpoint_xfer_bulk()函数判断端点是否为批量端点。这些端点的信息是 USB 核心从 USB 设备中读取出来的。显然，对于 U 盘来说，肯定是批量端点。usb_endpoint_xfer_bulk()函数的实现原理是比较端点描述符的 bmAttributes 属性。该属性的第 1、0 位，表示端点的传输类型。其中，即 00 表示控制，01 表示等时，10 表示批量，11 表示中断。USB_ENDPOINT_XFERTYPE_MASK 这个宏定义于 include/linux/usb_ch9.h 中，定义为 0x03。USB_ENDPOINT_XFER_BULK 表示批量传输类型。usb_endpoint_xfer_bulk()函数的代码如下：

```
static inline int usb_endpoint_xfer_bulk(
            const struct usb_endpoint_descriptor *epd)
{
    /*如果端点是批量端点则返回真，否则返回假*/
    return ((epd->bmAttributes & USB_ENDPOINT_XFERTYPE_MASK) ==
        USB_ENDPOINT_XFER_BULK);
}
```

❑ 第 13 行，调用 usb_endpoint_dir_in()函数，判断 ep 是批量输入还是批量输出端点。端点描述符的成员 bEndpointAddress，其第 7 位，表示这个端点的传输方向，0 表示输出，1 表示输入。输出表示从主机控制器到设备，输入表示从设备到主机控制器。usb_endpoint_dir_in()函数的代码如下：

```
#define USB_ENDPOINT_DIR_MASK        0x80
#define USB_DIR_OUT            0          /*传输方向从主机控制器到设备*/
#define USB_DIR_IN            0x80        /*传输方向从设备到主机控制器*/
static inline int usb_endpoint_dir_in(const struct usb_endpoint_descriptor
*epd)
{
    return ((epd->bEndpointAddress & USB_ENDPOINT_DIR_MASK) ==
    USB_DIR_IN);
}
```

- ❑ 第 15 和 18 行，为 ep_in 和 ep_out 赋值。
- ❑ 第 21~24 行，表示如果这个端点是中断端点，则让 ep_int 指向这个中断端点。每一类 USB 设备上有多少端点，有什么端点都是不确定的，这需要遵守该类设备的规范。对于 U 盘来说，只有两个批量传输端点，没有控制端点。如果出现控制端点，那么设备支持 CBI 协议，即 Control/Bulk/Interrupt 协议。
- ❑ 第 26~29 行，是一个简单的错误判断。如果 ep_in 或者 ep_out 不存在，表示设备没有批量传输端点，或者读取设备端点描述符时出错，驱动程序返回。如果设备支持 CBI 协议，但是 ep_int 为空，则也表示错误。
- ❑ 第 30 和 31 行，分别创建一个输入或者输出的控制管道。
- ❑ 第 32~35 行，分别创建一个输入或者输出的批量传输管道。
- ❑ 第 36 行，如果有中断控制端点，则创建中断控制管道。对于 U 盘来说，没有中断端点。

现实生活中有很多管道，例如输油管道用来传输石油，输气管道用来传输天然气。在 Linux 系统中，也引入了管道的概念，管道是一种用来传输数据的虚拟载体。简单地说，在 Linux 中，是一个 unsigned int 类型的变量。数据的传输有两个方向，现实生活中，一条管道不能进行两个方向的传输。对于输油管道，石油只能从一个地区到另一个地区，不能在一条管道中进行石油的双向传输。同样，在 Linux 系统中也类似，一条管道只能完成一个方向到另一个方向的数据传输，不能完成双向的数据传输。在 USB 通信的过程，传输的方向或者从主机到 USB 设备，或者从设备到主机，这需要两条管道。一条用于接收数据；另一条用于输出数据。

USB 协议中规定了 4 种传输方式，即等时传输、中断传输、控制传输、批量传输。一个设备能够支持哪一种或者集中传输方式，由设备本身的设计决定。每一种端点对应不同的管道，Linux 中提供了专有的宏来创建管道。需要注意的是，同一种管道，也有方向之分，所以有不同创建管道的宏。这些宏如下：

```
#define usb_sndctrlpipe(dev,endpoint)  \
    ((PIPE_CONTROL << 30) | __create_pipe(dev, endpoint))
                                                   /*创建发送控制管道*/
#define usb_rcvctrlpipe(dev,endpoint)  \
    ((PIPE_CONTROL << 30) | __create_pipe(dev, endpoint) | USB_DIR_IN)
                                                   /*创建接收控制管道*/
#define usb_sndbulkpipe(dev,endpoint)  \
    ((PIPE_BULK << 30) | __create_pipe(dev, endpoint)) /*创建发送批量管道*/
#define usb_rcvbulkpipe(dev,endpoint)  \
    ((PIPE_BULK << 30) | __create_pipe(dev, endpoint) | USB_DIR_IN)
                                                   /*创建接收批量管道*/
#define usb_sndintpipe(dev,endpoint)   \
    ((PIPE_INTERRUPT << 30) | __create_pipe(dev, endpoint))
                                                   /*创建发送中断管道*/
#define usb_rcvintpipe(dev,endpoint)   \
    ((PIPE_INTERRUPT << 30) | __create_pipe(dev, endpoint) | USB_DIR_IN)
                                                   /*创建接收中断管道*/
```

这几个宏调用了 __create_pipe() 函数来创建管道，从函数中可以看出管道只是一个 unsigned int 类型的变量。__create_pipe() 函数通过一个设备号和端点号创建管道，其中 dev->devnum 表示设备号，endpoint 表示端点号。

```
static inline unsigned int __create_pipe(struct usb_device *dev,
        unsigned int endpoint)
{
    return (dev->devnum << 8) | (endpoint << 15);
}
```

管道 8～14 位是设备号，15～18 位是端点号。第 7 位表示管道的方向，宏 USB_DIR_OUT 表示管道的方向是从主机到设备；宏 USB_DIR_IN 表示管道的方向是从设备到主机。第 30 和 31 位表示管道的类型。

19.5　资源的初始化

USB 设备驱动程序正常运行前，需要系统分配一些资源，例如内存，端口等，本节将对其进行详细的讲解。

19.5.1　storage_probe()函数调用过程

对于 storage_probe()函数，前面用了很长的篇幅来分析，因为它是 USB 设备最主要的函数之一。首先，分配了一个重要的 struct us_data 结构体。如图 19.7 所示，在 storage_probe()函数中，主要调用了 5 个重要的函数，分别是 assocaite_dev()、get_device_info()、get_transport()、get_protocol()和 get_pipes()。这些函数的唯一目的就是为 us 结构体赋初值，这样 us 结构体就可以带上这些重要的数据，在 USB 核心要使用这些数据时，只需要在 us 中去读取即可。当为 us 赋上正确的初始值后，会调用 usb_stor_acquire_resources()函数，得到设备需要的动态资源。其实，在 USB 驱动中，usb_stor_acquire_resources()函数是整个故事的主角，完成了很多重要的行为，下面对该函数完成的功能进行详细的阐述。

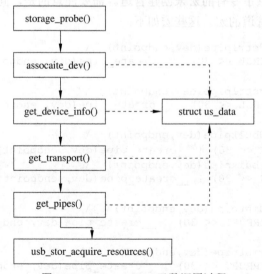

图 19.7　storge_probe()函数调用过程

19.5.2　资源获取函数 usb_stor_acquire_resources()

在 storage_probe()函数中，最重要的一个函数就是 usb_stor_acquire_resources()。该函

数的主要功能是初始化设备，并创建数据传输的控制线程。在这个函数中，调用了 kthread_run()函数，用来创建一个内核线程。在 Linux 驱动中，有时找不到驱动执行的流程，这时如果发现了 kthread_run()函数，那么就表示驱动另外创建了一个线程，主要的逻辑就有可能是在这个新线程中执行了。usb_stor_acquire_resources()函数的代码如下：

```
01   static int usb_stor_acquire_resources(struct us_data *us)
02   {
03       int p;
04       struct task struct *th;
05       us->current_urb = usb_alloc_urb(0, GFP_KERNEL);
06       if (!us->current_urb) {
07           US_DEBUGP("URB allocation failed\n");
08           return -ENOMEM;
09       }
10       if (us->unusual_dev->initFunction) {
11           p = us->unusual_dev->initFunction(us);
12           if (p)
13               return p;
14       }
15       th = kthread_run(usb_stor_control_thread, us, "usb-storage");
16       if (IS_ERR(th)) {
17           printk(KERN_WARNING USB_STORAGE
18               "Unable to start control thread\n");
19           return PTR_ERR(th);
20       }
21       us->ctl_thread = th;
22       return 0;
23   }
```

下面对该函数进行详细的分析。

❑ 第 4 行，定义一个内核线程结构体指针。

❑ 第 5 行，申请一个 urb 结构体。urb 结构体是 USB 驱动中一个非常重要的概念，将在 19.5.3 节详细讲述。这里只需知道它与 USB 的数据传输有关即可。

❑ 第 6～9 行，如果分配 urb 失败，则返回。

❑ 第 10 行的 us->unusual_dev->initFunction 一个设备初始化函数。对于一些特殊的设备，需要在使用之前进行一些特殊的操作，那么就将这些操作写在这个函数中。如果 us->unusual_dev->initFunction 不为空，则执行这个函数，将 us 作为参数传递进去。

❑ 第 15 行，调用 kthread_run(usb_stor_control_thread, us, "usb-storage")创建一个内核进程，将返回值赋给 th。内核进程创建成功后，会调用 usb_stor_control_thread()函数，将 us 作为它的参数传递进去。kernel_thread()函数调用后，会生成一个子进程，调用它的函数所在的进程被称为父进程。在内核中，子进程和父进程同时执行。所以这里，内核在继续执行 usb_stor_acquire_resources()函数的同时，也在执行 usb_stor_control_thread()函数。当 usb_stor_control_thread()函数执行完成后，子进程就被销毁。

❑ 第 21 行，将 th 赋给 us->ctl_thread 保存下来。

19.5.3　USB 请求块（urb）

USB 请求块（USB request block，urb）是 USB 主机控制器和设备通信的主要数据结构，主机与设备之间通过 urb 进行数据传输。在 urb 中，包含了执行 usb 传输所需要的所有信息。当主机控制器需要与设备交互时，只需填充一个 urb 结构，然后将其提交给 USB 核心，由 USB 核心负责对其进行处理。在 Linux 中，USB 请求块由 struct urb 结构体来描述，该结构体的定义如下：

```
01  struct urb {
02      struct kref kref;                              /*urb 的引用计数*/
03      void *hcpriv;                                  /*主机控制器的私有数据*/
04      atomic_t use_count;                            /*提交给主机控制器的计数*/
05      atomic_t reject;                               /*传输将要失败提示*/
06      int unlinked;                                  /*未连接错误码*/
07      struct list_head urb_list;                     /*链表头*/
08      struct list_head anchor_list;
09      struct usb_anchor *anchor;
10      struct usb_device *dev;                        /*指向 urb 关联的设备*/
11      struct usb_host_endpoint *ep;                  /*指向端点描述符*/
12      unsigned int pipe;                             /*对应的管道信息*/
13      int status;                                    /*urb 的状态*/
14      unsigned int transfer_flags;                   /*传输标志*/
15      void *transfer_buffer;                         /*需要传输的数据的长度*/
16      dma_addr_t transfer_dma;                       /*DAM 传输地址*/
17      int transfer_buffer_length;                    /*DMA 数据参数的长度*/
18      int actual_length;                             /*实际传输的长度*/
19      unsigned char *setup_packet;                   /*设置安装包*/
20      dma_addr_t setup_dma;                          /*DMA 安装包*/
21      int start_frame;                               /*开始发送的帧*/
22      int number_of_packets;
23      int interval;
24      int error_count;                               /*传输错误计数*/
25      void *context;
26      usb_complete_t complete;                       /*控制同步的完成量*/
27      struct usb_iso_packet_descriptor iso_frame_desc[0];
28  };
```

下面对该结构体进行简要的介绍。

- 第 4 行的 use_count 表示一个计数。在 USB 通信的整个阶段，当 urb 提交给 USB 主机控制器时，其值增加 1，当 urb 从主机控制器返回 USB 驱动程序时，其值减 1。
- 第 7 行的 urb_list，每个端点都会有的这个 urb 队列，该队列的成员是由这里的 urb_list 一个个链接起来的。主机控制器每收到一个 urb，就会将它添加到 urb 指定的端点的 urb 队列中。这个链表的头对应端点的 struct list_head 结构体成员。
- 第 10 行，定义了一个 struct usb_device *dev 结构体指针。这个指针指向 urb 关联的设备，也就是 urb 需要发送到的设备。该指针在 urb 提交到 USB 核心之前必须初始化，否则 urb 会找不到目的设备，出现错误。
- 第 12 行的 pipe，表示 urb 需要发送到的管道。本质上，管道是一个无符号整型，对应设备上的一个端点。根据不同的端点类型，有不同的管道类型。同样，在 urb 提交到 USB 核心之前，pipe 必须初始化。
- 第 13 行的 status，表示 urb 的当前状态。

- 第 14 行，定义了一个传输标志 transfer_flags。这个标志决定了 USB 核心对 urb 的具体操作，其取值可能为如下的宏：

```
#define URB_SHORT_NOT_OK      0x0001        /* report short reads as errors */
#define URB_ISO_ASAP          0x0002        /* iso-only, urb->start_frame
                      * ignored */
#define URB_NO_TRANSFER_DMA_MAP      0x0004  /* urb->transfer_dma valid on
submit */
#define URB_NO_SETUP_DMA_MAP      0x0008  /* urb->setup_dma valid on submit */
#define URB_NO_FSBR      0x0020            /* UHCI-specific */
#define URB_ZERO_PACKET       0x0040   /* Finish bulk OUT with short packet */
#define URB_NO_INTERRUPT      0x0080      /* HINT: no non-error interrupt
```

- 第 15 行的 transfer_buffer，该指针指向一个缓冲区。缓冲区中的数据可以从设备发送到主机，或者从主机发送到设备。该缓存区必须用 kmalloc() 函数来分配，否则会出现错误。
- 第 16 行的 transfer_dma，指向以 DMA 方式传输数据到 USB 设备的缓冲区。
- 第 17 行的 transfer_buffer_length 表示 transfer_buffer 或者 transfer_dma 的长度。
- 第 19 行的 setup_packet，指向控制 urb 的设置数据包的指针。
- 第 21 行，表示开始发送的第一帧。
- 第 22 行，表示发送包的数量。
- 第 24 行，表示发送过程中，出现错误的次数。
- 第 26 行，用于同步的完成量。

1. urb 传输过程

一个 urb 包含了执行 usb 传输所需要的所有信息。如图 19.8 所示为 urb 的传输过程。当要进行数据传输时，需要分配一个 urb 结构体，对其进行初始化，然后将其提交给 usb 核心。USB 核心对 urb 进行解析，将控制信息提交给主机控制器，由主机控制器负责数据到设备的传输。这时，驱动程序只需等待，当数据回传到主机控制器后，会转发给 USB 核心，唤醒等待的驱动程序，由驱动程序完成剩下的工作。

图 19.8　urb 的传输过程

更为具体地说，Linux 中的设备驱动程序只要为每一次请求准备一个 urb 结构体，然后把它填充好，就可以调用函数 usb_submit_urb() 提交给 USB 核心。然后 USB 核心将 urb 传递给 USB 主机控制器，最终传递给 USB 设备。USB 设备获得 urb 结构体后，会解析这个结构体，并以相反的路线将数据返回给 Linux 内核。

2. 分配 urb 函数 usb_alloc_urb()

usb_alloc_urb() 函数用来申请一个 urb 结构，有两个参数。第一个参数是 iso_packets，用来表示等时传输的方式下需要传输多少个包。对于非等时模式来说，这个参数直接赋为 0。另一个参数 mem_flags 是一个 flag 标志，表征申请内存的方式，这标志将最终传递给 kmalloc()函数。usb_alloc_urb()函数的代码如下：

```
01  struct urb *usb_alloc_urb(int iso_packets, gfp_t mem_flags)
02  {
03      struct urb *urb;
04      urb = kmalloc(sizeof(struct urb) +
05          iso_packets * sizeof(struct usb_iso_packet_descriptor),
06          mem_flags);
07      if (!urb) {
08          printk(KERN_ERR "alloc_urb: kmalloc failed\n");
09          return NULL;
10      }
11      usb_init_urb(urb);
12      return urb;
13  }
```

下面对该函数进行简要的分析。

❑ 第 4 行，调用 kmalloc()函数分配了一个 urb 结构体。如果是等时传输，则多分配几个等时传输包的大小。

❑ 第 11 行，调用 usb_init_urb()函数对 urb 进行初始化。主要是对整个 urb 结构体清零，然后增加 kref 的引用计数，最后初始化链表。该函数的代码如下：

```
void usb_init_urb(struct urb *urb)
{
    if (urb) {
        memset(urb, 0, sizeof(*urb));
        kref_init(&urb->kref);
        INIT_LIST_HEAD(&urb->anchor_list);
    }
}
```

3. 销毁 urb 函数 usb_free_urb()

当不再使用 urb 时，应该调用 usb_free_urb()函数通知 USB 核心驱动程序已使用完 urb，应该销毁这个 urb。该函数的原型代码如下：

```
void usb_free_urb(struct urb *urb)
```

usb_free_urb()函数接收指向需要释放的 urb 指针。该函数调用之后，urb 结构体从 USB 核心中清除，驱动程序不能使用这个 urb 结构。

4. 提交 urb 函数 usb_submit_urb()

USB 驱动程序创建和初始化一个 urb 结构体后，会调用 usb_submit_urb()函数将 urb 提交到 USB 核心，然后发送到 USB 设备中。usb_submit_urb()函数的原型代码如下：

```
int usb_submit_urb(struct urb *urb, gfp_t mem_flags)
```

该函数的第 1 个参数 urb 是即将被发送到 USB 核心的指针，第 2 个参数 mem_flags 类似于 kmalloc()函数分配内存时传递的参数，该参数用于内核分配内存时使用。

5. 取消 urb 函数 usb_submit_urb()

如果不需要执行 urb 中的请求，可以调用 usb_kill_urb()函数取消提交到 USB 核心中的 urb。usb_kill_urb()函数的原型代码如下：

```
void usb_kill_urb(struct urb *urb)
```

该函数接收需要被取消的 urb 结构体指针，当设备从系统中意外删除，在断开回调函数时会调用 usb_kill_urb()函数取消 urb 请求。

19.6　控制子线程

控制子线程用来完成数据的接收和发送，这个线程会一直运行，直到驱动程序退出。本节将对控制子线程进行详细的介绍。

19.6.1　控制线程

控制线程 usb_stor_control_thread()是一个守护线程。在 Linux 中与 Windows 不同，是不区分线程和进程概念的，因为线程也是用进程来实现的。usb_stor_control_thread()函数是整个 USB 模块中最有意思的函数，该函数中执行一个 for(;;)，这是一个死循环，也就是说该函数作为一些线程用可以不停息地运行。

```
01  static int usb_stor_control_thread(void * __us)
02  {
03      struct us_data *us = (struct us_data *)__us;
04      struct Scsi_Host *host = us_to_host(us);
05      for(;;) {
06          US_DEBUGP("*** thread sleeping.\n");
07          if (wait_for_completion_interruptible(&us->cmnd_ready))
08              break;
09          US_DEBUGP("*** thread awakened.\n");
10          mutex_lock(&(us->dev_mutex));
11          scsi_lock(host);
12          if (us->srb == NULL) {
13              scsi_unlock(host);
14              mutex_unlock(&us->dev_mutex);
15              US_DEBUGP("-- exiting\n");
16              break;
17          }
18          if (test_bit(US_FLIDX_TIMED_OUT, &us->dflags)) {
19              us->srb->result = DID_ABORT << 16;
20              goto SkipForAbort;
21          }
22          scsi_unlock(host);
23          if (us->srb->sc_data_direction == DMA_BIDIRECTIONAL) {
24              US_DEBUGP("UNKNOWN data direction\n");
25              us->srb->result = DID_ERROR << 16;
26          }
27          else if (us->srb->device->id &&
28                  !(us->fflags & US_FL_SCM_MULT_TARG)) {
29              US_DEBUGP("Bad target number (%d:%d)\n",
30                  us->srb->device->id, us->srb->device->lun);
```

```
31              us->srb->result = DID_BAD_TARGET << 16;
32          }
33          else if (us->srb->device->lun > us->max_lun) {
34              US_DEBUGP("Bad LUN (%d:%d)\n",
35                  us->srb->device->id, us->srb->device->lun);
36              us->srb->result = DID_BAD_TARGET << 16;
37          }
38          else if ((us->srb->cmnd[0] == INQUIRY) &&
39                  (us->fflags & US_FL_FIX_INQUIRY)) {
40              unsigned char data_ptr[36] = {
41                  0x00, 0x80, 0x02, 0x02,
42                  0x1F, 0x00, 0x00, 0x00};
43              US_DEBUGP("Faking INQUIRY command\n");
44              fill_inquiry_response(us, data_ptr, 36);
45              us->srb->result = SAM_STAT_GOOD;
46          }
47          else {
48              US_DEBUG(usb_stor_show_command(us->srb));
49              us->proto_handler(us->srb, us);
50          }
51          scsi_lock(host);
52          if (us->srb->result != DID_ABORT << 16) {
53              US_DEBUGP("scsi cmd done, result=0x%x\n",
54                  us->srb->result);
55              us->srb->scsi_done(us->srb);
56          } else {
57  SkipForAbort:
58              US_DEBUGP("scsi command aborted\n");
59          }
60          if (test_bit(US_FLIDX_TIMED_OUT, &us->dflags)) {
61              complete(&(us->notify));
62              clear_bit(US_FLIDX_ABORTING, &us->dflags);
63              clear_bit(US_FLIDX_TIMED_OUT, &us->dflags);
64          }
65          us->srb = NULL;
66          scsi_unlock(host);
67          mutex_unlock(&us->dev_mutex);
68      } /* for (;;) */
69      for (;;) {
70          set_current_state(TASK_INTERRUPTIBLE);
71          if (kthread_should_stop())
72              break;
73          schedule();
74      }
75      __set_current_state(TASK_RUNNING);
76      return 0;
77  }
```

下面对该函数进行详细的介绍。

❑ 第 4 行，定义了一个 Scsi_Host 的指针 host，并为其赋值。us 中包含有一个 Scsi_Host 结构体。

❑ 第 5～68 行，是一个 for 循环，这个循环是一个死循环。

❑ 第 7 行，调用 wait_for_completion_interruptible()函数使线程睡眠，直到其他进程唤醒它。

❑ 第 11 行调用 scsi_lock 宏将下面的代码保护起来，不允许并发执行。scsi_lock 宏和 scsi_unlock 宏定义为：

```
#define scsi_unlock(host)        spin_unlock_irq(host->host_lock)
#define scsi_lock(host)          spin_lock_irq(host->host_lock)
```

这是两个自旋锁，用来保护 scsi_lock 和 scsi_unlock 宏之间的代码。

❑ 第 33～37 行，us->srb->device->lun 应该小于等于 us->max_lun。us->max_lun 调用 usb_stor_Bulk_max_lun() 函数向设备请求最大 LUN 个数。us->srb->device->lun 表示命令要访问哪一个 LUN，这个数不能大于设备的最大 LUN，否则出错。

❑ 第 38～45 行，如果命令是一个请求命令，则调用 fill_inquiry_response() 函数填充一个请求命令。

❑ 第 52～56 行，如果命令异常，则提前退出。

❑ 第 60～64 行，如果超时，则清除相应的标志，

❑ 第 69～75 行，重新调度控制子线程，如果出错，则线程会自动退出。

19.6.2　扫描线程 usb_stor_scan_thread()

usb_stor_scan_thread() 函数是一个线程函数，这个线程的生命周期非常短，完成的功能也比较简单。这个函数的功能是让用户能通过 cat /proc/scsi/scsi 看到 U 盘设备。同样在/dev 目录下，也可以看到 U 盘设备，例如/dev/sda。usb_stor_scan_thread() 函数的代码如下：

```
01  static int usb_stor_scan_thread(void * __us)
02  {
03      struct us_data *us = (struct us_data *)__us;
04      printk(KERN_DEBUG
05          "usb-storage: device found at %d\n", us->pusb_dev->devnum);
06      set_freezable();
07      if (delay_use > 0) {
08          printk(KERN_DEBUG "usb-storage: waiting for device "
09                  "to settle before scanning\n");
10          wait_event_freezable_timeout(us->delay_wait,
11                  test_bit(US_FLIDX_DONT_SCAN, &us->dflags),
12                  delay_use * HZ);
13      }
14      if (!test_bit(US_FLIDX_DONT_SCAN, &us->dflags)) {
15          if (us->protocol == US_PR_BULK &&
16                  !(us->fflags & US_FL_SINGLE_LUN)) {
17              mutex_lock(&us->dev_mutex);
18              us->max_lun = usb_stor_Bulk_max_lun(us);
19              mutex_unlock(&us->dev_mutex);
20          }
21          scsi_scan_host(us_to_host(us));
22          printk(KERN_DEBUG "usb-storage: device scan complete\n");
23      }
24      complete_and_exit(&us->scanning_done, 0);
25  }
```

下面对该函数进行简要的介绍。

❑ 第 7 行的 delay_use 是一个全局的静态变量，在文件 drivers/usb/storage/usb.c 开始的地方，定义了这个变量。module_param 是 Linux 2.6 提供的一个宏，可以在模块被装载时设定 delay_use 的值。设置这个变量是为了防止设备刚插入进去又立刻拔出来的情况，只有在设备插入大于 5 秒的时候，驱动程序才继续执行。

```
static unsigned int delay_use = 5;
```

```
module_param(delay_use, uint, S_IRUGO | S_IWUSR);
MODULE_PARM_DESC(delay_use, "seconds to delay before using a new device");
```

- ❑ 第 6 行，调用 set_freezable()函数，设置 flag 标志为~PF_NOFREEZE，表示设备在一定的时间内没有响应，会进入挂起状态，这个标志与电源管理有关。

- ❑ 第 10～12 行，首先判断 flag 是否设置了 US_FLIDX_DISCONNECTING 标志。如果没有设置，则进入睡眠状态，否则继续执行。delay_use * HZ 表示 5 秒钟的时间，如果 5 秒之内没有把 U 盘拔出来，则 5 秒之后函数返回 0，继续向下执行。如果在 5 秒之内拔出来了，则会调用 storage_disconnect()函数，这个函数后面再讲。调用 wait_event_freezable_timeout()函数的好处是，不管条件满不满足，5 秒之后函数肯定会返回，所以继续看下面的代码。

- ❑ 第 14 行，再一次判断设备有没有被断开，如果 flag 被设置成 US_FLIDX_DONT_SCAN，表示设备已经断开。如果设备仍然连接在 USB 集线器上，那么调用 scsi_scan_host()函数扫描主机控制器。

- ❑ 第 15 行，判断设备使用的是否为 bulk only 协议。如果使用的是 bulk only 协议，再检查设备是否只有一个 LUN 单元，如果有多个，则执行 if 语句中的代码。

- ❑ 第 17～19 行，分别对 us->dev_mutex 加锁和解锁。在锁定互斥锁之间，调用 usb_stor_Bulk_max_lun()函数向设备询问支持多少个 LUN 单元。usb_stor_Bulk_max_lun() 函数是 USB 驱动中，主机控制器第一次与设备间的通信。只要了解这个函数，那么就大概知道了整个 USB 设备通信的过程，所以在后面的小节将对这个函数进行详细的解释。

- ❑ 第 24 行调用 complete_and_exit()函数，该函数将唤醒另外的进程，并结束自己所在的进程。complete_and_exit()函数的定义如下：

```
NORET_TYPE void complete_and_exit(struct completion *comp, long code)
{
    if (comp)
        complete(comp);
    do_exit(code);
}
```

函数传递 us->scanning_done 作为 complete_and_exit()函数的第一个参数，us->scanning_done 表示扫描进程的完成量。在 19.3.6 节 storage_probe()函数的第 24 行，调用 init_completion(&us->scanning_done)来初始化这个完成量。如果在调用 complete_and_exit() 函数之前，调用 storage_disconnect()函数，则 complete_and_exit()函数首先唤醒等待完成量 us->scanning_done 的进程，然后调用 do_exit()函数退出本进程，也可以说是线程。在 Linux 中，进程和线程的实现并没有本质的区别。

19.6.3　获得 LUN 函数 usb_stor_Bulk_max_lun()

usb_stor_scan_thread()函数的第 18 行调用了 usb_stor_Bulk_max_lun()函数，该函数非常重要，是 USB 驱动第一次向设备获取信息的函数。只有了解了这个函数，那么就大概了解了一次 USB 设备通信的过程，如图 19.9 是 usb_stor_Bulk_max_lun()函数的调用过程，本节将对这些函数进行详细的介绍。

usb_stor_Bulk_max_lun()函数是用来获得设备最大的 LUN。LUN 是 logical unit number，

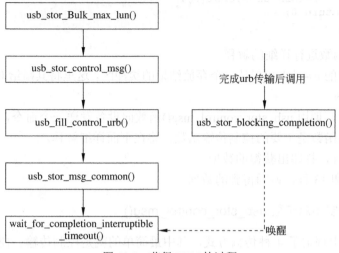

图 19.9　获得 LUN 的过程

表示逻辑单元数。可以将一个 LUN 理解为 device 中的一个 drive。例如有一个多功能读卡器，其同时支持 CF 卡和 SD 卡，那么这个设备就有两个逻辑单元，表示这个设备可能对应两种驱动。这里的 US_FL_SINGLE_LUN，表示只有一个 LUN，设备支持一个逻辑单元。us 中的成员 max_lun 成员表示一个设备所支持的最大的 LUN 号，如果一个设备支持 5 个 LUN，那么这 5 个 LUN 的编号就是 0，1，2，3，4 而 max_lun 就是 4。如果一个设备不用支持多个 LUN，那么它的 max_lun 就是 0。所以这里 max_lun 就设为了 0。对于 U 盘来说，只有一个 LUN。

对于协议使用 Bulk-Only 的设备，USB 协议规定需要向设备发送 GET MAX LUN 命令来请求有多少个 LUN。对于 U 盘来说，使用 USB 协议下的一个子协议，这个子协议是 usb mass storage class bulk-only transport spec。如果不是多功能读卡器，有多个逻辑单元，那么对于普通的 U 盘，usb_stor_Bulk_max_lun()函数返回的值肯定是 0。

1. usb_stor_Bulk_max_lun()代码分析

分析了这么多的代码，始终没有完整地了解一次 USB 传输到底是怎样的。USB 驱动程序怎样向 USB 设备发起 USB 传输？利用 usb_stor_Bulk_max_lun()函数是了解这个过程的一个好的机会。USB 驱动程序首先发送一个命令，然后设备根据命令返回一些信息，这里显示的是一个表示 LUN 个数的数字。 usb_stor_Bulk_max_lun()函数完成的是一次控制传输，其代码如下：

```
01   int usb_stor_Bulk_max_lun(struct us_data *us)
02   {
03       int result;
04       us->iobuf[0] = 0;
05       result = usb_stor_control_msg(us, us->recv_ctrl_pipe,
06                   US_BULK_GET_MAX_LUN,
07                   USB_DIR_IN | USB_TYPE_CLASS |
08                   USB_RECIP_INTERFACE,
09                   0, us->ifnum, us->iobuf, 1, HZ);
10       US_DEBUGP("GetMaxLUN command result is %d, data is %d\n",
11             result, us->iobuf[0]);
12       if (result > 0)
```

```
13              return us->iobuf[0];
14          return 0;
15  }
```

下面对该函数进行详细的解释。

- □ 第 4 行的 us->iobuf[0]是一个存放结果的缓冲区，这里将其赋给 0，表示默认只有 0 个 LUN。
- □ 第 5 行，调用 usb_stor_control_msg()函数向设备发送一个命令，并获得 LUN 的个数，该函数是主要的控制传输函数，将在下面详细解释。
- □ 第 10 行，打印出获得的数据。
- □ 第 12 和 13 行，返回得到的数据。

2. 传输控制消息函数 usb_stor_control_msg()

USB 协议中规定了 4 种传输方式，其中最简单的就是控制传输。控制传输向 USB 核心提交一个 URB，这个 URB 中包含了一个控制命令。这里为了得到 LUN，需要发送一个 GETMAX LUN 命令。内核提供了 usb_stor_control_msg()函数来发送控制命令，或者叫控制请求。控制信息需要按照一定的格式来组织，USB 设备固件程序才能够理解。控制信息中包含了希望设备返回信息的请求。

下面，结合调用 usb_stor_control_msg()函数传递的参数来理解该函数。该函数的调用形式如下：

```
result = usb_stor_control_msg(us, us->recv_ctrl_pipe,
            US_BULK_GET_MAX_LUN,
            USB_DIR_IN | USB_TYPE_CLASS |
            USB_RECIP_INTERFACE,
            0, us->ifnum, us->iobuf, 1, HZ);
```

函数的第 1 个参数还是 us，传递这个参数的目的是函数为用到 us 的 cr 成员，该成员的定义为：

```
struct usb_ctrlrequest *cr;       /*控制请求*/
```

cr 是 struct usb_ctrlrequest 结构的指针，USB 协议中规定一个控制请求的格式为一个 8 个字节的数据包。struct usb_ctrlrequest 结构体是一个 8 个字节的结构体，其定义如下：

```
01  struct usb_ctrlrequest {
02      __u8 bmRequestType;
03      __u8 bRequest;
04      __le16 wValue;
05      __le16 wIndex;
06      __le16 wLength;
07  } __attribute__ ((packed));
```

USB 协议中规定，所有的 USB 设备都会响应主机的一些请求。这些请求来自 USB 主机控制器，主机控制器通过设备的默认控制管道发出这些请求。默认管道就是 0 号端点所对应的那个管道。

- □ 第 2 行的 bmRequestType 是一个位图，其中的 m 表示 map。其有一个字节，8 位的含义分别是：位 7 表示控制传输数据传输的方向，0 表示方向为主机到设备，1

表示方向为设备到主机。位 6 和位 5 表示请求的类型，0 称为标准类型，1 称为类类型，2 为请求制造商，3 是保留的，不能使用。位 4 到 0 代表的是 0 表示设备，1 表示接口，2 表示端点，3 表示其他。4～31 表示保留。

❏ 第 3 行的 bRequest，指定了是哪个请求。每一个请求都有一个编号，这里是 GET MAXLUN，其编号是 FEh。

❏ 第 4 行的 wValue，占 2 个字节，根据不同请求有不同的值，这里必须为 0。

❏ 第 5 行的 wIndex，占 2 个字节，根据不同请求有不同的值，这里要求被设置为 interface number。

❏ 第 6 行的 wLength，占 2 个字节，如果接下来有数据传输阶段，则该值表示数据传输阶段传输多少个字节。该值在 GET MAX LUN 请求中被规定为 1，也就是说，返回 1 个字节来存储最大 LUN 数。

usb_stor_control_msg()函数的代码如下：

```
01   int usb_stor_control_msg(struct us_data *us, unsigned int pipe,
02            u8 request, u8 requesttype, u16 value, u16 index,
03            void *data, u16 size, int timeout)
04   {
05       int status;
06       US_DEBUGP("%s: rq=%02x rqtype=%02x value=%04x index=%02x len=%u\n",
07               __func__, request, requesttype,
08               value, index, size);
09       /*下面几行填充这个设备请求结构*/
10       us->cr->bRequestType = requesttype;
11       us->cr->bRequest = request;
12       us->cr->wValue = cpu_to_le16(value);
13       us->cr->wIndex = cpu_to_le16(index);
14       us->cr->wLength = cpu_to_le16(size);
15       /*填充 URB 结构体和提交 URB 结构到 USB 核心*/
16       usb_fill_control_urb(us->current_urb, us->pusb_dev, pipe,
17               (unsigned char*) us->cr, data, size,
18               usb_stor_blocking_completion, NULL);
19       status = usb_stor_msg_common(us, timeout);
20       if (status == 0)  /*如果没有错误，则返回实际返回的数据的长度*/
21           status = us->current_urb->actual_length;
22       return status;
23   }
```

下面对该函数的代码进行简要的分析。

❏ 第 6 行，打印一些调试信息。

❏ 第 10～14 行，用来填充 us->cr 结构体。us->cr 结构体是一个 struct usb_ctrlrequest 结构体变量。其中 bRequestType 被赋值为 USB_DIR_IN | USB_TYPE_CLASS | USB_RECIP_INTERFACE，表示设备向主机输入信息。bRequest 被赋值为 US_BULK_GET_MAX_LUN，其值为 0xfe，表示请求类型为获得最大的 LUN。wValue 被赋值为 0。wIndex 被赋值为 us->ifnum，表示接口数量。wLength 被赋值为 1，表示返回 1 个字节。

❏ 第 16 行，调用 usb_fill_control_urb()函数来填充一个 urb 结构体。

❏ 第 19 行，调用 usb_stor_msg_common()函数填充一些共同的 urb 成员，并提交 urb 给 USB 核心。

❑ 第 20 和 21 行，如果提交 urb 没有错误，则返回得到数据的长度，这里是 1 个字节。

3．填充控制传输 urb 结构体 usb_fill_control_urb()

usb_stor_control_msg() 函数的第 16 行调用了 usb_fill_control_urb() 函数，填充一个控制传输使用的 urb 结构体。一个 urb 初始化并创建之后，要根据不同的传输类型进行初始化，然后通过 usb_submit_urb() 函数将 urb 提交给 USB 核心。一个 struct urb 结构对应着 4 种传输类型，每种传输类型都不同。每一种传输类型，对应着 urb 中的部分成员，而另外的成员则对应着其他的传输类型。

如果按照面向对象的设计思想，那么应该先定义一个 urb 的基类，包含一些共有的成员。然后再定义 4 个派生类，分别代表 4 种不同的传输类型。但是内核代码为了保证效率是用 C 语言开发的，不能很好地支持面向对象的思想。另外，内核代码中，已经有非常多的结构体了，如果每一个内核模块都以这样的方式来设计，那么现在内核的结构会异常复杂。

```
01  static inline void usb_fill_control_urb(struct urb *urb,
02                      struct usb_device *dev,
03                      unsigned int pipe,
04                      unsigned char *setup_packet,
05                      void *transfer_buffer,
06                      int buffer_length,
07                      usb_complete_t complete_fn,
08                      void *context)
09  {
10      urb->dev = dev;
11      urb->pipe = pipe;
12      urb->setup_packet = setup_packet;
13      urb->transfer_buffer = transfer_buffer;
14      urb->transfer_buffer_length = buffer_length;
15      urb->complete = complete_fn;
16      urb->context = context;
17  }
```

下面对该函数进行简要的分析。

❑ 第 10 行，urb->dev 赋值为 us->pusb_dev，表示 urb 请求的设备。

❑ 第 11 行，这个 pipe 被赋值为 us->recv_ctrl_pipe，这是一个接收控制管道，也就是说专门为设备向主机发送数据而设置的管道。

❑ 第 12 行，urb->setup_packet 被赋值为 us->cr，也就是前面定义的 usb_ctrlrequest 结构体。

❑ 第 13 行，urb->transfer_buffer 被设置为用于存放数据的缓冲区 us->iobuf，这里存放返回的 LUN。

❑ 第 14 行的 urb->transfer_buffer_length 表示传输数据的长度，这里被赋值为 1。

❑ 第 15 行，urb->completet 被赋值为 usb_stor_blocking_completion() 函数，在使用这个函数时，再对其进行详细的介绍。

❑ 第 16 行，是这个函数的参数，被存放在 urb->context 中。

4．传输控制消息函数 usb_stor_msg_common()

接着 usb_fill_control_urb() 函数将调用 usb_stor_control_msg() 函数。usb_fill_control_urb()

函数只填充了 urb 中的几个字段，但是 urb 中包含非常多的字段，很多字段有一定的共性。对于这些有共性的字段，使用 usb_stor_msg_common()函数来设置，该函数传递的参数有两个，一个是 us；另一个是 timeout，默认值是 1 秒。

在 USB 驱动中，无论其采用何种传输方式，无论传输多少个字节，都需要调用 usb_stor_msg_common()函数完成一些共同的工作。作为设备驱动程序，只需要提交一个 urb 给 USB 核心就可以了，剩下的事情 USB 核心会去处理，当设备返回信息之后再通知 USB 驱动程序。提交 urb，USB 核心准备了一个函数 usb_submit_urb()，该函数可以在 4 种传输方式中使用。将 urb 提交给 USB 核心之前，需要做的只是准备好这个 urb，把 urb 中各相关的成员填充好，然后提交给 USB 核心来处理。不同的传输方式其填写 urb 的方式也不同，下面将具体介绍。usb_stor_msg_common()函数的代码如下：

```
01    static int usb_stor_msg_common(struct us_data *us, int timeout)
02    {
03        struct completion urb_done;
04        long timeleft;
05        int status;
06        /*在出错阶段，不处理 urb 请求*/
07        if (test_bit(US_FLIDX_ABORTING, &us->dflags))
08            return -EIO;
09        init_completion(&urb_done);
10        /*下面的初始化 urb 的通用字段*/
11        us->current_urb->context = &urb_done;
12        us->current_urb->actual_length = 0;
13        us->current_urb->error_count = 0;
14        us->current_urb->status = 0;
15        us->current_urb->transfer_flags = URB_NO_SETUP_DMA_MAP;
16        if (us->current_urb->transfer_buffer == us->iobuf)
17            us->current_urb->transfer_flags |= URB_NO_TRANSFER_DMA_MAP;
18        us->current_urb->transfer_dma = us->iobuf_dma;
19        us->current_urb->setup_dma = us->cr_dma;
20        /*提交 urb*/
21        status = usb_submit_urb(us->current_urb, GFP_NOIO);
22        if (status) {                              /*发生一些错误，返回*/
23            return status;
24        }
25        set_bit(US_FLIDX_URB_ACTIVE, &us->dflags);
26        if (test_bit(US_FLIDX_ABORTING, &us->dflags)) {
27            /*当还没有取消 urb 时，取消 urb 请求*/
28            if (test_and_clear_bit(US_FLIDX_URB_ACTIVE, &us->dflags)) {
29                US_DEBUGP("-- cancelling URB\n");
30                usb_unlink_urb(us->current_urb);
31            }
32        }
33        /*等待直到 urb 完成/
34        timeleft = wait_for_completion_interruptible_timeout(
35                &urb_done, timeout ? : MAX_SCHEDULE_TIMEOUT);
36        clear_bit(US_FLIDX_URB_ACTIVE, &us->dflags);
37        if (timeleft <= 0) {
38            US_DEBUGP("%s -- cancelling URB\n",
39                timeleft == 0 ? "Timeout" : "Signal");
40            usb_kill_urb(us->current_urb);
41        }
42        return us->current_urb->status; /*返回 urb 的状态*/
43    }
```

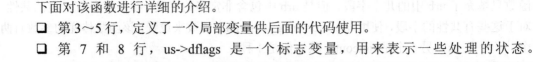

下面对该函数进行详细的介绍。

- ❑ 第 3～5 行，定义了一个局部变量供后面的代码使用。
- ❑ 第 7 和 8 行，us->dflags 是一个标志变量，用来表示一些处理的状态。US_FLIDX_ABORTING 表示设备处于放弃状态，显然如果设备处于放弃或者断开的状态，那么就没有必要提交 urb 请求了。
- ❑ 第 9 行，调用 init_completion()函数初始化一个完成量。
- ❑ 第 11～19 行，都是设置 us->current_urb 结构，这是当前的 urb 结构体。
- ❑ 第 15 行，将 us->current_urb->transfer_flags 设置成 URB_NO_SETUP_DMA_MAP。表示如果使用 DMA 传输，则 urb 中 setup_dma 指针所指向的缓冲区是 DMA 缓冲区，而不是 setup_packet 所指向的缓冲区。
- ❑ 第 21 行，调用 usb_submit_urb()函数提交 urb 到 USB 核心。这个函数有两个参数，一个是要提交的 urb，一个是内存申请的 flag 标志，这里为 GFP_NOIO。GFP_NOIO 标志的意思就是不能在申请内存时进行 I/O 操作，原因是 usb_submit_urb()提交 urb 之后，会读取磁盘或者 U 盘中的数据。这种请求下，申请内存的函数不能再一次去读写磁盘，否则会发生读取嵌套。为什么在有些情况下，申请内存还需要读取磁盘呢？这是因为虚拟内存引起的，在 Linux 中，有一个 swap 分区，所谓的 swap 分区就是用来交互的分区。当内存不够时，需要将内存中的数据写到 swap 分区上。写入 swap 分区的过程中，需要读写磁盘，读写磁盘就会再一次调用 usb_submit_urb()提交 urb 请求，必然会引起又一次因内存不够而进行磁盘读写。这样就永无止境，导致系统崩溃，所以不允许在 usb_submit_urb()函数提交 urb 时，进行 I/O 操作。
- ❑ 第 25 行，当提交一个 urb 之后，通常在 us->dflags 中新添加一个标志，US_FLIDX_URB_ACTIVE 表示当前的 urb 处于使用状态。在这种状态下，可以取消这个 urb。
- ❑ 第 26 行，判断 us->flags，如果设置了 US_FLIDX_ABORTING，表示 urb 被终止，那么就会在第 28 行将 US_FLIDX_URB_ACTIVE 标志清除，并调用 usb_unlink_urb()函数取消这个 urb，表示 urb 请求提前终止，没必要完成这个请求。
- ❑ 第 34 行，调用 wait_for_completion_interruptible_timeout()函数使进程进入等待状态，第 1 个参数 urb_done 是一个完成量，第 2 个参数是超时时间，这里设置为 1 秒，如果在指定的时间内进程没有被信号唤醒，则自动唤醒。这个等待是可以允许中断的。第 9 行，调用 init_completion()函数初始化 urb_done 这个完成量。处于等待状态的完成量需要 complete()函数来唤醒。
- ❑ 第 36 行，直到 wait_for_completion_interruptible_timeout()函数返回时，才执行。清除 us->dflags 标志的 US_FLIDX_URB_ACTIVE，表示该 urb 已经处理完成，不再活动状态。
- ❑ 第 37 行，timeleft 表示剩余的时间，剩余时间是 1 秒减去 urb 请求所用的时间。如果时间小于等于 0，则表示因为超时或者取消信号终止了 urb 请求。
- ❑ 第 42 行，返回当前 urb 的状态。

5. 传输控制消息函数 usb_stor_msg_common()

usb_stor_msg_common() 函数的第 36 行调用了 wait_for_completion_interruptible_ timeout()函数,使进程进入了睡眠,那么是什么时候进程被 complete()函数唤醒的呢？前面,在调用 usb_fill_control_urb()函数填充 urb 结构体时,设置了一个 urb->complete 的函数指针。这条语句是 urb->complete=usb_stor_blocking_completion, 这告诉 USB 核心, 当 urb 传输完成了之后, 会调用 usb_stor_blocking_completion()函数, 在该函数中唤醒了等待 urb_done 完成量的进程。该函数的代码如下:

```
01   static void usb_stor_blocking_completion(struct urb *urb)
02   {
03       struct completion *urb_done_ptr = urb->context;
04       complete(urb_done_ptr);
05   }
```

函数的第 3 行, 从 urb->context 中获得 urb_done 这个完成量。urb->context 在 usb_stor_msg_common()函数的第 11 行, 执行了 us->current_urb->context = &urb_done, 将 urb_done 赋给了 urb->context 成员。

第 4 行,调用 complete()函数唤醒等待 complete 这个完成量的进程,那么 usb_stor_msg_common()函数将从第 36 行继续执行。这时一个 urb 传输已经完成, urb 中已经返回了包含的数据。

至此, 一次 USB 通信已经完成。USB 驱动程序在主机和设备之间传输数据的方法与获得 LUN 的方法基本相似, 这里就不赘述了。如果对 USB 驱动程序还不是很了解, 读者只需要重新分析一下控制子线程的函数, 就能够有一个清楚的认识了。

19.7　小　　结

USB 驱动程序比较复杂, 需要仔细的分析。从整体上看, USB 驱动程序分为 USB 主机驱动程序和 USB 设备驱动程序。主机驱动程序可以硬件实现也可以软件模拟, 这部分符合相应的 USB 规范, 所以大部分代码都是沿用通用的代码。USB 程序中一个重要的概念是 urb 请求块, 一个完整的 urb 请求块的生命周期是创建、初始化、提交和传输完成。本章对这些过程有详细的介绍, 如果不理解, 读者可以回到前面的内容进行复习。